数 字 艺 术 精 品 课 程 培 训 教 材

中文版 Premiere Pro 2022 基础培训教程

数字艺术教育研究室 编著

人 民 邮 电 出 版 社
北 京

图书在版编目（CIP）数据

中文版Premiere Pro 2022基础培训教程 / 数字艺术教育研究室编著. -- 北京 : 人民邮电出版社, 2024.6
ISBN 978-7-115-63531-0

Ⅰ. ①中… Ⅱ. ①数… Ⅲ. ①视频编辑软件 Ⅳ. ①TN94

中国国家版本馆CIP数据核字(2024)第014045号

内 容 提 要

本书全面、系统地介绍 Premiere Pro 2022 的基本操作方法及影视后期编辑技巧，内容包括初识 Premiere Pro 2022，影视剪辑，视频过渡，视频效果，调色、叠加与键控，添加字幕，加入音频，输出文件和商业案例实训。本书既突出基础知识的学习，又重视实践性应用。

本书以课堂案例为主线，通过对各案例实际操作的讲解，带领读者快速熟悉软件功能和影视后期编辑思路。书中的软件功能解析部分可以使读者深入学习软件功能；课堂练习和课后习题可以拓展读者的实际应用能力；商业案例实训可以帮助读者快速掌握影视后期的设计理念，使读者顺利达到实战水平。

本书的配套资源包括书中所有案例的素材、效果文件和在线教学视频，以及教师专享的教学大纲、教案、PPT 课件、教学题库等，读者可通过在线方式获取这些资源，具体方法请参看本书前言。

本书适合作为院校和培训机构艺术专业课程的教材，也可作为 Premiere Pro 2022 自学人士的参考用书。

◆ 编　　著　数字艺术教育研究室
责任编辑　张丹丹
责任印制　陈　犇

◆ 人民邮电出版社出版发行　　北京市丰台区成寿寺路 11 号
邮编　100164　　电子邮件　315@ptpress.com.cn
网址　https://www.ptpress.com.cn
三河市祥达印刷包装有限公司印刷

◆ 开本：787×1092　1/16
印张：14　　2024 年 6 月第 1 版
字数：334 千字　　2024 年 6 月河北第 1 次印刷

定价：59.80 元

读者服务热线：(010)81055410　印装质量热线：(010)81055316
反盗版热线：(010)81055315
广告经营许可证：京东市监广登字 20170147 号

前 言

Preface

Premiere Pro是由Adobe公司开发的一款非线性视频编辑软件，深受影视制作爱好者和影视后期编辑人员的喜爱。Premiere Pro拥有强大的视频剪辑功能，可以对视频进行采集、剪切、组合、拼接等操作，完成剪辑、过渡、调色、抠像等工作。Premiere Pro是目前强大的视频编辑软件，被广泛应用于栏目包装、节目片头、宣传片、广告、纪录片和音乐短片等领域。

为了帮助广大读者更好地学习Premiere Pro，数字艺术教育研究室根据多年经验编写了针对这一软件的基础教程。本书全面贯彻党的二十大精神，以社会主义核心价值观为引领，传承中华优秀传统文化，坚定文化自信，更好地体现时代性，把握规律性， 富于创造性。

如何使用本书

01 精选基础知识，快速上手 Premiere Pro

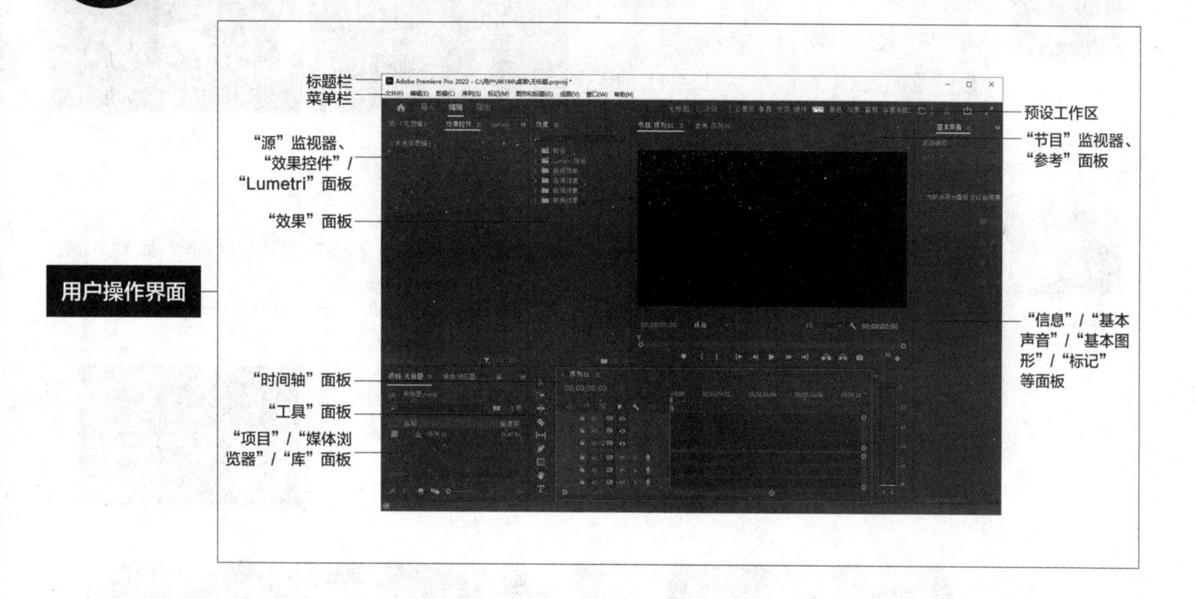

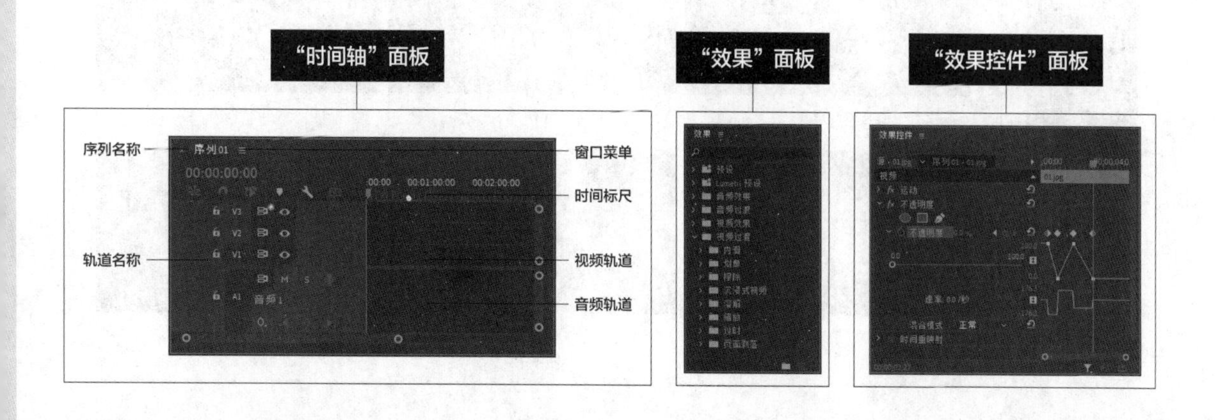

02 课堂案例 + 软件功能解析，边做边学软件功能，熟悉后期剪辑思路

剪辑 + 过渡 + 效果 + 调色 + 抠像 + 字幕 + 音频七大软件功能

3.1 设置过渡效果

本节内容包括使用过渡效果、设置过渡效果、调整过渡效果和设置默认过渡等。下面对过渡效果的设置进行讲解。

精选典型商业案例

3.1.1 课堂案例——设置校园生活短片的转场

了解学习目标和知识要点

案例学习目标 能够使用过渡效果设置素材间的转场。

案例知识要点 使用“导入”命令导入素材文件，使用“交叉溶解”效果制作图片之间的过渡效果，使用“效果控件”面板调整过渡效果，最终效果如图3-1所示。

效果所在位置 Ch03\设置校园生活短片的转场\设置校园生活短片的转场. prproj。

图3-1

案例步骤详解

1. 添加并调整素材

01 启动Premiere Pro 2022软件，选择“文件 > 新建 > 项目”命令，进入新建项目界面，如图3-2所示，单击“创建”按钮，新建项目。

完成案例后，深入学习软件功能

3.2.2 内滑

“内滑”文件夹中共包含6种视频过渡效果，如图3-68所示。不同过渡效果的应用示例如图3-69所示。

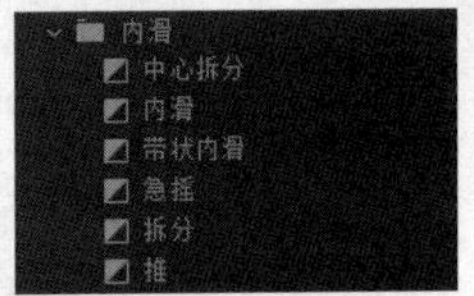

图3-68

图3-69

03

课堂练习 + 课后习题，拓展应用能力

练习课堂
所学知识

课堂练习——添加家居短视频的转场

练习知识要点 使用“导入”命令导入视频文件，使用“带状内滑”转场、“推”转场、“交叉缩放”转场和“翻页”转场制作视频之间的过渡效果，使用“效果控件”面板编辑视频文件的大小，最终效果如图3-145所示。

效果所在位置 Ch03\添加家居短视频的转场\添加家居短视频的转场.prproj。

图3-145

巩固本章
所学知识

课后习题——添加中秋纪念电子相册的转场

习题知识要点 使用“导入”命令导入素材文件，使用“内滑”转场、“拆分”转场、“翻页”转场和“交叉缩放”转场制作视频之间的过渡效果，使用“速度/持续时间”命令调整素材文件的持续时间等，最终效果如图3-146所示。

效果所在位置 Ch03\添加中秋纪念电子相册的转场\添加中秋纪念电子相册的转场.prproj。

图3-146

商业案例实训，演练商业项目制作过程

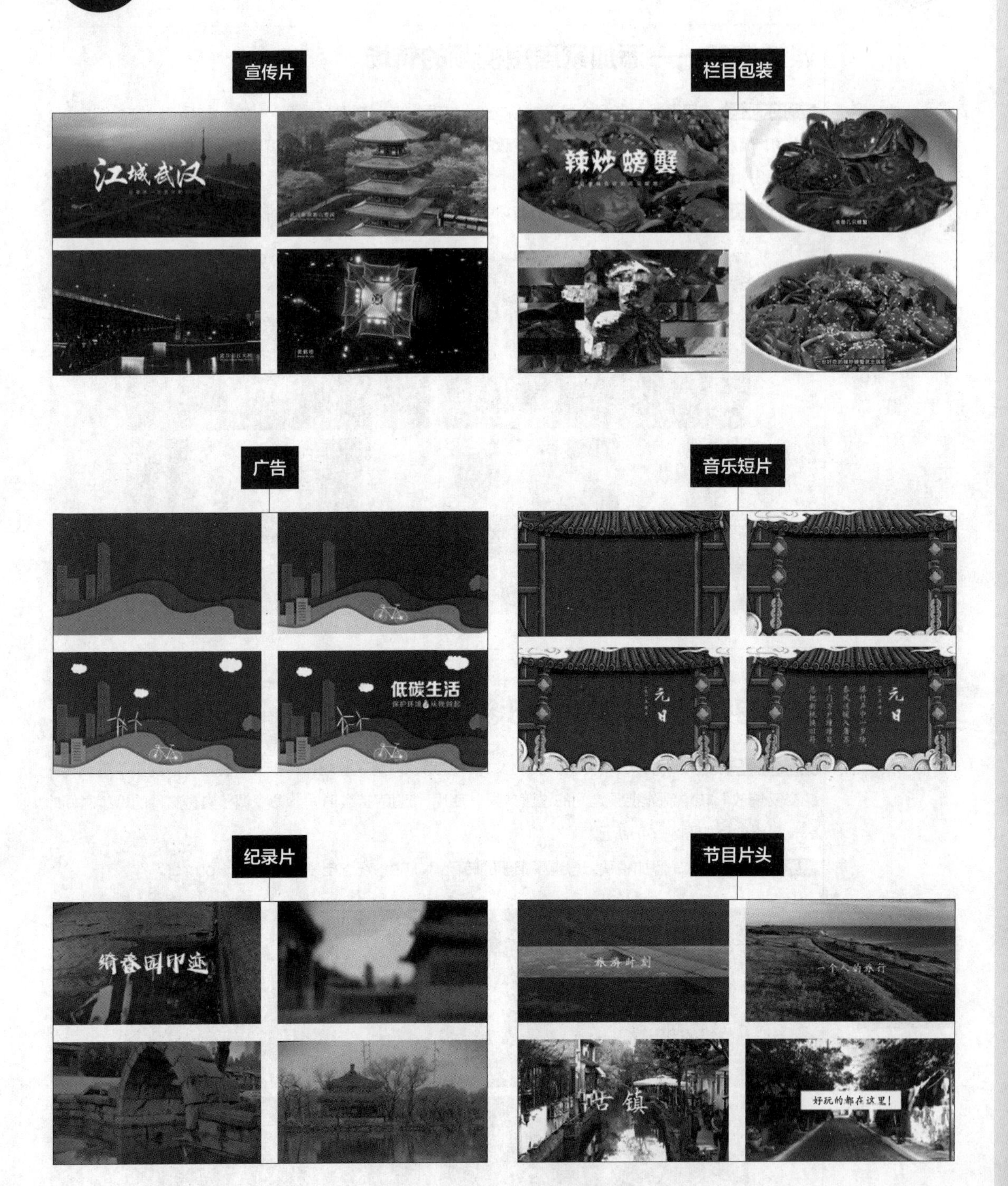

教学指导

本书的参考学时为62学时，其中讲授环节为28学时，实训环节为34学时，各章的参考学时可以参见下面的学时分配表。

章	课程内容	学时分配	
		讲　授	实　训
第 1 章	初识 Premiere Pro 2022	2	0
第 2 章	影视剪辑	4	4
第 3 章	视频过渡	4	4
第 4 章	视频效果	4	4
第 5 章	调色、叠加与键控	4	4
第 6 章	添加字幕	4	4
第 7 章	加入音频	2	4
第 8 章	输出文件	2	4
第 9 章	商业案例实训	2	6
学时总计		28	34

配套资源

● **学习资源**

案例素材文件　最终效果文件　在线教学视频　赠送扩展案例

● **教师资源**

教学大纲　授课计划　电子教案　PPT 课件

教学案例　实训项目　教学视频　教学题库

这些配套资源均可在线获取，扫描“资源获取”二维码，关注“数艺设”的微信公众号，即可得到资源文件获取方式，并且可以通过该方式获得在线教学视频的观看地址。如需资源获取技术支持，请致函szys@ptpress.com.cn。

提示：微信扫描二维码关注公众号后，输入51页左下角的5位数字，获得资源获取帮助。

资源获取

教辅资源表

本书提供的教辅资源可参见下面的教辅资源表。

教辅资源类型	数量	教辅资源类型	数量
教学大纲	1 套	课堂案例	23 个
电子教案	9 单元	课堂练习	10 个
PPT 课件	9 个	课后习题	10 个

与我们联系

“数艺设”的联系邮箱是 szys@ptpress.com.cn。如果您对本书有任何疑问或建议，请您发邮件给我们，并请在邮件标题中注明本书书名及ISBN，以便我们更高效地做出反馈。

如果您有兴趣出版图书、录制教学课程，或者参与技术审校等工作，可以发邮件给我们。如果学校、培训机构或企业想批量购买本书或“数艺设”出版的其他图书，也可以发邮件联系我们。

关于“数艺设”

人民邮电出版社有限公司旗下品牌“数艺设”，专注于专业艺术设计类图书出版，为艺术设计从业者提供专业的图书、视频电子书、课程等教育产品。出版领域涉及平面、三维、影视、摄影与后期等数字艺术门类，字体设计、品牌设计、色彩设计等设计理论与应用门类，UI设计、电商设计、新媒体设计、游戏设计、交互设计、原型设计等互联网设计门类，环艺设计手绘、插画设计手绘、工业设计手绘等设计手绘门类。更多服务请访问“数艺设”社区平台www.shuyishe.com。我们将提供及时、准确、专业的学习服务。

目 录

Contents

第4章 视频效果

第5章 调色、叠加与键控

第6章 添加字幕

第7章 加入音频

第8章 输出文件

第9章 商业案例实训

第 1 章

初识 Premiere Pro 2022

本章介绍

本章对Premiere Pro 2022进行概述并详细讲解其基本操作。读者通过对本章的学习，可以快速了解并掌握Premiere Pro 2022的入门知识，为后续章节的学习打下坚实的基础。

学习目标

●了解Premiere Pro 2022。

●熟练掌握Premiere Pro 2022 的基本操作。

1.1 Premiere Pro 2022概述

Premiere Pro 2022是由Adobe公司基于MacOS和Windows平台开发的一款视频编辑软件，被广泛应用于电视节目制作、广告制作和电影制作等领域。初学者在启动Premiere Pro 2022后，可能会对菜单命令或众多面板感到茫然，本节将对用户操作界面（包括“项目”面板、“时间轴”面板、监视器和其他功能面板及菜单命令）进行详细的介绍。

1.1.1 认识用户操作界面

Premiere Pro 2022的用户操作界面如图1-1所示。从图中可以看出，Premiere Pro 2022的用户操作界面由标题栏、菜单栏、“源”监视器、“效果控件”/“Lumetri”面板、“效果”面板、“时间轴”面板等组成。

图1-1

1.1.2 熟悉“项目”面板

“项目”面板主要用于导入、组织和存放供“时间轴”面板编辑合成的原始素材，如图1-2所示。按Ctrl+Page Up快捷键，可切换到列表状态，如图1-3所示。单击“项目”面板上方的■按钮，在弹出的菜单中可以设置面板及相关功能的显示方式，如图1-4所示。

在图标显示状态下，将鼠标指针置于视频图标上，左右移动，可以查看不同时间点的视频内容。

在列表显示状态下，可以查看素材的基本属性，包括素材的名称、媒体格式、视/音频信息和数据量等。

“项目”面板下方的工具栏中有10个功能按钮和1个滑动条，从左至右分别为“项目可写”按钮■/“项目只读”按钮■、“列表视图”按钮■、“图标视图”按钮■、“自由变换视图”按钮■、“调整图标和缩览图的大小”滑动条、“排序图标”按钮、“自动匹配序列”按钮、“查找”按钮、“新建素材箱”按钮、“新建项”按钮和“清除”按钮。各按钮的含义如下。

“项目可写”按钮/“项目只读”按钮：单击此按钮，可以将项目文件设置为只读或可写模式。

“列表视图”按钮：单击此按钮，可以将“项目”面板中的素材以列表形式显示。

“图标视图”按钮：单击此按钮，可以将“项目”面板中的素材以图标形式显示。

“自由变换视图”按钮：单击此按钮，可以将“项目”面板中的素材以自由变换形式显示。

“调整图标和缩览图的大小”滑动条：拖曳滑块可以将“项目”面板中的素材图标和缩览图放大或缩小。

“排序图标”按钮：在图标显示状态下可将项目素材以不同的方式排序。

“自动匹配序列”按钮：单击此按钮，可以将选中的素材按顺序自动排列到“时间轴”面板中。

“查找”按钮：单击此按钮，可以按提示快速找到目标素材。

“新建素材箱”按钮：单击此按钮，可以新建文件夹，以便管理素材。

“新建项”按钮：单击此按钮，可以在弹出的菜单中选择相关命令来创建新的素材文件。

“清除”按钮：选中不需要的文件，单击此按钮即可将其删除。

图1-2

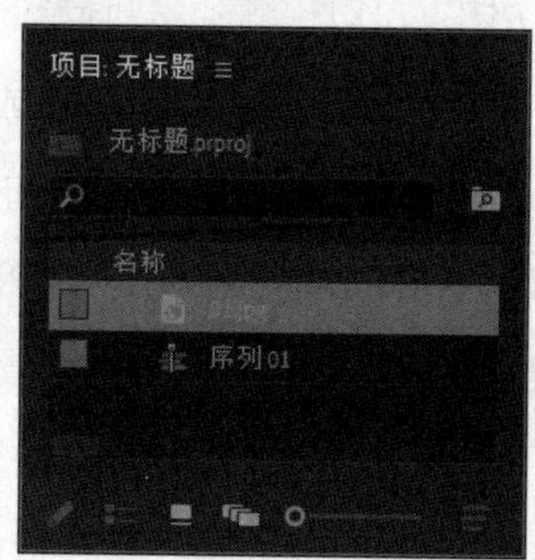

图1-3

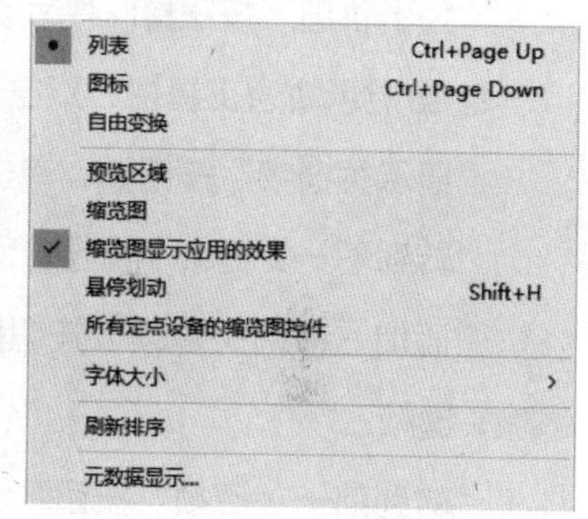

图1-4

1.1.3 认识“时间轴”面板

“时间轴”面板是Premiere Pro 2022用户操作界面的核心区域，如图1-5所示。在编辑影片的过程中，大部分操作是在“时间轴”面板中完成的。通过“时间轴”面板，可以轻松地实现对素材的剪辑、插入、复制、粘贴和修整等操作。

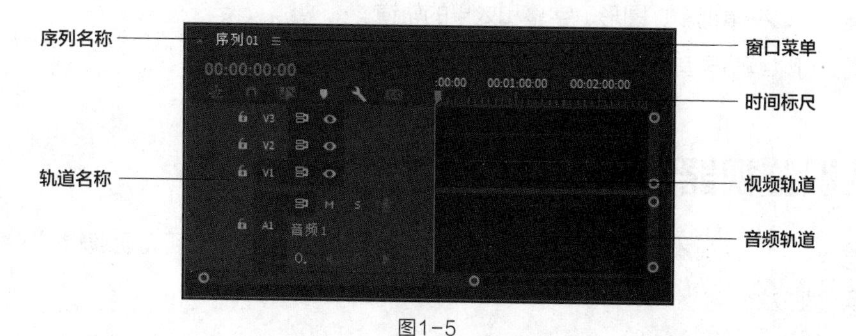

图1-5

“将序列作为嵌套或个别剪辑插入并覆盖”按钮：单击此按钮，可以将序列作为一个嵌套或个别剪辑文件插入“时间轴”面板并覆盖其他文件。

“对齐”按钮：单击此按钮，可以启动吸附功能，在“时间轴”面板中拖曳素材时，素材将自动贴合到邻近素材的边缘。

“链接选择项目”按钮：单击此按钮，可以链接所有开放序列。

“添加标记”按钮：单击此按钮，可以在当前帧的位置添加标记。

“时间轴显示设置”按钮：可以设置“时间轴”面板的显示选项。

“字幕轨道选项”按钮：可以显示或隐藏字幕轨道。

“切换轨道锁定”按钮：单击该按钮，当按钮变成形状时，当前轨道被锁定，处于不可编辑状态；当按钮变成形状时，可以编辑该轨道。

“切换同步锁定”按钮：默认为启用状态，当进行插入、波纹删除或波纹剪辑操作时，编辑点右侧的内容会发生移动。

“切换轨道输出”按钮：单击此按钮，可以设置是否在监视器中显示当前影片。

“静音轨道”按钮：激活该按钮，可以设置影片为静音状态，反之则播放声音。

“独奏轨道”按钮：激活该按钮，可以设置独奏轨道。

隐藏/显示轨道工具栏：双击右侧的空白区域，可以隐藏或显示视频轨道工具栏或音频轨道工具栏。

“显示关键帧”按钮：单击此按钮，可以选择显示当前关键帧的方式。

“转到下一关键帧”按钮：可以将播放指示器定位在被选素材轨道的下一个关键帧处。

“添加－移除关键帧”按钮：在播放指示器所处的位置，或在轨道中被选素材的当前位置添加或移除关键帧。

“转到前一关键帧”按钮：可以将播放指示器定位在被选素材轨道的上一个关键帧处。

滑动条：放大或缩小轨道中素材的显示区域。

时间码 00:00:00:00：显示播放影片的进度。

序列名称：单击相应的标签可以在不同的节目间切换。

轨道：对轨道的显示、锁定等参数进行设置。

时间标尺：用于进行时间定位。

窗口菜单：对时间单位及剪辑参数进行设置。

视频轨道：可以编辑视频、图形、字幕和效果的轨道。

音频轨道：可以编辑录音、音效、音乐，还可以录制声音的轨道。

1.1.4 认识监视器

监视器分为“源”监视器和“节目”监视器，如图1-6和图1-7所示，所有已编辑或未编辑的影片片段都在此显示画面效果。

图1-6

图1-7

“添加标记”按钮： 设置影片片段标记。

“标记入点”按钮： 设置当前影片的起始点。

“标记出点”按钮： 设置当前影片的结束点。

“转到入点”按钮： 单击此按钮，可将时间标记移到起始点位置。

“后退一帧（左侧）”按钮： 此按钮是对素材进行逐帧倒放的控制按钮，每单击一次该按钮，播放的画面就会后退一帧；按住Shift键的同时单击此按钮，每次后退5帧。

“播放－停止切换”按钮/： 控制监视器中的素材时，单击此按钮，会从监视器中时间标记的当前位置开始播放；在“节目”监视器中，在播放时按J键可以进行倒放。

“前进一帧（右侧）”按钮： 此按钮是对素材进行逐帧播放的控制按钮，每单击一次该按钮，播放的画面就会前进一帧；按住Shift键的同时单击此按钮，每次前进5帧。

“转到出点”按钮： 单击此按钮，可将时间标记移到结束点位置。

“插入”按钮： 单击此按钮，当插入一段影片时，重叠的片段将后移。

“覆盖”按钮： 单击此按钮，当插入一段影片时，重叠的片段将被覆盖。

“提升”按钮： 用于将轨道上入点与出点之间的内容删除，删除之后留有空间。

“提取”按钮： 用于将轨道上入点与出点之间的内容删除，删除之后不留空间，后面的素材会自动与前面的素材连接。

“导出帧”按钮： 单击此按钮，可导出一帧的影视画面。

“比较视图”按钮： 单击此按钮，可以进入比较视图模式。

“切换代理”按钮： 单击此按钮，可以在本机格式和代理格式之间进行切换。

分别单击监视器右下方的“按钮编辑器”按钮，会弹出图1-8和图1-9所示的面板，其中包含一些已显示和未显示的按钮。

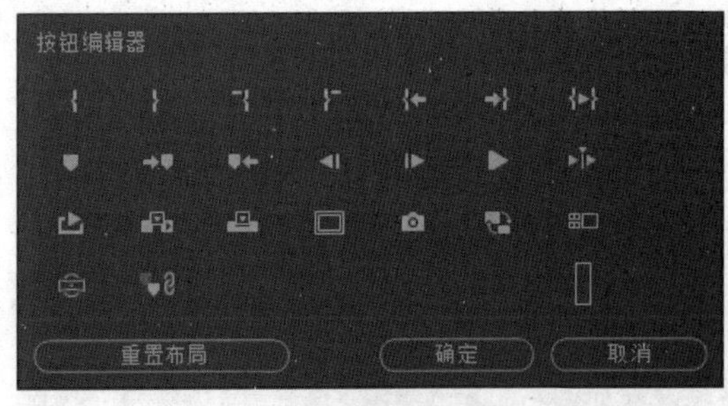

图1-8

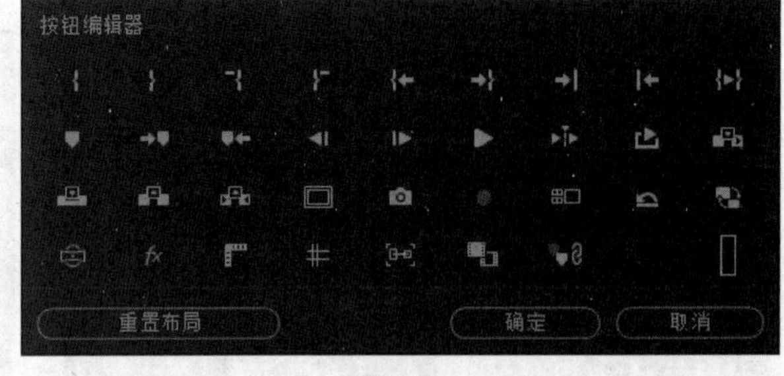

图1-9

“清除入点”按钮：清除设置的标记入点。

“清除出点”按钮：清除设置的标记出点。

“从入点到出点播放视频”按钮：单击此按钮，可以只播放入点到出点范围内的音/视频片段。

“转到下一标记”按钮：单击此按钮，可以快速切换到下一个标记点。

“转到上一标记”按钮：单击此按钮，可以快速切换到上一个标记点。

“播放邻近区域”按钮：单击此按钮，将播放时间标记当前位置前后邻近范围内的音/视频。

“循环播放”按钮：控制循环播放的按钮。单击此按钮，监视器中就会不断循环播放素材，直至单击“停止”按钮。

“安全边距”按钮：单击该按钮，可以为影片设置安全边界线，以防影片画面太大而显示不完整；再次单击可隐藏安全边界线。

“切换VR视频显示”按钮：单击此按钮，可以快速切换到VR视频显示模式。

“切换多机位视图”按钮：打开或关闭多机位视图。

“转到下一个编辑点”按钮：单击此按钮，可以转到同一轨道上当前编辑点的下一个编辑点。

“转到上一个编辑点”按钮：单击此按钮，可以转到同一轨道上当前编辑点的上一个编辑点。

“多机位录制开/关”按钮：可以控制多机位录制的开/关。

“还原裁剪对话”按钮：可以还原裁剪的对话。

“全局FX静音”按钮：单击此按钮，可以打开或关闭所有视频效果。

“显示标尺”按钮：单击此按钮，可以显示或隐藏标尺。

“显示参考线”按钮：单击此按钮，可以显示或隐藏参考线。

“贴靠图形”按钮：单击此按钮，可以将图形贴靠在一起。

“绑定源与节目”按钮：单击此按钮，将绑定“源”与“节目”监视器。

可以直接将“按钮编辑器”面板中需要的按钮拖曳到下面的显示框中，如图1-10所示；松开鼠标，按钮将被添加到监视器中，如图1-11所示。单击“确定”按钮，添加的按钮将显示在监视器中，如图1-12所示。可以用相同的方法添加多个按钮，如图1-13所示。

若要恢复默认的布局，单击监视器右下方的“按钮编辑器”按钮，在弹出的面板中单击“重置布局”按钮，再单击“确定”按钮即可。

图1-10

图1-11

图1-12

图1-13

1.1.5 其他功能面板概述

除了前面介绍的面板，Premiere Pro 2022还提供了其他一些方便编辑操作的功能面板，下面逐一进行简要介绍。

1. “效果”面板

“效果”面板存放着Premiere Pro 2022自带的各种音频效果、视频效果和预设的特效。这些特效按照功能分为六大类，包括预设、Lumetri预设、音频效果、音频过渡、视频效果及视频过渡，如图1-14所示，每个大类又包含同类型的几个不同效果。用户安装的第三方效果插件也将显示在该面板的相应类别中。

2. “效果控件”面板

“效果控件”面板主要用于控制对象的运动、不透明度、过渡及效果等，如图1-15所示。

3. “音轨混合器”面板

“音轨混合器”面板可以更加有效地调节项目的音频，实时混合各轨道的音频对象，如图1-16所示。

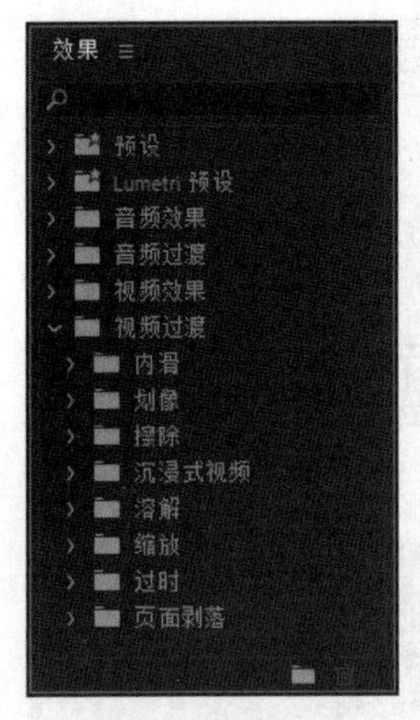
图1-14

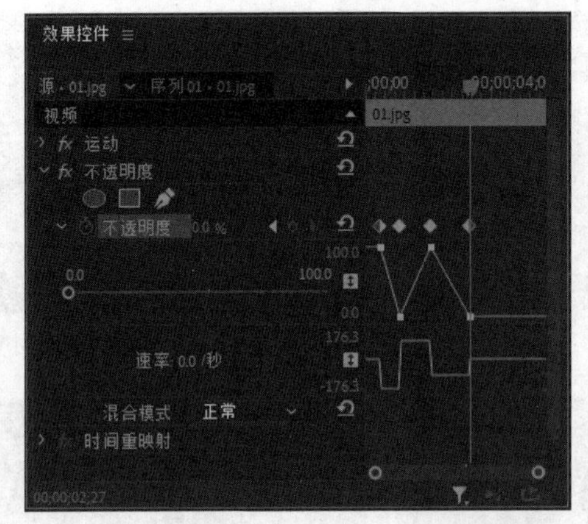
图1-15

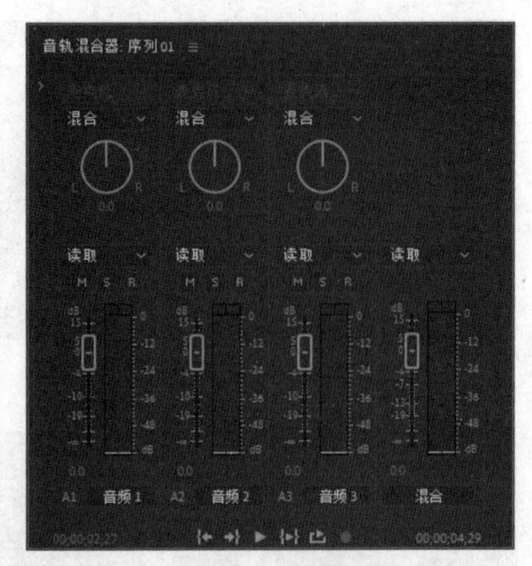
图1-16

4. “历史记录”面板

“历史记录”面板可以记录用户从建立项目以来进行的所有操作。在执行了错误操作后，可以使用该面板中相应的命令撤销错误操作并返回到错误操作之前的步骤，如图1-17所示。

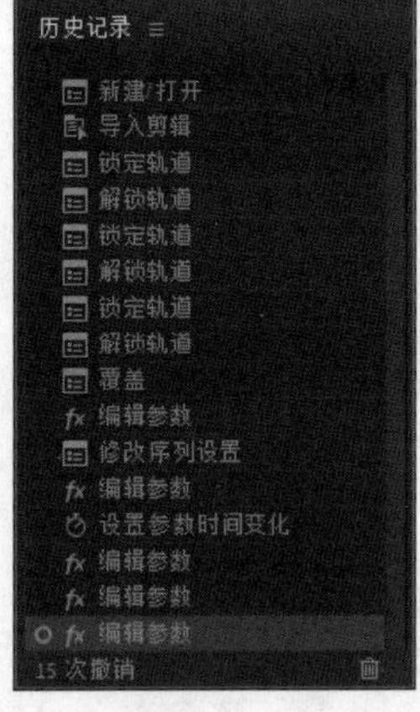
图1-17

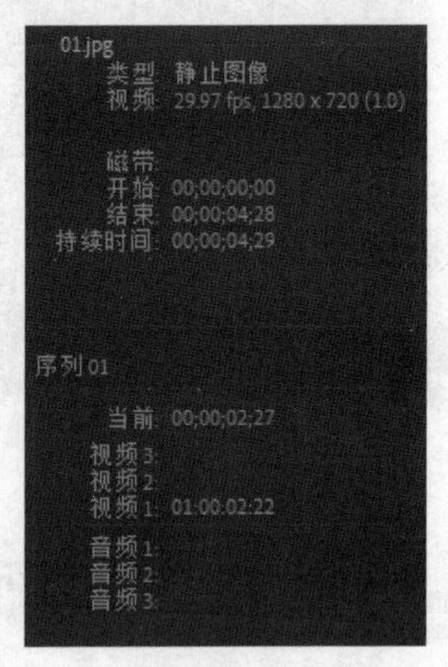
图1-18

5. “信息”面板

在Premiere Pro 2022中，“信息”面板作为一个独立面板显示，其主要功能是集中显示选定素材对象的各项信息，如图1-18所示。不同的对象，其“信息”面板中的内容也不相同。

在默认设置下，“信息”面板是空白的。如果在“时间轴”面板中导入一个素材并选中它，“信息”面板将显示选中素材的信息；如果有过渡，则显示过渡的信息；如果选定的是一段视频素材，“信息”面板将显示该素材的类型、持续时间、帧速率、入点、出点及鼠标指针的位置等；如果是静止图像，“信息”面板将显示素材的类型、大小、持续时间、帧速率、入点、出点及鼠标指针的位置等。

6. “工具”面板

“工具”面板包含多种工具，主要用来对“时间轴”面板中的音频、视频等内容进行编辑，如图1-19所示。

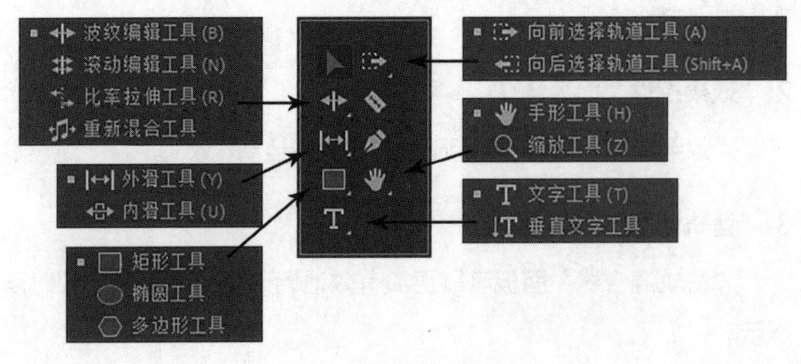

图1-19

1.1.6 菜单命令介绍

“文件”菜单中的命令主要用于新建、打开、关闭、保存、导入、导出项目文件，以及进行项目设置、项目管理等。

“编辑”菜单中的命令主要用于进行复制、粘贴、剪切、撤销和清除等操作。

“剪辑”菜单中的命令主要用于进行插入、覆盖、替换素材，自动匹配序列，编组、链接视/音频等剪辑影片的操作。

“序列”菜单中的命令主要用于在“时间轴”面板中对项目片段进行编辑、管理，以及设置轨道属性等。

“标记”菜单中的命令主要用于对“时间轴”面板中的素材标记和监视器中的素材标记进行编辑处理。

“图形和标题”菜单中的命令主要用于新建、选择文本与图形及排布图层内容等。

“视图”菜单中的命令主要用于设置监视器的回放分辨率、暂停分辨率、高品质回放和显示模式等。

“窗口”菜单中的命令主要用于管理工作区域的各个面板，包括工作区的设置以及对“历史记录”面板、“工具”面板、“效果”面板、“源”监视器、“效果控件”面板、“节目”监视器和“项目”面板等的管理。

“帮助”菜单中的命令主要用于帮助用户解决遇到的问题。

1.2 Premiere Pro 2022基本操作

本节将详细介绍Premiere Pro 2022的基本操作，具体包括管理项目文件，如新建项目文件和打开项目文件等；编辑素材，如导入素材、解释素材和修改素材名称等。这些基本操作对后期的制作至关重要。

1.2.1 项目文件操作

在启动Premiere Pro 2022进行影视制作时，必须先创建新的项目文件或打开已存在的项目文件，这是Premiere Pro 2022最基本的操作之一。

1. 新建项目文件

01 选择“开始 > 所有程序 > Adobe Premiere Pro 2022”命令，或双击桌面上的Adobe Premiere Pro 2022快捷图标，打开软件。

02 选择“文件 > 新建 > 项目”命令，或按Ctrl+Alt+N快捷键，进入新建项目界面，如图1-20所示。在“项目名”文本框中可以设置项目名称。单击“项目位置”选项右侧的按钮，在弹出的对话框中可以选择项目文件的保存路径。单击“创建”按钮，即可创建一个新的项目文件。

03 选择“文件 > 新建 > 序列”命令，或按Ctrl+N快捷键，会弹出“新建序列”对话框，如图1-21所示。在“序列预设”选项卡中可以选择项目文件的格式，如选择“DV-PAL”制式下的“标准48kHz”，右侧的“预设描述”区域将列出相应的项目信息。在“设置”选项卡中可以设置编辑模式、时基、视频帧大小、像素长宽比和音频采样率等信息。在“轨道”选项卡中可以设置视/音频轨道的相关信息。在“VR视频”选项卡中可以设置VR属性。单击“确定”按钮，即可创建一个新的序列。

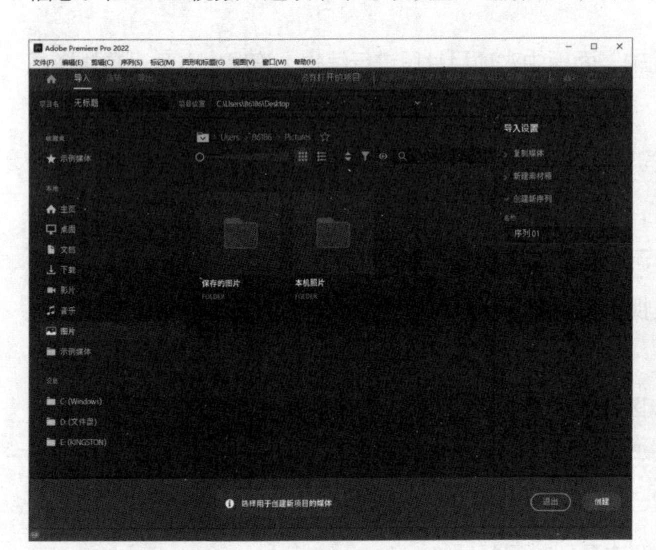

图1-20

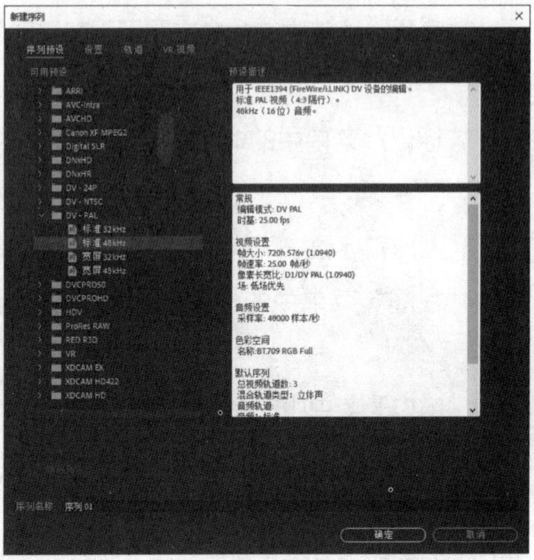

图1-21

2. 打开项目文件

选择“文件 > 打开项目”命令，或按Ctrl+O快捷键，在弹出的对话框中选择需要打开的项目文件，如图1-22所示。单击“打开”按钮，即可打开已选择的项目文件。

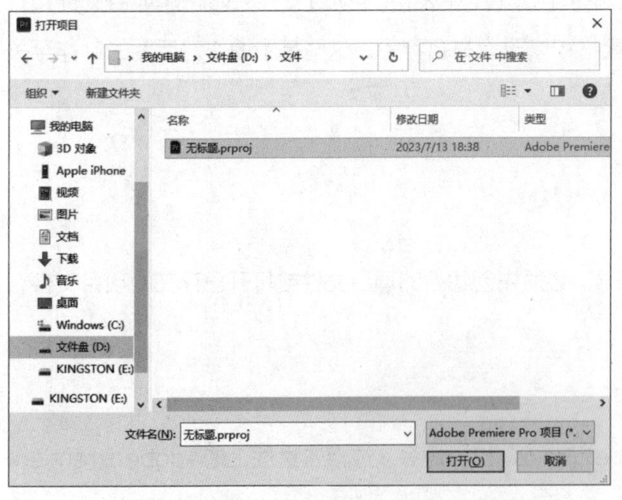

图1-22

选择“文件 > 打开最近使用的内容”命令，在子菜单中选择需要打开的项目文件，如图1-23所示，即可打开所选的项目文件。

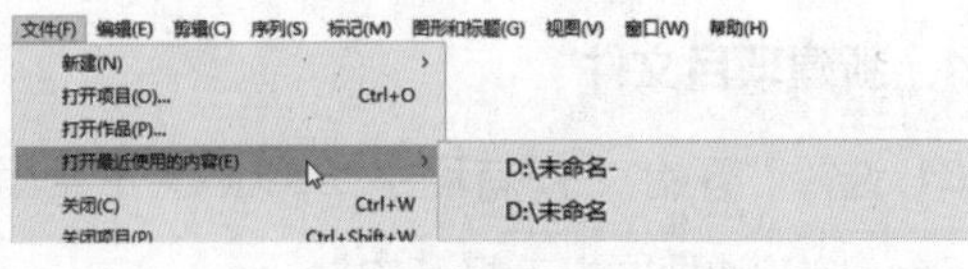

图1-23

3. 保存项目文件

刚启动Premiere Pro 2022时，系统会提示用户先保存一个设置好参数的项目。对于编辑过的项目，选择“文件 > 保存”命令或按Ctrl+S快捷键即可直接保存。另外，系统还会每隔一段时间对项目进行保存。

选择“文件 > 另存为”命令，或按Ctrl+Shift+S快捷键，可以以其他名称或在其他位置保存项目。选择“文件 > 保存副本”命令，或按Ctrl+Alt+S快捷键，在弹出的对话框中进行设置后，单击“保存”按钮，可以保存项目文件的副本。

4. 关闭项目文件

选择“文件 > 关闭项目”命令，即可关闭当前项目文件。如果对当前文件做了修改却尚未保存，则系统会弹出图1-24所示的提示对话框，询问是否保存对该项目文件所做的修改。单击“是”按钮，保存项目文件；单击“否”按钮，将不保存文件并直接退出项目文件。

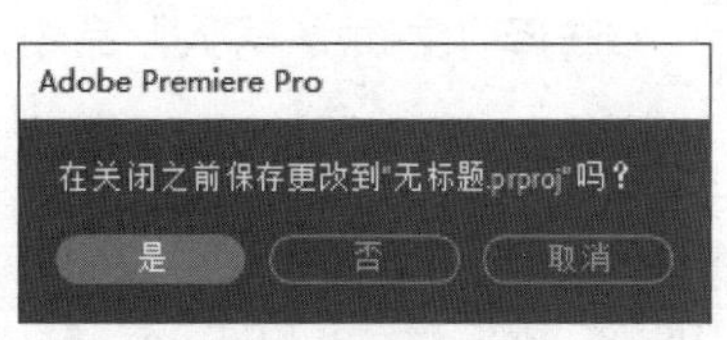

图1-24

1.2.2 撤销与恢复操作

通常情况下，一个完整的项目需要经过反复的调整、修改与比较才能完成，因此，Premiere Pro 2022为用户提供了“撤销”与“重做”命令。

在编辑视频或音频时，如果用户的上一步操作是错误的，或对操作后得到的效果不满意，那么可以选择“编辑 > 撤销”命令，撤销该操作。如果连续选择此命令，则可连续撤销前面的多步操作。

如果要取消撤销操作，则可以选择“编辑 > 重做”命令。例如，删除一个素材后，通过“撤销”命令来撤销该操作，如果还是想将这个素材删除，则只需选择“编辑 > 重做”命令即可。

1.2.3 设置自动保存

设置自动保存的具体操作步骤如下。

01 选择“编辑 > 首选项 > 自动保存”命令，弹出“首选项”对话框，如图1-25所示。

02 在“首选项”对话框的“自动保存”选项区域中，根据需要设置“自动保存时间间隔”及“最大项目版本”的数值。如在“自动保存时间间隔”文本框中输入20，在“最大项目版本”文本框中输入5，即表示每隔20分钟将自动保存一次项目文件，而且只存储最后5次存盘的项目文件。

03 设置完成后，单击“确定”按钮，退出对话框，返回用户操作界面。这样，在以后的编辑过程中，系统就会按照设置的参数自动保存项目文件，用户不必担心因意外而造成工作数据的丢失。

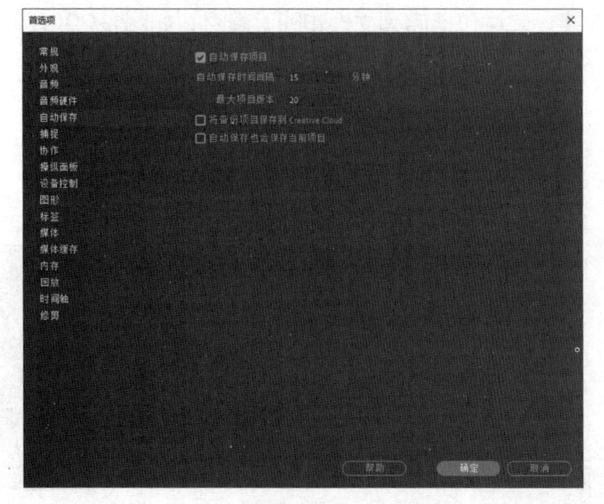

图1-25

1.2.4 导入素材

Premiere Pro 2022支持大部分主流的视频、音频及图像文件格式。一般的导入方式为选择“文件 > 导入”命令，在“导入”对话框中选择所需的文件格式和文件，再单击“打开”按钮，如图1-26所示。

1. 导入图层文件

以素材方式导入图层文件的方法如下。

选择“文件 > 导入”命令，在“导入”对话框中选择含有图层的文件格式，选择需要导入的文件，单击“打开”按钮，会弹出图1-27所示的提示对话框。

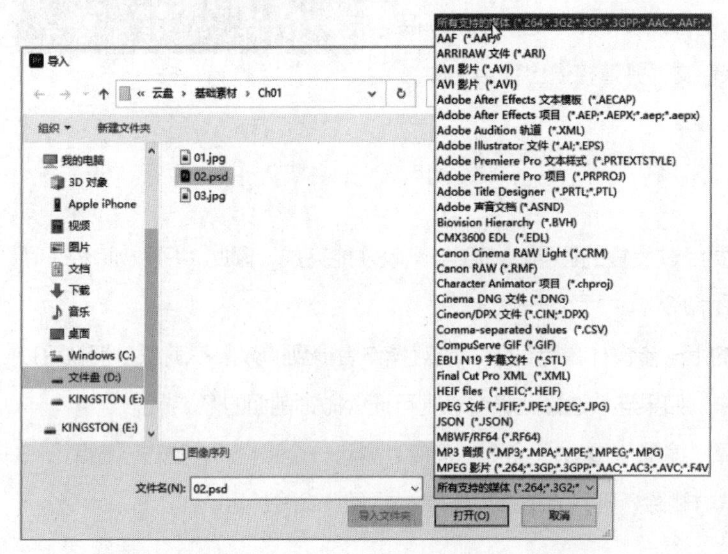

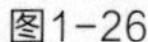

图1-26

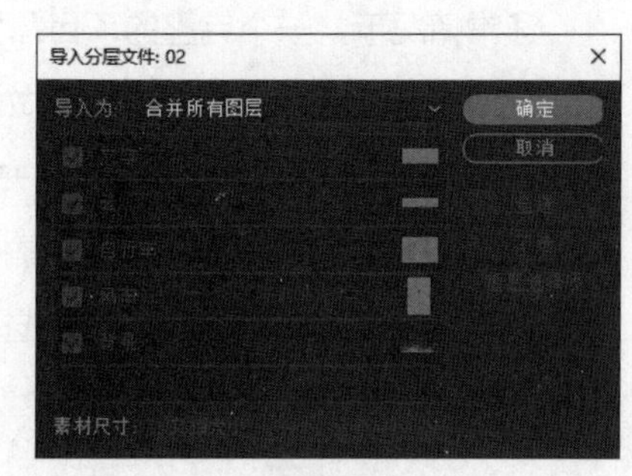

图1-27

在“导入分层文件”对话框中可以设置PSD文件的导入方式，此处可选择“合并所有图层”“合并的图层”“各个图层”“序列”选项。

本例选择“序列”选项，如图1-28所示。单击“确定”按钮，“项目”面板中会自动产生一个文件夹，其中包括序列文件和图层素材，如图1-29所示。

以序列方式导入图层文件后，系统会按照图层的排列方式自动产生一个序列，用户可以打开该序列设置动画并进行编辑。

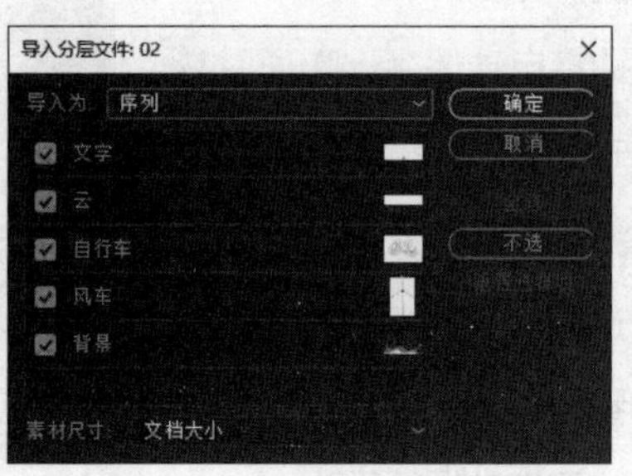

图1-28

图1-29

2. 导入序列文件

序列文件是一种非常重要的源素材。它由若干幅按序排列的图片组成，每幅图片代表1帧。通常，可以在3ds Max、After Effects、Combustion软件中生成序列文件，然后导入Premiere Pro 2022中使用。

序列文件采用数字序号进行排列。当导入序列文件时，应在“首选项”对话框中设置图片的帧速率，也可以在导入序列文件后，在选择修改>“解释素材”命令后弹出的“修改编辑”对话框中修改帧速率。

导入序列文件的方法如下。

01 在“项目”面板的空白区域双击，弹出“导入”对话框，找到序列文件所在的位置，勾选“图像序列”复选框，如图1-30所示。

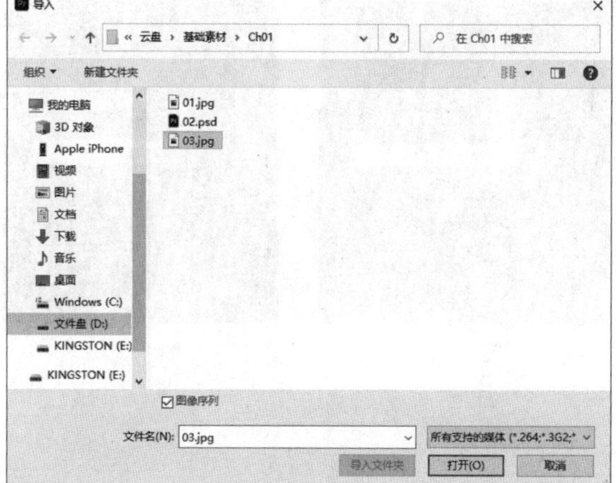

图1-30

02 单击“打开”按钮，导入序列文件。序列文件导入后“项目”面板如图1-31所示。

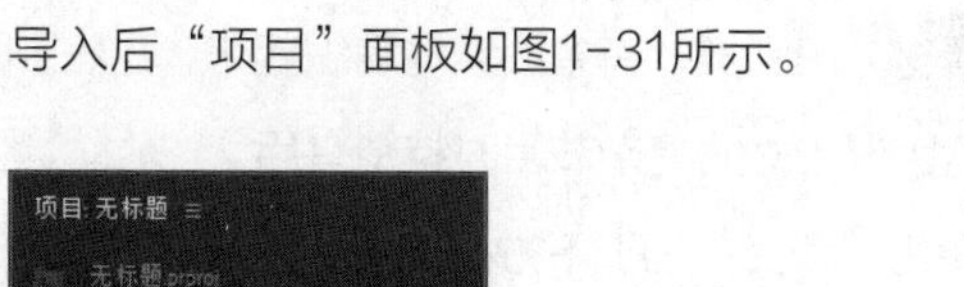

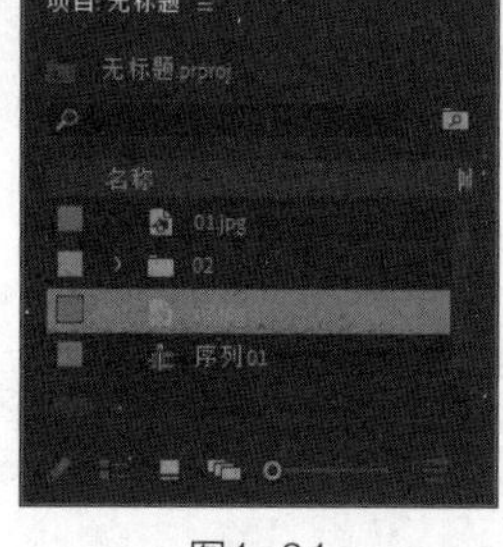

图1-31

1.2.5 解释素材

对于项目的素材文件，可以通过“解释素材”命令来修改其属性。在“项目”面板中的素材上单击鼠标右键，在弹出的菜单中选择“修改 > 解释素材”命令，弹出“修改剪辑”对话框，如图1-32所示。“帧速率”选项可以设置影片的帧速率，“像素长宽比”选项可以设置使用文件中的像素长宽比，“场序”选项可以设置使用文件中的场序，“Alpha通道”选项可以对素材的透明通道进行设置，“色彩管理”选项可以对色彩空间进行管理。

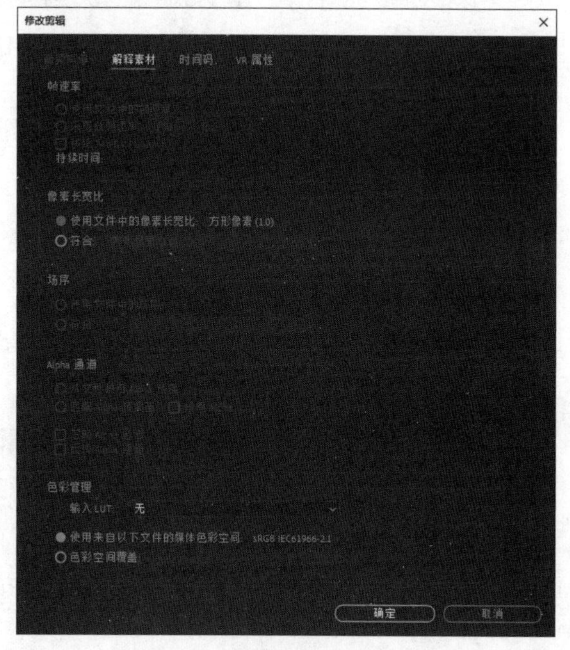

图1-32

1.2.6 修改素材名称

在“项目”面板中的素材上单击鼠标右键，在弹出的菜单中选择“重命名”命令，素材名称会处于可编辑状态，此时输入新名称即可，如图1-33所示。

剪辑人员可以给素材重命名，以改变素材原来的名称，这在一部影片中重复使用同一个素材或复制了一个素材并为之设定新的入点和出点时极其有用。给素材重命名可以避免在“项目”面板和序列中观看复制的素材时产生混淆。

1.2.7 利用素材箱组织素材

可以在“项目”面板中建立一个素材箱（即素材文件夹）来管理素材。使用素材箱，可以将节目中的素材分门别类、有条不紊地组织起来，这在制作包含大量素材的复杂节目时特别有用。

单击“项目”面板下方的“新建素材箱”按钮，会自动创建一个新文件夹，如图1-34所示，单击左侧的按钮可以返回到上一级素材列表，依次类推。

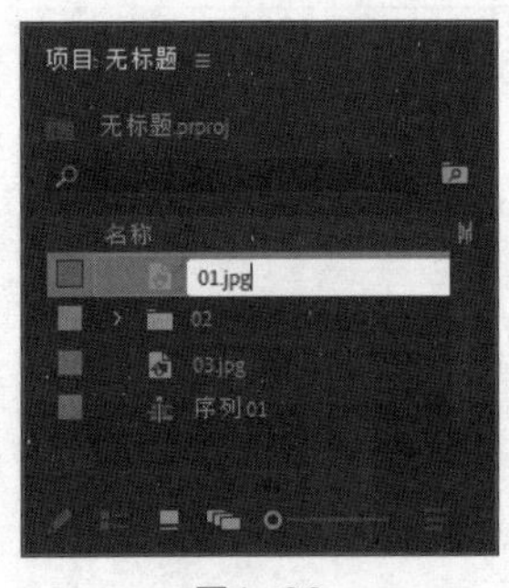

图1-33

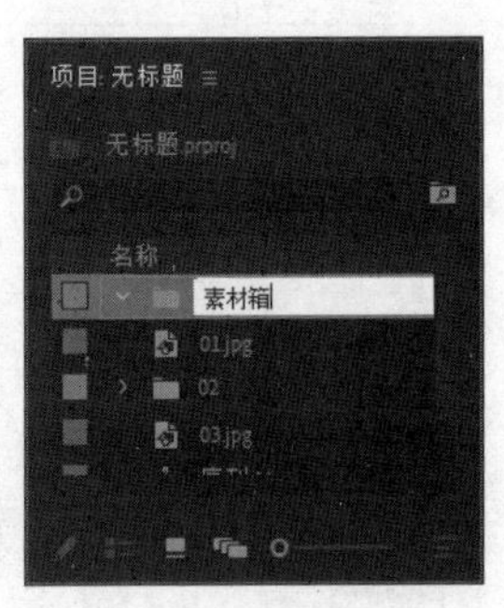

图1-34

1.2.8 查找素材

可以根据素材的名字、属性或附属的说明和标签在Premiere Pro 2022的“项目”面板中搜索素材，如可以查找文件格式相同的所有素材，如AVI和MP3格式等。

单击“项目”面板下方的“查找”按钮，或单击鼠标右键，在弹出的菜单中选择“查找”命令，会弹出“查找”对话框，如图1-35所示。

图1-35

在“查找”对话框中设置查找属性，可按照素材的名称、媒体类型和标签等属性进行查找。在“匹配”下拉列表中，可以选择要查找的关键词是全部匹配还是部分匹配。若勾选“区分大小写”复选框，则必须将关键词的大小写输入正确。

在对话框右侧的文本框中输入待查找素材的属性关键词。例如，要查找图片文件，可选择查找的属性为“名称”，在文本框中输入“JPEG”或其他图片文件格式，然后单击“查找”按钮，系统会自动找到“项目”面板中对应格式的图片文件。如果“项目”面板中有多个图片文件，可再次单击“查找”按钮，查找下一个图片文件。单击“完成”按钮，可退出“查找”对话框。

提示 除了查找“项目”面板中的素材，用户还可以使序列中的影片自动定位，找到其在“项目”面板中的源素材。在“时间轴”面板的素材上单击鼠标右键，在弹出的菜单中选择“在项目中显示”命令，如图1-36所示，即可找到“项目”面板中相应的素材，如图1-37所示。

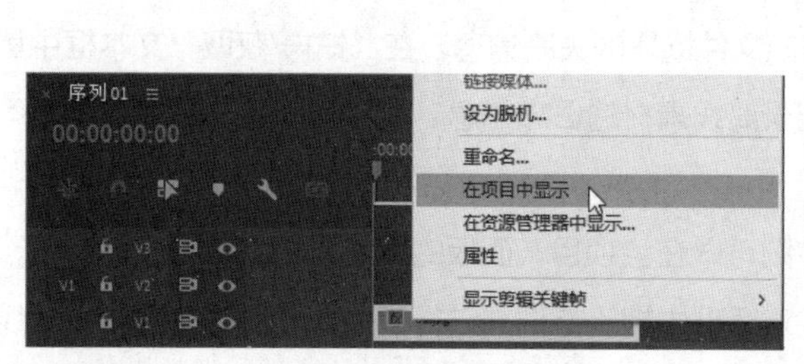

图1-36

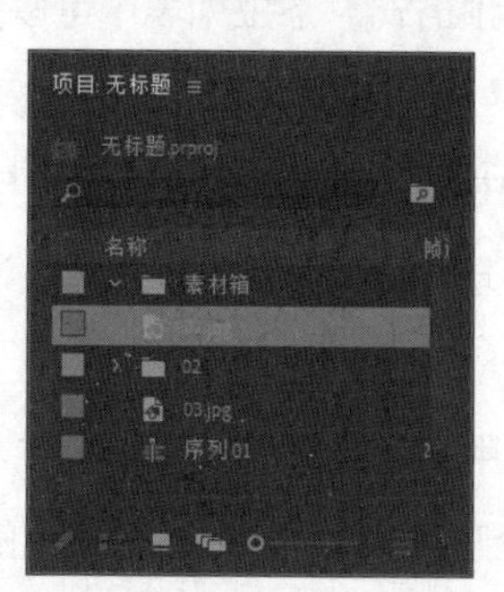

图1-37

1.2.9 离线素材

当打开一个项目文件时，系统若提示找不到源素材，如图1-38所示，可能是源文件被改名或存储位置发生了变化。可以单击“查找”按钮，直接在磁盘上找到源素材，也可以单击“脱机”按钮，建立离线文件来代替源素材。

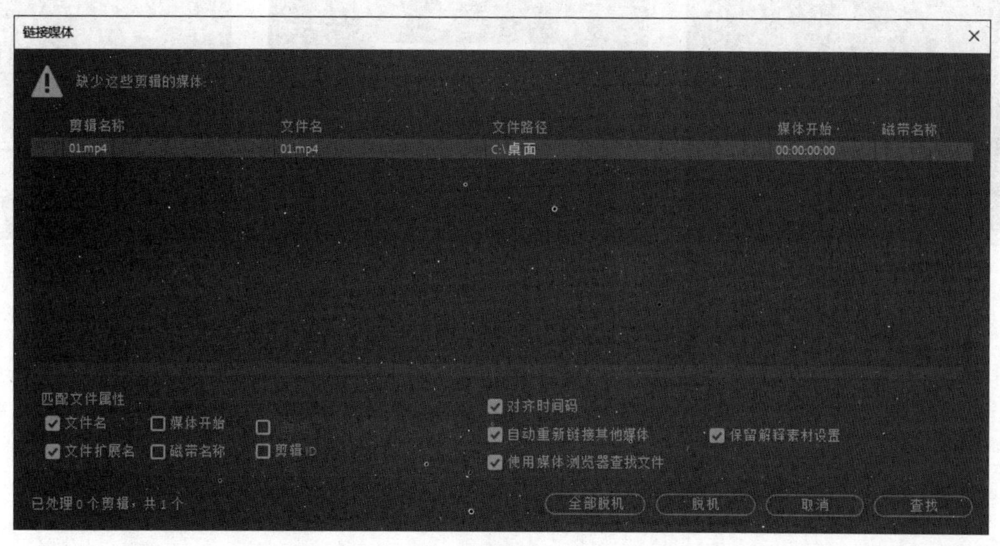

图1-38

在Premiere Pro 2022中，若磁盘上的源文件被删除或移动，就会发生无法找到项目磁盘源文件的情况。此时，可以建立一个离线文件。离线文件具有和其所替换的源文件相同的属性，可以对其进行与普通素材完全相同的操作。当找到所需文件后，可以用该文件替换离线文件，以进行正常编辑。离线文件实际上起到一个占位符的作用，它可以暂时占据丢失文件所处的位置。

在“项目”面板中单击“新建项”按钮，在弹出的菜单中选择“脱机文件”命令，弹出“新建脱机文件”对话框，如图1-39所示。设置相关的参数后，单击“确定”按钮，弹出“脱机文件”对话框，如图1-40所示。

在“包含”下拉列表中可以选择建立含有影像和声音的离线素材，或者仅含有其中一项的离线素材。在“音频格式”下拉列表中可以设置音频的声道。在“磁带名称”文本框中可以输入磁带卷标。在“文件名”文本框中可以指定离线素材的名称。在“描述”文本框中可以输入一些备注信息。在“场景”文本框中可以输入注释离线素材与源文件场景的关联信息。在“拍摄/获取”文本框中可以输入拍摄信息。在“记录注释”文本框中可以记录离线素材的日志信息。在“时间码”选项区域中可以指定离线素材的时间。

如果要用实际素材替换离线素材，则可以在“项目”面板的离线素材上单击鼠标右键，在弹出的菜单中选择“链接媒体”命令，在弹出的对话框中指定文件并进行替换。“项目”面板中离线素材的显示如图1-41所示。

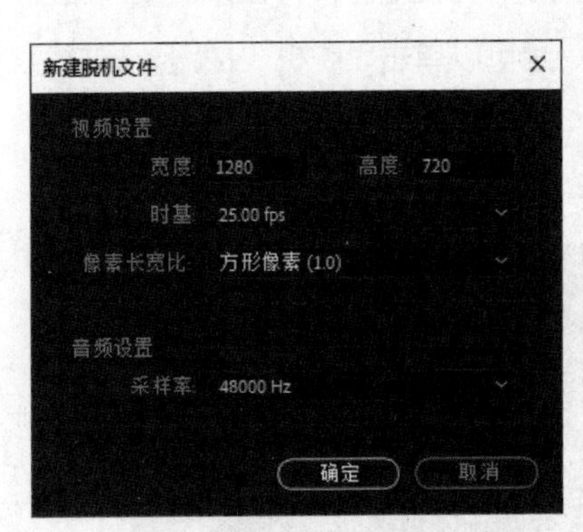

图1-39

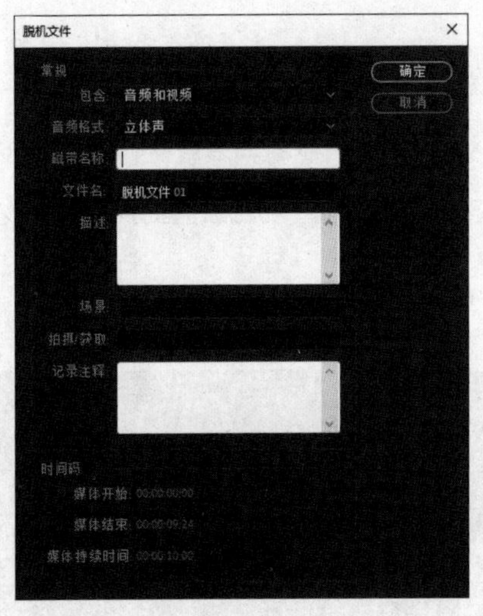

图1-40

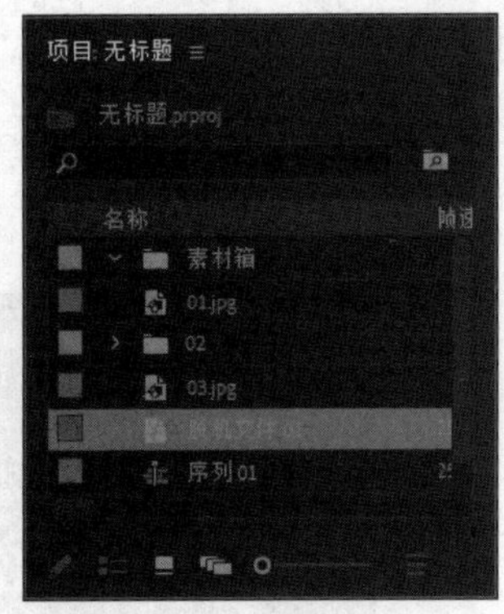

图1-41

第 2 章

影视剪辑

本章介绍

本章对Premiere Pro 2022中剪辑影片的基本技术和操作进行详细的讲解，其中包括剪辑素材、分离素材、编组素材、捕捉和上载视频，以及使用Premiere Pro 2022创建新元素等。通过对本章的学习，读者可以掌握常用剪辑技术的使用方法和应用技巧。

学习目标

- 熟练掌握剪辑素材的方法。
- 掌握分离素材的技巧。
- 了解将素材编组的方法。
- 了解捕捉和上载视频的方法。
- 掌握创建新元素的技巧。

技能目标

- 掌握城市形象宣传片视频的剪辑方法。
- 掌握番茄的故事宣传片视频的重组方法。
- 掌握篮球公园宣传片中彩条的添加方法。

2.1 使用监视器剪辑素材

在Premiere Pro 2022中使用监视器可以播放和剪辑素材，还可以导出单帧图像并进行场设置。

2.1.1 课堂案例——剪辑城市形象宣传片视频

案例学习目标 能够导入视频文件，并使用入点、出点和编辑点剪辑视频。

案例知识要点 使用“导入”命令导入视频文件，使用入点和出点在“源”监视器中剪辑视频，通过拖曳编辑点在“时间轴”面板中剪辑素材，最终效果如图2-1所示。

效果所在位置 Ch02\剪辑城市形象宣传片视频\剪辑城市形象宣传片视频. prproj。

图2-1

01 启动Premiere Pro 2022软件，选择“文件 > 新建 > 项目”命令，进入新建项目界面，如图2-2所示，单击“创建”按钮，新建项目。

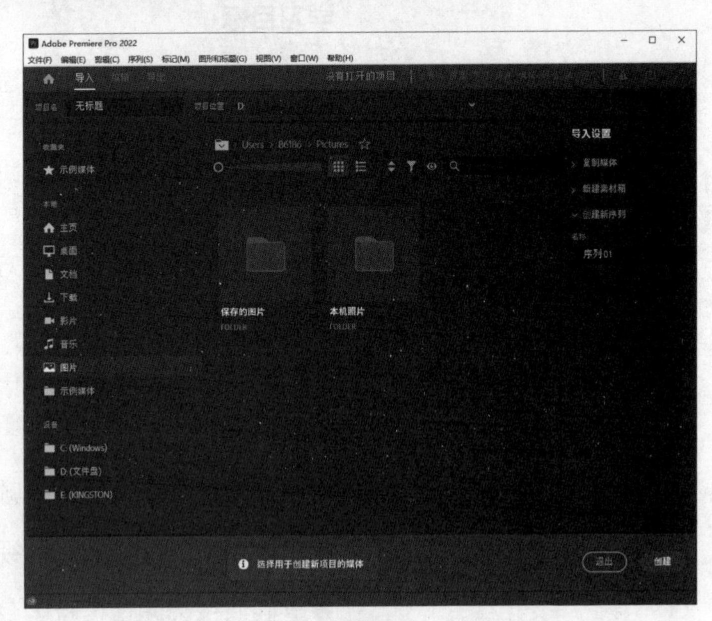

图2-2

02 选择“文件 > 导入”命令，弹出“导入”对话框，选择本书学习资源中的“Ch02\剪辑城市形象宣传片视频\素材\01 ~ 04”文件，如图2-3所示，单击“打开”按钮，将素材文件导入“项目”面板中，如图2-4所示。双击“项目”面板中的“01”文件，在“源”监视器中打开“01”文件，如图2-5所示。

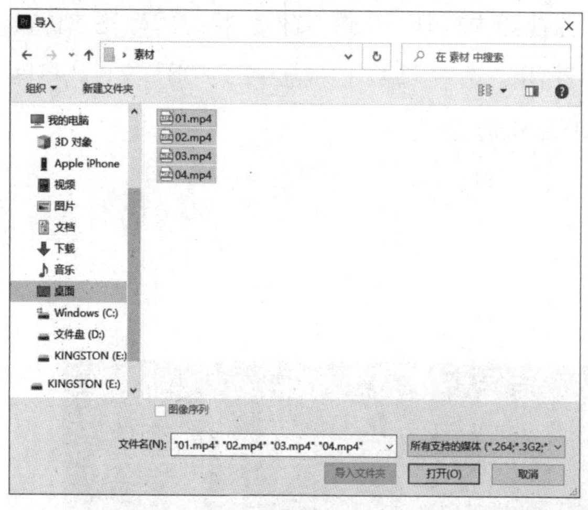

图2-3

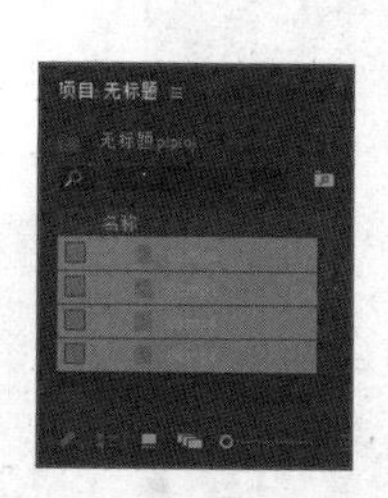

图2-4

图2-5

03 将时间标签放置在00:00:05:06的位置。按I键，创建标记入点，如图2-6所示。将时间标签放置在00:00:16:06的位置。按O键，创建标记出点，如图2-7所示。选中“源”监视器中的“01”文件，将其拖曳到“时间轴”面板的“视频1（V1）”轨道中，如图2-8所示。

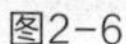

图2-6

图2-7

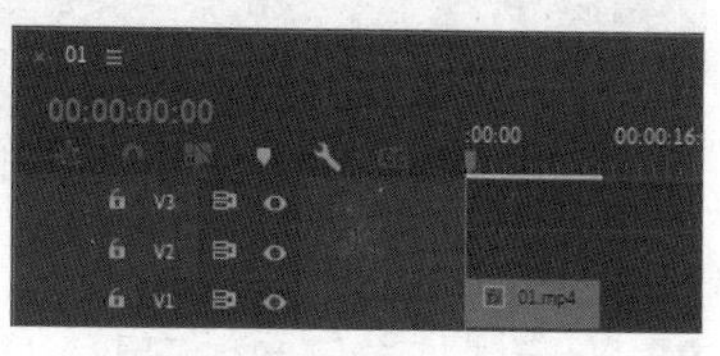

图2-8

04 双击“项目”面板中的“02”文件，在“源”监视器中打开“02”文件。将时间标签放置在00:00:06:10的位置。按I键，创建标记入点，如图2-9所示。将时间标签放置在00:00:09:13的位置。按O键，创建标记出点，如图2-10所示。选中“源”监视器中的“02”文件，将其拖曳到“时间轴”面板的“视频1（V1）”轨道中，如图2-11所示。

图2-9

图2-10

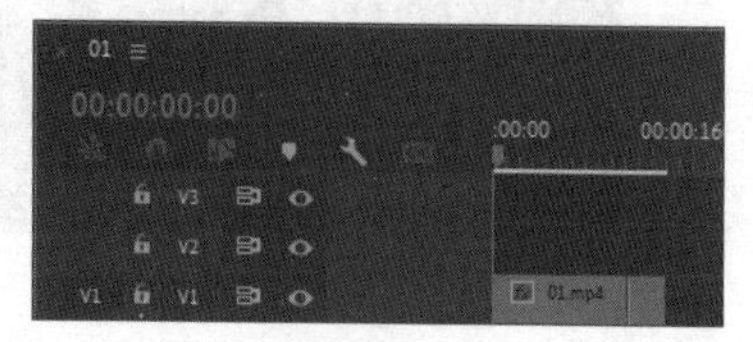

图2-11

05 双击“项目”面板中的“03”文件，在“源”监视器中打开“03”文件。将时间标签放置在00:00:04:08的位置。按I键，创建标记入点，如图2-12所示。选中“源”监视器中的“03”文件，将其拖曳到“时间轴”面板的“视频1（V1）”轨道中，如图2-13所示。

图2-12

图2-13

06 将时间标签放置在00:00:20:00的位置，如图2-14所示。将鼠标指针放在“03”文件的结束位置，当鼠标指针呈形状时，向左拖曳到00:00:20:00的位置，如图2-15所示。

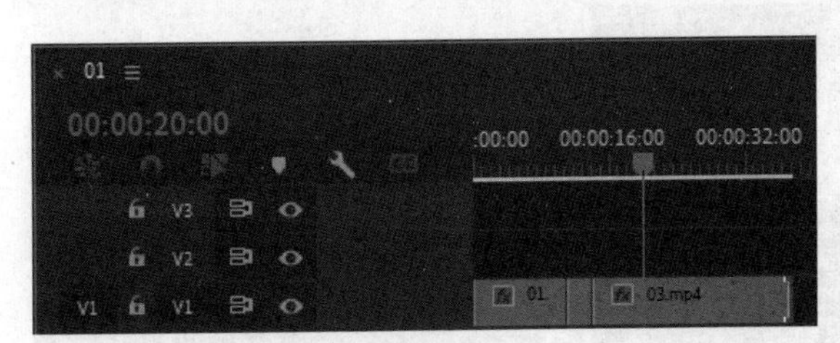

图2-14

图2-15

07 双击“项目”面板中的“04”文件，在“源”监视器中打开“04”文件。将时间标签放置在00:00:17:05的位置。按I键，创建标记入点，如图2-16所示。选中“源”监视器中的“04”文件，将其拖曳到“时间轴”面板的“视频1（V1）”轨道中，如图2-17所示。城市形象宣传片视频剪辑完成。

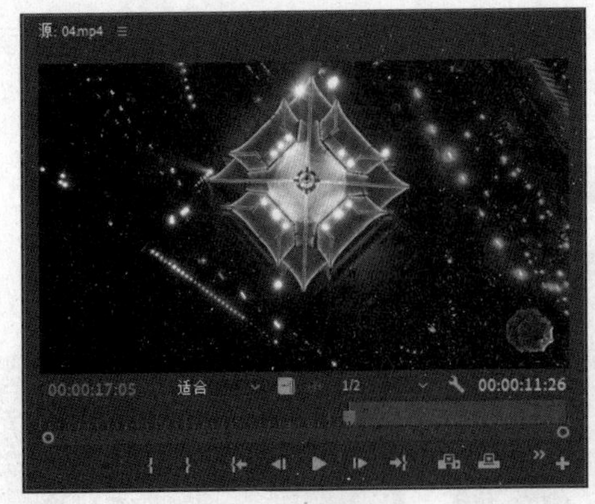

图2-16

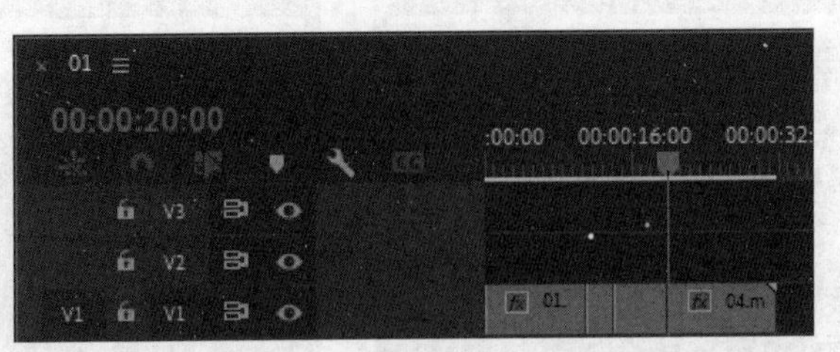

图2-17

2.1.2 认识监视器

Premiere Pro 2022中有两个监视器："源"监视器与"节目"监视器，分别用来显示素材及素材在编辑时的状况，如图2-18和图2-19所示。

用户可以在"源"监视器和"节目"监视器中设置安全显示区域，这对输出为电视机播放的影片非常有用。

电视机在播放视频图像时，屏幕的边缘会切除部分图像，这种现象叫作溢出扫描。不同的电视机溢出的扫描量不同，所以要把图像的重要部分放在安全显示区域内。在制作影片时，需要将重要的场景元素、演员、图表放在"运动安全区域"内；将标题、字幕放在"标题安全区域"内。图2-20中，外侧的方框为"运动安全区域"，内侧的方框为"标题安全区域"。

单击"源"监视器或"节目"监视器下方的"安全边距"按钮，可以显示或隐藏监视器中的安全显示区域。

图2-18

图2-19

图2-20

2.1.3 播放素材

在"项目"面板和"时间轴"面板中双击要观看的素材，素材都会自动显示在"源"监视器中。使用监视器下方的工具栏可以对素材进行播放控制，方便查看剪辑效果，如图2-21所示。

图2-21

在不同的时间编码模式下，时间数字的显示方式会有所不同。如果选择"无掉帧"模式，各时间单位之间用冒号分隔；如果选择"掉帧"模式，各时间单位之间用分号分隔；如果选择"帧"模式，时间为帧数。

拖曳鼠标指针到时间显示区域并单击，可以从键盘上直接输入数值，以改变显示的时间，影片会自动跳到输入的时间位置。

如果输入的时间数值之间无间隔符号，如"1234"，则Premiere Pro 2022会自动将其识别为帧数，并根据所选用的时间编码将其换算为相应的时间。

监视器右侧的持续时间计数器显示了影片入点与出点之间的长度，即影片的持续时间。

缩放列表在“源”监视器或“节目”监视器的下方，可改变监视器中影片的显示比例，如图2-22所示。可以通过放大或缩小影片进行观察，选择“适合”选项，则无论窗口大小如何，影片都会匹配视窗，完全显示其中的内容。

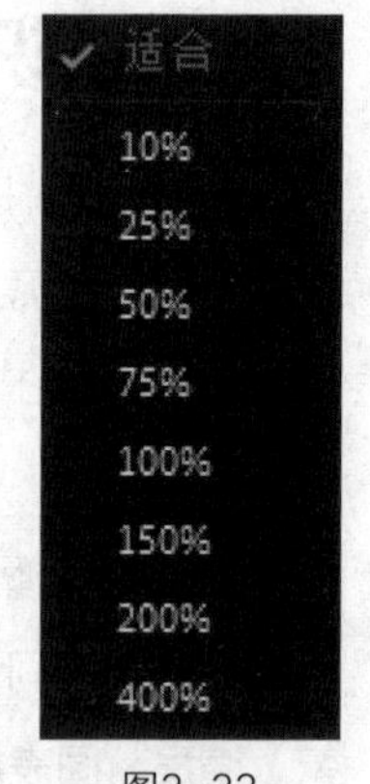

图2-22

2.1.4 在监视器中剪辑素材

剪辑时，可以通过增加或删除帧来改变素材的长度。素材开始帧的位置被称为入点，素材结束帧的位置被称为出点。用户可以在“源”/“节目”监视器和“时间轴”面板中剪辑素材。

1. 为素材的视频和音频同时设置入点和出点

01 在“项目”面板中双击要设置入点和出点的素材，将其在“源”监视器中打开。

02 在“源”监视器中拖曳播放指示器或按空格键，找到所需片段的开始位置。

03 单击“源”监视器下方的“标记入点”按钮或按I键，“源”监视器中会显示当前素材的入点画面，监视器下方会显示入点标记，如图2-23所示。

04 继续播放影片，找到所需片段的结束位置。单击“源”监视器下方的“标记出点”按钮或按O键，监视器下方会显示当前素材的出点标记。两点之间的片段即入点与出点间的素材片段，其显示为浅色，如图2-24所示。

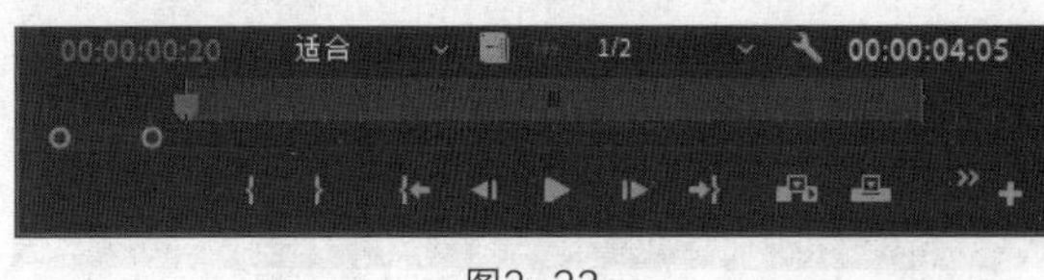

图2-23

图2-24

05 单击“转到入点”按钮，可以自动跳到影片的入点位置；单击“转到出点”按钮，可以自动跳到影片的出点位置。

2. 为音频设置入点和出点

当声音同步要求非常严格时，用户可以为音频素材设置高精度的入点。音频素材的入点可以使用高达1/600s的精度来调节。对于音频素材，入点和出点的播放指示器会出现在波形图中的相应位置，如图2-25所示。

将一个同时含有音频和视频的素材拖曳到“时间轴”面板中，该素材的音频和视频部分会被分别放到相应的轨道中。

3. 为素材的视频和音频单独设置入点和出点

为素材的视频和音频单独设置入点和出点的方法如下。

01 在“源”监视器中打开要设置入点和出点的素材。

02 在“源”监视器中拖曳播放指示器或按空格键，找到所需视频片段的开始或结束位置。选择“标记 > 标记拆分”命令，弹出的子菜单如图2-26所示。

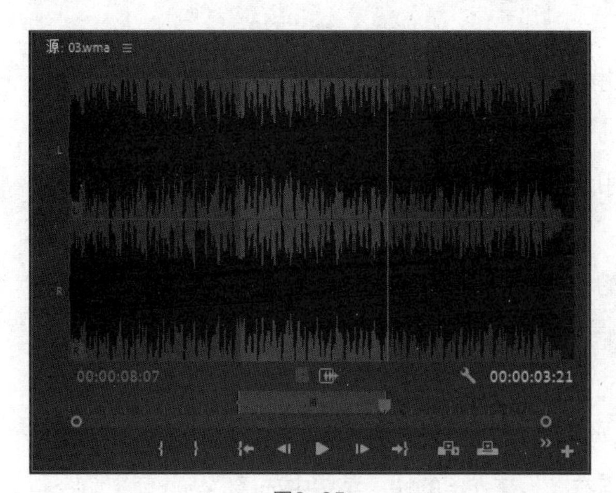

图2-25

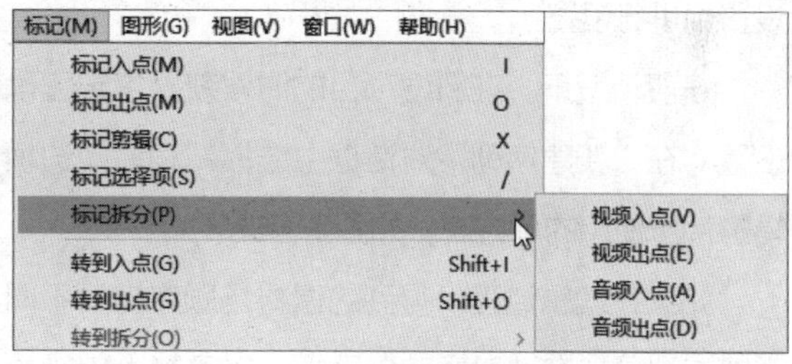

图2-26

03 在弹出的子菜单中选择“视频入点”和“视频出点”命令，为两点之间的视频部分设置入点和出点，如图2-27所示。继续播放影片，找到所需音频片段的开始或结束位置。选择“音频入点”和“音频出点”命令，为两点之间的音频部分设置入点和出点，如图2-28所示。

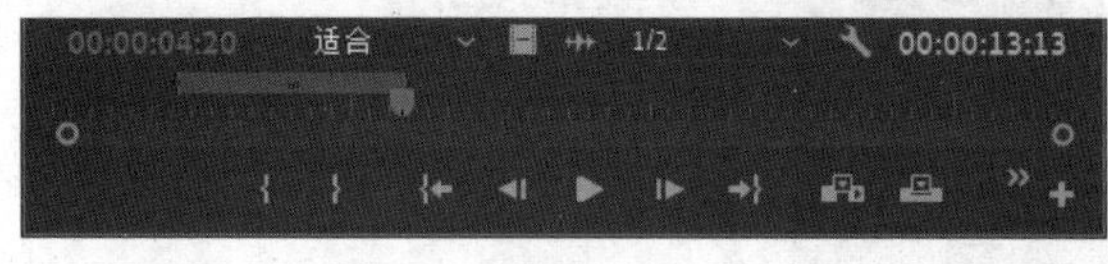

图2-27

图2-28

2.1.5 导出单帧图像

单击“节目”监视器下方的“导出帧”按钮，会弹出“导出帧”对话框，在“名称”文本框中输入文件的名称，在“格式”下拉列表中选择文件格式，“路径”选项用于设置文件的保存路径，如图2-29所示。设置完成后，单击“确定”按钮，即可导出当前时间位置的单帧图像。

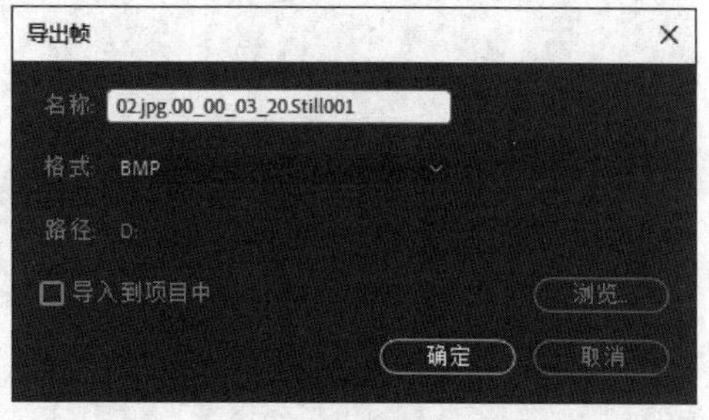

图2-29

2.1.6 场设置

在使用视频素材时，会遇到交错视频场的问题，它会严重影响最后的合成质量。视频格式、采集和回放设备不同，场的优先顺序也是不同的。如果场顺序反转，视频画面就会发生卡顿或闪烁。在视频编辑中，改变片段的播放速度、输出胶片带、反向播放片段或冻结视频帧，都有可能遇到场处理问题。所以，正确的场设置在视频编辑中是非常重要的。

在选择场顺序后，应该播放影片，观察影片是否能够平滑地进行播放，如果画面出现了跳动现象，则说明场的顺序是错误的。

对于采集或上传的视频素材，一般情况下都要进行场分离设置。另外，如果要将计算机中制作完成的影片输出到用于电视监视器播放的领域，在输出前也要对场进行设置，输出到电视机的影片都是具有场的。用户也可以为没有场的影片添加场，如为使用三维动画软件输出的影片添加场（用户可以在渲染设置中进行设置）。

一般情况下，在新建项目的时候就要指定正确的场顺序，这里的顺序一般要根据影片的输出设备来设置。在“新建序列”对话框中选择“设置”选项卡，在“视频”选项区域的“场”下拉列表中指定编辑影片所使用的场方式，如图2-30所示。

如果在编辑过程中得到的素材场顺序有所不同，则必须将其统一，并使其符合编辑输出的场设置。调整方法是，在“时间轴”面板中的素材上单击鼠标右键，在弹出的快捷菜单中选择“场选项”命令，在弹出的“场选项”对话框中进行设置，如图2-31所示。

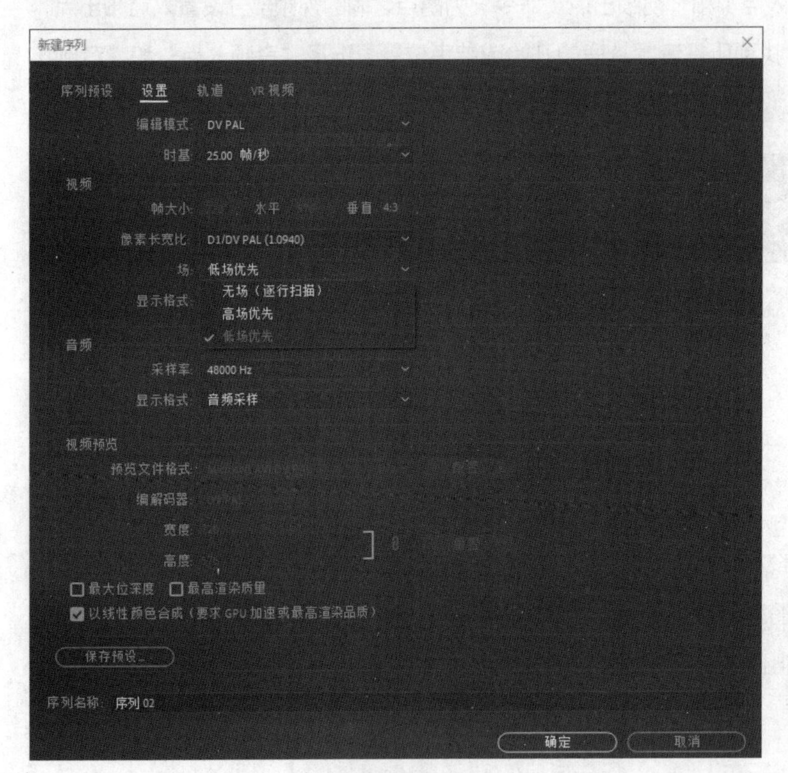

图2-30

“交换场序”：如果素材的场顺序与视频采集卡顺序相反，则勾选此复选框。

“无”：不应用任何处理选项。

“始终去隔行”：将非交错场转换为交错场。

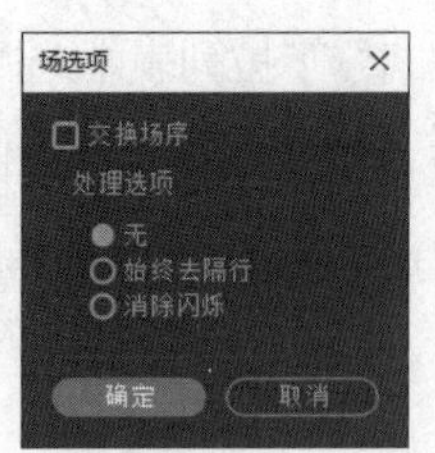

图2-31

“消除闪烁”：该单选项用于消除细小的水平细节出现的闪烁。当该单选项没有被选中时，一条只有1 像素的水平线只能隔场出现，所以会出现闪烁；选中该单选项后，将使连续行模糊，不会对剪辑隔行。在播放字幕时，一般都要将该单选项选中。

2.2 使用“时间轴”面板编辑素材

在Premiere Pro 2022中使用“时间轴”面板可以剪辑素材、改变素材的速度/持续时间、创建帧定格、编辑标记点、粘贴素材及属性，还可以切割素材、插入和覆盖素材、提升和提取素材等。

2.2.1 课堂案例——重组番茄的故事宣传片视频

案例学习目标 能够使用“导入”命令和“插入”按钮编辑视频素材。

案例知识要点 使用“导入”命令导入视频文件，使用“效果控件”面板调整文件大小，使用“插入”按钮插入视频文件，最终效果如图2-32所示。

效果所在位置 Ch02\重组番茄的故事宣传片视频\重组番茄的故事宣传片视频. prproj。

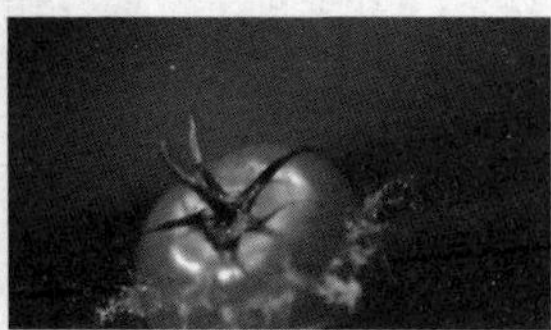
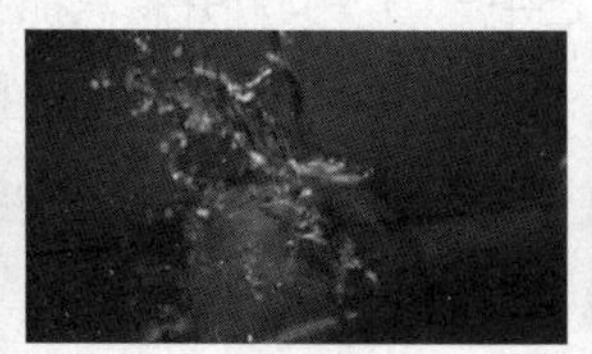
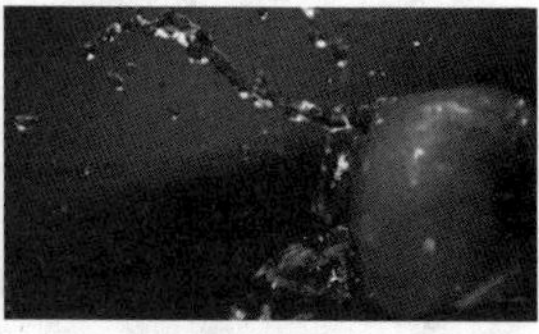

图2-32

01 启动Premiere Pro 2022软件，选择“文件 > 新建 > 项目”命令，进入新建项目界面，如图2-33所示，单击“创建”按钮，新建项目。选择“文件 > 新建 > 序列”命令，弹出“新建序列”对话框，单击“设置”选项卡，具体参数设置如图2-34所示，单击“确定”按钮，新建序列。

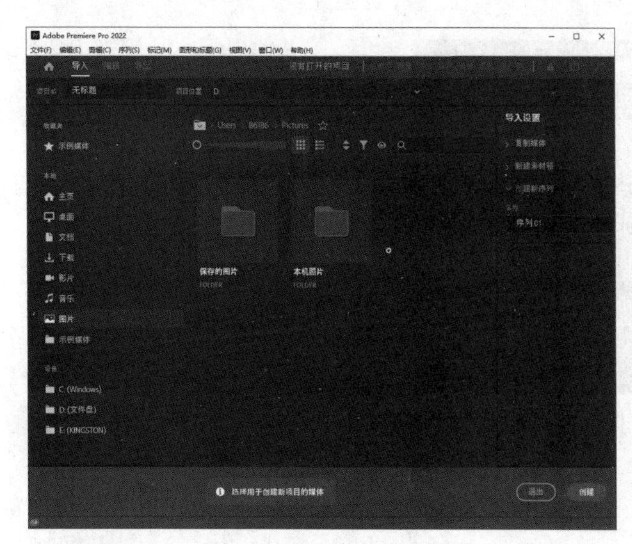

图2-33

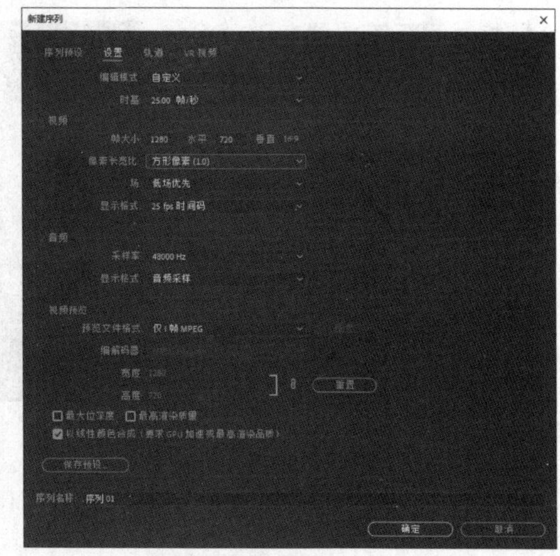

图2-34

02 选择“文件 > 导入”命令，弹出“导入”对话框，选择本书学习资源中的“Ch02\重组番茄的故事宣传片视频\素材\01和02”文件，如图2-35所示，单击“打开”按钮，将素材文件导入“项目”面板中，如图2-36所示。

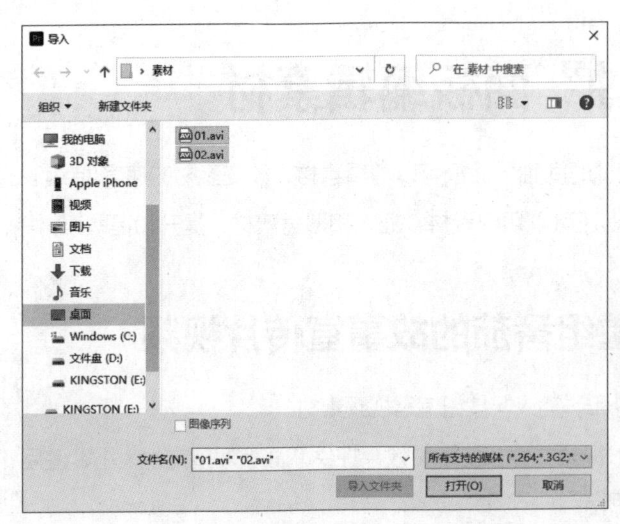

图2-35

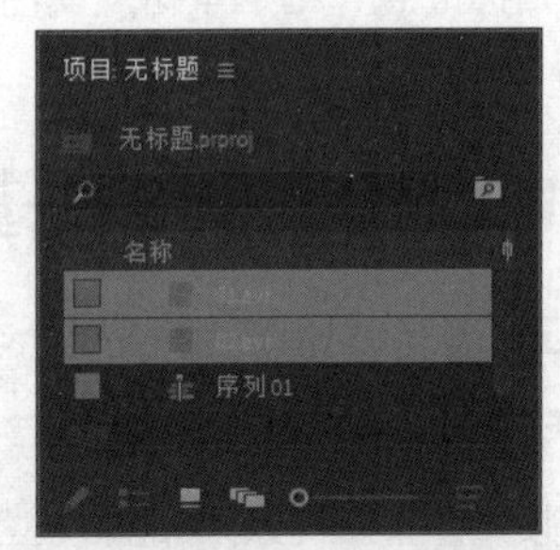

图2-36

03 在“项目”面板中，选中“01”文件并将其拖曳到“时间轴”面板中，如图2-37所示。选择“时间轴”面板中的“01”文件。在“效果控件”面板中展开“运动”选项，将“缩放”选项设置为167.0，如图2-38所示。

图2-37

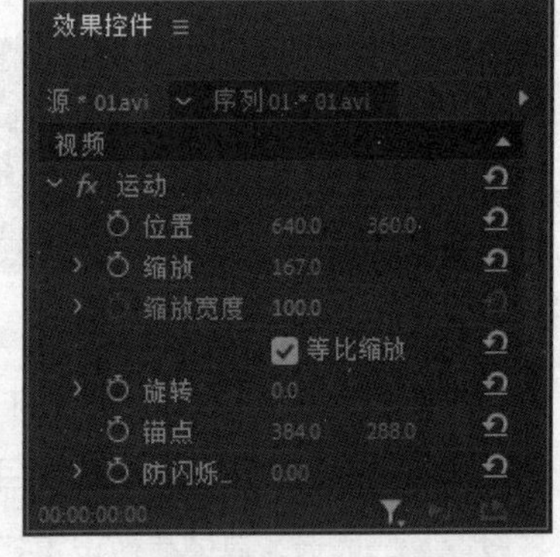

图2-38

04 将时间标签放置在00:00:06:00的位置。在“项目”面板中双击“02”文件，将其在“源”监视器中打开，如图2-39所示。单击“源”监视器下方的“插入”按钮，将“02”文件插入“时间轴”面板中，如图2-40所示。

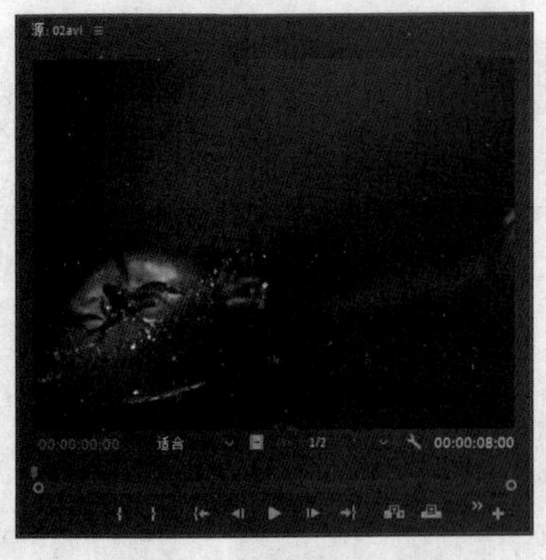

图2-39

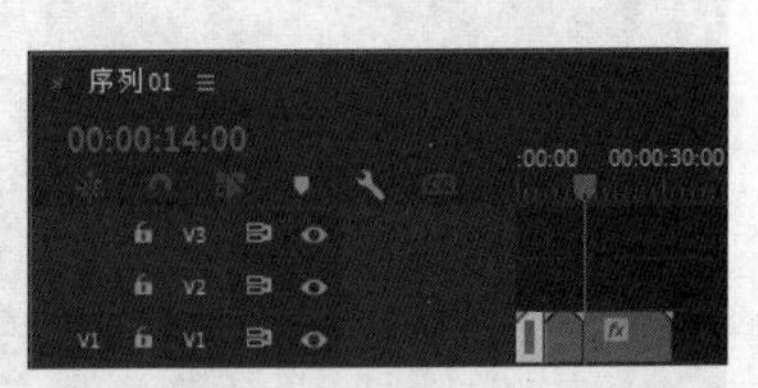

图2-40

05 将时间标签放置在00:00:25:00的位置。在“视频1（V1）”轨道上选中“01”文件，将鼠标指针放在“01”文件的结束位置，当鼠标指针呈◀形状时，向左拖曳到00:00:25:00的位置，如图2-41所示。

06 选择“时间轴”面板中的“02”文件。在“效果控件”面板中展开“运动”选项，将“缩放”选项设置为167.0，如图2-42所示。番茄的故事宣传片视频重组完成。

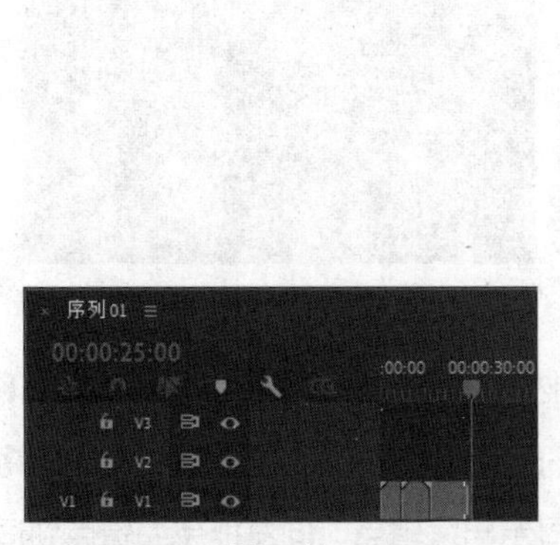

图2-41

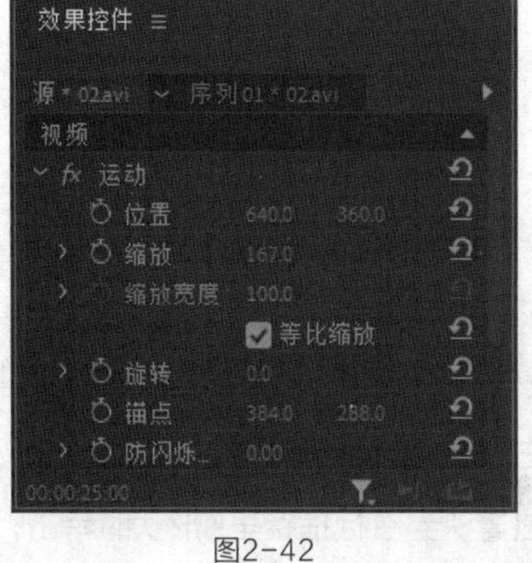

图2-42

2.2.2 在“时间轴”面板中剪辑素材

Premiere Pro 2022提供了多种编辑素材片段的工具，下面介绍这些编辑工具的具体使用方法。

1. 选择素材

01 选择“选择”工具▶，在“时间轴”面板中单击素材可以直接将其选中，如图2-43所示；按住Alt键的同时单击，可以单独选择素材的音频或视频部分，如图2-44所示；按住Shift键的同时单击，可以同时选择多个素材，如图2-45所示。

图2-43

图2-44

图2-45

02 选择“向前选择轨道”工具■，在“时间轴”面板中单击可以选择鼠标指针右侧的所有素材，如图2-46所示。按住Shift键的同时单击，可以选择当前轨道中鼠标指针右侧的所有素材，如图2-47所示。

图2-46

图2-47

03 选择“向后选择轨道”工具■，可以选择鼠标指针左侧的所有素材。具体操作与“向前选择轨道”工具■相同，这里不再赘述。

2. 剪辑素材

01 将鼠标指针放置在素材文件的开始位置，当鼠标指针呈形状时单击，显示出编辑点，向右拖曳编辑点到适当的位置，如图2-48所示。将鼠标指针放置在素材文件的结束位置，当鼠标指针呈形状时单击，显示出编辑点，向左拖曳编辑点到适当的位置，如图2-49所示。

图2-48

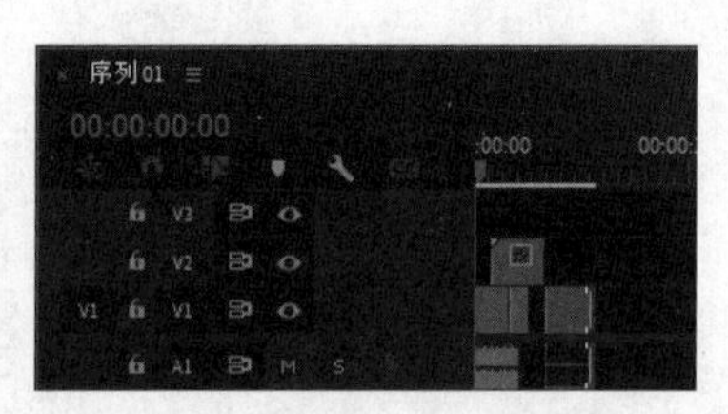
图2-49

02 选择“波纹编辑”工具，将鼠标指针放置在素材文件的开始位置，当鼠标指针呈形状时单击，显示出编辑点，向右拖曳编辑点到适当的位置，如图2-50所示，右侧的素材发生位移。将鼠标指针放置在素材文件的结束位置，当鼠标指针呈形状时单击，显示出编辑点，向左拖曳编辑点到适当的位置，如图2-51所示，右侧的素材发生位移。

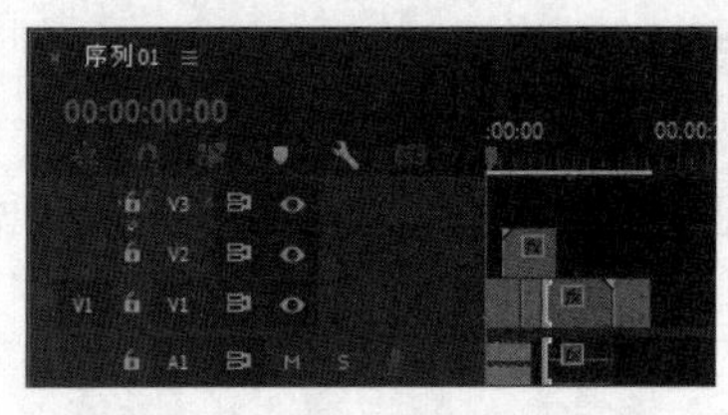
图2-50

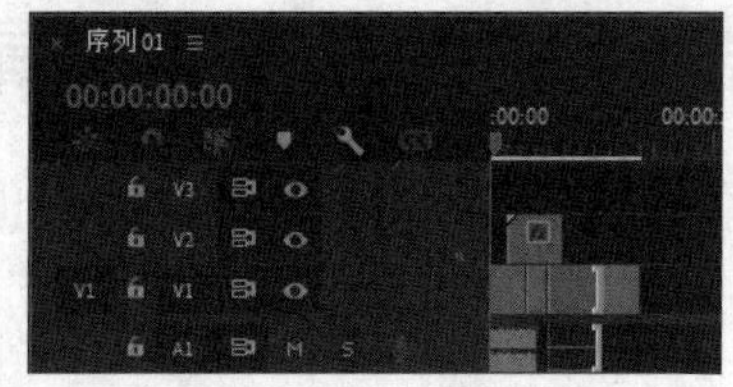
图2-51

03 选择“滚动编辑”工具，在“时间轴”面板中将鼠标指针置于两个素材之间并单击，向左拖曳鼠标以调整素材，如图2-52所示。按住Alt键的同时向右拖曳鼠标，只影响链接素材的视频部分，如图2-53所示。

图2-52

图2-53

04 选择“外滑”工具，将鼠标指针置于要调整的素材上，向左拖动可以将素材的入点和出点前移，如图2-54所示，“节目”监视器如图2-55所示。向右拖动可以将素材的入点和出点后移。

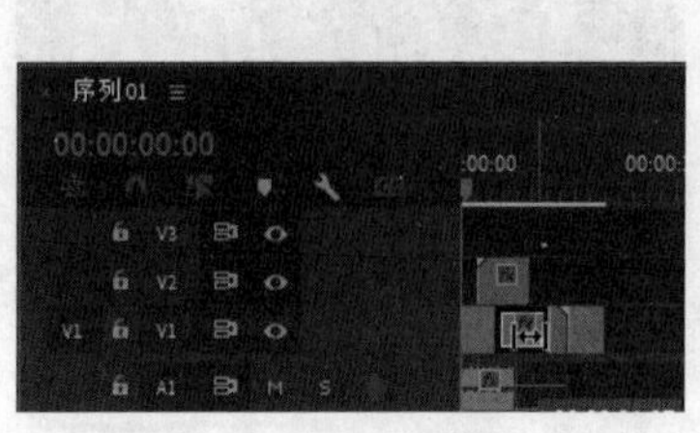
图2-54

图2-55

05 选择“内滑”工具，将鼠标指针置于要调整的素材上，向左拖动可以将前一个素材的出点和后一个素材的入点前移，如图2-56所示，“节目”监视器如图2-57所示。向右拖动可以将前一个素材的出点和后一个素材的入点后移。

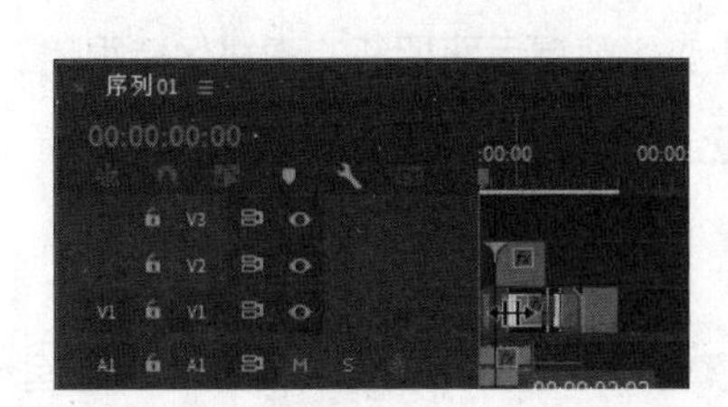
图2-56

图2-57

2.2.3 切割素材

在Premiere Pro 2022中，当素材被添加到“时间轴”面板的轨道中后，可以使用“工具”面板中的“剃刀”工具对素材进行分割，具体操作步骤如下。

01 在“时间轴”面板中选择要切割的素材。选择工具箱中的“剃刀”工具。

02 将鼠标指针移到需要切割的位置并单击，该素材即被切割为两个素材片段，每个素材片段都有独立的长度及入点与出点，如图2-58所示。

03 如果要将多个轨道上的素材在同一点分割，则按住Shift键，显示出多重刀片后单击，轨道上未锁定的素材都在该位置被分割成两段，如图2-59所示。

图2-58

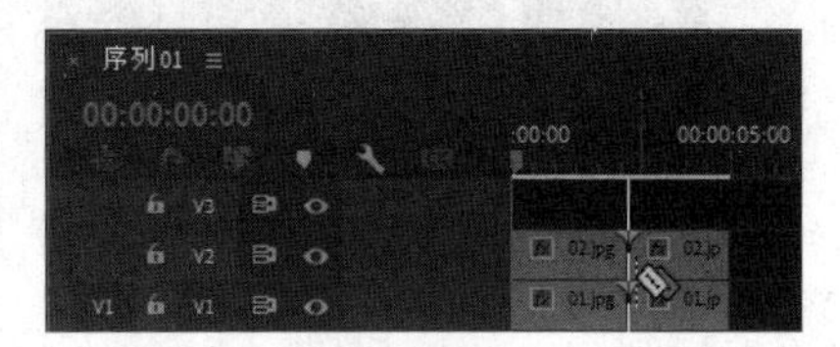

图2-59

2.2.4 改变素材的速度/持续时间

在Premiere Pro 2022中，用户可以根据需要随意更改影片的播放速度，具体操作步骤如下。

1. 使用“速度/持续时间”命令调整

在“时间轴”面板的某一个素材上单击鼠标右键，在弹出的菜单中选择“速度/持续时间”命令，弹出图2-60所示的对话框。设置完成后，单击“确定”按钮完成更改。

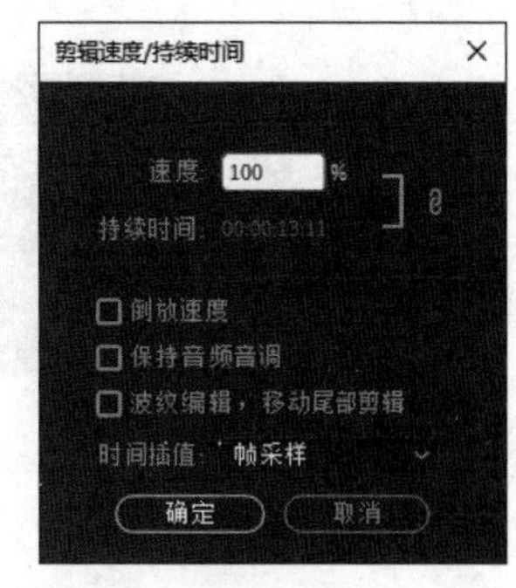

图2-60

速度：用于设置播放速度的百分比，以决定影片的播放速度。

持续时间：单击右侧的时间码，可以修改时间值。时间值越大，影片播放的速度越慢；时间值越小，影片播放的速度越快。

倒放速度：勾选此复选框，影片将向反方向播放。

保持音频音调：勾选此复选框，影片将保持音频的播放速度不变。

波纹编辑，移动尾部剪辑：勾选此复选框，可使变化剪辑后面相邻的素材保持跟随。

时间插值：选择速度更改后的时间插值方法，包含帧采样、帧混合和光流法。

2. 使用“比率拉伸”工具调整

选择“比率拉伸”工具，将鼠标指针放置在素材文件的开始位置，当鼠标指针呈形状时，向左拖曳到适当的位置，如图2-61所示，调整影片的播放速度。当鼠标指针呈形状时，向右拖曳到适当的位置，如图2-62所示，调整影片的播放速度。

图2-61

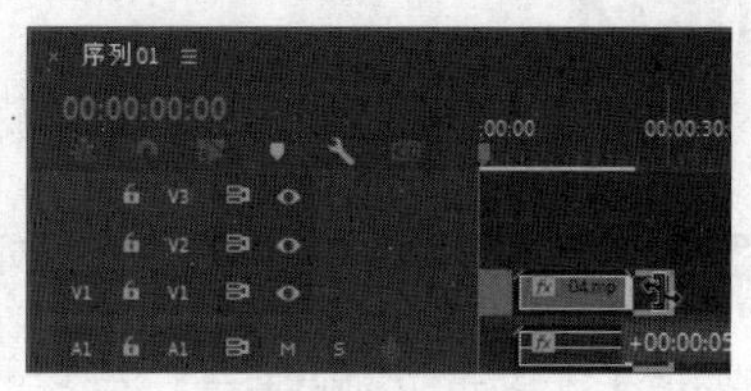
图2-62

3. 使用速度线调整

01 在“时间轴”面板中选择素材文件，如图2-63所示。在素材文件上单击鼠标右键，在弹出的菜单中选择“显示剪辑关键帧 > 时间重映射 > 速度”命令，此时的效果如图2-64所示。

图2-63

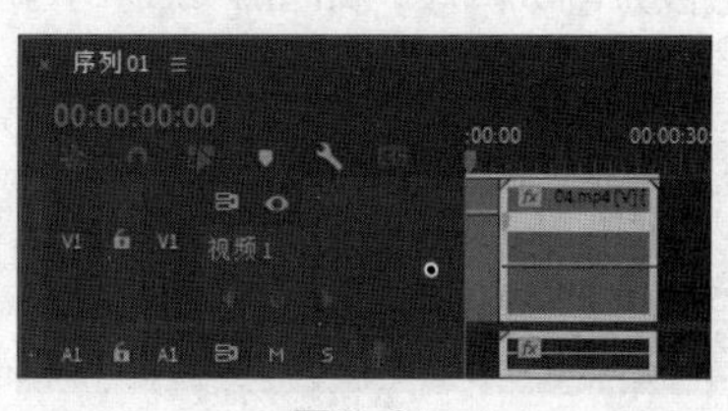
图2-64

02 向下拖曳中心的速度水平线，调整影片的播放速度，如图2-65所示，松开鼠标，效果如图2-66所示。

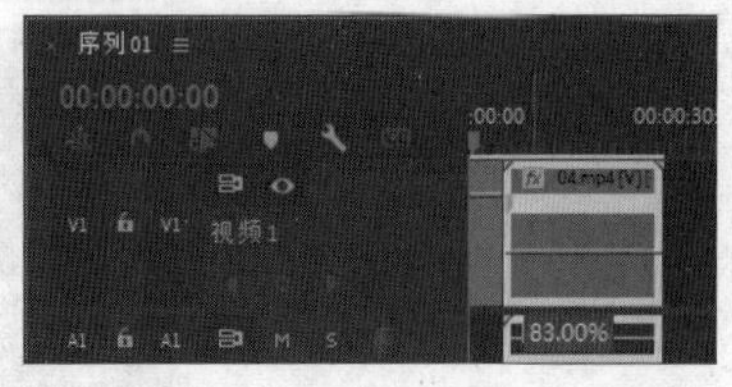
图2-65

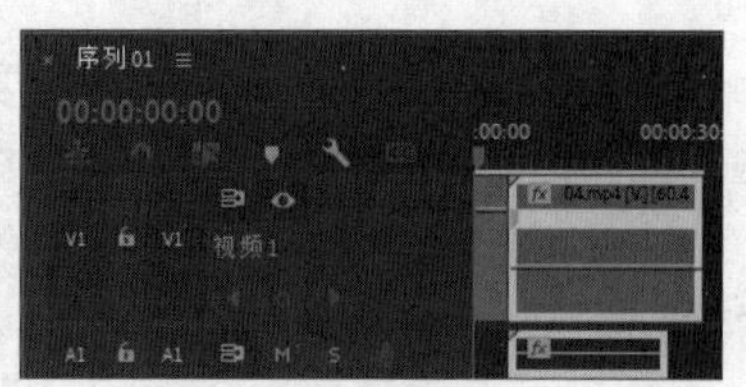
图2-66

03 按住Ctrl键的同时，在速度线上单击，生成关键帧，如图2-67所示。用相同的方法再次添加关键帧，效果如图2-68所示。

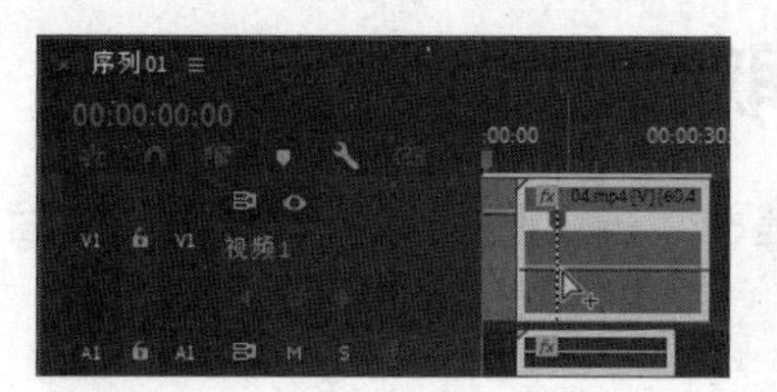

图2-67

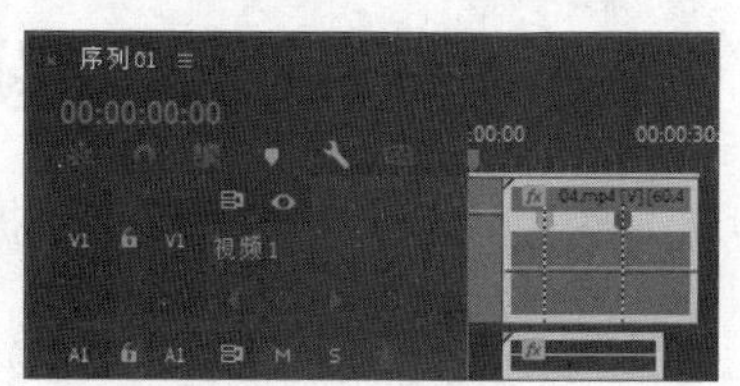

图2-68

04 向上拖曳两个关键帧之间的速度线，可以调整影片的播放速度，如图2-69所示。拖曳第2个关键帧的右半部分，可以拆分关键帧，如图2-70所示。

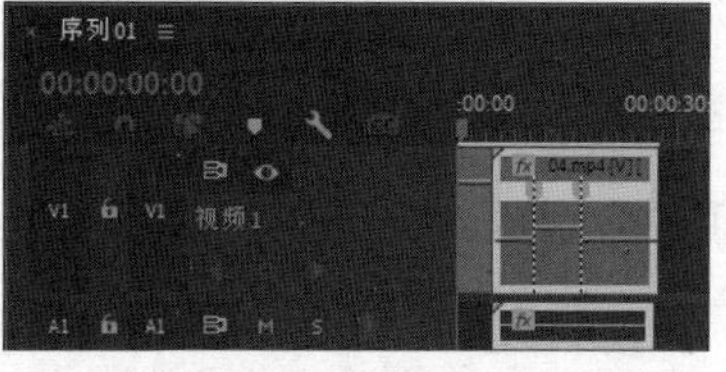

图2-69

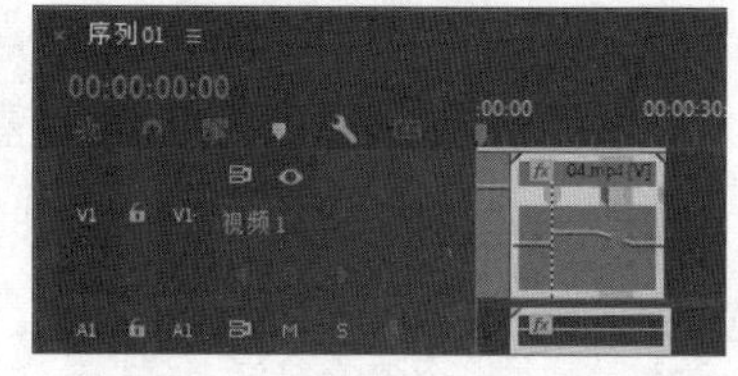

图2-70

2.2.5 插入编辑和覆盖编辑

“插入”按钮和“覆盖”按钮可以将“源”监视器中的素材直接置入“时间轴”面板中播放指示器所在位置的当前轨道中。

1. 插入编辑

使用“插入”按钮的具体操作步骤如下。

01 在“源”监视器中选中要插入“时间轴”面板中的素材。

02 在“时间轴”面板中将播放指示器移动到需要插入素材的位置，如图2-71所示。

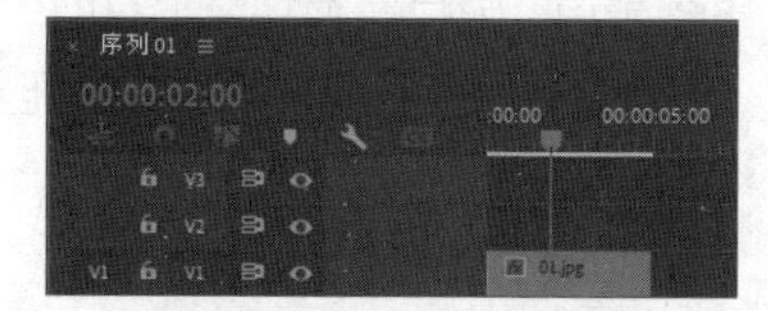

图2-71

03 单击“源”监视器下方的“插入”按钮，将选择的素材插入“时间轴”面板中，插入的新素材会把原有素材分为两段，原有素材的后半部分将自动向后移动，接在新素材之后，效果如图2-72所示。

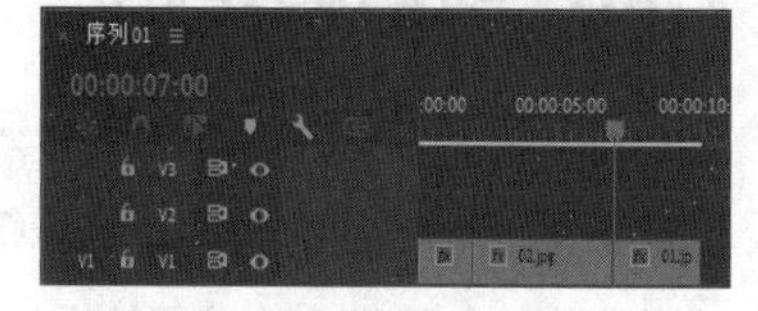

图2-72

2. 覆盖编辑

使用“覆盖”按钮的具体操作步骤如下。

01 在“源”监视器中选中要插入“时间轴”面板中的素材。

02 在“时间轴”面板中将播放指示器移动到需要插入素材的位置，如图2-73所示。

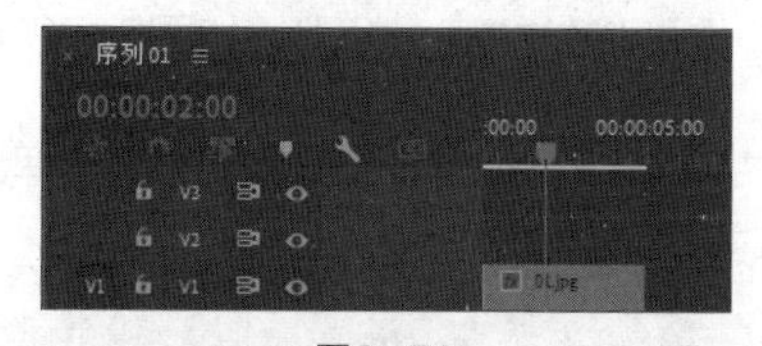

图2-73

03 单击“源”监视器下方的“覆盖”按钮，将选择的素材插入“时间轴”面板中，插入的新素材将覆盖播放指示器右侧的原有素材，如图2-74所示。

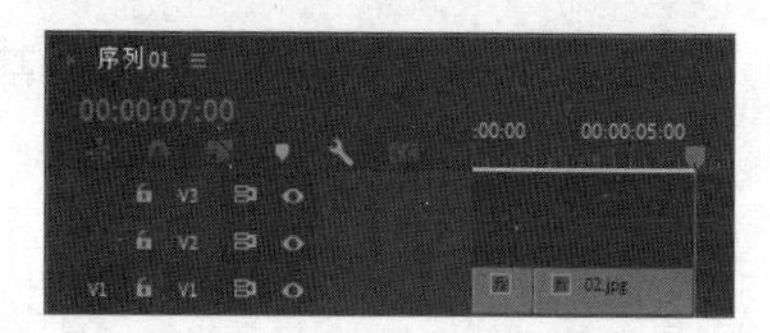

图2-74

2.2.6 提升编辑和提取编辑

使用“提升”按钮和“提取”按钮可以在“时间轴”面板的指定轨道上删除指定的素材片段。

1. 提升编辑

使用“提升”按钮的具体操作步骤如下。

01 在“节目”监视器中为素材需要提升的部分设置入点和出点。设置的入点和出点同时显示在“时间轴”面板的标尺上，如图2-75所示。

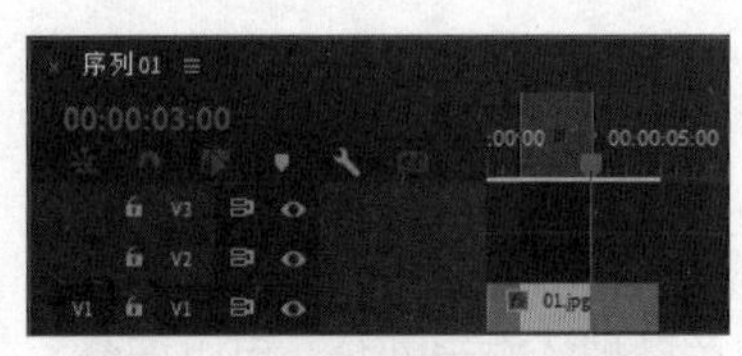

图2-75

02 单击“节目”监视器下方的“提升”按钮，入点和出点之间的素材会被删除，删除后原有的素材区域变为空白区域，如图2-76所示。

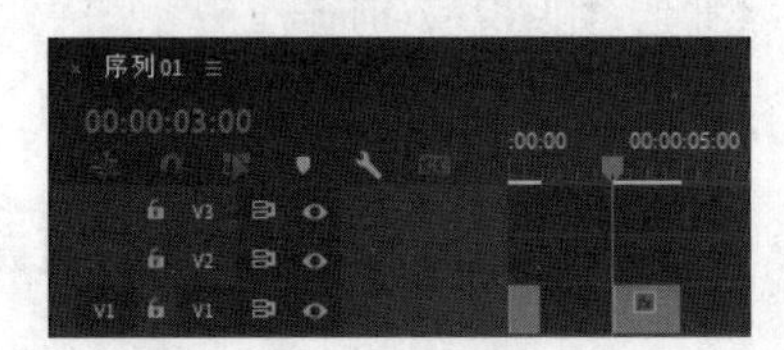

图2-76

2. 提取编辑

使用“提取”按钮的具体操作步骤如下。

01 在“节目”监视器中为素材需要提取的部分设置入点和出点。设置的入点和出点同时显示在“时间轴”面板的标尺上。

02 单击“节目”监视器下方的“提取”按钮，入点和出点之间的素材会被删除，其后面的素材自动前移，以填补空缺，如图2-77所示。

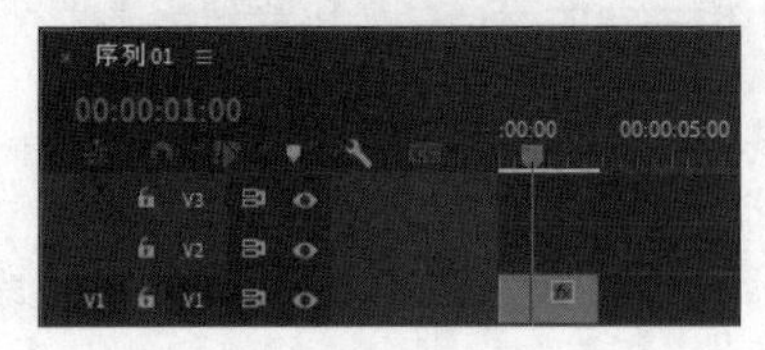

图2-77

2.2.7 创建帧定格

冻结素材片段中的某一帧，则会以静帧方式显示相应画面，就好像使用了一幅静止图像，被冻结的帧也可以位于素材片段开始点或结束点。创建帧定格的具体操作步骤如下。

01 单击“时间轴”面板中的某一个素材片段，将播放指示器移动到需要冻结的某一帧上，如图2-78所示。

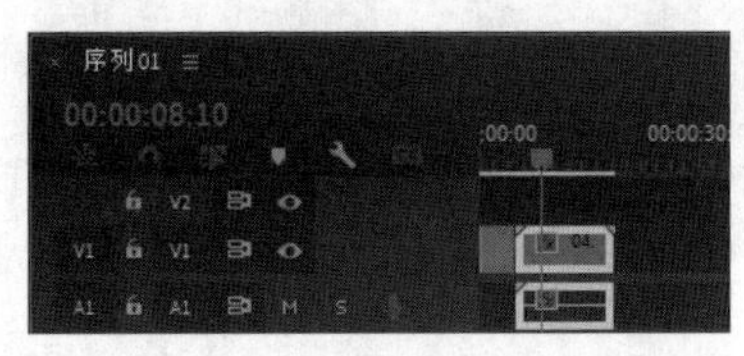

图2-78

02 在素材上单击鼠标右键，在弹出的菜单中选择“帧定格选项”命令，弹出图2-79所示的对话框。

图2-79

03 勾选“定格位置”复选框，在右侧的下拉列表中选择“源时间码”“序列时间码”“入点”“出点”“播放指示器”中的一个，具体设置如图2-80所示。

图2-80

04 勾选“定格滤镜”复选框，可以使冻结的帧画面依然保持使用滤镜后的效果。单击“确定”按钮完成创建。

2.2.8 设置标记点

为了查看素材的帧与帧之间是否对齐，用户需要在素材或标尺上做一些标记。

1. 添加标记

为影片添加标记的具体操作步骤如下。

01 将“时间轴”面板中的播放指示器移到需要添加标记的位置，单击左侧的“添加标记”按钮，该标记将被添加到播放指示器所在的位置，如图2-81所示。

图2-81

02 如果“时间轴”面板左侧的“对齐”按钮处于选中状态，将一个素材拖曳到轨道上的标记处，则素材的入点会自动与标记对齐。

2. 跳转标记

在“时间轴”面板的标尺上单击鼠标右键，在弹出的菜单中选择“转到下一个标记”命令，或按Shift+M快捷键，播放指示器会自动跳转到下一个标记处；选择“转到上一个标记”命令，或按Ctrl+Shift+M快捷键，播放指示器会自动跳转到上一个标记处，如图2-82所示。

图2-82

3. 删除标记

如果用户在使用标记的过程中发现有不需要的标记，可以将其删除，具体的操作步骤如下。

在“时间轴”面板的标尺上单击鼠标右键，在弹出的菜单中选择“清除所选的标记”命令，或按Ctrl+Alt+M快捷键，可清除当前选取的标记；选择“清除所有标记”命令，或按Ctrl+Shift+Alt+M快捷键，即可将“时间轴”面板中的所有标记清除，如图2-83所示。

图2-83

2.2.9 粘贴素材

Premiere Pro 2022提供了标准的Windows编辑命令，用于剪切、复制和粘贴素材，这些命令都在“编辑”菜单中。

1. 使用“粘贴插入”命令

使用“粘贴插入”命令的具体操作步骤如下。

01 在“时间轴”面板中选择素材，然后选择“编辑 > 复制”命令，或按Ctrl+C快捷键。

02 将播放指示器移动到需要粘贴素材的位置，如图2-84所示。

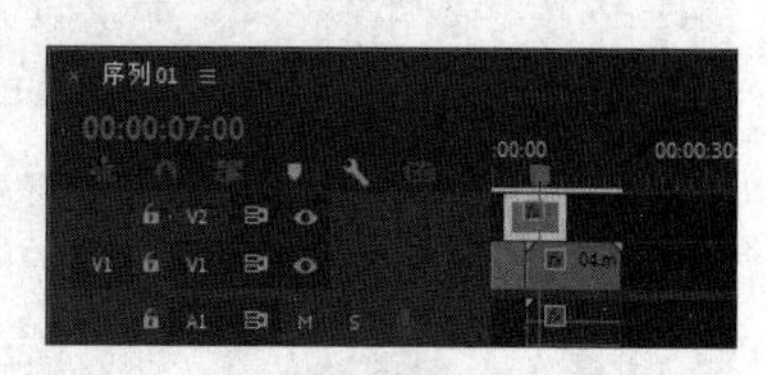
图2-84

03 选择“编辑 > 粘贴插入”命令，或按Ctrl+Shift+V快捷键，复制的影片被粘贴到播放指示器处，其后的影片会等距离后移，如图2-85所示。

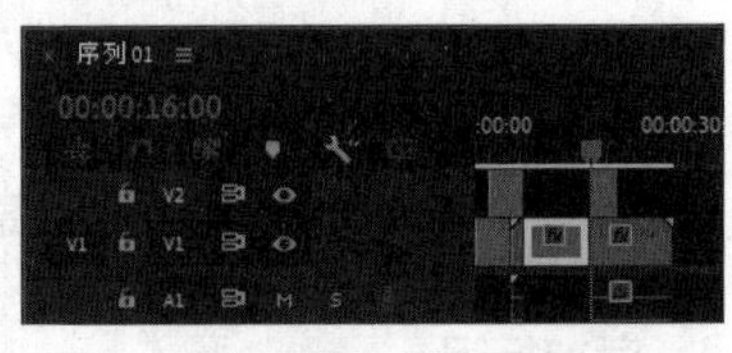

图2-85

2. 使用“粘贴属性”命令

使用“粘贴属性”命令的具体操作步骤如下。

01 在“时间轴”面板中选择影片素材，在“效果控件”面板中设置“不透明度”选项，如图2-86所示，并添加视频效果。在影片素材上单击鼠标右键，在弹出的菜单中选择“复制”命令，如图2-87所示。

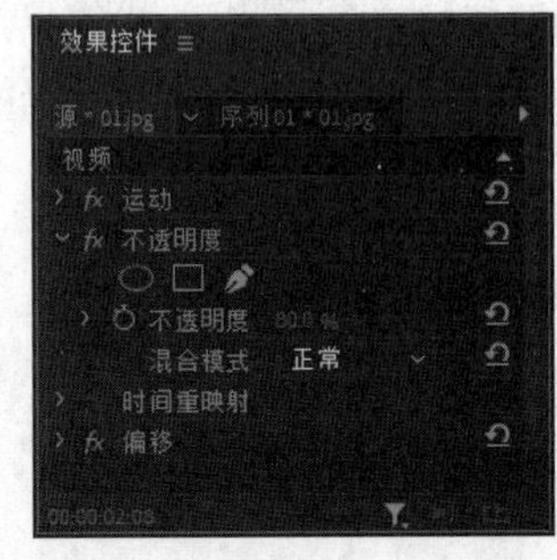

图2-86

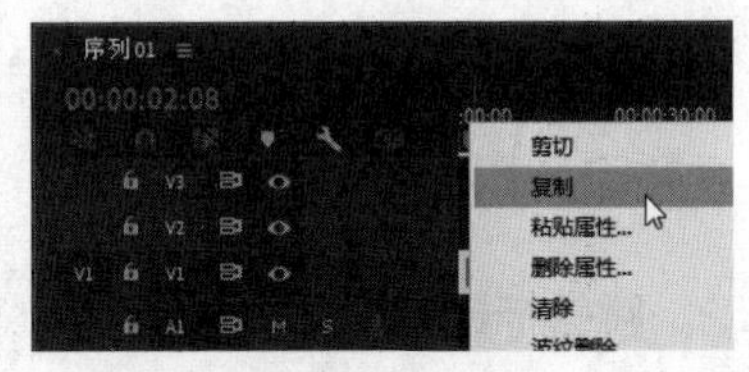

图2-87

02 用框选的方法选择需要粘贴属性的影片素材，如图2-88所示。在影片素材上单击鼠标右键，在弹出的菜单中选择“粘贴属性”命令，如图2-89所示。

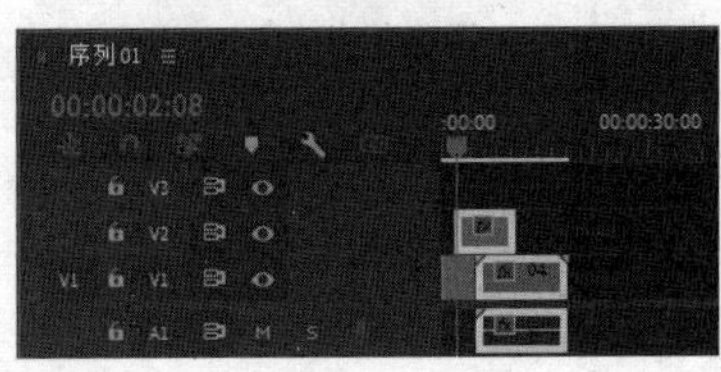

图2-88

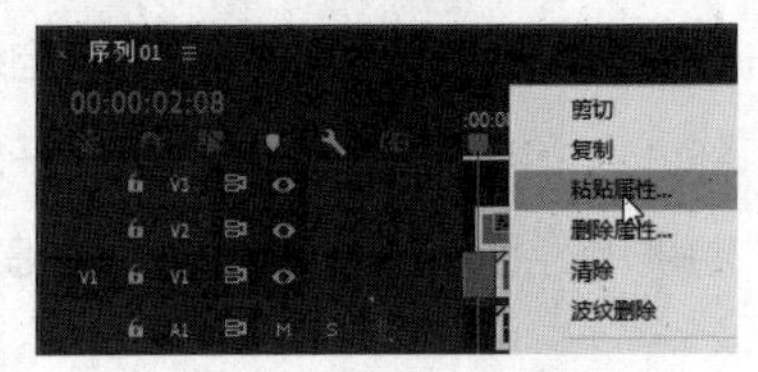

图2-89

03 弹出“粘贴属性”对话框，如图2-90所示，可以将视频属性（运动、不透明度、时间重映射、效果）粘贴到选中的影片素材上，如图2-91和图2-92所示。用相同的方法也可以将音频属性（音量、声道音量、声像器、效果）粘贴到选中的影片素材上。

图2-90

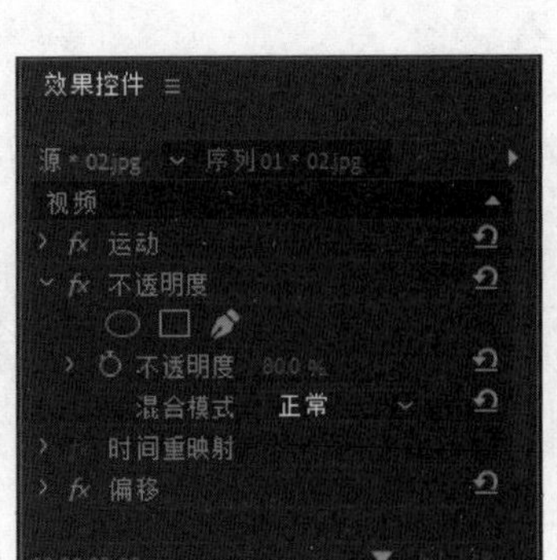

图2-91

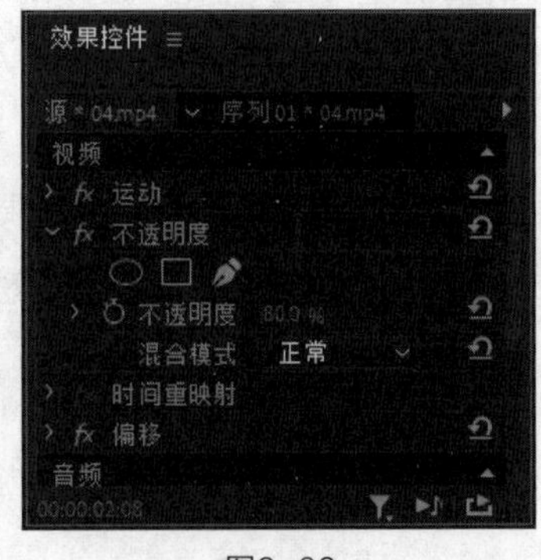

图2-92

2.2.10 编组素材

在项目编辑过程中，经常要对多个素材进行整体操作，这时使用“编组”命令可以将多个片段组合为一个整体来进行移动和复制等操作。

为素材编组的具体操作步骤如下。

01 在“时间轴”面板中框选要编组的素材。按住Shift键单击，可以加选素材。

02 在选定的素材上单击鼠标右键，在弹出的菜单中选择“编组”命令，则选定的素材被编组。

素材被编组后，在进行移动和复制等操作时就会作为一个整体被处理。如果要取消编组效果，可以在编组的对象上单击鼠标右键，在弹出的菜单中选择“取消编组”命令。

2.2.11 删除素材

如果用户决定不使用“时间轴”面板中的某个素材片段，则可以在“时间轴”面板中将其删除。从“时间轴”面板中删除的素材并不会在“项目”面板中同时被删除。当用户删除一个已经应用于“时间轴”面板的素材后，“时间轴”面板的轨道上该素材处会留下空位。用户也可以使用“波纹删除”命令，即将该素材轨道上的内容向左移动，以覆盖被删除的素材留下的空位。

1. 清除素材

使用“清除”命令删除素材的方法如下。

01 在“时间轴”面板中选择一个或多个素材。

02 选择“编辑 > 清除”命令或按Delete键。

2. 波纹删除素材

使用“波纹删除”命令删除素材的方法如下。

01 在“时间轴”面板中选择一个或多个素材。如果不希望其他轨道的素材移动，可以锁定该轨道。

02 选中素材并单击鼠标右键，在弹出的菜单中选择“波纹删除”命令，或按Shift+Delete快捷键。

2.2.12 序列嵌套

序列嵌套是指将“时间轴”面板中多个轨道的素材打包并合并到一起，以便对其进行管理和快速处理。嵌套的序列可以和其他的素材一样进行修改，无论是视频素材还是音频素材都可以进行一次或多次嵌套。

1. 创建嵌套序列

01 在“时间轴”面板中选中要嵌套的素材文件，如图2-93所示。

02 选择“剪辑 > 嵌套”命令，或在素材文件上单击鼠标右键，在弹出的菜单中选择“嵌套”命令，弹出“嵌套序列名称”对话框，如图2-94所示。

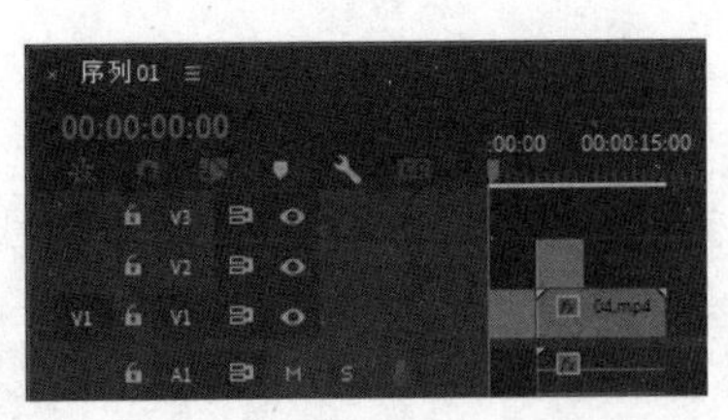

图2-93

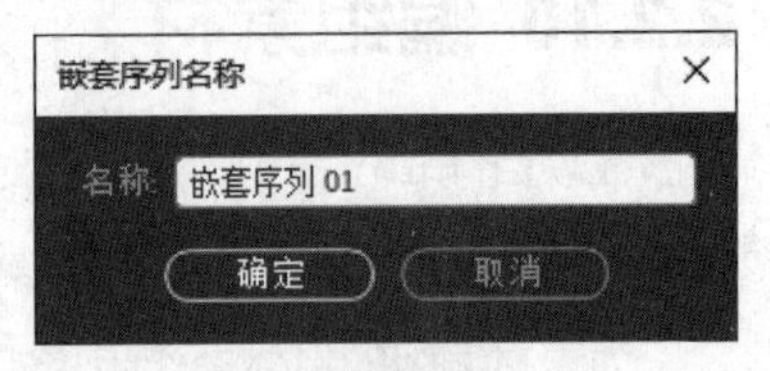

图2-94

03 在对话框中设置嵌套序列名称，单击“确定”按钮，创建嵌套序列，如图2-95所示。“项目”面板中也会同时创建一个嵌套序列，如图2-96所示。

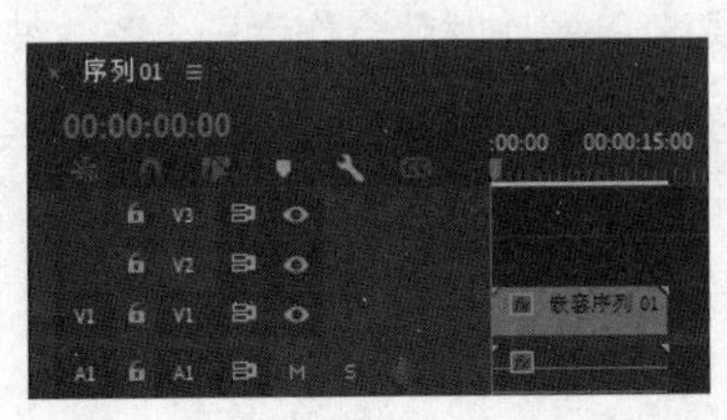

图2-95

图2-96

2. 修改嵌套序列

01 在“时间轴”面板或“项目”面板中双击嵌套序列，进入嵌套序列中，如图2-97所示。选择“视频2（V2）”轨道中的“02”文件，对其进行编辑，如图2-98所示。

02 选择“序列01”，查看调整后的效果，发现“序列01”中的嵌套序列同步被修改。

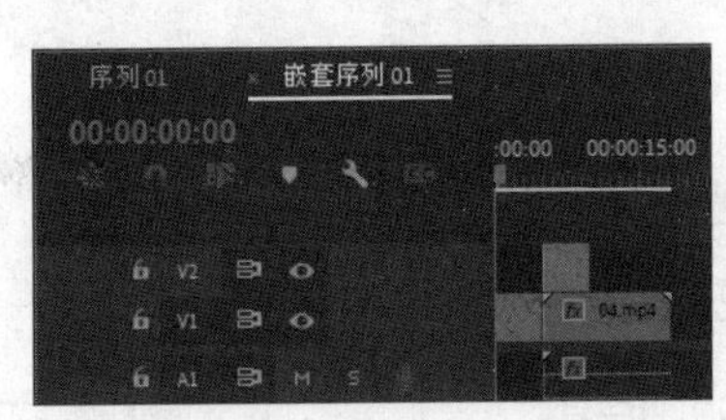

图2-97

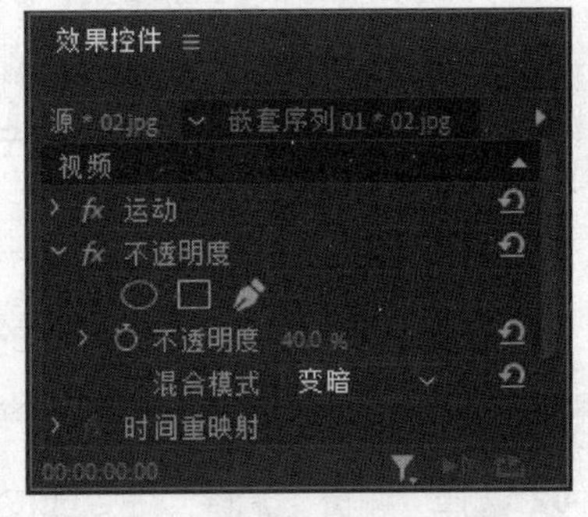

图2-98

3. 移出嵌套内容

01 在嵌套序列中将所有素材选中，如图2-99所示。按Ctrl+X快捷键，剪切素材，如图2-100所示。

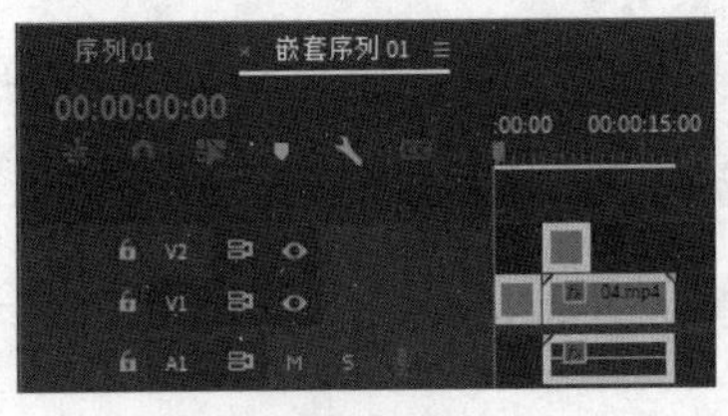

图2-99

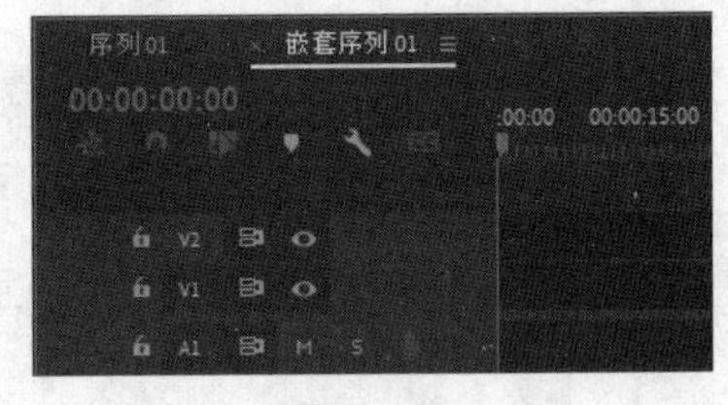

图2-100

02 在“序列01”中，将播放指示器移动到需要的位置。按Ctrl+C快捷键，粘贴嵌套内容，如图2-101所示。删除左侧的嵌套序列，将粘贴的内容前移，如图2-102所示。

图2-101

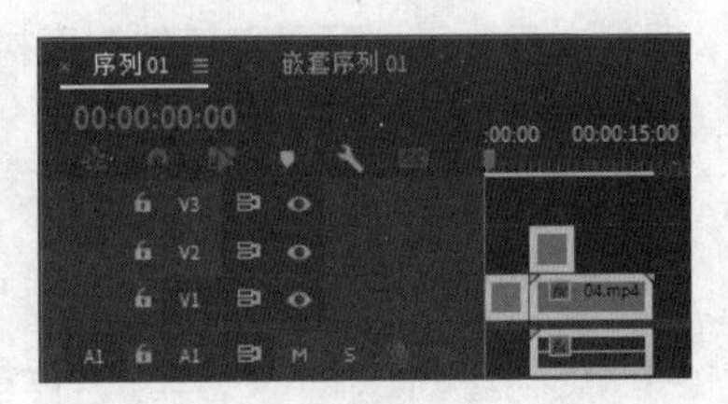

图2-102

2.2.13 自动重构序列

自动重构序列可以创建具有不同长宽比的复制序列，并对序列中的所有剪辑应用“自动重构效果”。

具体的操作步骤如下。

01 在“时间轴”面板中打开要进行重构的序列。

02 选择“序列 > 自动重构序列”命令，弹出“自动重构序列”对话框，如图2-103所示。

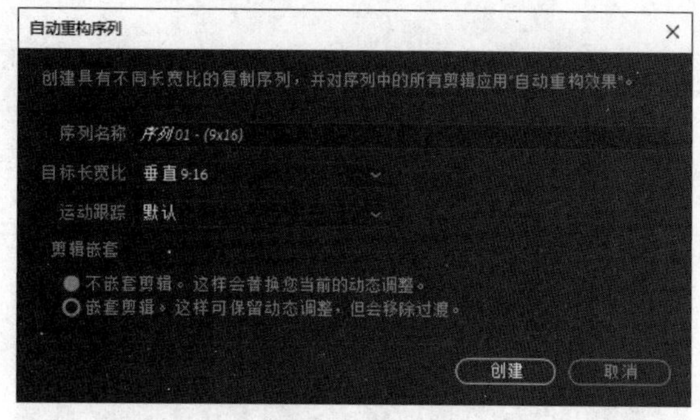

图2-103

序列名称：为重构的序列命名。

目标长宽比：设置重构序列的长宽比。

提示 高清晰度（HD）视频的宽高比为16:9。社交媒体平台和网站允许各种宽高比的视频片段，如1:1、4:5或9:16。

运动跟踪：选择合适的运动预设来微调自动重构效果，包括减慢动作、默认或加快动作3个选项。

剪辑嵌套：选择是否嵌套剪辑。

03 设置完成后，单击“创建”按钮，在“时间轴”面板中创建自动重构后的复制序列。

2.3 创建新元素

用户在Premiere Pro 2022中，除了可以使用导入的素材，还可以建立一些新素材元素，本节将进行详细讲解。

2.3.1 课堂案例——添加篮球公园宣传片中的彩条

案例学习目标 学习新建彩条。

案例知识要点 使用“导入”命令导入视频文件，使用“剃刀”工具切割视频素材，使用“插入”命令插入素材文件，使用“新建”命令新建彩条，最终效果如图2-104所示。

效果所在位置 Ch02\添加篮球公园宣传片中的彩条\添加篮球公园宣传片中的彩条. prproj。

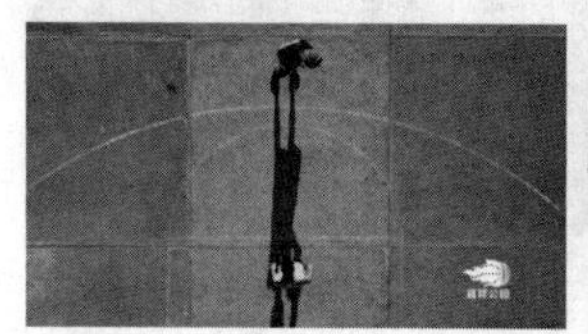

图2-104

01 启动Premiere Pro 2022软件，选择“文件 > 新建 > 项目”命令，进入新建项目界面，如图2-105所示，单击“创建”按钮，新建项目。

02 选择“文件 > 导入”命令，弹出“导入”对话框，选择本书学习资源中的“Ch02\添加篮球公园宣传片中的彩条\素材\01～03”文件，如图2-106所示，单击“打开”按钮，将素材文件导入“项目”面板中，如图2-107所示。在“项目”面板中，选中“01”文件并将其拖曳到“时间轴”面板的“视频1（V1）”轨道中，生成“01”序列，如图2-108所示。

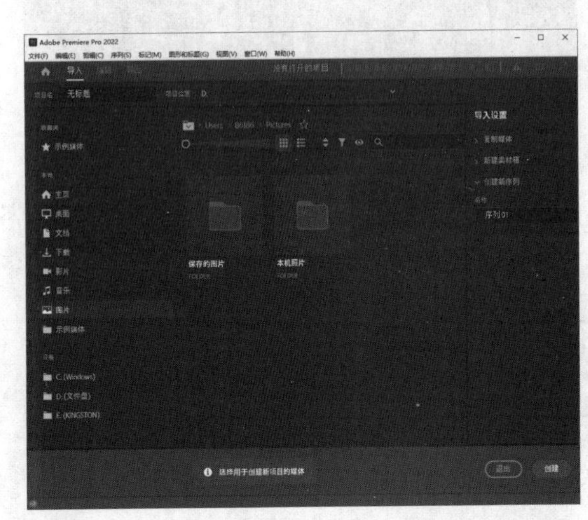

图2-105

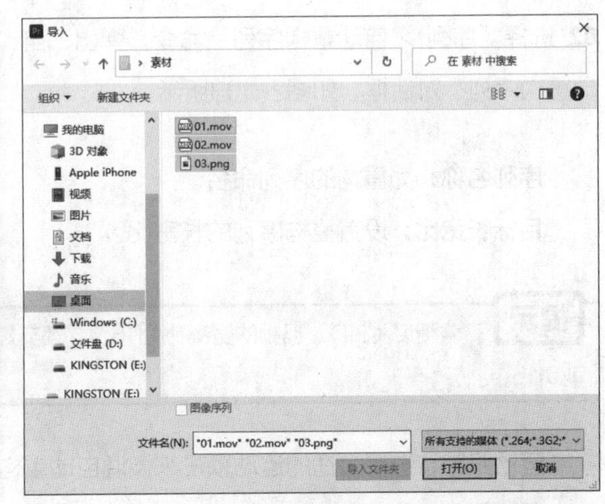

图2-106

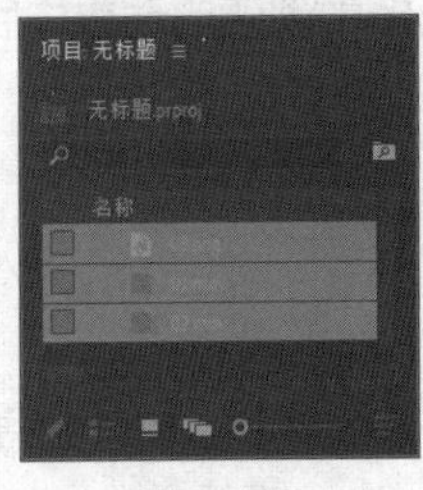

图2-107

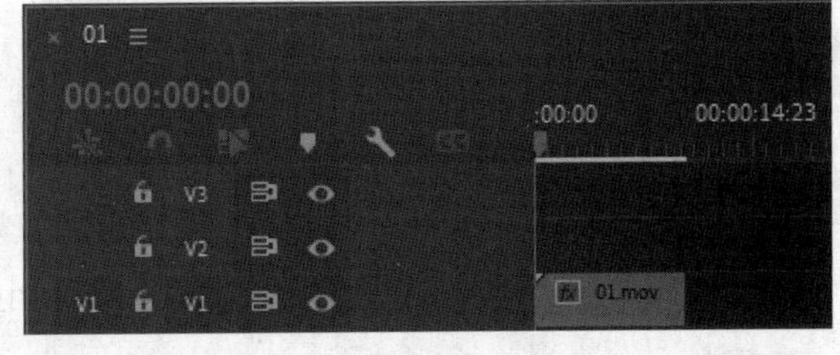

图2-108

03 将时间标签放置在00:00:05:00的位置。在“项目”面板中选中“02”文件，单击鼠标右键，在弹出的菜单中选择“插入”命令，在“时间轴”面板中时间标签所在的位置插入“02”文件，如图2-109所示。

04 将时间标签放置在00:00:08:00的位置。选择“剃刀”工具，将鼠标指针移到“时间轴”面板中的“02”文件上并单击，切割素材，如图2-110所示。

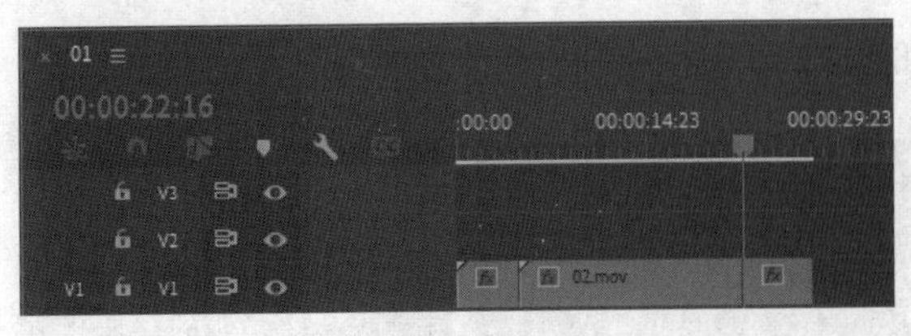

图2-109

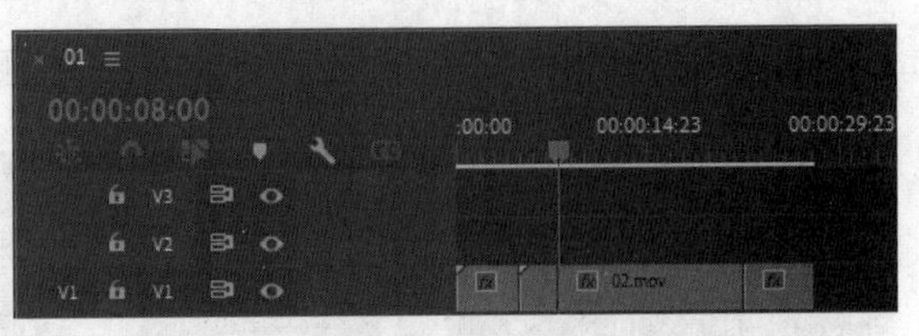

图2-110

05 选择“选择”工具▶，选择切割后右侧的“02”文件。单击鼠标右键，在弹出的菜单中选择“波纹删除”命令，删除当前选择的文件且右侧的“01”文件自动前移，如图2-111所示。

06 选择“项目”面板，选择“文件 > 新建 > 彩条”命令，弹出“新建色条和色调”对话框，如图2-112所示，单击“确定”按钮，在“项目”面板中新建“色条和色调”文件，如图2-113所示。

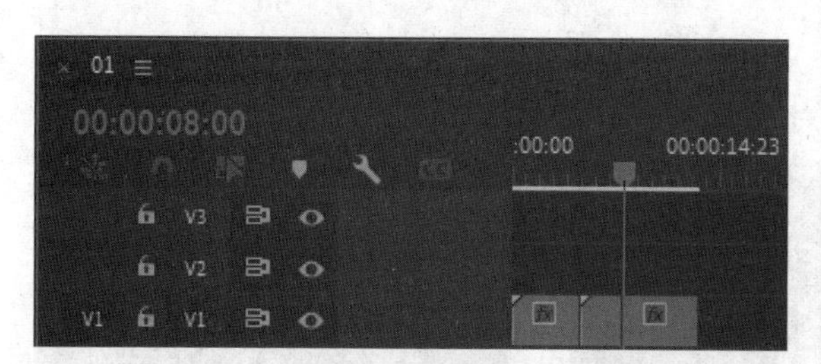

图2-111

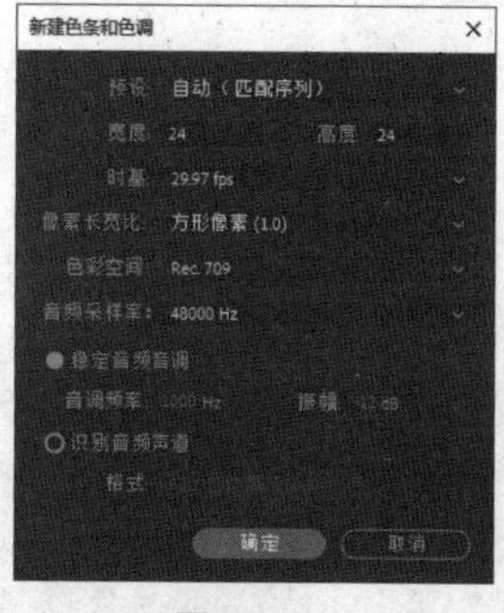

图2-112

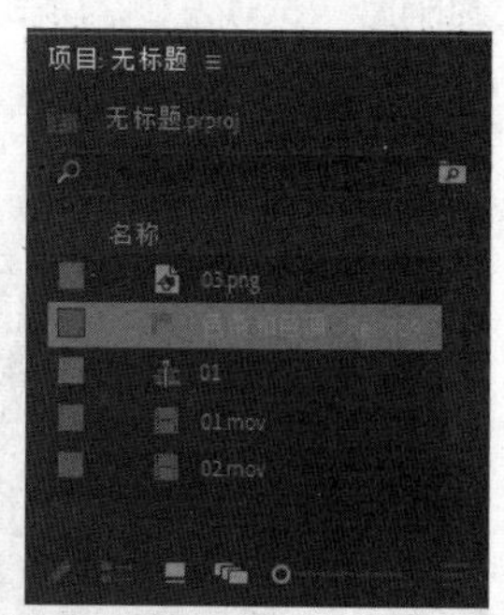

图2-113

07 在“项目”面板中，选中“色条和色调”文件并将其拖曳到“时间轴”面板的“视频2（V2）”轨道中，如图2-114所示。将时间标签放置在00:00:05:08的位置。将鼠标指针放在“色条和色调”文件的结束位置并单击，显示出编辑点。当鼠标指针呈◀形状时，向左拖曳到00:00:05:08的位置，如图2-115所示。

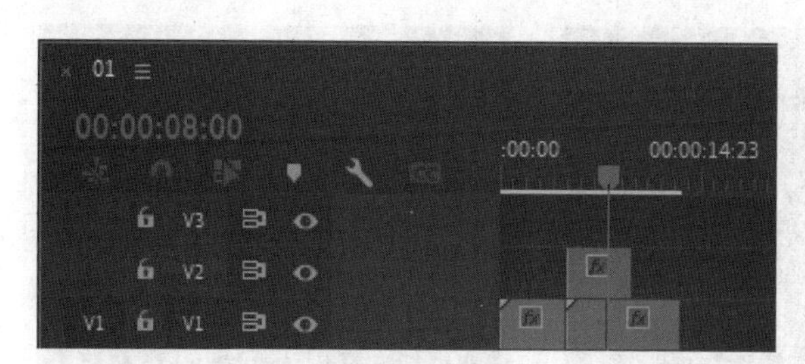

图2-114

图2-115

08 按住Alt键的同时选择“音频2（A2）”轨道中的音频文件，如图2-116所示，按Delete键删除文件。在“项目”面板中，选中“03”文件并将其拖曳到“时间轴”面板的“视频3（V3）”轨道中，如图2-117所示。将鼠标指针放在“03”文件的结束位置并单击，显示出编辑点。当鼠标指针呈◀形状时，向右拖曳到“01”文件的结束位置，如图2-118所示。

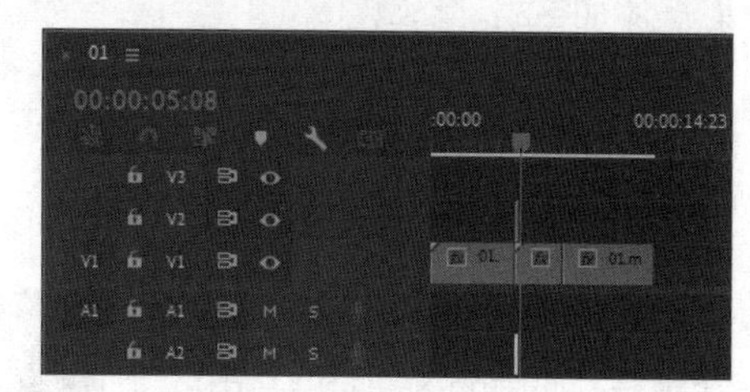

图2-116

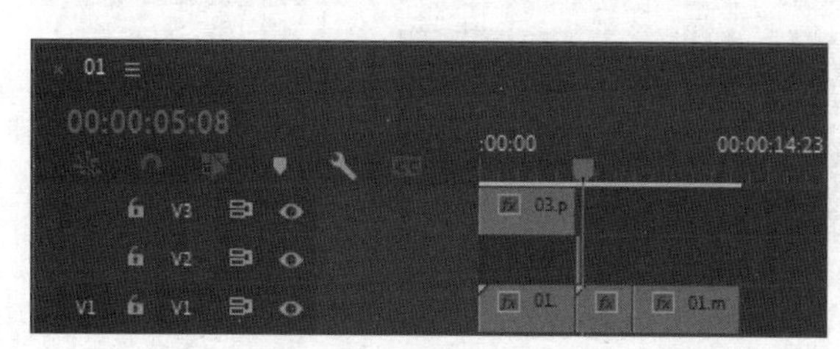

图2-117

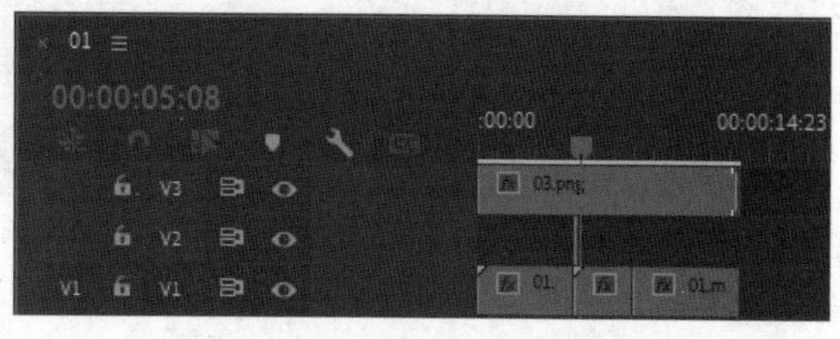

图2-118

09 选择“时间轴”面板中的“03”文件。在“效果控件”面板中展开“运动”选项，将“位置”选项设为1640.0和902.0，“缩放”选项设置为27.0，如图2-119所示。

10 将时间标签放置在00:00:04:24的位置。在“效果控件”面板中展开“不透明度”选项，单击“不透明度”选项左侧的“切换动画”按钮，如图2-120所示，记录第1个动画关键帧。将时间标签放置在00:00:05:00的位置，将“不透明度”选项设置为0.0%，如图2-121所示，记录第2个动画关键帧。

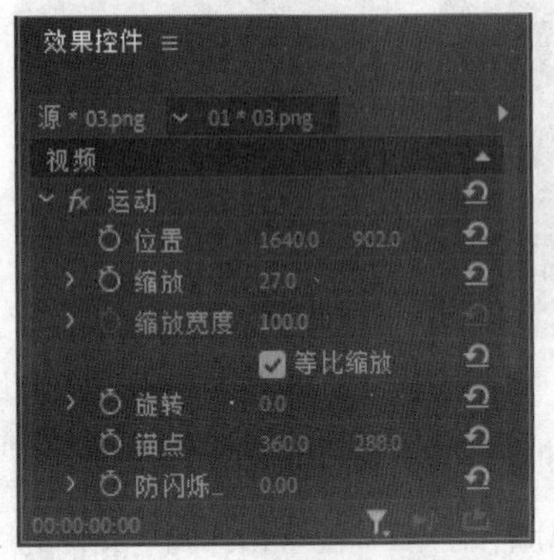

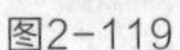
图2-119

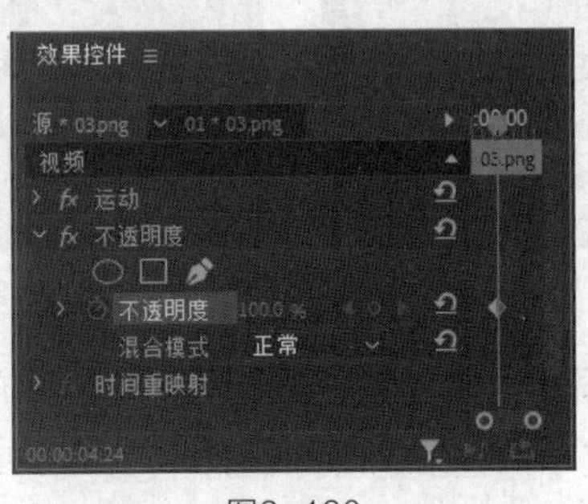

图2-120

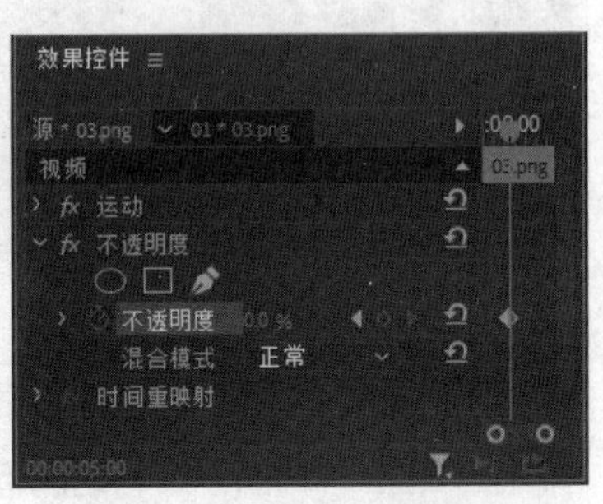

图2-121

11 将时间标签放置在00:00:05:08的位置。单击“不透明度”选项右侧的“添加/移除关键帧”按钮，如图2-122所示，记录第3个动画关键帧。将时间标签放置在00:00:05:09的位置，将“不透明度”选项设置为100.0%，如图2-123所示，记录第4个动画关键帧。篮球公园宣传片中的彩条添加完成。

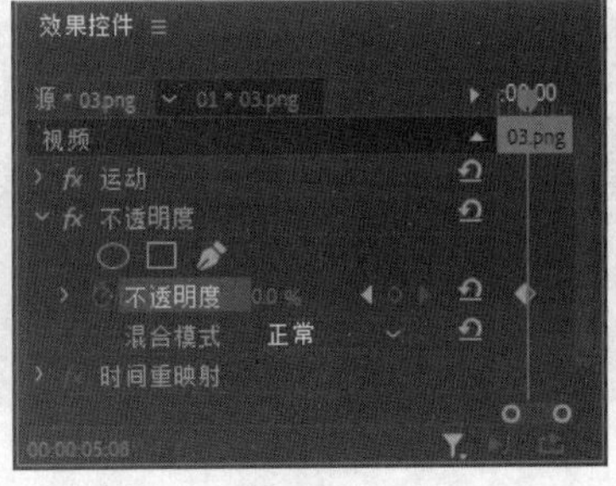

图2-122

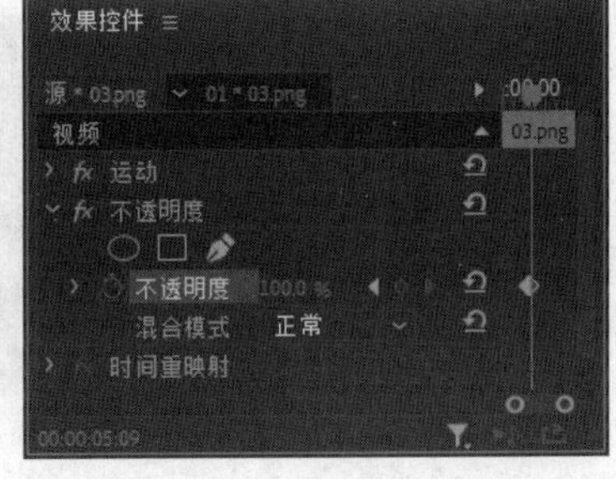

图2-123

2.3.2 通用倒计时片头

通用倒计时片头通常出现在影片开始前的倒计时准备中。Premiere Pro 2022提供了预设的通用倒计时片头，用户可以非常便捷地创建一个标准的倒计时素材，并可以在Premiere Pro 2022中随时对其进行修改，如图2-124所示。

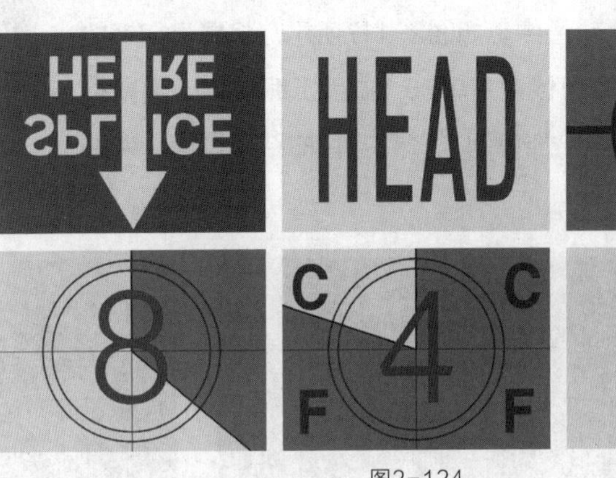

图2-124

创建倒计时素材的具体操作步骤如下。

01 单击“项目”面板下方的“新建项”按钮，在弹出的菜单中选择“通用倒计时片头”命令，弹出“新建通用倒计时片头”对话框，如图2-125所示。设置完成后，单击“确定”按钮，弹出“通用倒计时设置”对话框，如图2-126所示。

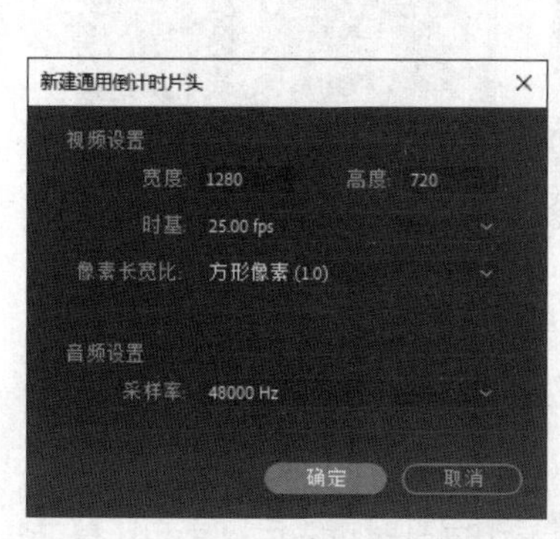

图2-125

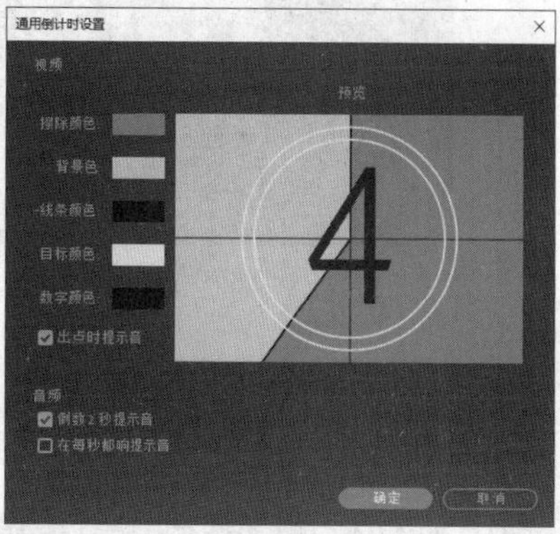

图2-126

02 设置完成后，单击“确定”按钮，创建的倒计时素材将自动加入“项目”面板中。

在“项目”面板或“时间轴”面板中，双击倒计时素材可以打开“通用倒计时设置”对话框进行修改。

2.3.3 彩条和黑场

1. 彩条

Premiere Pro 2022可以在影片开始前加入一段彩条，如图2-127所示。在“项目”面板下方单击“新建项”按钮，在弹出的菜单中选择“彩条”命令，即可创建彩条。

图2-127

2. 黑场

Premiere Pro 2022可以在影片中创建一段黑场。在“项目”面板下方单击“新建项”按钮，在弹出的菜单中选择“黑场视频”命令，即可创建黑场。

2.3.4 调整图层

在Premiere Pro 2022中，可以使用调整图层将同一效果应用于“时间轴”面板中的多个剪辑，也可以使用多个调整图层调整出更多的效果。具体操作步骤如下。

在“项目”面板下方单击“新建项”按钮，在弹出的菜单中选择“调整图层”命令，弹出“调整图层”对话框，如图2-128所示。进行参数设置后，单击“确定”按钮，“项目”面板中会生成调整图层，如图2-129所示。

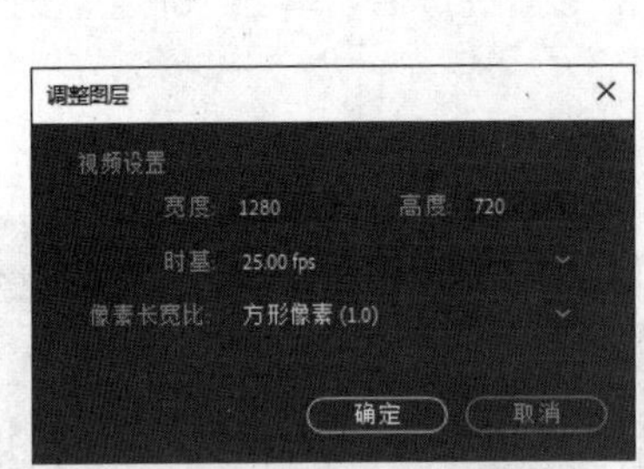

图2-128

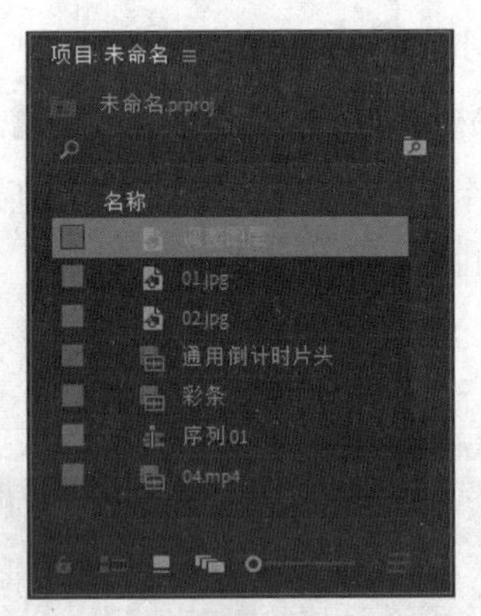

图2-129

2.3.5 颜色遮罩

Premiere Pro 2022还可以为影片创建颜色遮罩。用户可以将颜色遮罩当作背景，也可以使用“透明度”命令设定与它相关的色彩的透明度。创建颜色遮罩的具体操作步骤如下。

01 在“项目”面板下方单击“新建项”按钮，在弹出的菜单中选择“颜色遮罩”命令，弹出“新建颜色遮罩”对话框，如图2-130所示。设置参数后，单击“确定”按钮，弹出“拾色器”对话框，如图2-131所示。

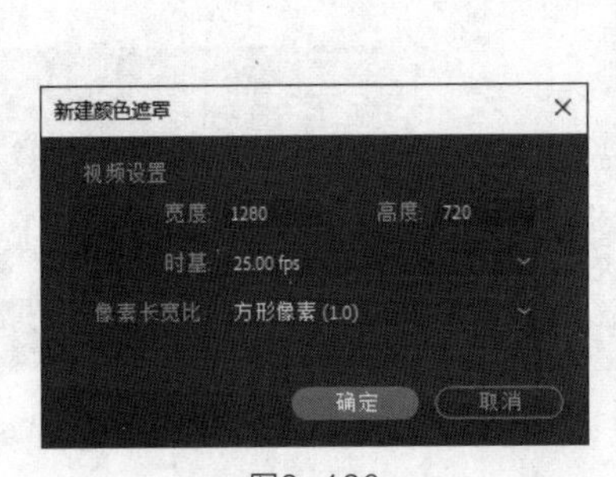

图2-130

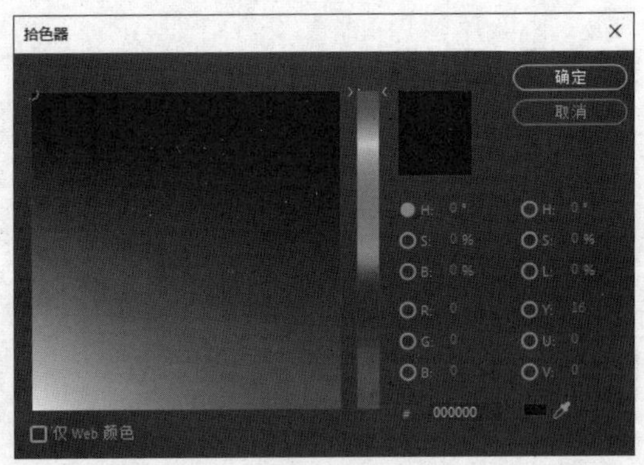

图2-131

02 在“拾色器”对话框中选取遮罩颜色，单击“确定”按钮。

在“项目”面板或“时间轴”面板中双击颜色遮罩，可以打开“拾色器”对话框进行修改。

2.3.6 透明视频

在Premiere Pro 2022中。可以创建一个透明的视频层，它能够将效果应用到一系列的影片剪辑中，而无须重复地复制和粘贴属性。只要应用一个效果到透明视频轨道上，该效果将自动出现在下面的所有视频轨道中。

课堂练习——剪辑超市宣传短视频

练习知识要点 使用“导入”命令导入视频文件，使用入点和出点在“源”监视器中剪辑视频，通过拖曳剪辑点剪辑素材，使用“速度/持续时间”命令调整视频播放速度，最终效果如图2-132所示。

效果所在位置 Ch02\剪辑超市宣传短视频\剪辑超市宣传短视频. prproj。

图2-132

课后习题——重组璀璨烟火宣传片视频

习题知识要点 使用“导入”命令导入视频文件，使用“插入”按钮插入视频文件，使用“剃刀”工具切割素材文件，使用“基本图形”面板添加文本，最终效果如图2-133所示。

效果所在位置 Ch02\重组璀璨烟火宣传片视频\重组璀璨烟火宣传片视频. prproj。

图2-133

第3章

视频过渡

本章介绍

本章主要介绍如何在Premiere Pro 2022的影片素材或静止图像素材之间添加丰富多彩的过渡效果。每一个过渡效果都有很多可调的选项。本章内容对影视剪辑中的镜头过渡有着非常重要的意义，它可以使剪辑的画面富有变化，引人注意。

学习目标

●掌握视频过渡效果的设置方法。

●掌握视频过渡效果的应用技巧。

技能目标

●掌握校园生活短片转场的设置方法。

●掌握唯美古风短视频转场的添加方法。

●掌握美食创意宣传片转场的添加方法。

●掌握可爱猫咪短视频转场的添加方法。

3.1 设置过渡效果

本节内容包括使用过渡效果、设置过渡效果、调整过渡效果和设置默认过渡等。下面对过渡效果的设置进行讲解。

3.1.1 课堂案例——设置校园生活短片的转场

案例学习目标 能够使用过渡效果设置素材间的转场。

案例知识要点 使用“导入”命令导入素材文件，使用“交叉溶解”效果制作图片之间的过渡效果，使用“效果控件”面板调整过渡效果，最终效果如图3-1所示。

效果所在位置 Ch03\设置校园生活短片的转场\设置校园生活短片的转场. prproj。

图3-1

1. 添加并调整素材

01 启动Premiere Pro 2022软件，选择“文件 > 新建 > 项目”命令，进入新建项目界面，如图3-2所示，单击“创建”按钮，新建项目。

02 选择“文件 > 导入”命令，弹出“导入”对话框，选择本书学习资源中的“Ch03\设置校园生活短片的转场\素材\01 ~ 04”文件，如图3-3所示，单击“打开”按钮，将素材文件导入“项目”面板中，如图3-4所示。在“项目”面板中，选中“01”文件并将其拖曳到“时间轴”面板的“视频1（V1）”轨道中，生成“01”序列，如图3-5所示。

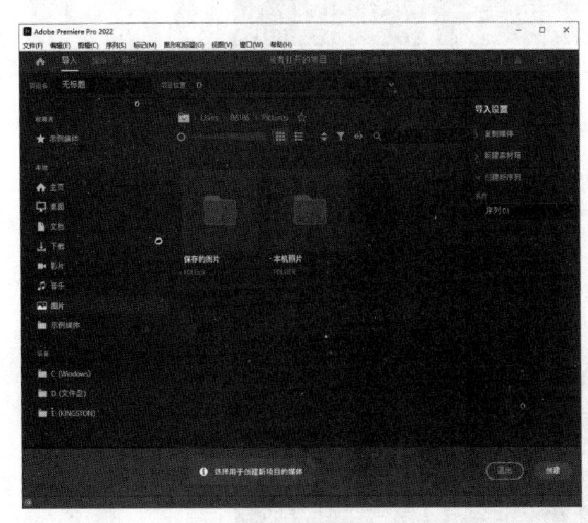

图3-2

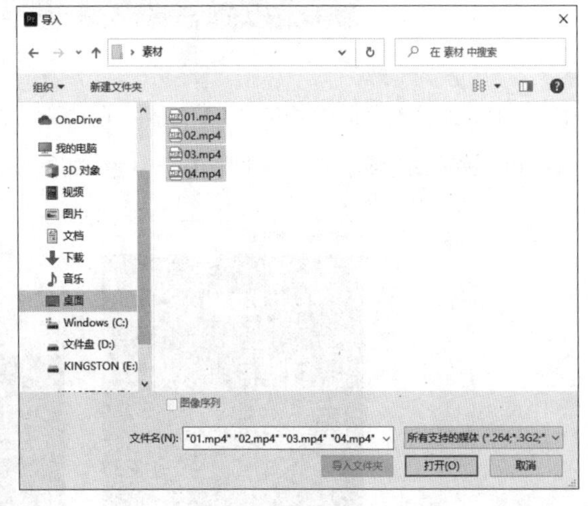

图3-3

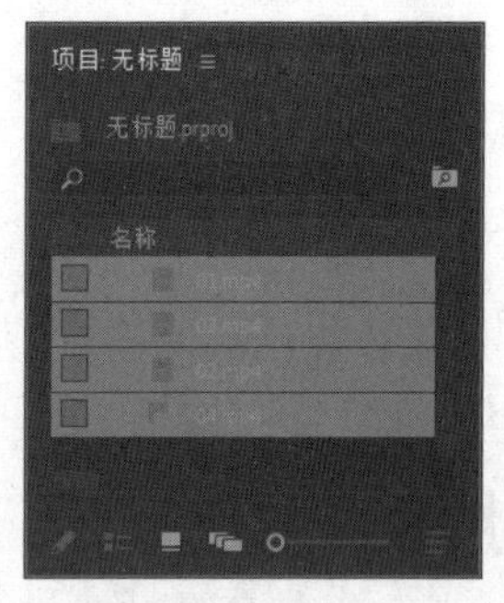

图3-4

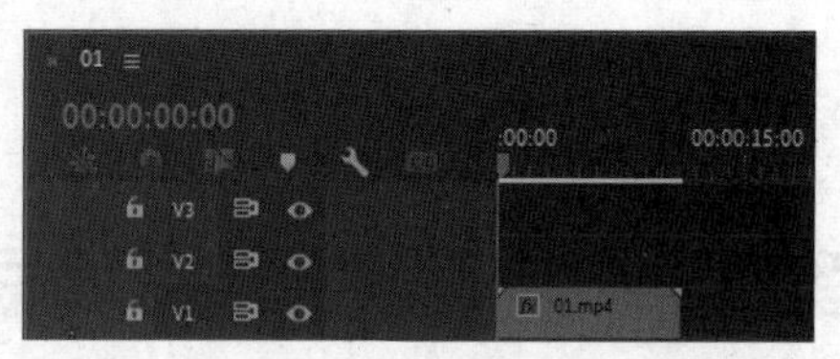

图3-5

03 选择“时间轴”面板中的“01”文件。在“01”文件上单击鼠标右键，在弹出的菜单中选择“速度/持续时间”命令，在弹出的对话框中进行设置，如图3-6所示，单击“确定”按钮，效果如图3-7所示。

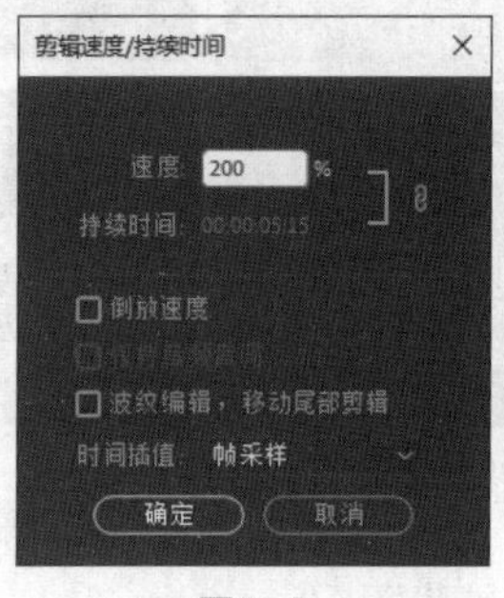

图3-6

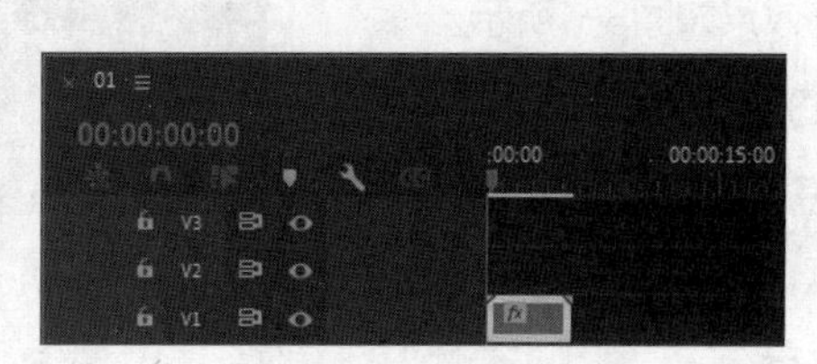

图3-7

04 在“项目”面板中，选中“02”文件并将其拖曳到“时间轴”面板的“视频1（V1）”轨道中，如图3-8所示。

图3-8

05 选择“时间轴”面板中的“02”文件。在“02”文件上单击鼠标右键，在弹出的菜单中选择“速度/持续时间”命令，在弹出的对话框中进行设置，如图3-9所示，单击“确定”按钮，效果如图3-10所示。

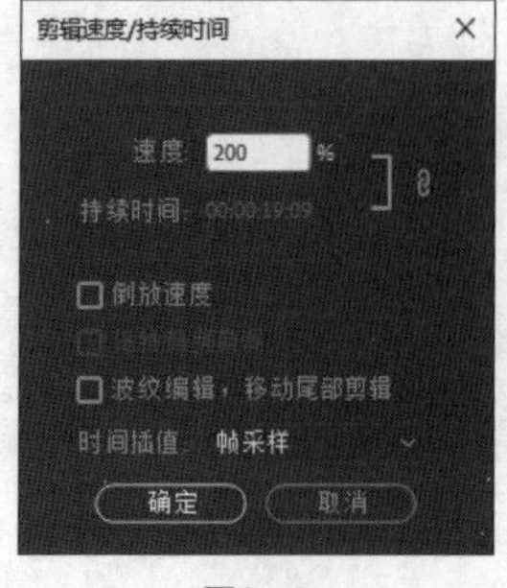

图3-9

图3-10

06 将时间标签放置在00:00:13:13的位置。将鼠标指针放在“02”文件的结束位置，当鼠标指针呈形状时，向左拖曳到00:00:13:13的位置，如图3-11所示。在“项目”面板中，选中“03”文件并将其拖曳到“时间轴”面板的“视频1（V1）”轨道中，如图3-12所示。

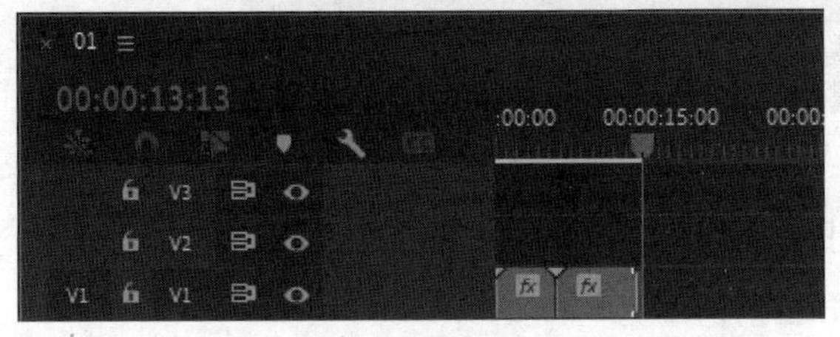

图3-11

图3-12

07 选择“时间轴”面板中的“03”文件。在“03”文件上单击鼠标右键，在弹出的菜单中选择“速度/持续时间”命令，在弹出的对话框中进行设置，如图3-13所示，单击“确定”按钮，效果如图3-14所示。

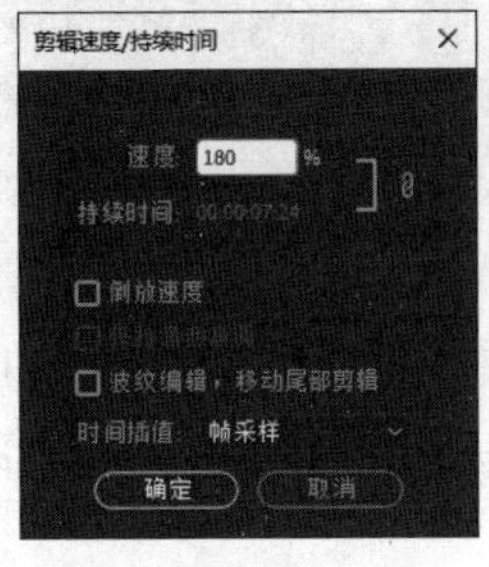

图3-13

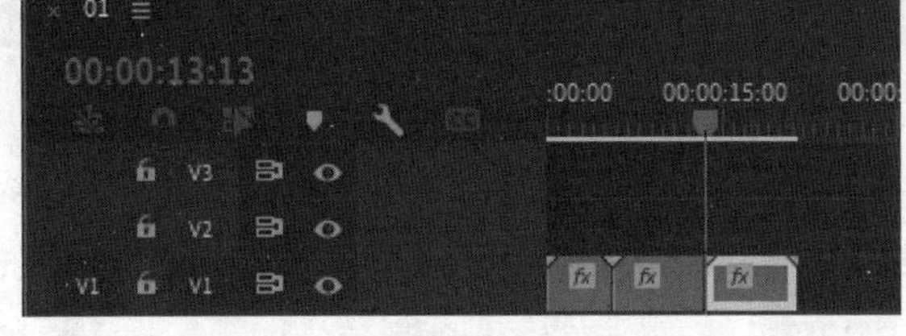

图3-14

08 双击“项目”面板中的“04”文件，在“源”监视器中打开“04”文件。将时间标签放置在00:00:09:48的位置。按I键，创建标记入点，如图3-15所示。将时间标签放置在00:00:15:48的位置。按O键，创建标记出点，如图3-16所示。选中“源”监视器中的“04”文件并将其拖曳到“时间轴”面板的“视频1（V1）”轨道中，如图3-17所示。

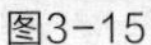

图3-15

图3-16

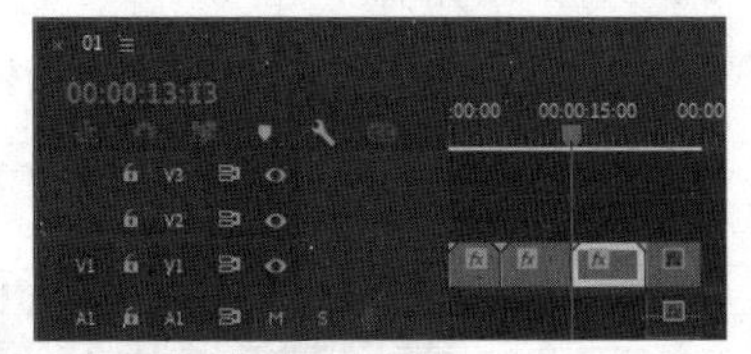

图3-17

2. 为素材添加过渡效果

01 选择“效果”面板，展开“视频过渡”效果分类选项，单击“溶解”文件夹前面的按钮将其展开，选中“交叉溶解”效果，如图3-18所示。将“交叉溶解”效果拖曳到“时间轴”面板“01”文件的结束位置和“02”文件的开始位置，如图3-19所示。

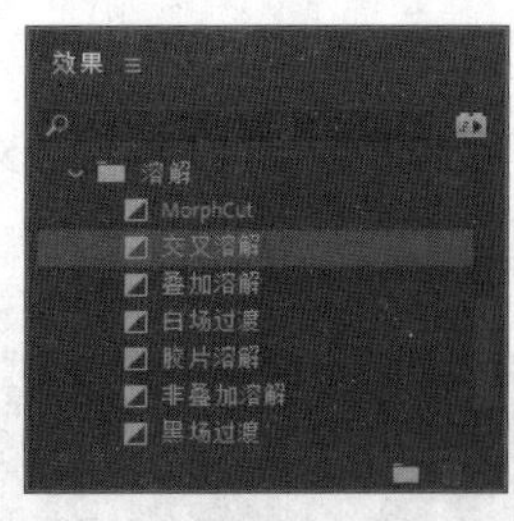

图3-18

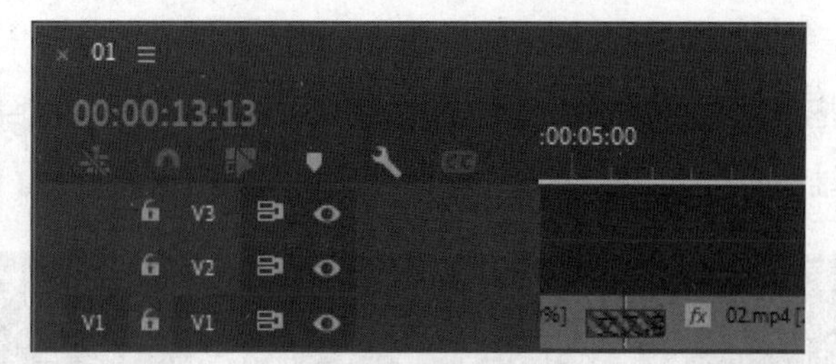

图3-19

02 选择“时间轴”面板中的“交叉溶解”效果。选择“效果控件”面板，将“持续时间”选项设置为00:00:02:00，如图3-20所示，“时间轴”面板如图3-21所示。

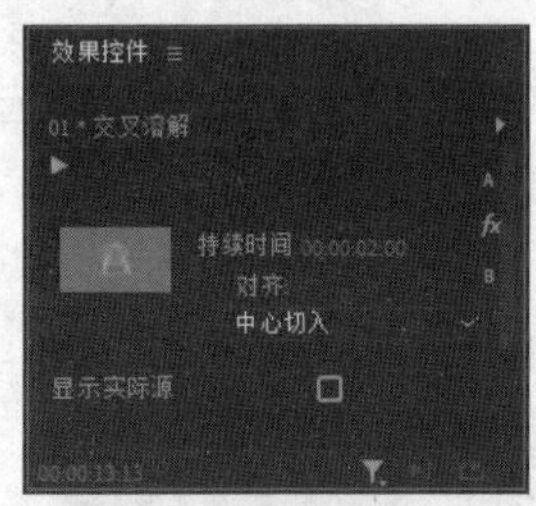

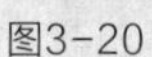

图3-20

图3-21

03 在“效果”面板中选中“交叉溶解”效果，将“交叉溶解”效果拖曳到“时间轴”面板“03”文件的开始位置和结束位置，如图3-22所示。再将“交叉溶解”效果拖曳到“时间轴”面板“04”文件的结束位置，如图3-23所示。

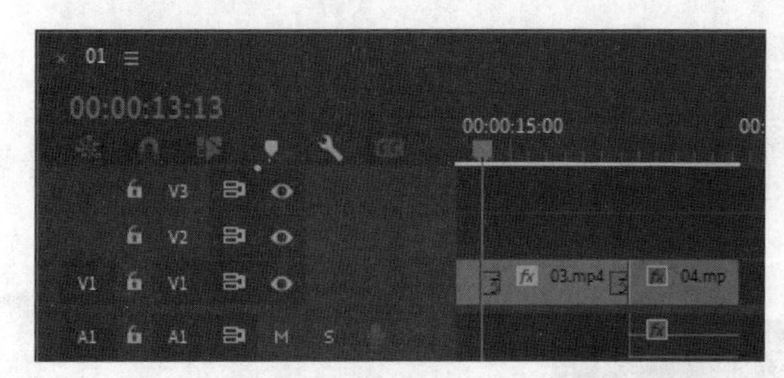

图3-22

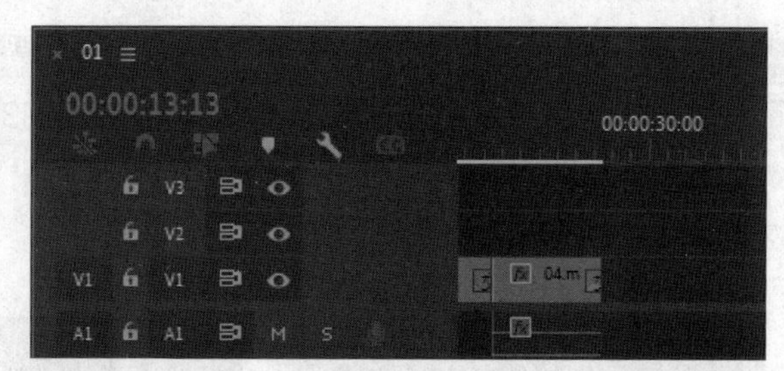

图3-23

04 选择“时间轴”面板中“04”文件结束位置的“交叉溶解”效果。选择“效果控件”面板，将“持续时间”选项设置为00:00:03:00，如图3-24所示，“时间轴”面板如图3-25所示。校园生活短片的转场设置完成。

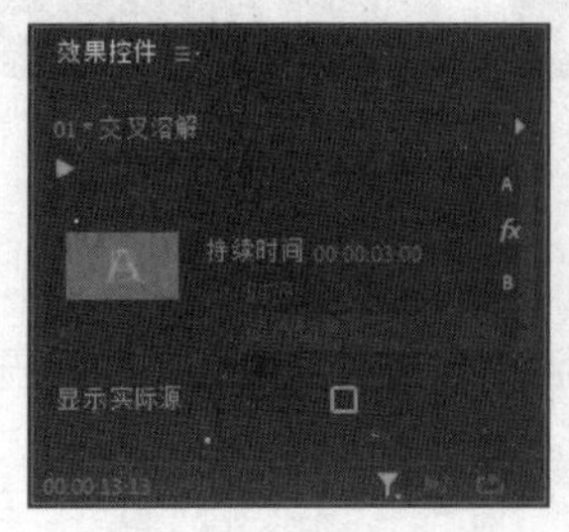

图3-24

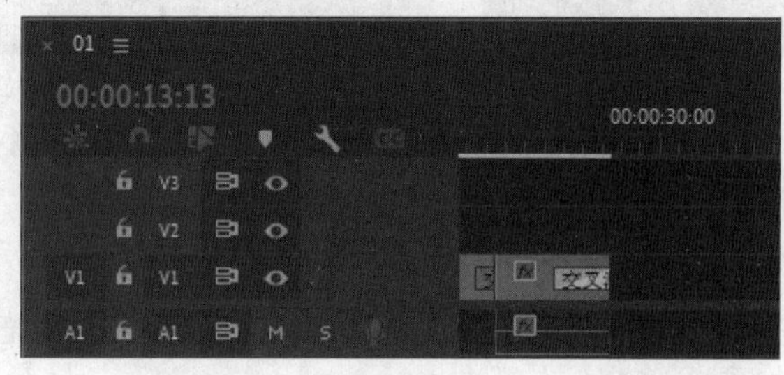

图3-25

3.1.2 使用过渡效果

一般情况下，过渡效果在同一轨道的两个相邻素材之间使用，如图3-26所示。也可以单独为某一个素材添加过渡效果，此时，素材与其下方轨道的素材进行过渡，但是下方轨道的素材只作为背景使用，并不能被过渡效果控制，如图3-27所示。

图3-26

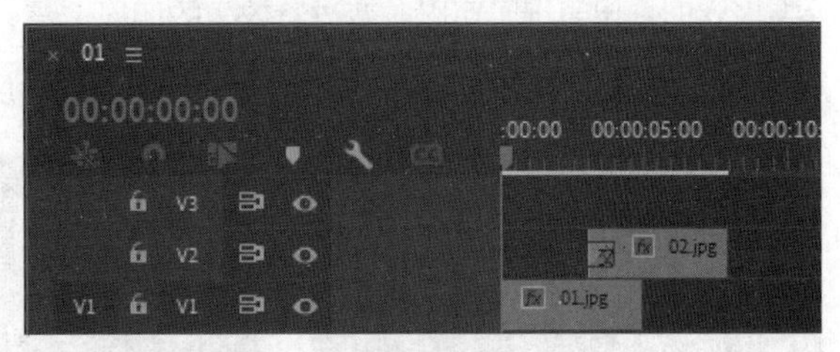

图3-27

3.1.3 设置过渡效果

在两段影片之间添加过渡效果后，“时间轴”面板上会有一个重叠区域，这个重叠区域就是发生过渡的范围。通过“效果控件”面板和“时间轴”面板可以对过渡进行设置。

在“效果控件”面板上方单击▶按钮，可以在小视窗中预览过渡效果，如图3-28所示。对某些有方向的过渡来说，可以在小视窗中改变过渡的方向。例如，单击右上角的箭头改变过渡的方向，如图3-29所示。

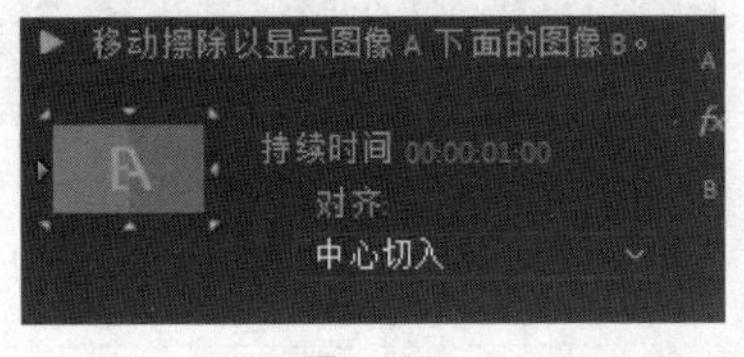

图3-28

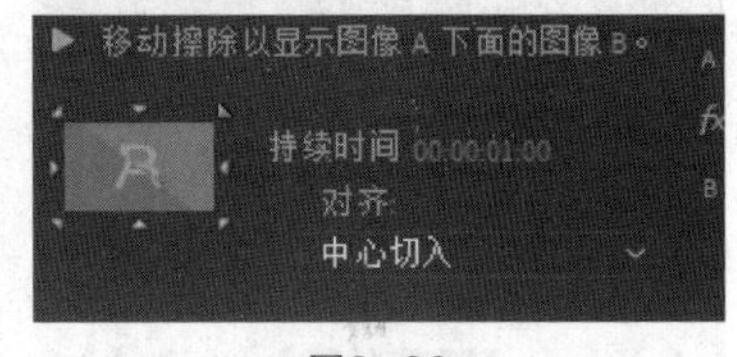

图3-29

“持续时间”选项用于设置过渡的持续时间。双击“时间轴”面板中的过渡块，会弹出“设置过渡持续时间”对话框，在其中也可以设置过渡的持续时间，如图3-30所示，设置完成后，单击“确定”按钮。

“对齐”下拉列表中包含“中心切入”“起点切入”“终点切入”“自定义起点”4种对齐方式。

“开始”和“结束”用于设置过渡的起始和结束状态。按住Shift键拖曳滑块，可以使开始和结束滑块以相同的数值变化。

勾选“显示实际源”复选框，可以在上方的“开始”和“结束”视图窗口中显示过渡的开始帧和结束帧，如图3-31所示。

其他选项的设置会根据过渡效果的不同而有所变化。

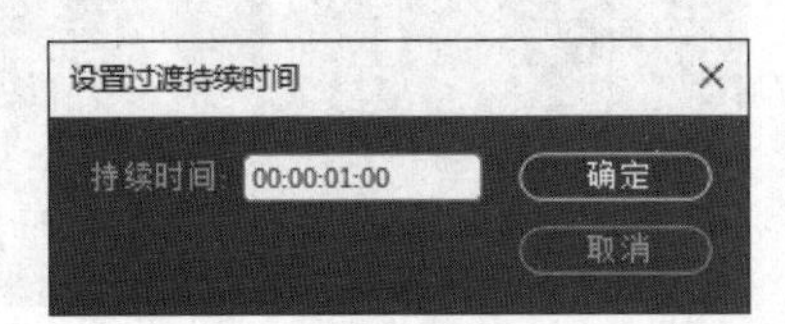

图3-30

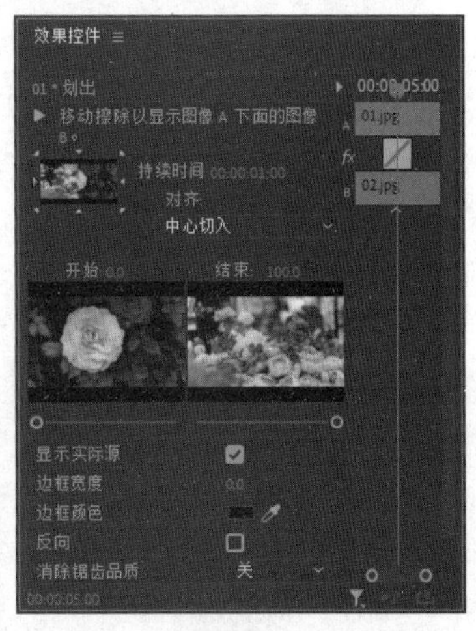

图3-31

3.1.4 调整过渡效果

在“效果控件”面板的右侧区域和“时间轴”面板中，还可以对过渡效果进行进一步的调整。

在“效果控件”面板中，将鼠标指针移动到过渡块的中线上，当鼠标指针呈形状时拖曳鼠标，可以改变素材的持续时间和过渡效果的影响区域，如图3-32所示。将鼠标指针移动到过渡块上，当鼠标指针呈形状时拖曳鼠标，可以改变过渡效果的切入位置，如图3-33所示。

在“效果控件”面板中，将鼠标指针移动到过渡块的左侧边缘，当鼠标指针呈形状时拖曳鼠标，可以改变过渡块的长度，如图3-34所示。在“时间轴”面板中，将鼠标指针移动到过渡块的右侧边缘，当鼠标指针呈形状时拖曳鼠标，也可以改变过渡块的长度，如图3-35所示。

图3-32

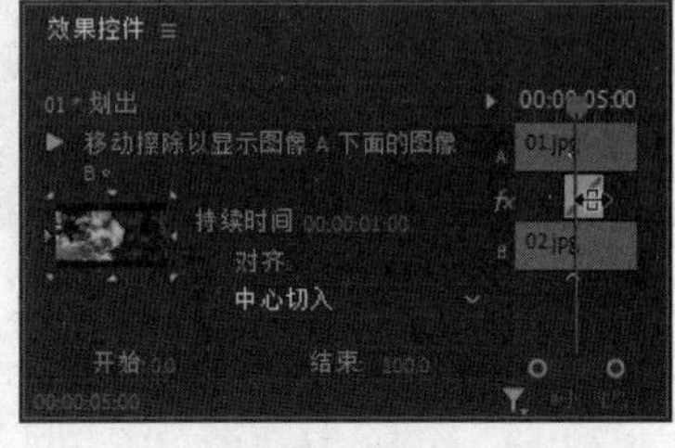

图3-33

图3-34

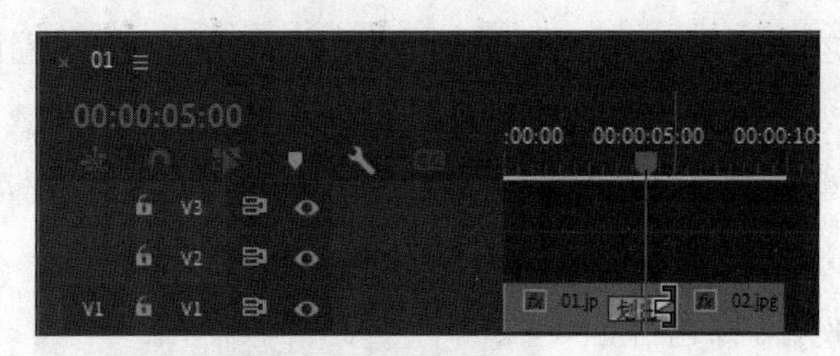

图3-35

3.1.5 设置默认过渡

选择“编辑 > 首选项 > 时间轴”命令，会弹出“首选项”对话框，可以分别设置视频和音频过渡的默认持续时间等，如图3-36所示。

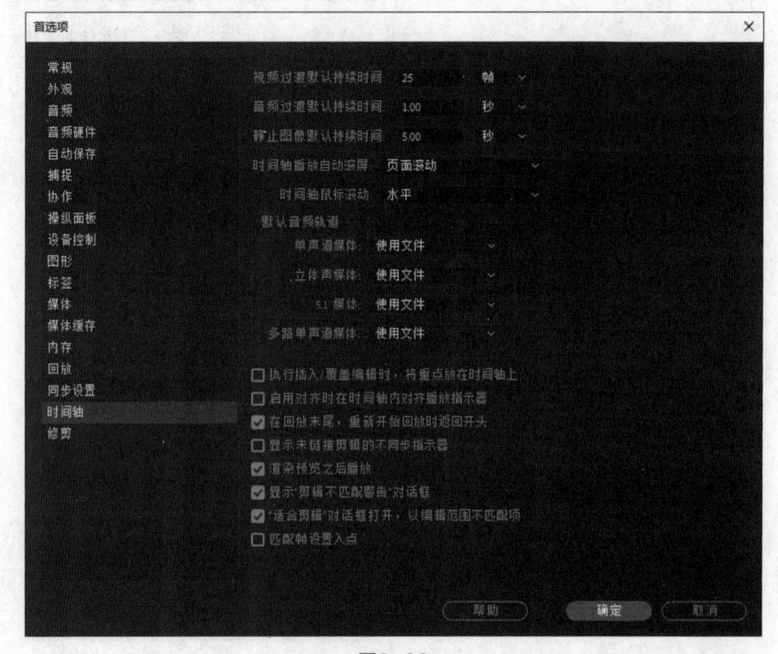

图3-36

3.2 应用过渡效果

Premiere Pro 2022将各种过渡效果根据类型的不同分别放在“效果”面板的“视频效果”文件夹的子文件夹中，以便用户进行查找。

3.2.1 课堂案例——添加唯美古风短视频的转场

案例学习目标 能够使用过渡效果制作图像转场。

案例知识要点 使用“导入”命令导入素材文件，使用“圆划像”效果、“推”效果、“中心拆分”效果和“菱形划像”效果制作图片之间的过渡效果，使用“效果控件”面板调整过渡效果，最终效果如图3-37所示。

效果所在位置 Ch03\添加唯美古风短视频的转场\添加唯美古风短视频的转场. prproj。

图3-37

1. 添加并调整素材

01 启动Premiere Pro 2022软件，选择“文件 > 新建 > 项目”命令，进入新建项目界面，如图3-38所示，单击“创建”按钮，新建项目。

图3-38

02 选择“文件 > 导入”命令，弹出“导入”对话框，选择本书学习资源中的“Ch03\添加唯美古风短视频的转场\素材\01~04”文件，如图3-39所示，单击“打开”按钮，将素材文件导入“项目”面板中，如图3-40所示。双击“项目”面板中的“01”文件，在“源”监视器中打开“01”文件。将时间标签放置在00:00:09:11的位置。按I键，创建标记入点，如图3-41所示。

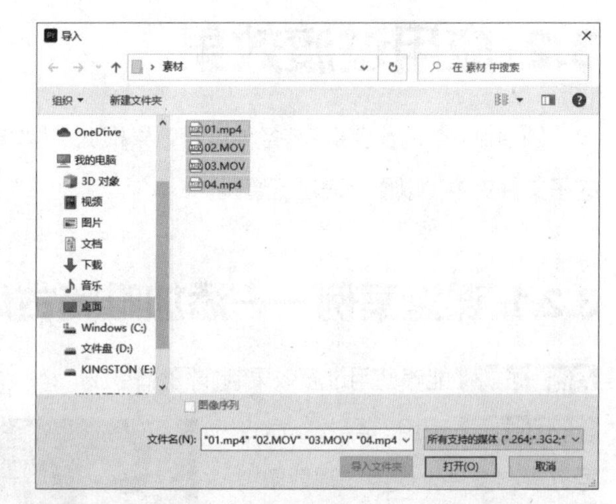

图3-39

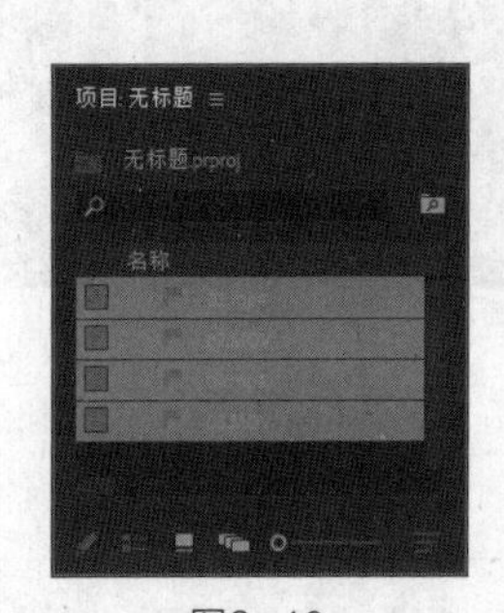

图3-40

图3-41

03 将时间标签放置在00:00:14:23的位置。按O键，创建标记出点，如图3-42所示。选中“源”监视器中的“01”文件并将其拖曳到“时间轴”面板的“视频1（V1）”轨道中，生成“01”序列，如图3-43所示。

图3-42

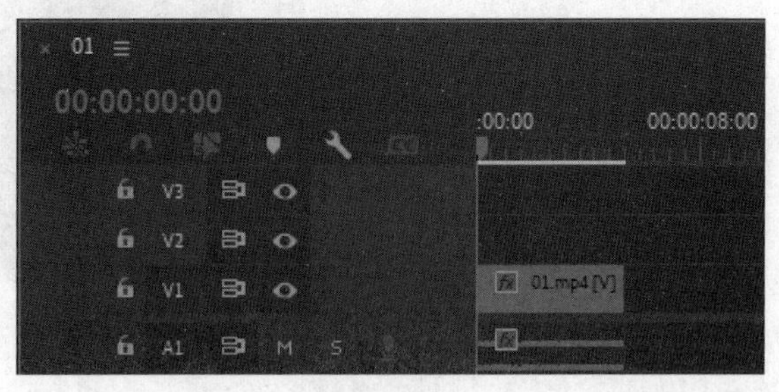

图3-43

04 按住Alt键的同时，选择下方的音频，如图3-44所示。按Delete键，删除音频，如图3-45所示。

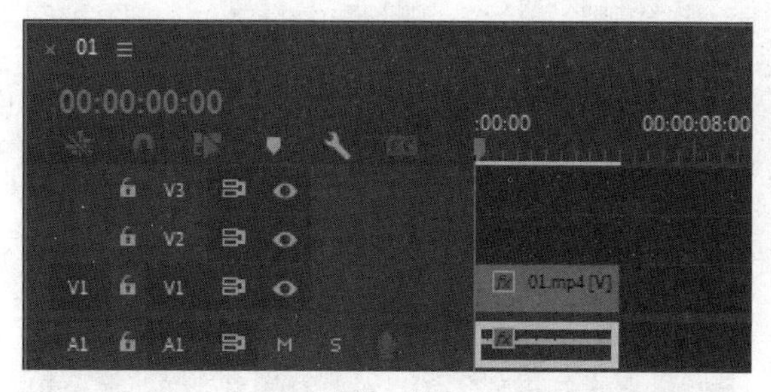

图3-44

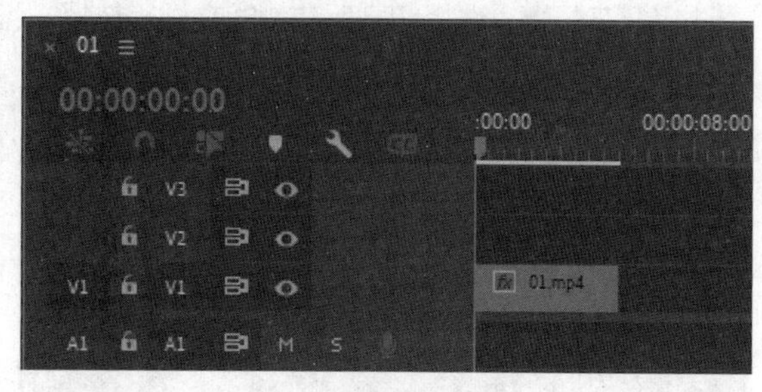

图3-45

05 双击“项目”面板中的“02”文件，在“源”监视器中打开“02”文件。将时间标签放置在00:00:09:21的位置。按O键，创建标记出点，如图3-46所示。选中“源”监视器中的“02”文件并将其拖曳到“时间轴”面板的“视频1（V1）”轨道中，如图3-47所示。

图3-46

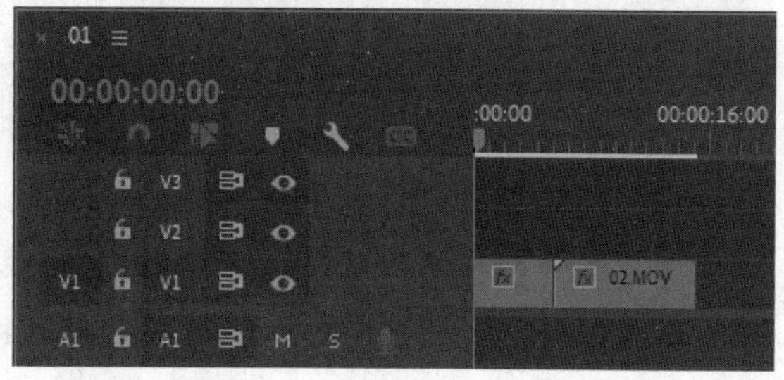

图3-47

06 选中“项目”面板中的“03”文件并将其拖曳到“时间轴”面板的“视频1（V1）”轨道中，如图3-48所示。将时间标签放置在00:00:20:00的位置。选择“剃刀”工具，在鼠标指针的位置单击以切割文件，如图3-49所示。

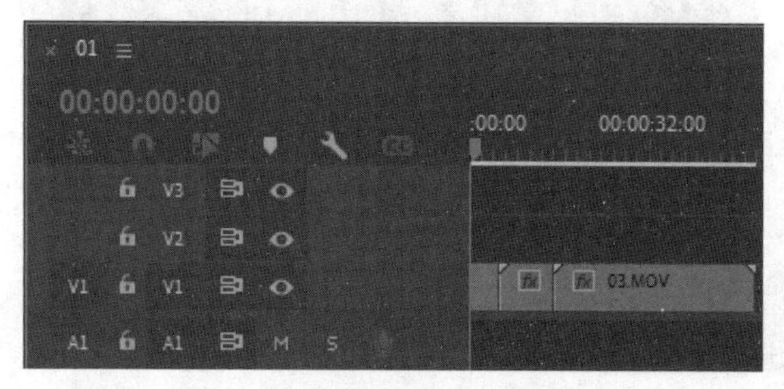

图3-48

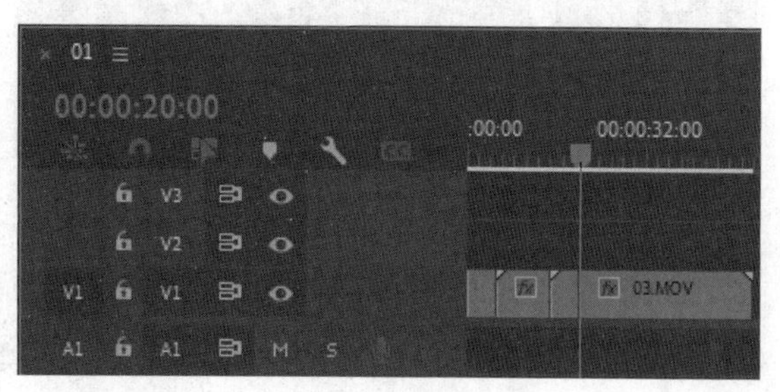

图3-49

07 将时间标签放置在00:00:37:00的位置。在鼠标指针的位置单击以切割文件，如图3-50所示。选择“选择”工具，选择切割后左侧的文件。选择“编辑 > 波纹删除”命令，删除选中的文件，如图3-51所示。

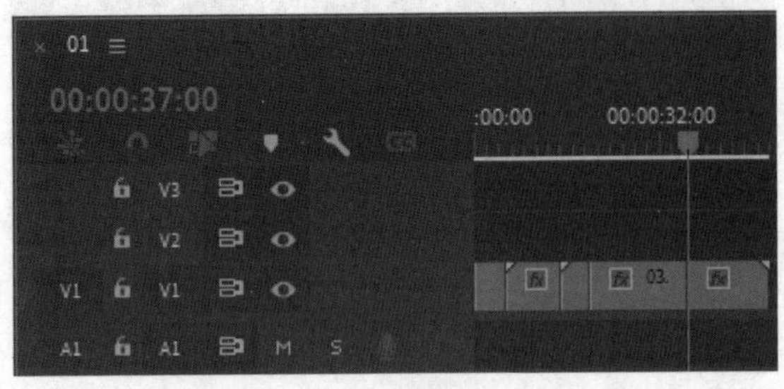

图3-50

图3-51

08 将时间标签放置在00:00:27:21的位置，如图3-52所示。将鼠标指针放在“03”文件的结束位置，当鼠标指针呈形状时，向左拖曳到00:00:27:21的位置，如图3-53所示。

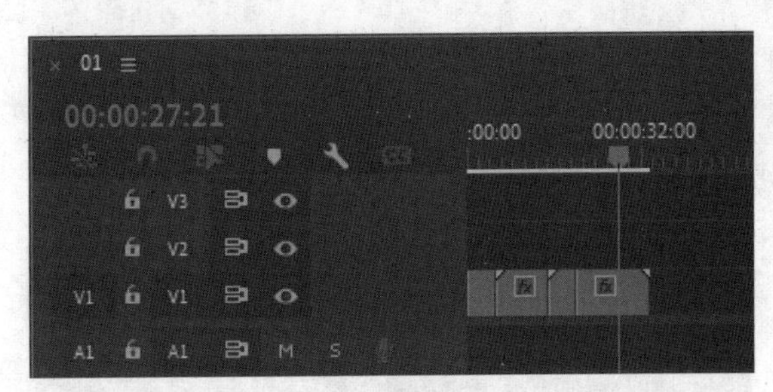

图3-52

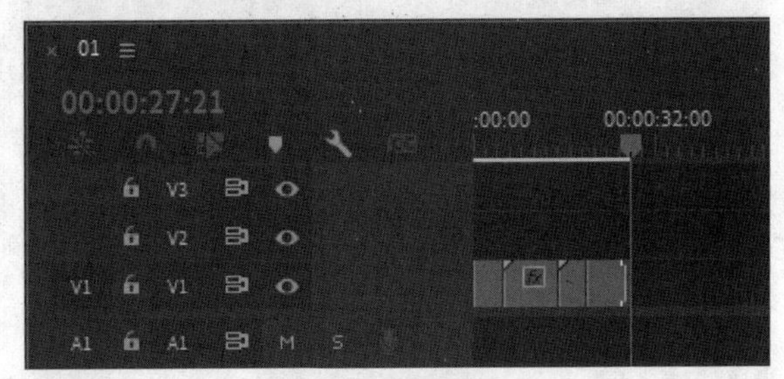

图3-53

09 选中“项目”面板中的“04”文件并将其拖曳到“时间轴”面板的“视频1（V1）”轨道中，如图3-54所示。将时间标签放置在00:00:42:28的位置。将鼠标指针放在“04”文件的结束位置，当鼠标指针呈形状时，向左拖曳到00:00:42:28的位置，如图3-55所示。

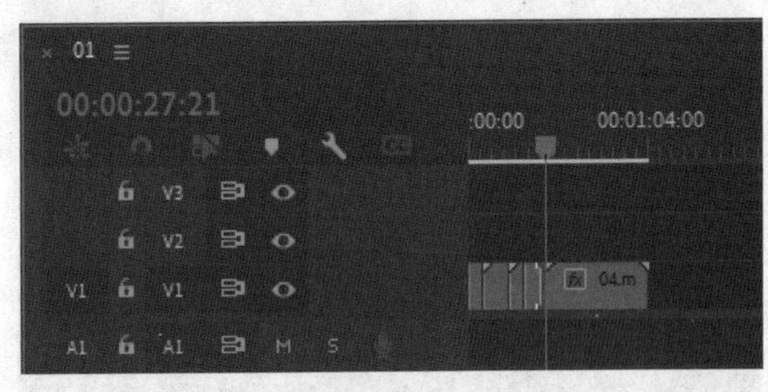

图3-54

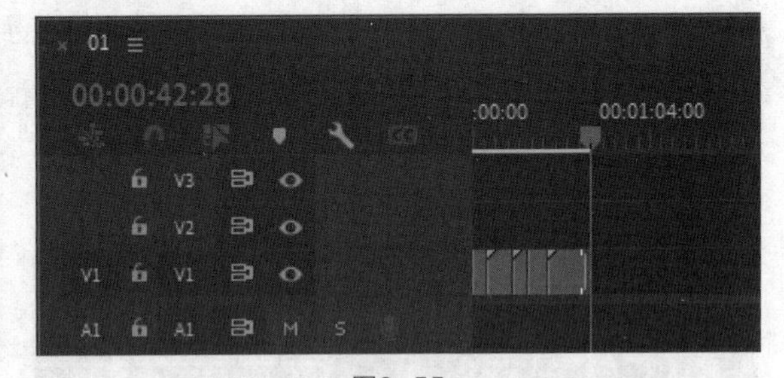

图3-55

2. 为素材添加过渡效果

01 选择“效果”面板，展开“视频过渡”效果分类选项，单击“划像”文件夹前面的按钮将其展开，选中“圆划像”效果，如图3-56所示。将“圆划像”效果拖曳到“时间轴”面板“视频1（V1）”轨道中“01”文件的开始位置，如图3-57所示。选择“时间轴”面板中的“圆划像”效果。选择“效果控件”面板，将“持续时间”选项设置为00:00:01:00，如图3-58所示。

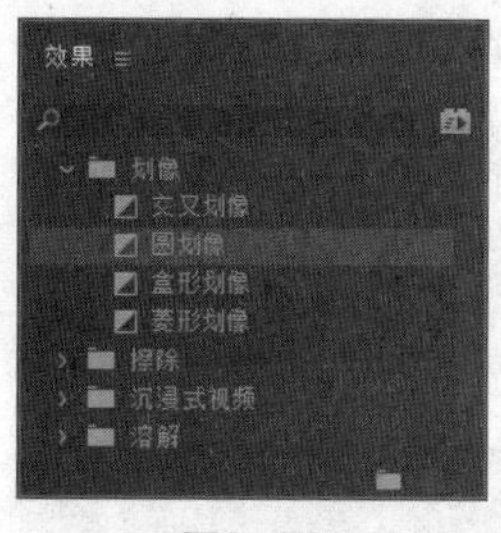

图3-56

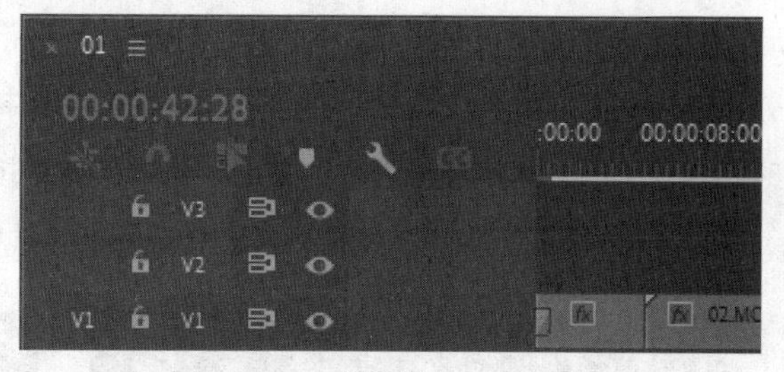

图3-57

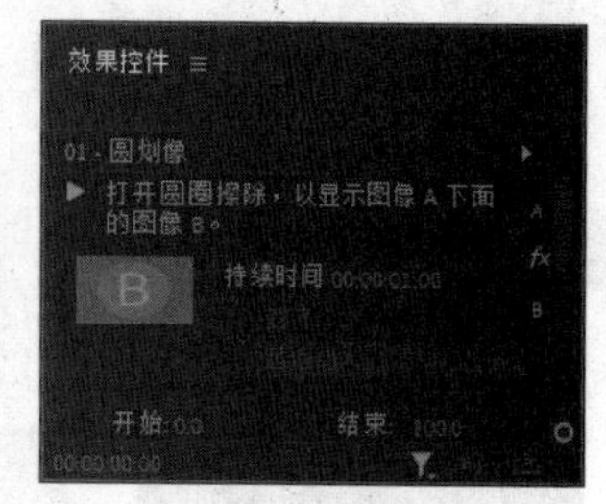

图3-58

02 选择“效果”面板，单击“内滑”文件夹前面的 按钮将其展开，选中“推”效果，如图3-59所示。将“推”效果拖曳到“时间轴”面板“视频1（V1）”轨道中的“02”文件的开始位置，如图3-60所示。

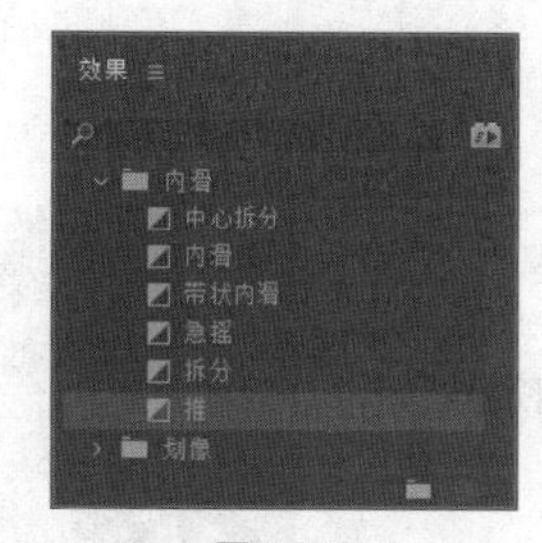

图3-59

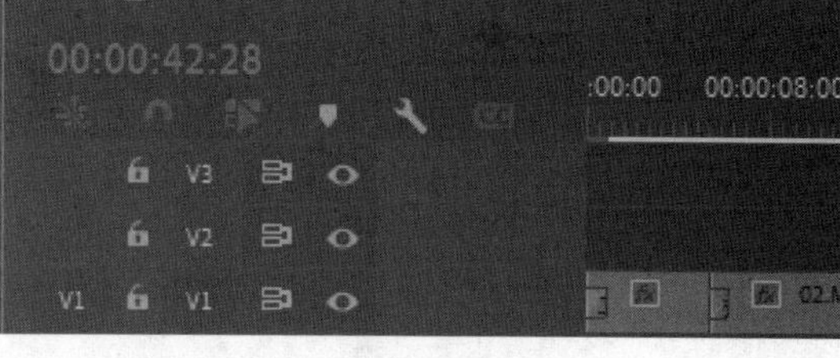

图3-60

03 选择“效果”面板，选中“中心拆分”效果，如图3-61所示。将“中心拆分”效果拖曳到“时间轴”面板“视频1（V1）”轨道中的“03”文件的开始位置，如图3-62所示。选择“时间轴”面板中的“中心拆分”效果。选择“效果控件”面板，将“持续时间”选项设置为00:00:02:00，“对齐”选项设置为“中心切入”，如图3-63所示。

图3-61

图3-62

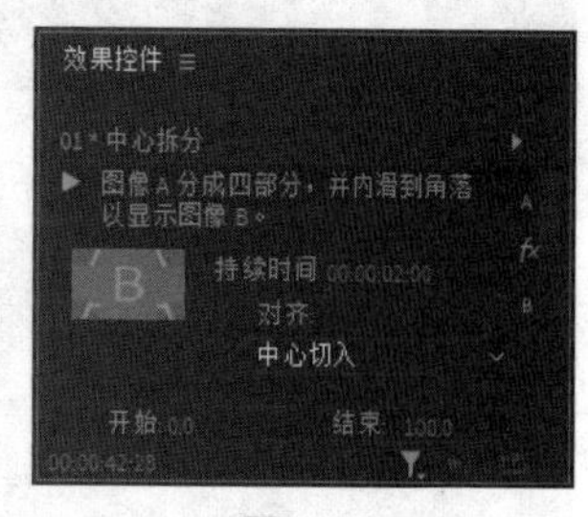

图3-63

04 选择“效果”面板，选中“推”效果。将“推”效果拖曳到“时间轴”面板“视频1（V1）”轨道中的“03”文件的结束位置和开始位置，如图3-64所示。

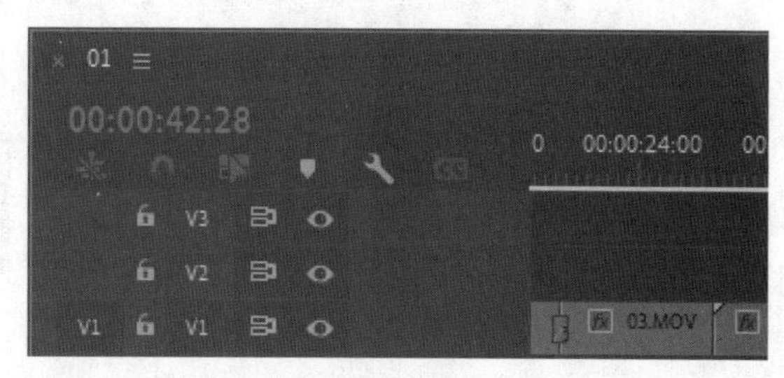

图3-64

05 选择“效果”面板，单击“划像”文件夹前面的▶按钮将其展开，选中“菱形划像”效果，如图3-65所示。将“菱形划像”效果拖曳到“时间轴”面板“视频1（V1）”轨道中的“04”文件的开始位置，如图3-66所示。选择“时间轴”面板中的“菱形划像”效果。选择“效果控件”面板，将“持续时间”选项设置为00:00:01:25，如图3-67所示。唯美古风短视频的转场添加完成。

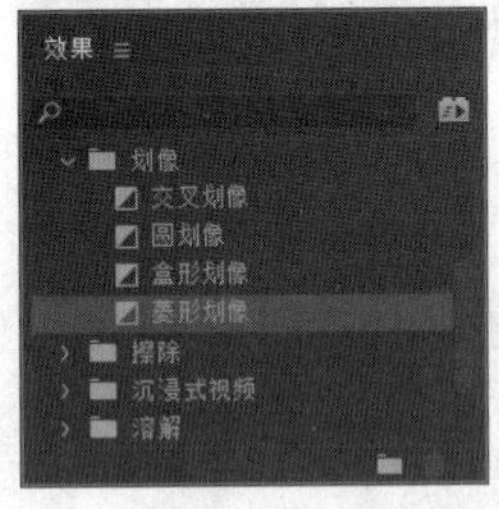

图3-65

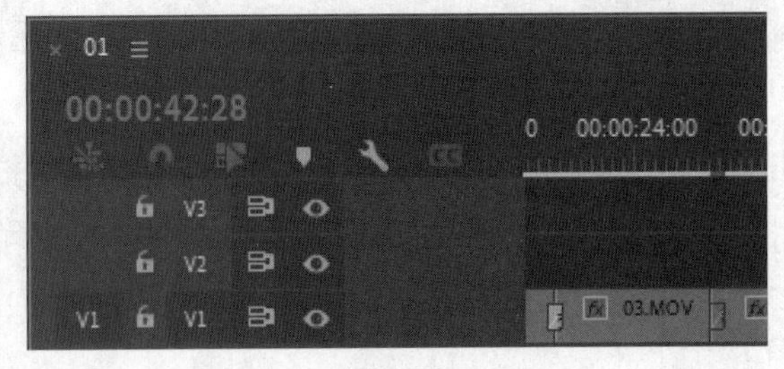

图3-66

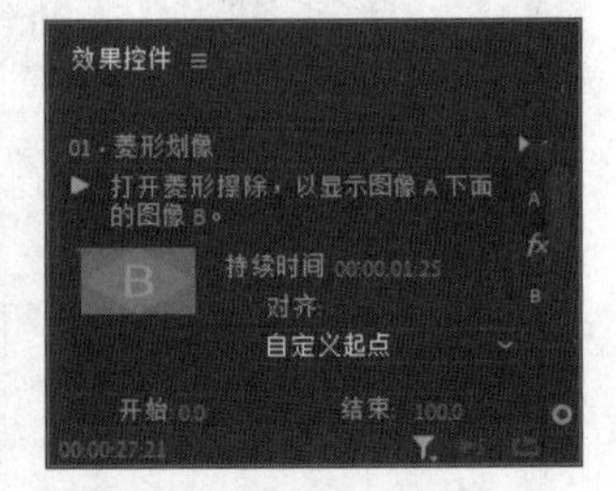

图3-67

3.2.2 内滑

“内滑”文件夹中共包含6种视频过渡效果，如图3-68所示。不同过渡效果的应用示例如图3-69所示。

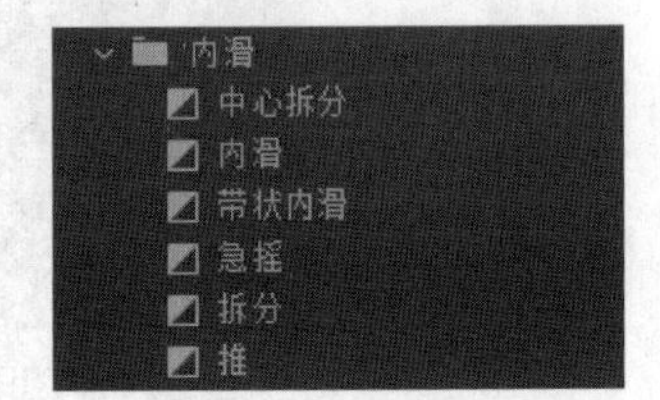

图3-68

中心拆分

内滑

带状内滑

急摇

拆分

推

图3-69

3.2.3 划像

“划像”文件夹中共包含4种视频过渡效果，如图3-70所示。不同过渡效果的应用示例如图3-71所示。

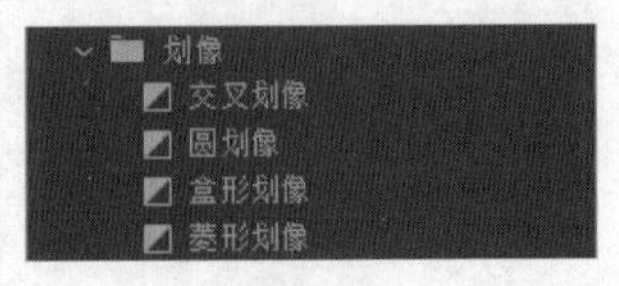

图3-70

图3-71

3.2.4 课堂案例——添加美食创意宣传片的转场

案例学习目标 能够使用过渡效果制作素材转场。

案例知识要点 使用“导入”命令导入视频文件，使用“划出”效果、“随机块”效果、“VR光线”效果、“插入”效果和“随机擦除”效果制作视频之间的过渡效果，使用“效果控件”面板编辑过渡效果，最终效果如图3-72所示。

图3-72

效果所在位置 Ch03\添加美食创意宣传片的转场\添加美食创意宣传片的转场.prproj。

1. 添加并调整素材

01 启动Premiere Pro 2022软件，选择“文件 > 新建 > 项目”命令，进入新建项目界面，如图3-73所示，单击“创建”按钮，新建项目。

02 选择“文件 > 导入”命令，弹出“导入”对话框，选择本书学习资源中的“Ch03\添加美食创意宣传片的转场\素材\01”文件，如图3-74所示，单击“打开”按钮，将素材文件导入“项目”面板中，如图3-75所示。在“项目”面板中，选中“01”文件并将其拖曳到“时间轴”面板的“视频1（V1）”轨道中，生成“01”序列，如图3-76所示。

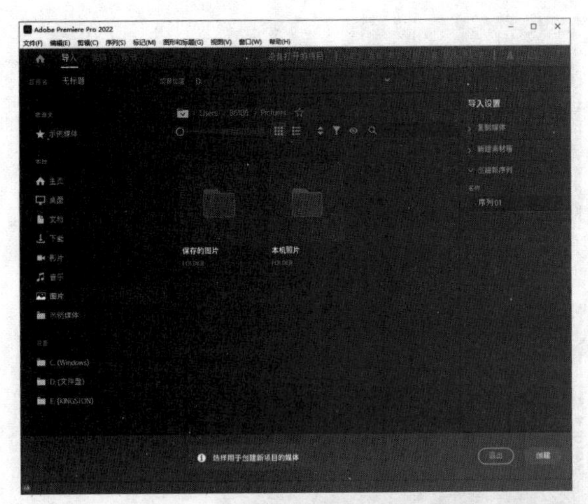

图3-73

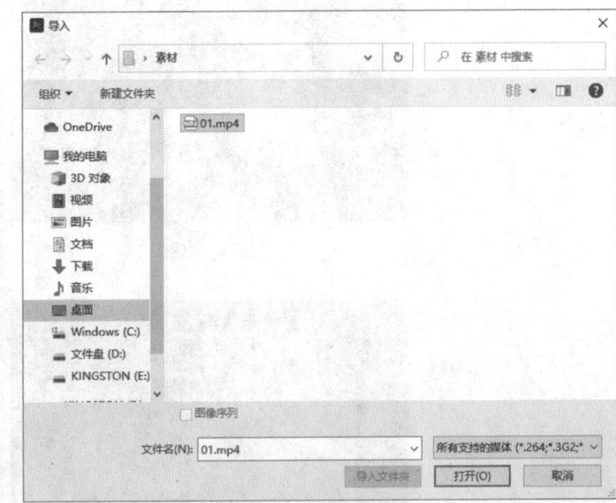

图3-74

图3-75

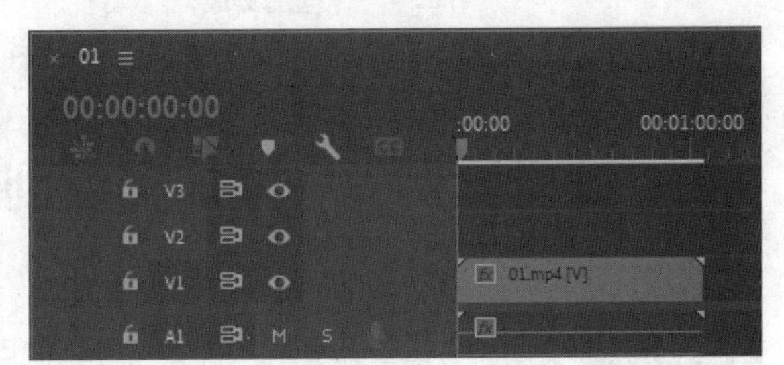

图3-76

03 按住Alt键的同时，选择下方的音频，如图3-77所示。按Delete键，删除音频，如图3-78所示。

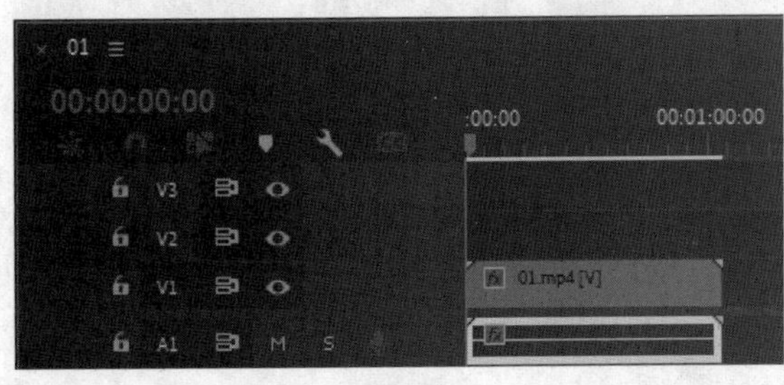

图3-77

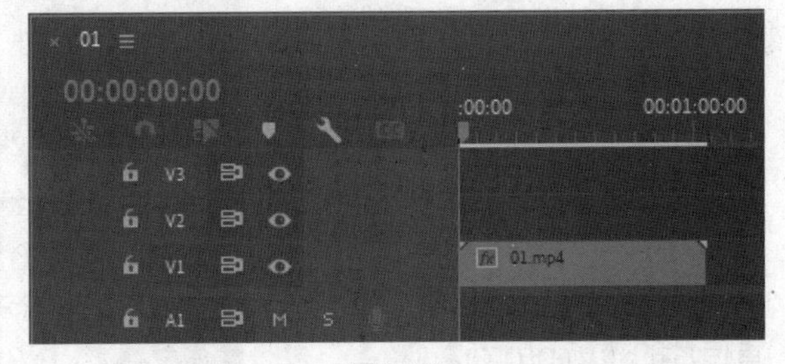

图3-78

04 选择“时间轴”面板中的“01”文件。在“01”文件上单击鼠标右键，在弹出的菜单中选择“速度/持续时间”命令，在弹出的对话框中进行设置，如图3-79所示，单击“确定”按钮，效果如图3-80所示。

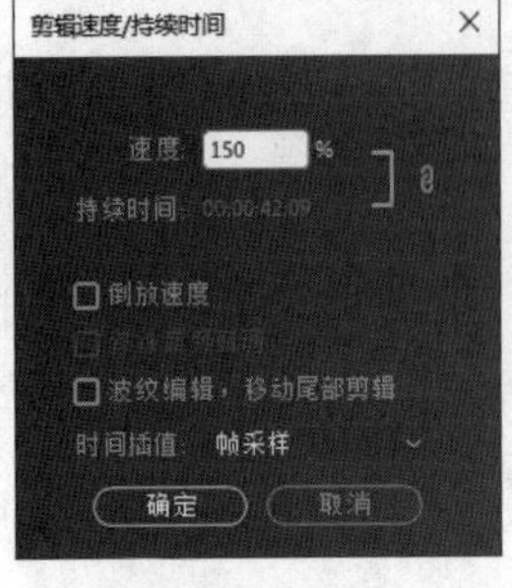

图3-79

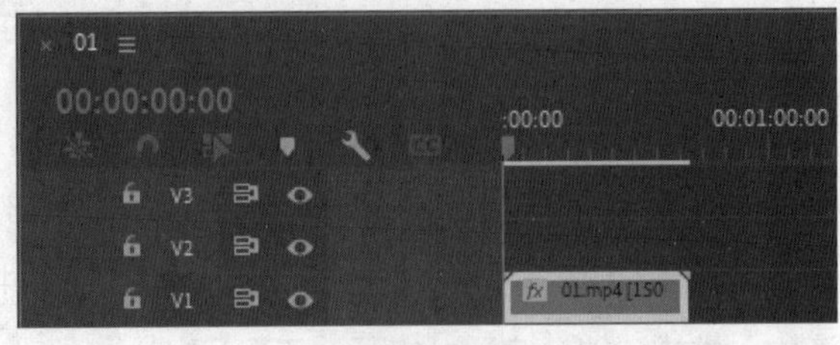

图3-80

05 将时间标签放置在00:00:05:20的位置。选择“剃刀”工具，在鼠标指针的位置单击以切割文件，如图3-81所示。将时间标签放置在00:00:08:17的位置。在鼠标指针的位置单击以切割文件，如图3-82所示。

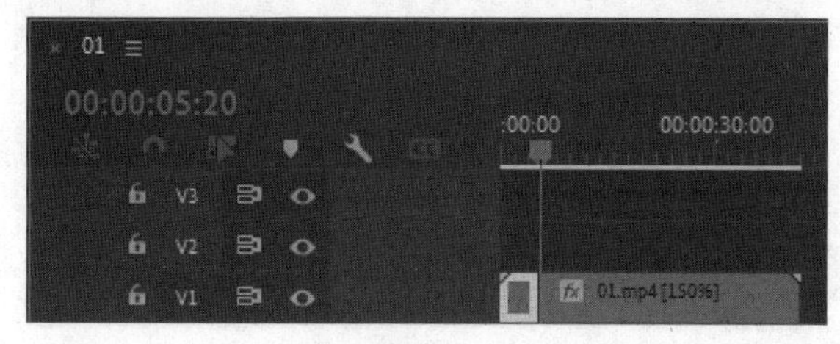

图3-81

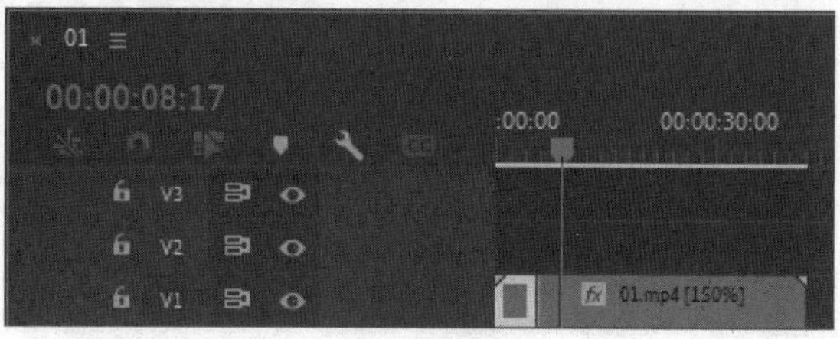

图3-82

06 选择“选择”工具，选择切割后左侧的文件，如图3-83所示。选择“编辑 > 波纹删除”命令，删除选中的文件，如图3-84所示。

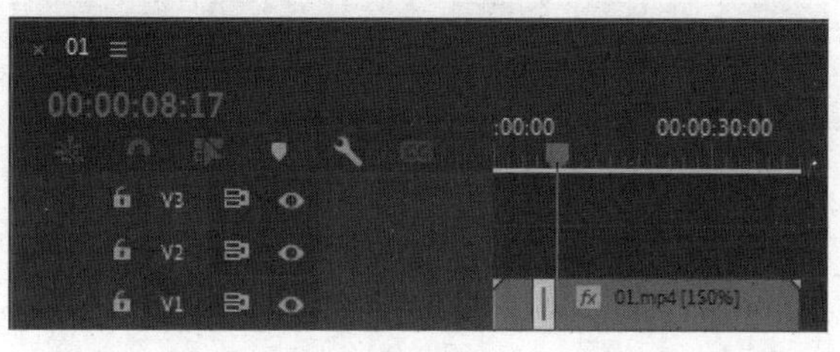

图3-83

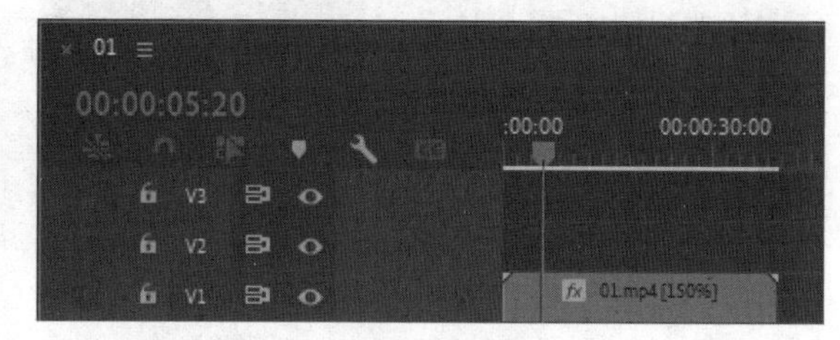

图3-84

07 将时间标签放置在00:00:11:20的位置。选择“剃刀”工具，在鼠标指针的位置单击以切割文件，如图3-85所示。选择“选择”工具，选择切割后左侧的文件。单击鼠标右键，在弹出的菜单中选择“速度/持续时间”命令，在弹出的对话框中勾选“波纹编辑，移动尾部剪辑”复选框，其他选项的设置如图3-86所示，单击“确定”按钮，效果如图3-87所示。

08 将时间标签放置在00:00:12:16的位置。选择“剃刀”工具，在鼠标指针的位置单击以切割文件，如图3-88所示。

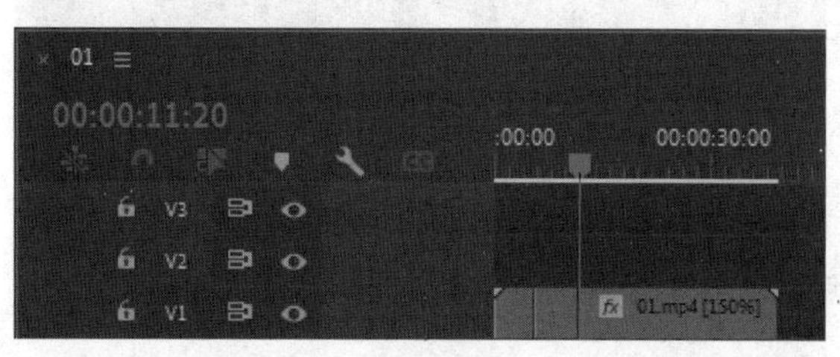

图3-85

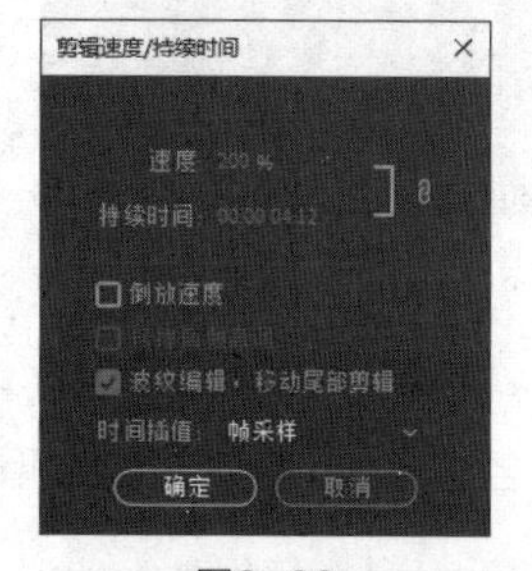

图3-86

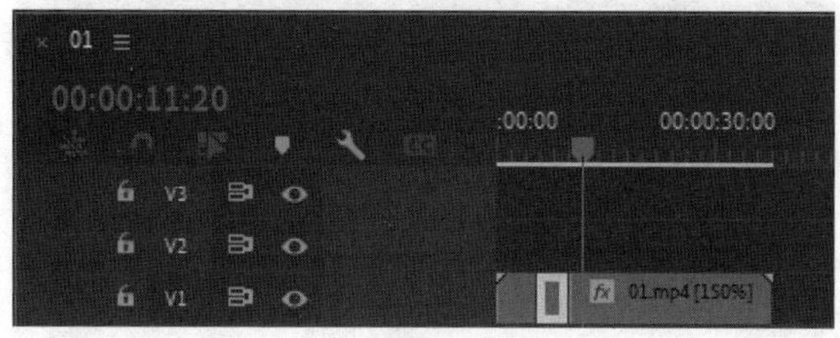

图3-87

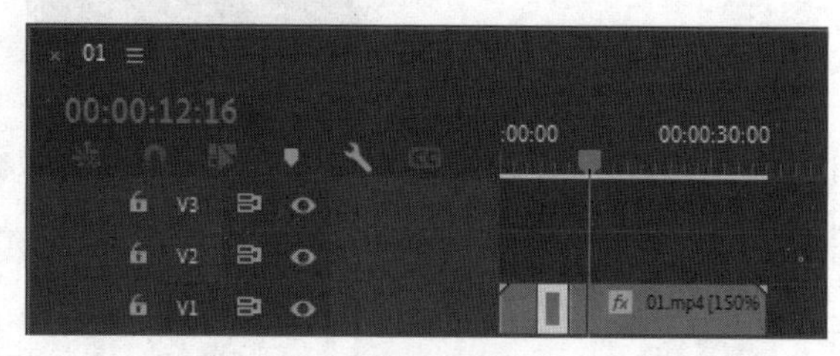

图3-88

09 选择“选择”工具▶，选择切割后左侧的文件。选择“编辑 > 波纹删除”命令，删除选中的文件，如图3-89所示。将时间标签放置在00:00:12:03的位置。选择“剃刀”工具◈，在鼠标指针的位置单击以切割文件，如图3-90所示。

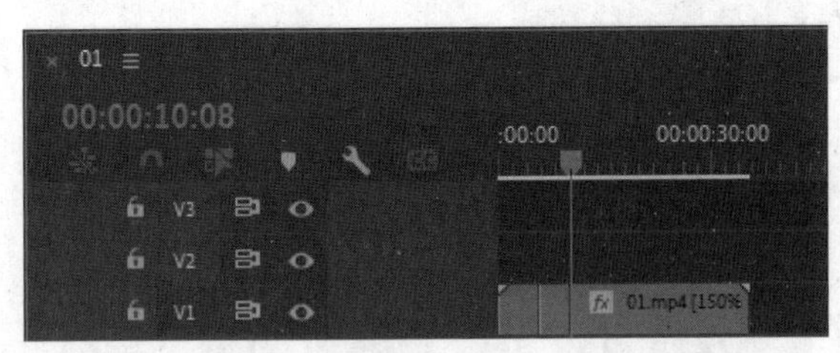

图3-89

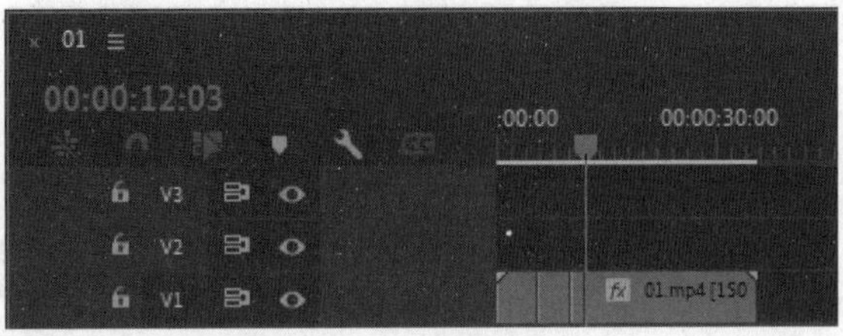

图3-90

10 选择“选择”工具▶，选择切割后左侧的文件。单击鼠标右键，在弹出的菜单中选择“速度/持续时间”命令，弹出对话框，各选项的设置如图3-91所示，单击“确定”按钮，效果如图3-92所示。

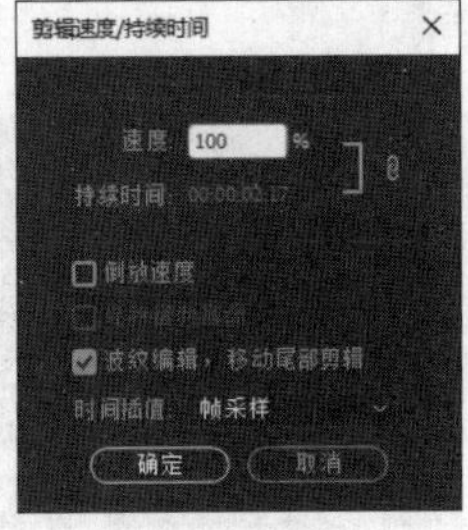

图3-91

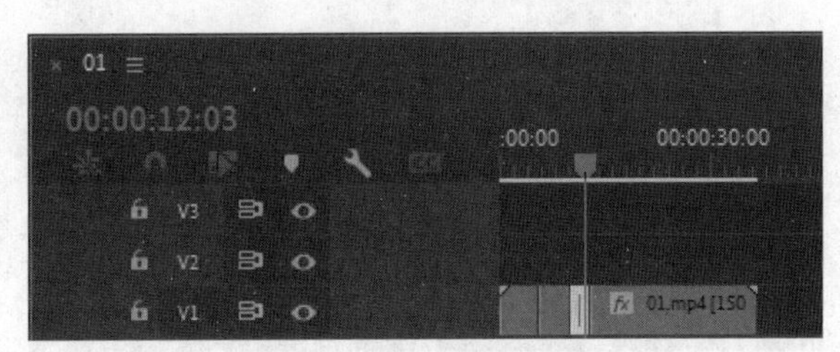

图3-92

11 将时间标签放置在00:00:20:17的位置。选择“剃刀”工具◈，在鼠标指针的位置单击以切割文件，如图3-93所示。将时间标签放置在00:00:25:19的位置。在鼠标指针的位置单击以切割文件，如图3-94所示。

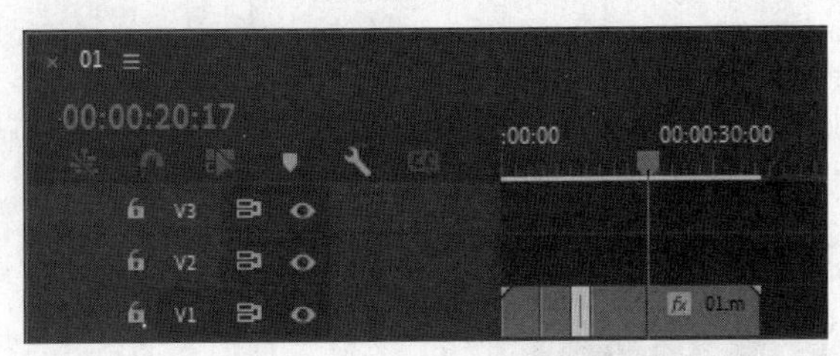

图3-93

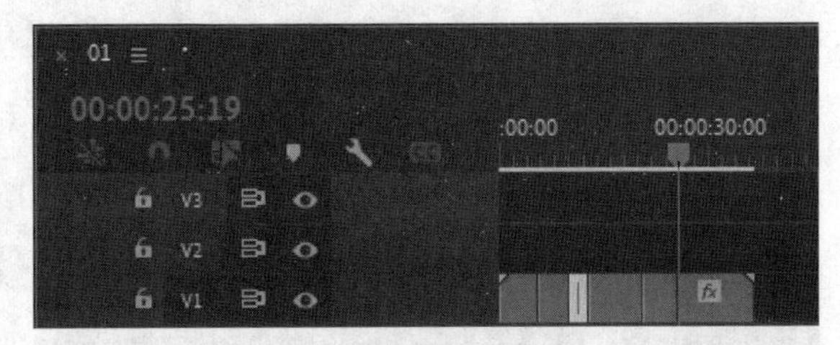

图3-94

12 选择“选择”工具▶，选择切割后右侧的文件。单击鼠标右键，在弹出的菜单中选择“速度/持续时间”命令，弹出对话框，各选项的设置如图3-95所示，单击“确定”按钮，效果如图3-96所示。

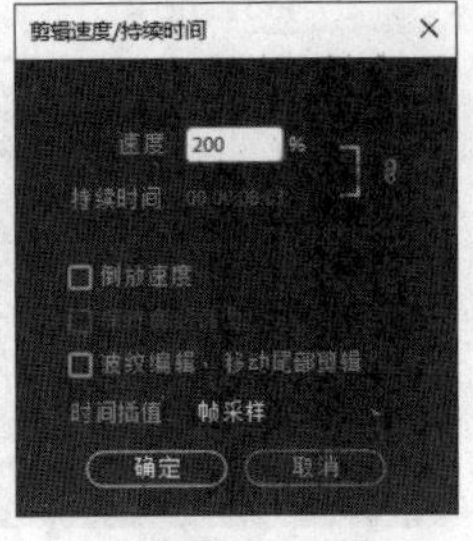

图3-95

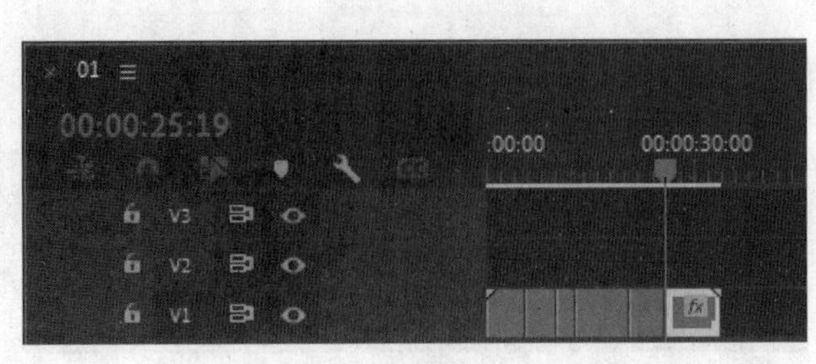

图3-96

2. 为素材添加过渡效果

01 选择“效果”面板，展开“视频过渡”效果分类选项，单击“擦除”文件夹前面的▶按钮将其展开，选中“划出”效果，如图3-97所示。将“划出”效果拖曳到“时间轴”面板中第1个“01”文件的开始位置，如图3-98所示。

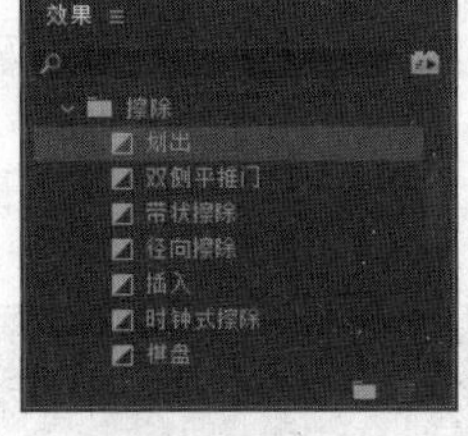

图3-97

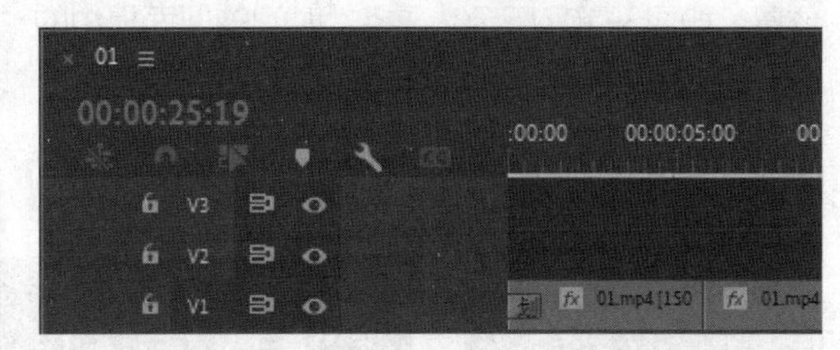

图3-98

02 选择“时间轴”面板中的“划出”效果，如图3-99所示。选择“效果控件”面板，将“持续时间”选项设置为00:00:03:00，如图3-100所示。

图3-99

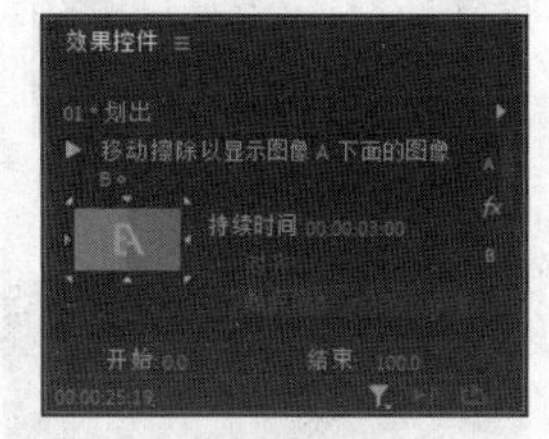

图3-100

03 选择“效果”面板，选中“随机块”效果，如图3-101所示。将“随机块”效果拖曳到“时间轴”面板中的第3个“01”文件的结束位置和第4个“01”文件的开始位置，如图3-102所示。

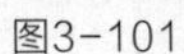

图3-101

图3-102

04 选择“效果”面板，单击“沉浸式视频”文件夹前面的▶按钮将其展开，选中“VR光线”效果，如图3-103所示。将“VR光线”效果拖曳到“时间轴”面板中的第4个“01”文件的结束位置和第5个“01”文件的开始位置，如图3-104所示。选择“时间轴”面板中的“VR光线”效果。选择“效果控件”面板，将“持续时间”选项设置为00:00:03:00，如图3-105所示。

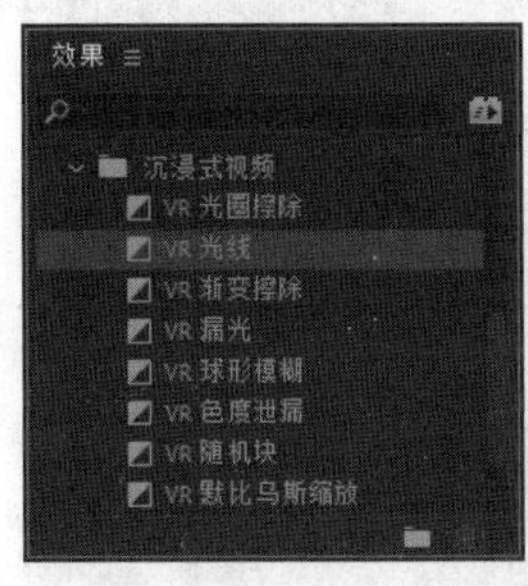

图3-103

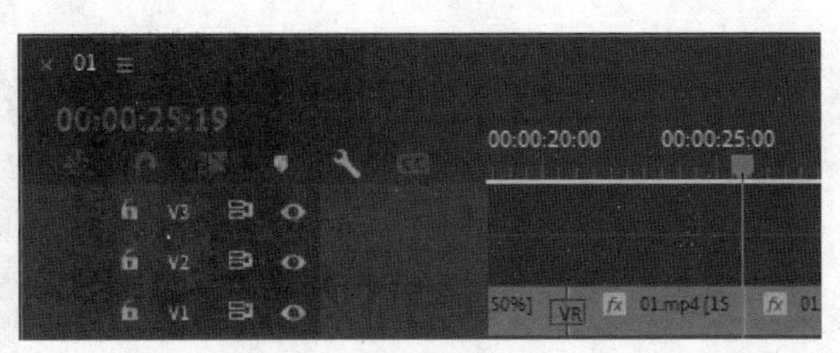

图3-104

图3-105

05 选择“效果”面板，单击“擦除”文件夹前面的按钮将其展开，选中“插入”效果，如图3-106所示。将“插入”效果拖曳到“时间轴”面板中的第5个“01”文件的结束位置和第6个“01”文件的开始位置，如图3-107所示。选择“时间轴”面板中的“插入”效果。选择“效果控件”面板，将“持续时间”选项设置为00:00:03:06，如图3-108所示。

图3-106

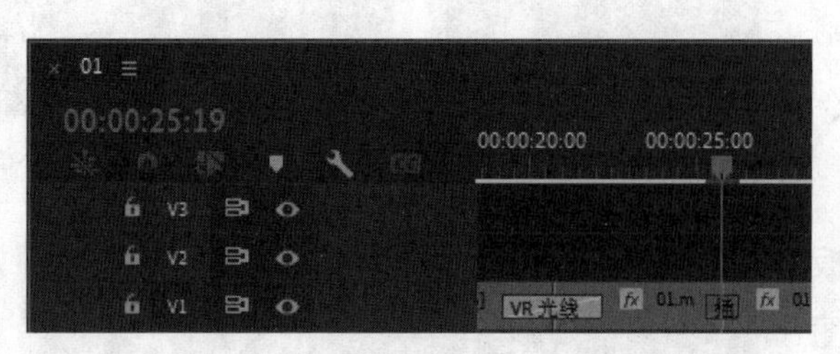

图3-107

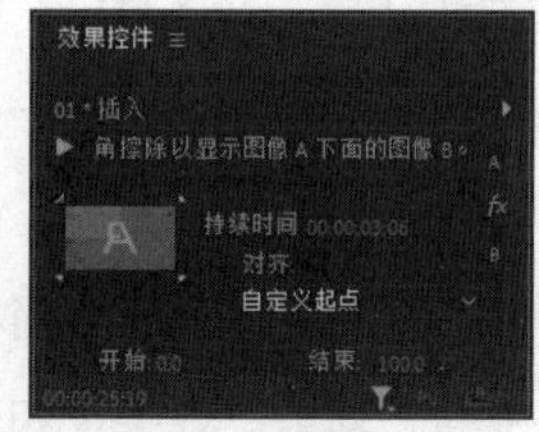

图3-108

06 选择“效果”面板，选中“随机擦除”效果，如图3-109所示。将“随机擦除”效果拖曳到“时间轴”面板中的第6个“01”文件的结束位置，如图3-110所示。选择“时间轴”面板中的“随机擦除”效果。选择“效果控件”面板，将“持续时间”选项设置为00:00:02:00，如图3-111所示。美食创意宣传片的转场添加完成。

图3-109

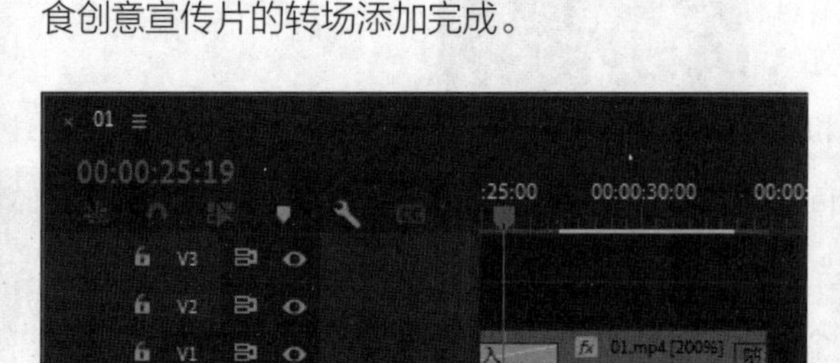

图3-110

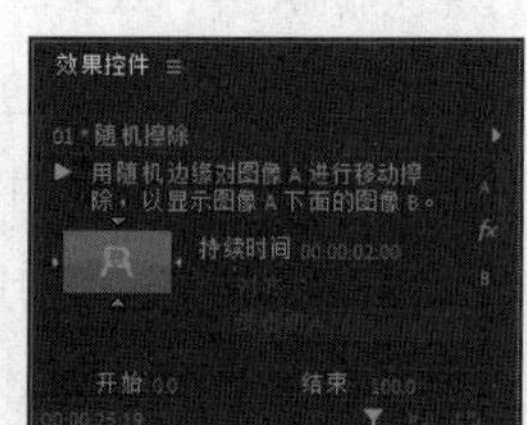

图3-111

3.2.5 擦除

“擦除”文件夹中共包含17种视频过渡效果，如图3-112所示。不同过渡效果的应用示例如图3-113所示。

图3-112

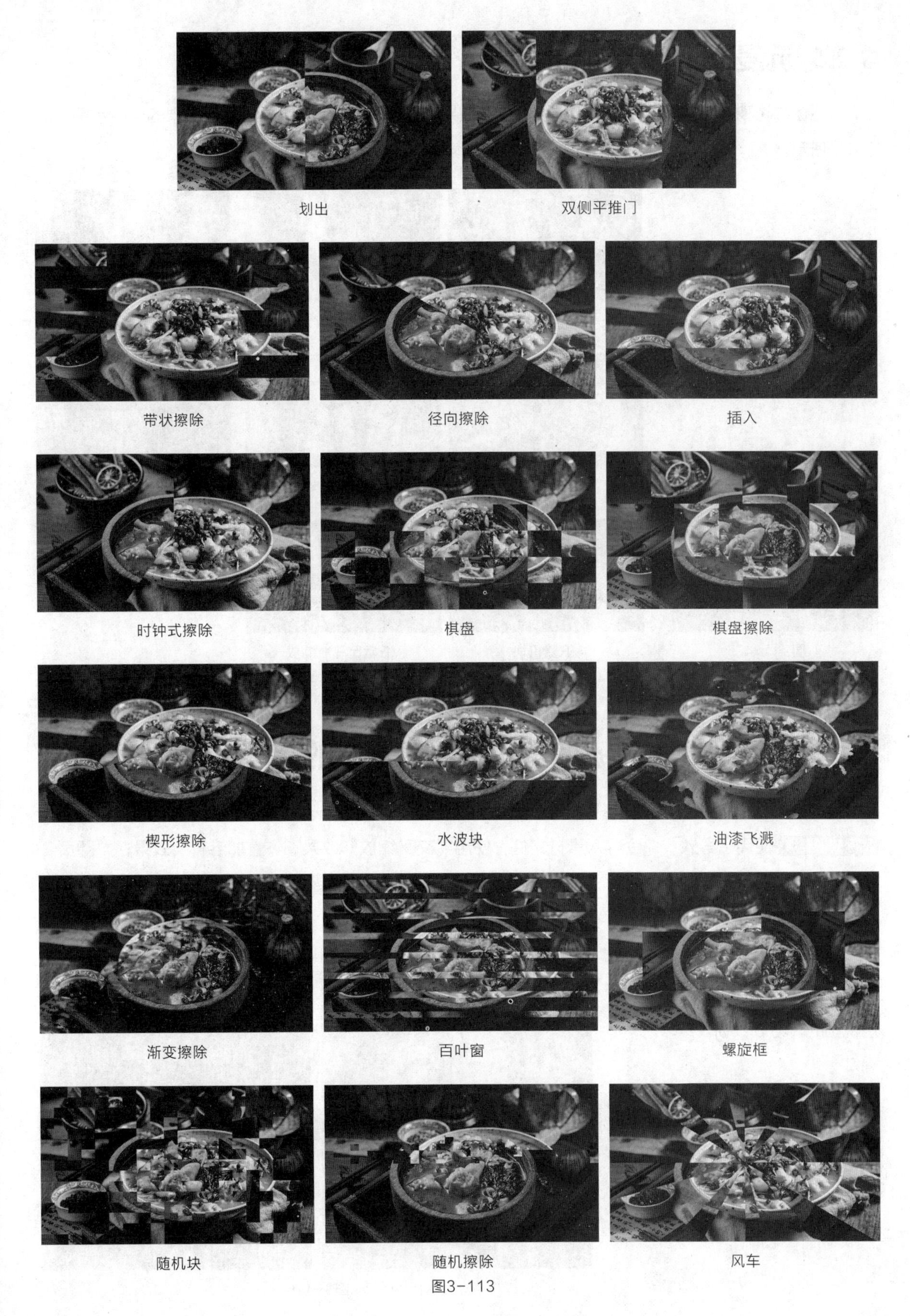

划出　双侧平推门

带状擦除　径向擦除　插入

时钟式擦除　棋盘　棋盘擦除

楔形擦除　水波块　油漆飞溅

渐变擦除　百叶窗　螺旋框

随机块　随机擦除　风车

图3-113

3.2.6 沉浸式视频

“沉浸式视频”文件夹中共包含8种视频过渡效果，如图3-114所示。不同过渡效果的应用示例如图3-115所示。

沉浸式视频
VR 光圈擦除
VR 光线
VR 渐变擦除
VR 漏光
VR 球形模糊
VR 色度泄漏
VR 随机块
VR 默比乌斯缩放

图3-114

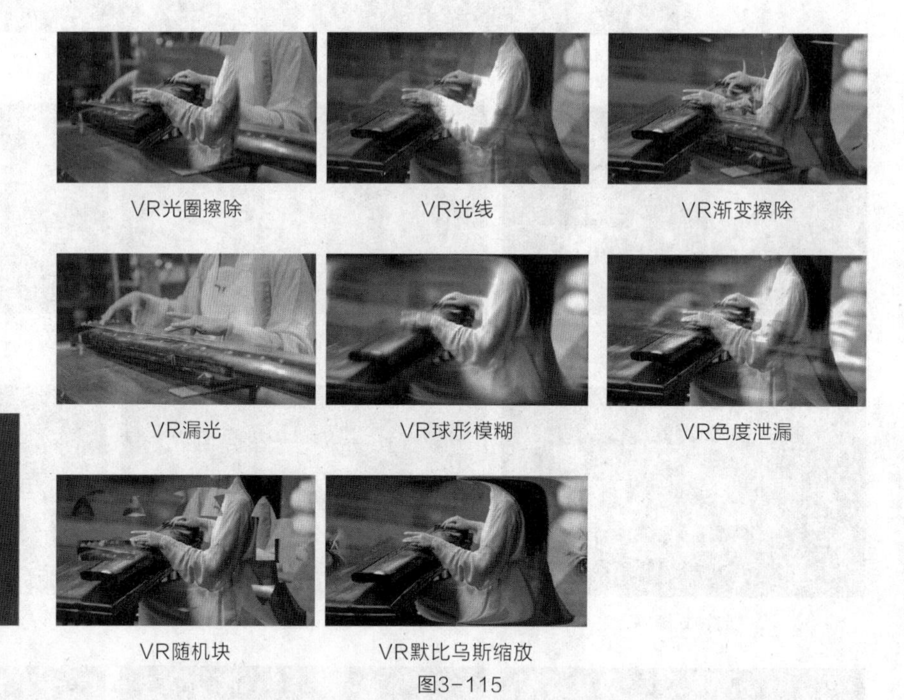

VR光圈擦除　VR光线　VR渐变擦除

VR漏光　VR球形模糊　VR色度泄漏

VR随机块　VR默比乌斯缩放

图3-115

3.2.7 课堂案例——添加可爱猫咪短视频的转场

案例学习目标 能够使用过渡效果制作素材过渡。

案例知识要点 使用“导入”命令导入素材文件，使用“交叉缩放”效果、“叠加溶解”效果、“翻页”效果和“VR色度泄漏”效果制作图片之间的过渡效果，使用“效果控件”面板调整过渡效果，最终效果如图3-116所示。

效果所在位置 Ch03\添加可爱猫咪短视频的转场\添加可爱猫咪短视频的转场.prproj。

图3-116

01 启动Premiere Pro 2022软件，选择“文件 > 新建 > 项目”命令，进入新建项目界面，如图3-117所示，单击“创建”按钮，新建项目。选择“文件 > 新建 > 序列”命令，弹出“新建序列”对话框，单击“设置”选项卡，具体设置如图3-118所示，单击“确定”按钮，新建序列。

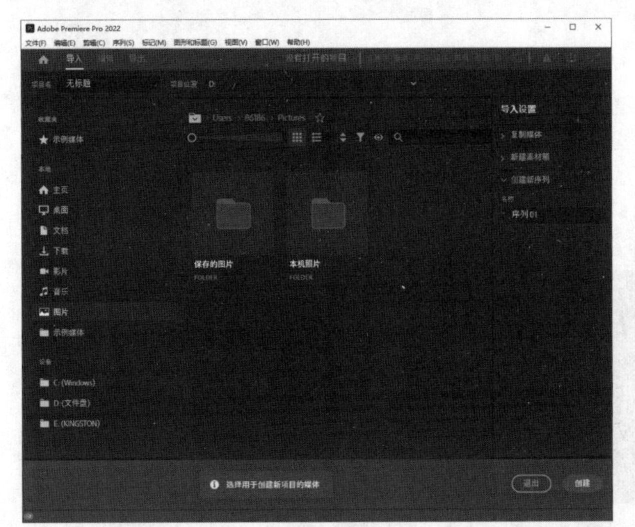

图3-117

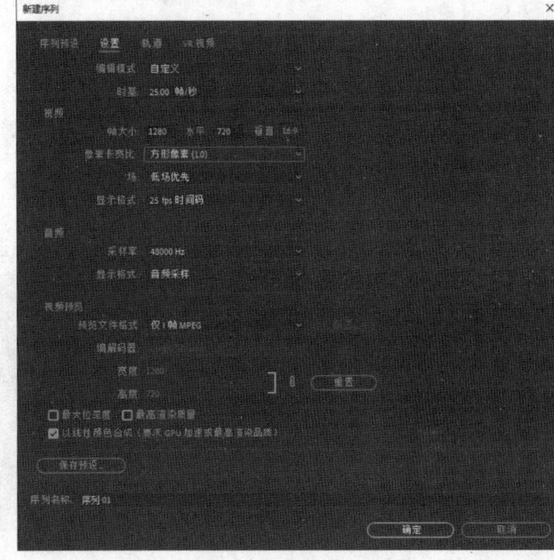

图3-118

02 选择“文件 > 导入”命令，弹出“导入”对话框，选择本书学习资源中的“Ch03\添加可爱猫咪短视频的转场\素材\01～05”文件，如图3-119所示，单击“打开”按钮，将素材文件导入“项目”面板中，如图3-120所示。

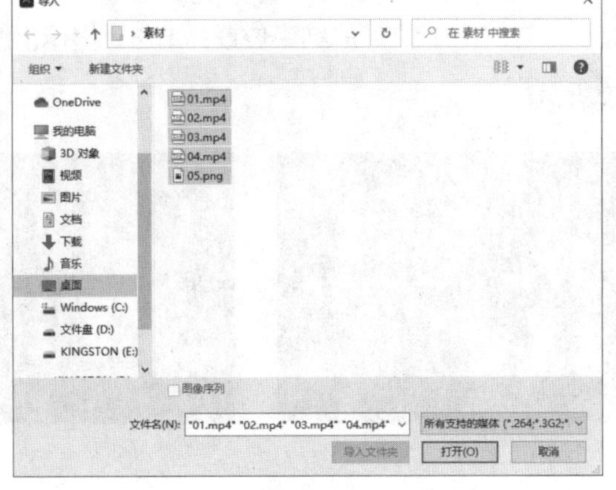

图3-119

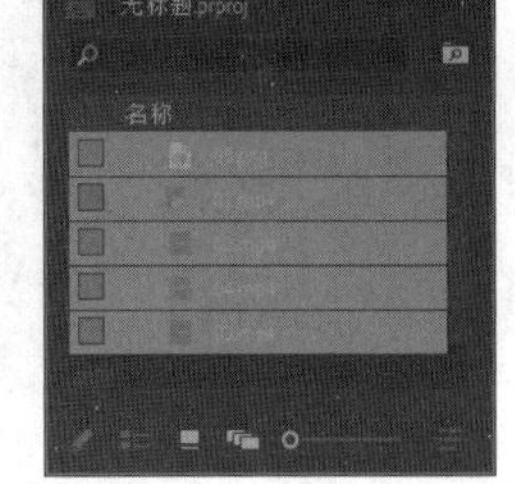

图3-120

03 选择“时间轴”面板，按M键，创建标记，如图3-121所示。用相同的方法分别在00:00:05:00、00:00:10:00、00:00:15:00和00:00:20:00处添加标记，如图3-122所示。

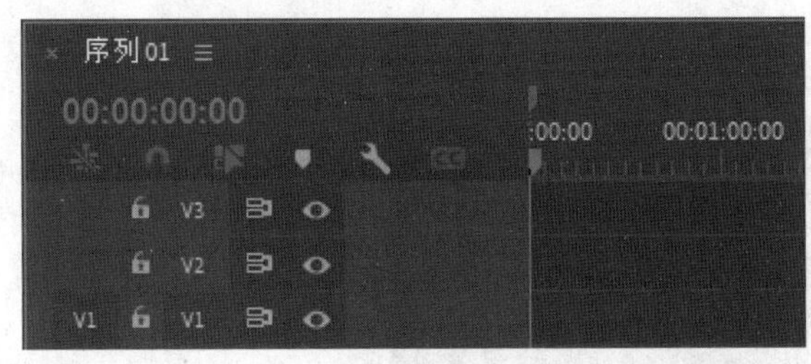

图3-121

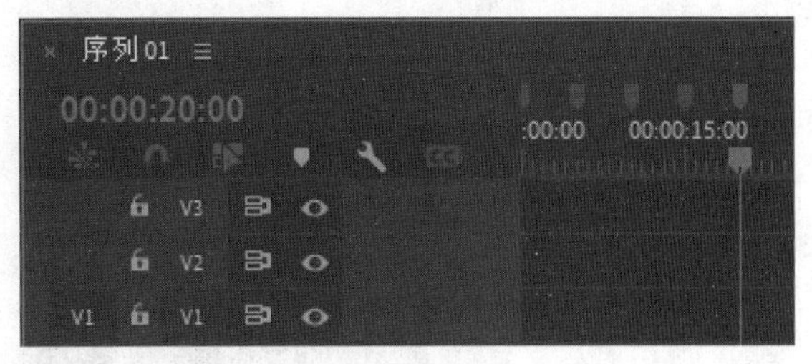

图3-122

04 将时间标签放置在00:00:00:00的位置。在“项目”面板中，按顺序选中“01”“02”“03”“04”文件。选择“剪辑 > 自动匹配序列”命令，在弹出的对话框中进行设置，如图3-123所示，单击“确定”按钮，自动匹配序列，“时间轴”面板如图3-124所示。

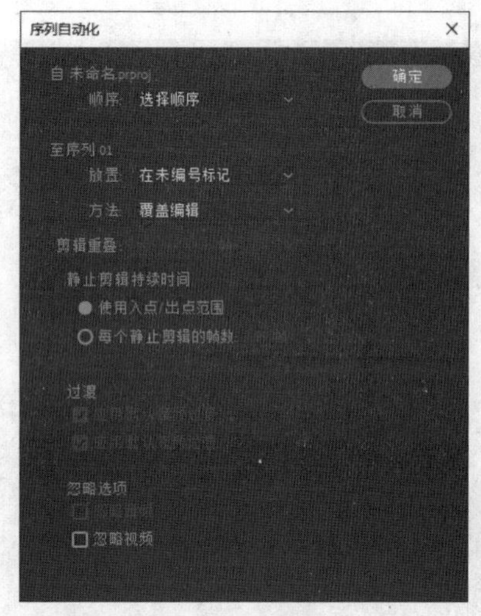

图3-123

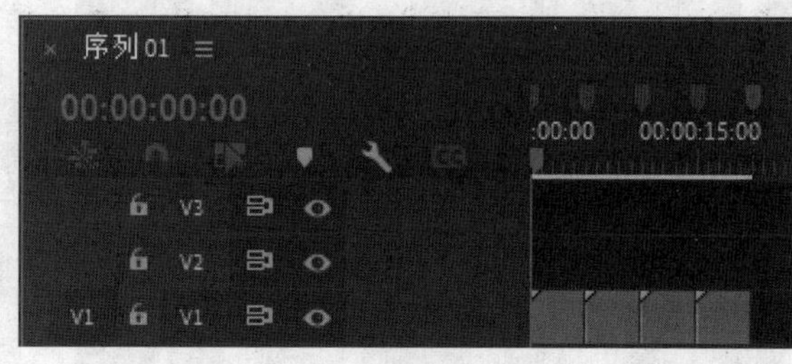

图3-124

05 在“项目”面板中，选中“05”文件并将其拖曳到“时间轴”面板的“视频2（V2）”轨道中，如图3-125所示。将鼠标指针放在“05”文件的结束位置并单击，显示出编辑点，将其拖曳到“04”文件的结束位置，如图3-126所示。

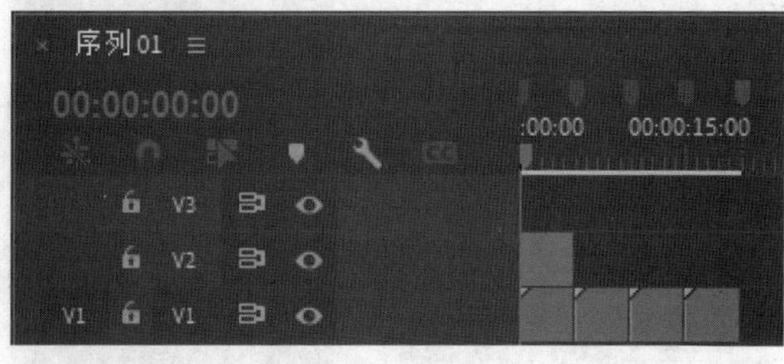

图3-125

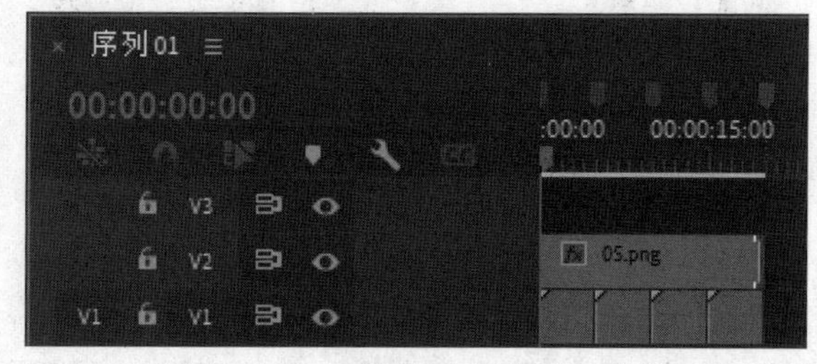

图3-126

06 选择“时间轴”面板中的“05”文件。选择“效果控件”面板，展开“运动”选项，将“位置”选项设置为196.0和620.0，如图3-127所示。在“效果”面板中展开“视频过渡”效果分类选项，单击“缩放”文件夹前面的按钮将其展开，选中“交叉缩放”效果，如图3-128所示。

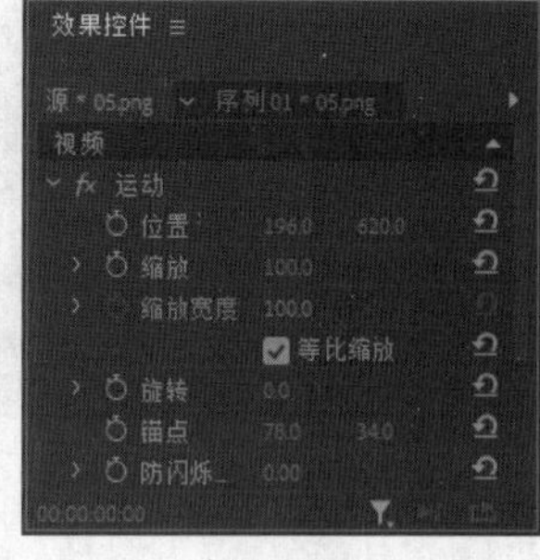

图3-127

图3-128

07 将“交叉缩放”效果拖曳到“时间轴”面板中的“02”文件的开始位置，如图3-129所示。将时间标签放置在00:00:05:00的位置。选中“时间轴”面板中的“交叉缩放”效果。选择“效果控件”面板，将“持续时间”选项设置为00:00:02:00，“对齐”选项设置为“中心切入”，如图3-130所示。

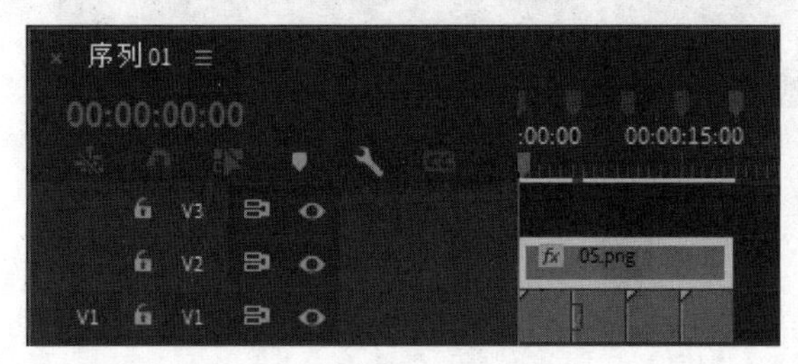

图3-129

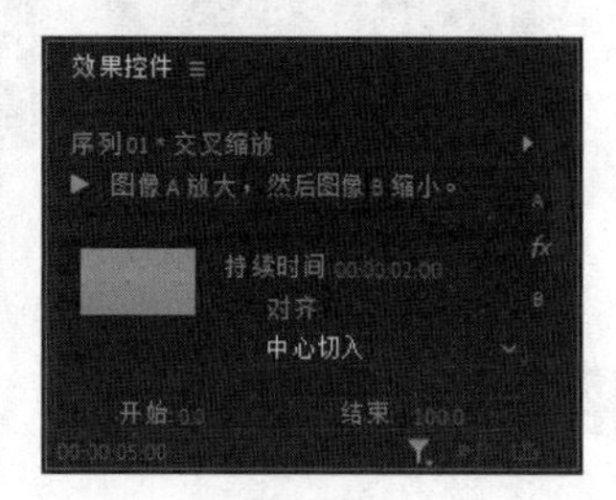

图3-130

08 在“效果”面板中单击“溶解”文件夹前面的▶按钮将其展开，选中“叠加溶解”效果，如图3-131所示。将“叠加溶解”效果拖曳到“时间轴”面板中的“03”文件的开始位置。将时间标签放置在00:00:10:00的位置。选中“时间轴”面板中的“随机块”效果。选择“效果控件”面板，将“持续时间”选项设置为00:00:03:00，“对齐”选项设置为“中心切入”，如图3-132所示。

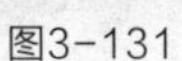

图3-131

图3-132

09 在“效果”面板中单击“页面剥落”文件夹前面的▶按钮将其展开，选中“翻页”效果，如图3-133所示。将“翻页”效果拖曳到“时间轴”面板中的“04”文件的开始位置。将时间标签放置在00:00:15:00的位置。选中“时间轴”面板中的“翻页”效果。选择“效果控件”面板，将“持续时间”选项设置为00:00:02:00，“对齐”选项设置为“中心切入”，如图3-134所示。

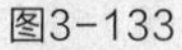

图3-133

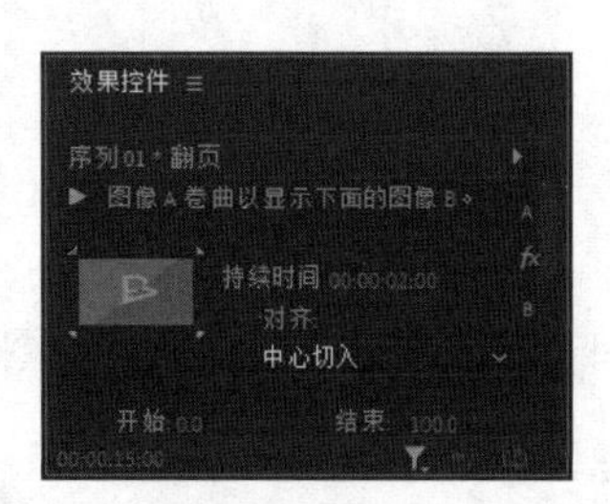

图3-134

10 在“效果”面板中单击“沉浸式视频”文件夹前面的▶按钮将其展开，选中“VR色度泄漏”效果，如图3-135所示。将“VR色度泄漏”效果拖曳到“时间轴”面板中的“04”和“05”文件的结束位置，如图3-136所示。可爱猫咪短视频的转场添加完成。

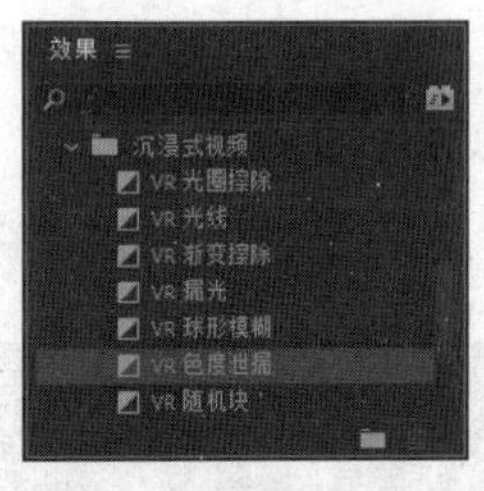

图3-135

图3-136

3.2.8 溶解

“溶解”文件夹中共包含7种视频过渡效果，如图3-137所示。不同过渡效果的应用示例如图3-138所示。

图3-137

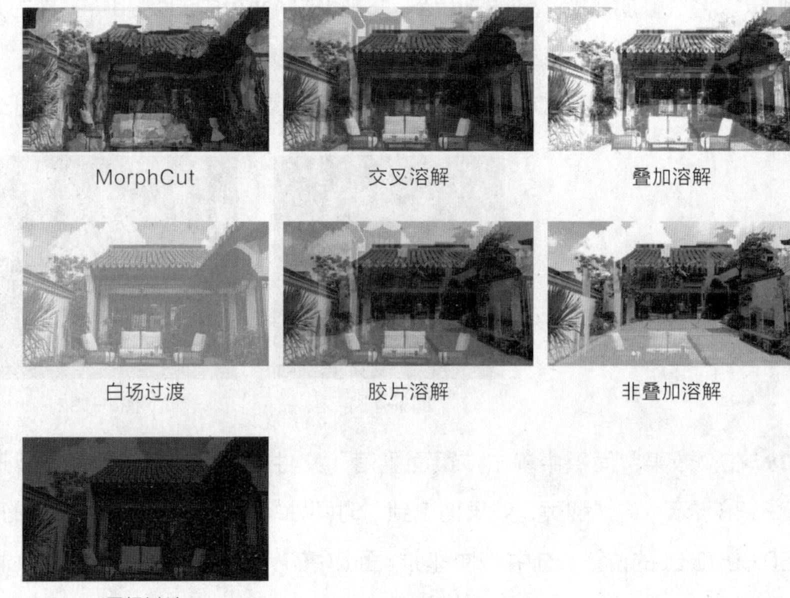
MorphCut　交叉溶解　叠加溶解
白场过渡　胶片溶解　非叠加溶解
黑场过渡

图3-138

3.2.9 缩放

“缩放”文件夹中只有一种视频过渡效果，如图3-139所示。“交叉缩放”效果的应用示例如图3-140所示。

图3-139

交叉缩放

图3-140

3.2.10 过时

“过时”文件夹中共包含3种视频过渡效果，如图3-141所示。不同过渡效果的应用示例如图3-142所示。

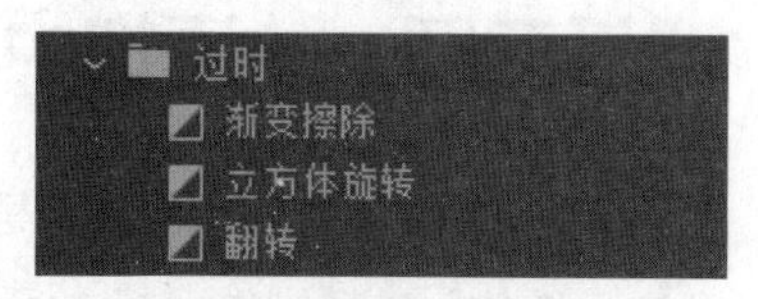

图3-141

渐变擦除

立方体旋转

翻转

图3-142

3.2.11 页面剥落

“页面剥落”文件夹中共包含两种视频过渡效果，如图3-143所示。不同过渡效果的应用示例如图3-144所示。

图3-143

翻页

页面剥落

图3-144

课堂练习——添加家居短视频的转场

练习知识要点 使用“导入”命令导入视频文件，使用“带状内滑”转场、“推”转场、“交叉缩放”转场和“翻页”转场制作视频之间的过渡效果，使用“效果控件”面板编辑视频文件的大小，最终效果如图3-145所示。

效果所在位置 Ch03\添加家居短视频的转场\添加家居短视频的转场.prproj。

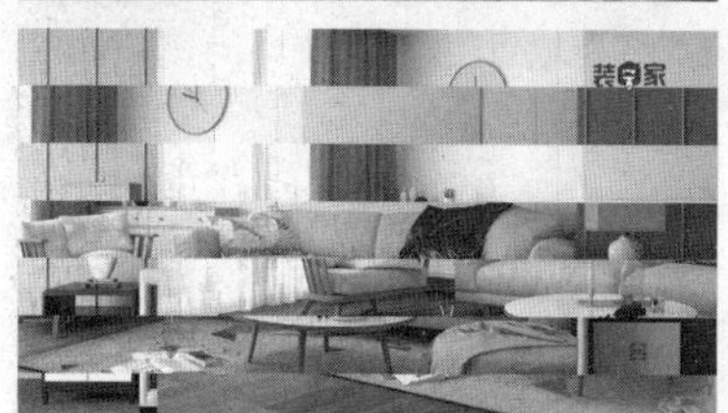

图3-145

课后习题——添加中秋纪念电子相册的转场

习题知识要点 使用“导入”命令导入素材文件，使用“内滑”转场、“拆分”转场、“翻页”转场和“交叉缩放”转场制作视频之间的过渡效果，使用“速度/持续时间”命令调整素材文件的持续时间等，最终效果如图3-146所示。

效果所在位置 Ch03\添加中秋纪念电子相册的转场\添加中秋纪念电子相册的转场.prproj。

图3-146

第 4 章

视频效果

本章介绍

本章主要介绍Premiere Pro 2022中的视频效果，这些效果可以应用在视频、图片和文字上。通过对本章的学习，读者可以快速了解并掌握视频效果的应用技巧，随心所欲地创造出丰富多彩的视觉效果。

学习目标

●掌握使用关键帧控制效果的方法。

●掌握视频效果的应用方法。

技能目标

●熟练掌握城市形象宣传片波纹转场的制作方法。

●熟练掌握都市生活短视频卷帘转场的制作方法。

●熟练掌握青春生活短视频翻页转场的制作方法。

4.1 应用视频效果

为素材添加一个视频效果很简单，只需从“效果”面板中拖曳一个效果到“时间轴”面板的素材片段上即可。如果素材片段处于被选中状态，也可以双击“效果”面板中的效果或直接将效果拖曳到该素材片段的“效果控件”面板中。

4.2 使用关键帧

在Premiere Pro 2022中，可以添加、选择和编辑关键帧。下面对关键帧的基本操作进行具体介绍。

4.2.1 认识关键帧

若要使效果随时间产生变化，可以使用关键帧技术。当创建了一个关键帧后，就可以指定一个效果属性在确切时间点上的值。当为多个关键帧赋予不同的值时，Premiere Pro 2022会自动计算关键帧之间的值，这个处理过程被称为“插补”。大多数标准效果都可以在素材的整个时间长度中设置关键帧。对于固定效果，如位置和缩放，可以设置关键帧，使素材产生动画效果，也可以移动、复制或删除关键帧和改变插补的模式。

4.2.2 激活关键帧

要设置动画效果属性，必须先激活属性的关键帧，任何支持关键帧的效果属性都有“切换动画”按钮，单击该按钮可插入一个关键帧。插入关键帧（即激活关键帧）后，就可以添加和调整素材所需要的属性，效果如图4-1所示。

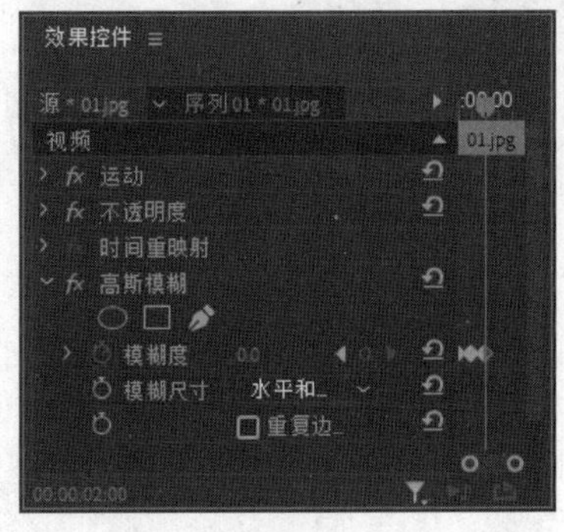

图4-1

4.3 不同效果的应用

在认识了视频效果的基本使用方法后，下面将对Premiere Pro 2022中各视频效果进行详细的介绍。

4.3.1 课堂案例——制作城市形象宣传片的波纹转场

案例学习目标 能够使用“扭曲”效果制作波纹转场。

案例知识要点 使用“导入”命令导入素材文件，使用入点和出点调整素材文件，使用“湍流置换”特效和“效果控件”面板制作波纹转场，最终效果如图4-2所示。

效果所在位置 Ch04\制作城市形象宣传片的波纹转场\制作城市形象宣传片的波纹转场. prproj。

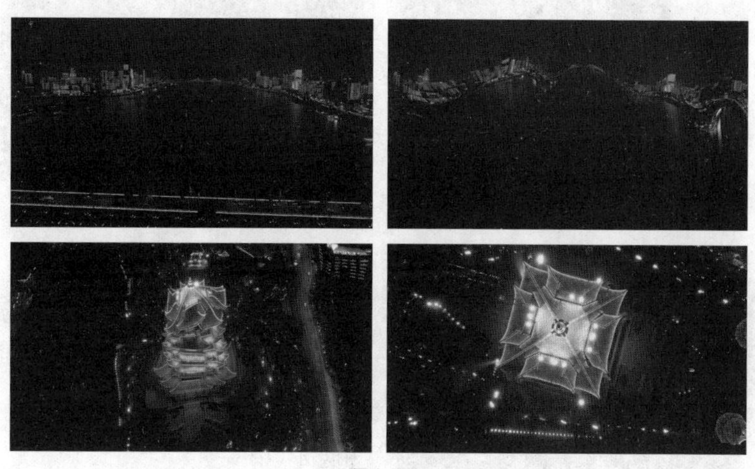

图4-2

1. 添加并调整素材

01 启动Premiere Pro 2022软件，选择“文件 > 新建 > 项目”命令，进入新建项目界面，如图4-3所示，单击“创建”按钮，新建项目。

02 选择“文件 > 导入”命令，弹出“导入”对话框，选择本书学习资源中的“Ch04\制作城市形象宣传片的波纹转场\素材\01～03”文件，如图4-4所示，单击“打开”按钮，将素材文件导入“项目”面板中，如图4-5所示。双击“项目”面板中的“01”文件，在“源”监视器中打开“01”文件。将时间标签放置在00:00:18:00的位置。按I键，创建标记入点，如图4-6所示。

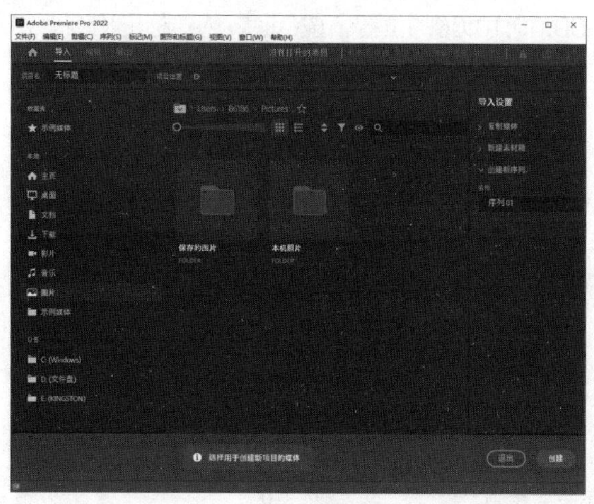

图4-3

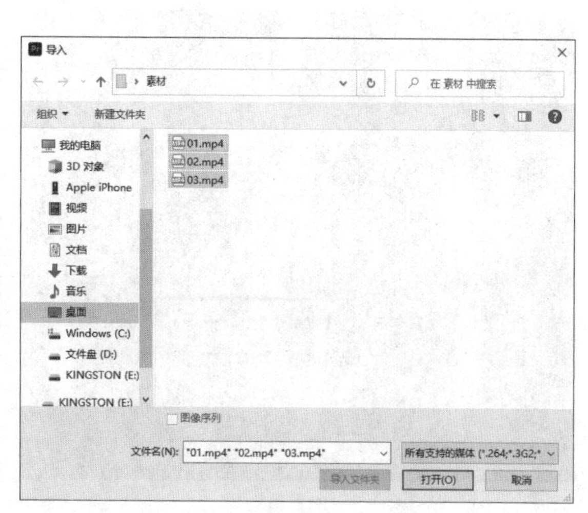

图4-4

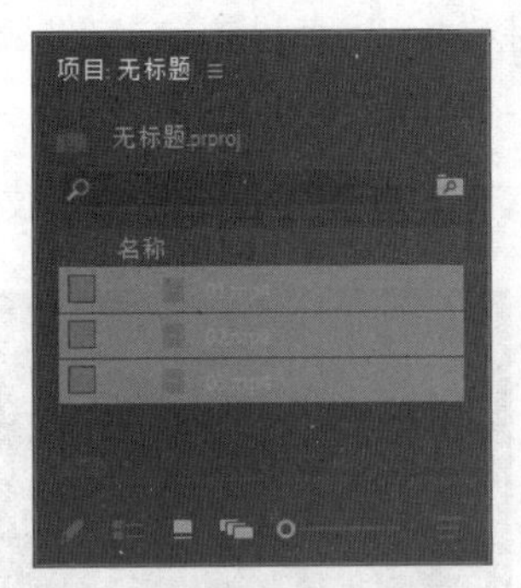

图4-5

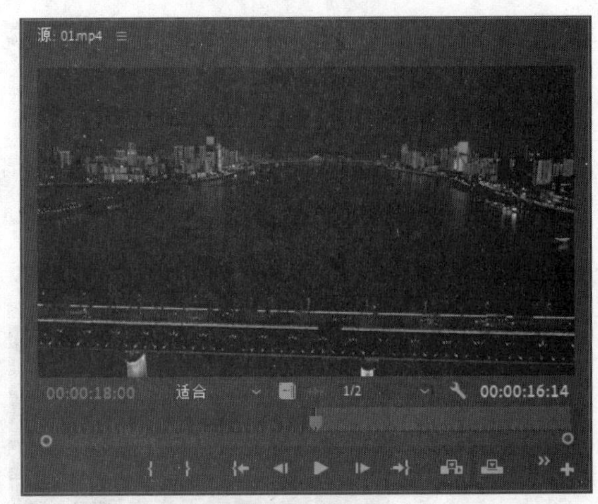

图4-6

图4-7

03 将时间标签放置在00:00:25:00的位置。按O键，创建标记出点，如图4-7所示。选中“源”监视器中的“01”文件并将其拖曳到“时间轴”面板的“视频1（V1）”轨道中，生成“01”序列，如图4-8所示。

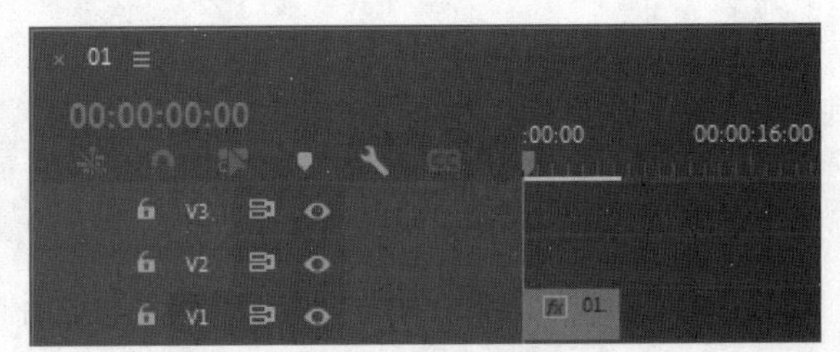

图4-8

04 双击“项目”面板中的“02”文件，在“源”监视器中打开“02”文件。将时间标签放置在00:00:10:00的位置。按O键，创建标记出点，如图4-9所示。选中“源”监视器中的“02”文件并将其拖曳到“时间轴”面板的“视频1（V1）”轨道中，如图4-10所示。

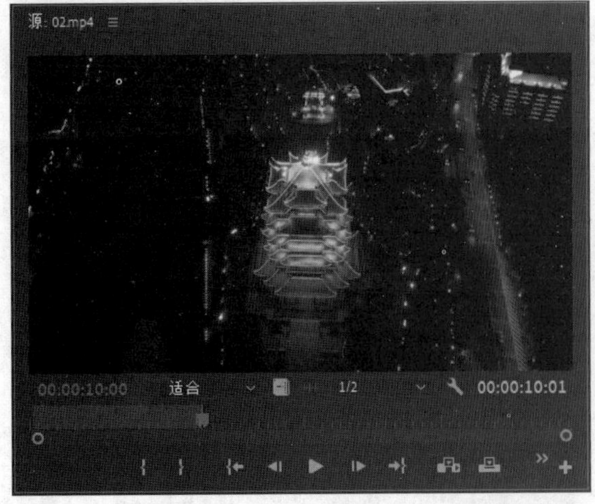

图4-9

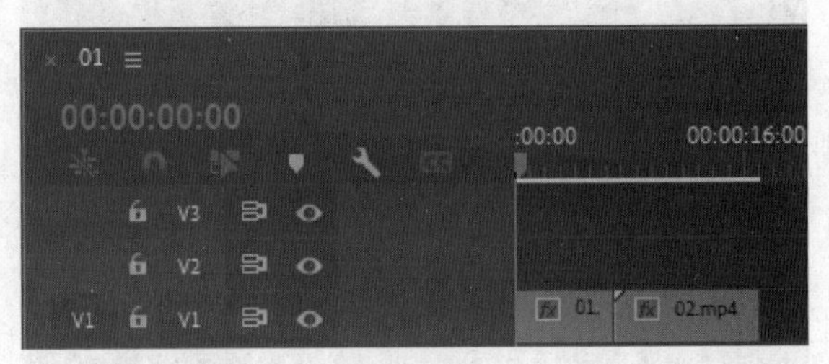

图4-10

05 双击“项目”面板中的“03”文件，在“源”监视器中打开“03”文件。将时间标签放置在00:00:17:00的位置。按I键，创建标记入点，如图4-11所示。将时间标签放置在00:00:25:00的位置。按O键，创建标记出点，如图4-12所示。

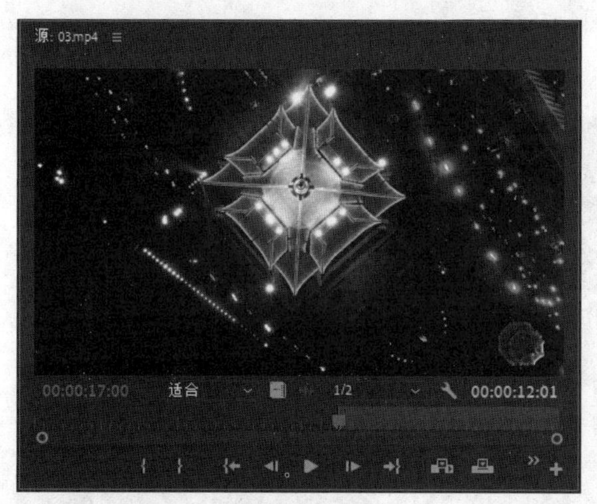

图4-11

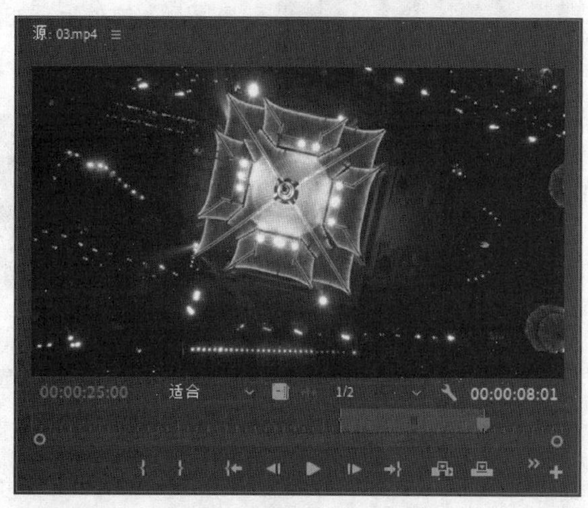

图4-12

06 选中“源”监视器中的“03”文件并将其拖曳到“时间轴”面板的“视频1（V1）”轨道中，如图4-13所示。

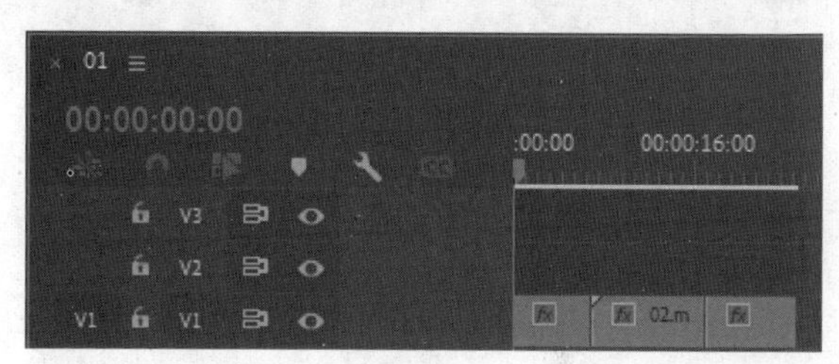

图4-13

2. 制作波纹转场

01 选择“项目”面板，选择“文件 > 新建 > 调整图层”命令，弹出对话框，如图4-14所示，单击“确定”按钮，在“项目”面板中新建调整图层，如图4-15所示。

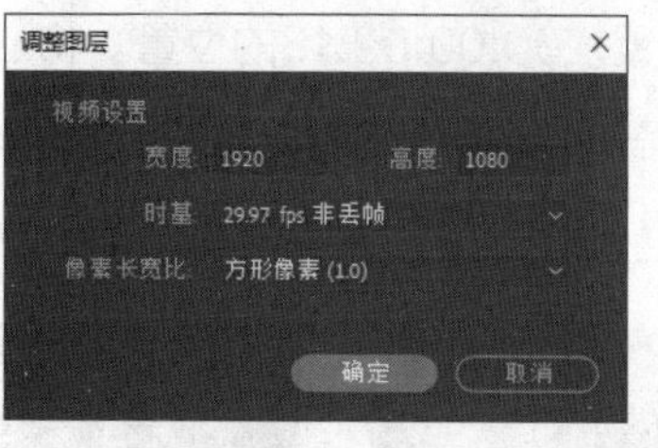

图4-14

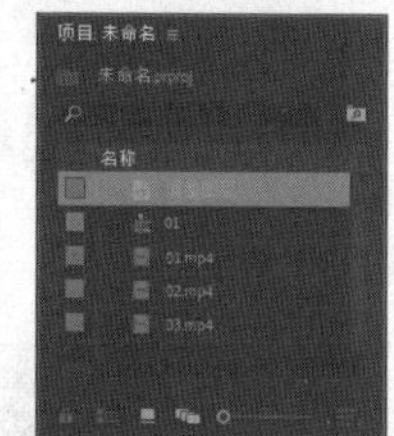
图4-15

02 将时间标签放置在00:00:04:15的位置。选择“项目”面板中的“调整图层”，将其拖曳到“时间轴”面板的“视频2（V2）”轨道中，如图4-16所示。

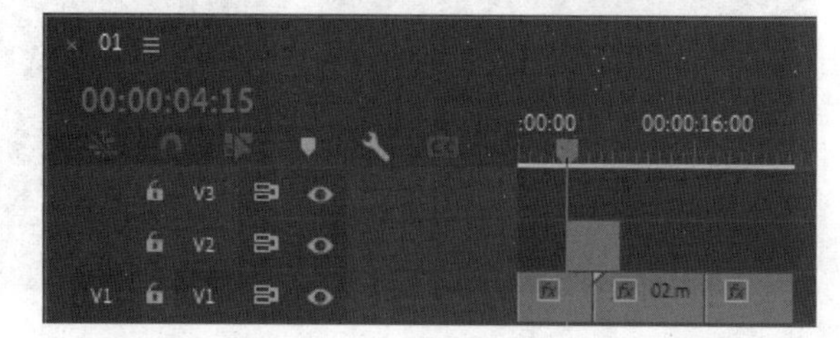

图4-16

图4-17

03 选择“效果”面板，展开“视频效果”分类选项，单击“扭曲”文件夹前面的按钮将其展开，选中“湍流置换”特效，如图4-17所示。将“湍流置换”特效拖曳到“时间轴”面板“视频2（V2）”轨道中的“调整图层”文件上，如图4-18所示。

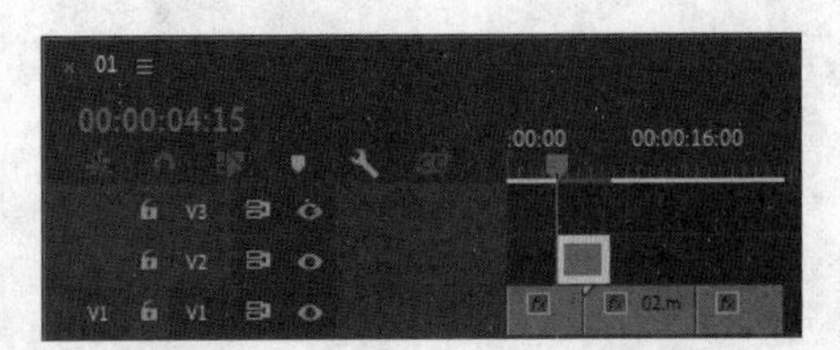

图4-18

04 选中“时间轴”面板中的“调整图层”文件。选择“效果控件”面板，展开“湍流置换”选项，将“数量”选项设置为0，“演化”选项设置为0，单击“数量”和“演化”选项左侧的“切换动画”按钮，如图4-19所示，记录第1个动画关键帧。

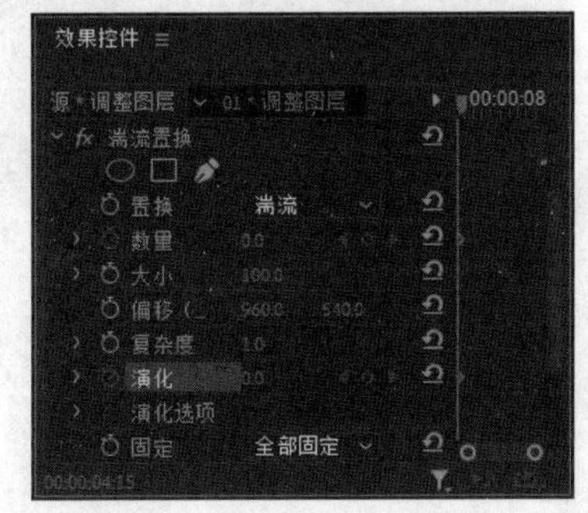

图4-19

05 将时间标签放置在00:00:06:25的位置。将“数量”选项设置为100.0，“演化”选项设置为50.0°，如图4-20所示，记录第2个动画关键帧。

06 将时间标签放置在00:00:09:13的位置。将“数量”选项设置为0，“演化”选项设置为0，如图4-21所示，记录第3个动画关键帧。选择“时间轴”面板，按Ctrl+C快捷键复制“调整图层”，如图4-22所示。

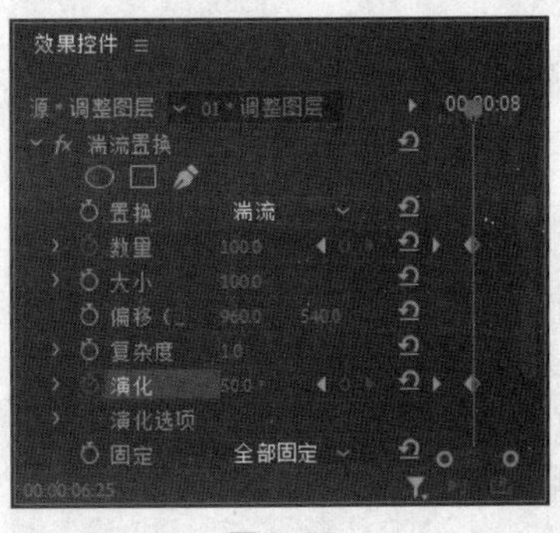

图4-20

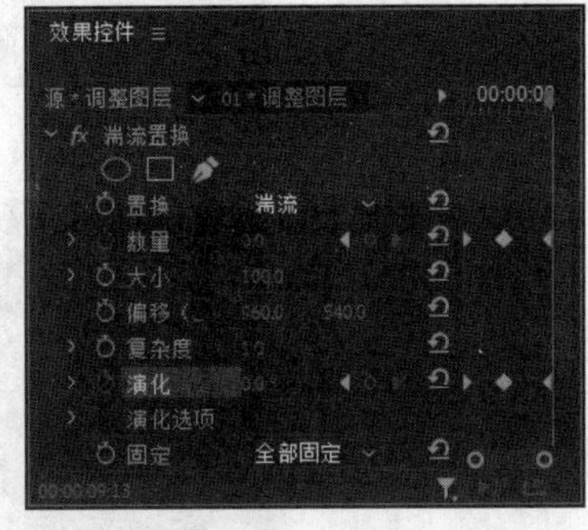

图4-21

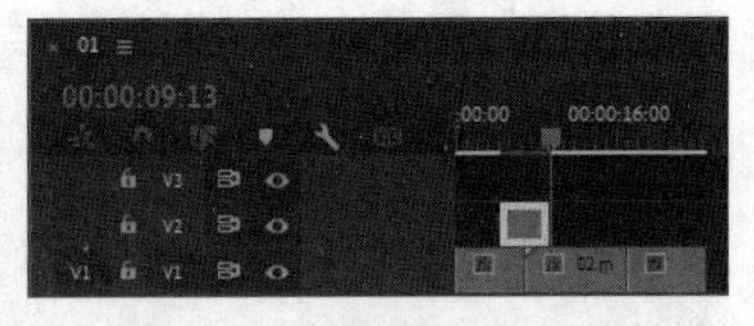

图4-22

07 单击“视频2（V2）”轨道左侧的图标，将其设置为目标轨道。单击“视频1（V1）”轨道左侧的图标，取消对“视频1（V1）”轨道的选择，如图4-23所示。将时间标签放置在00:00:14:24的位置。按Ctrl+V快捷键，粘贴复制的文件，如图4-24所示。城市形象宣传片的波纹转场制作完成。

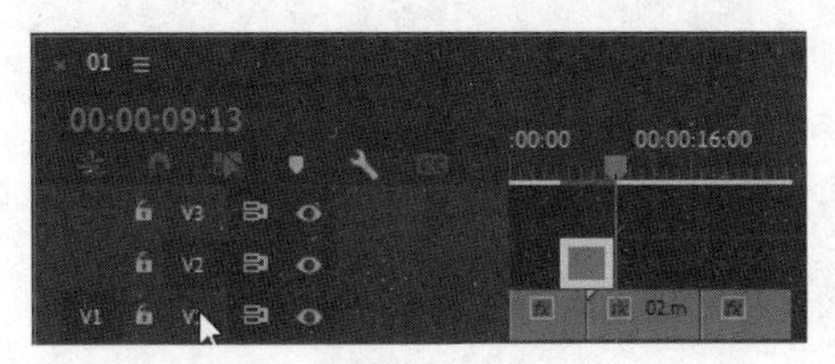

图4-23

图4-24

4.3.2 “变换”效果

图4-25

“变换”效果主要通过对影像进行变换来制作出各种画面效果，共包含5种特效，如图4-25所示。使用不同的特效后，呈现的效果如图4-26所示。

原图

垂直翻转

水平翻转

羽化边缘

自动重构

裁剪

图4-26

4.3.3 “实用程序”效果

“实用程序”效果只包含“Cineon转换器”一种特效，如图4-27所示，该特效主要用于使用Cineon转换器对影像色调进行调整和设置。使用特效后，呈现的效果如图4-28所示。

图4-27

原图

Cineon转换器

图4-28

4.3.4 “扭曲”效果

“扭曲”效果主要通过对图像进行几何扭曲变形来制作出各种画面变形效果，共包含12种特效，如图4-29所示。使用不同的特效后，呈现的效果如图4-30所示。

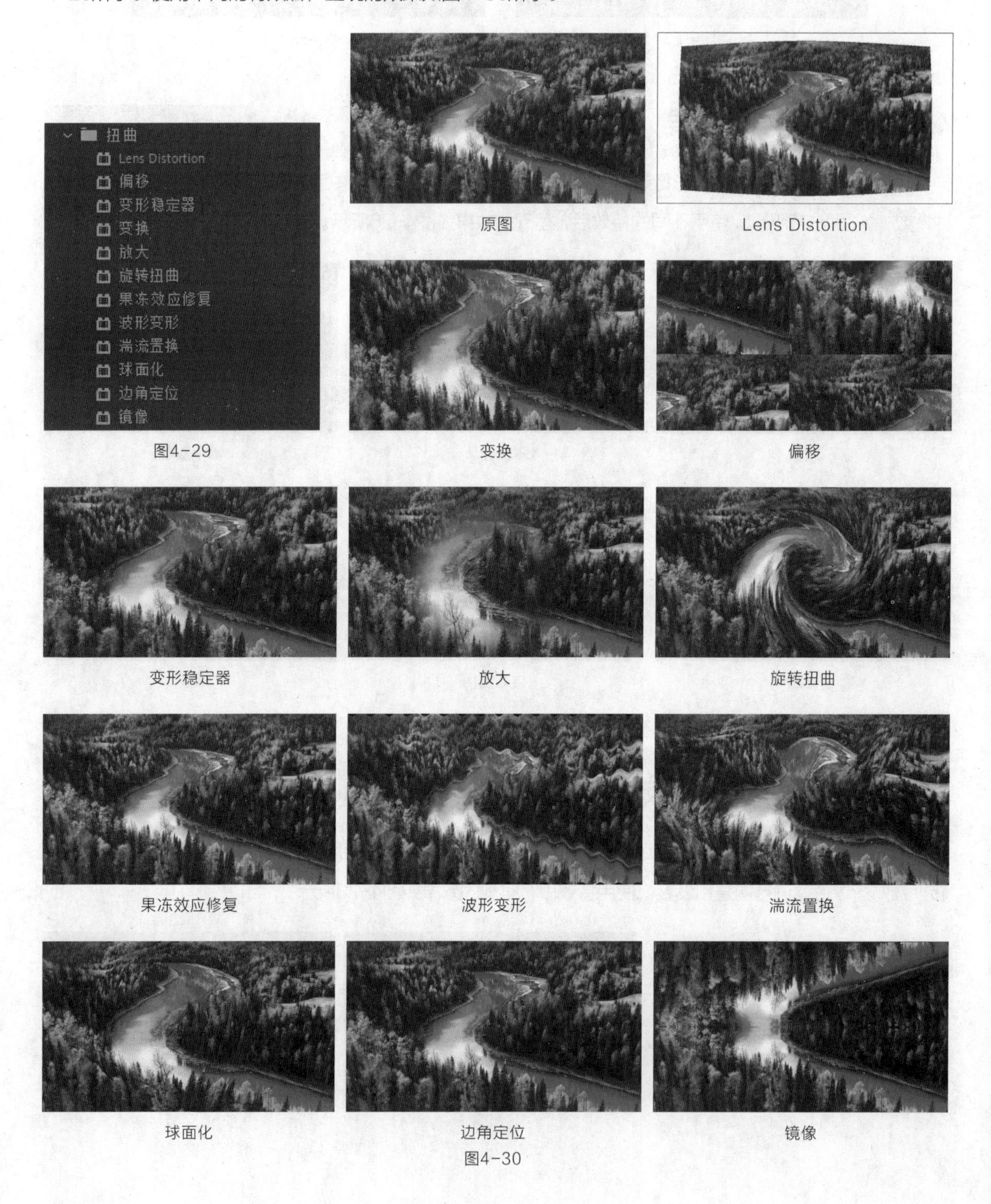

图4-29

图4-30

4.3.5 “时间”效果

“时间”效果用于对素材的时间特性进行控制，共包含两种特效，如图4-31所示。使用不同的特效后，呈现的效果如图4-32所示。

图4-31

原图

残影

色调分离时间

图4-32

4.3.6 “杂色与颗粒”效果

图4-33

“杂色与颗粒”效果主要用于去除素材画面中的杂色及噪点，只包含一种特效，如图4-33所示。使用特效后，呈现的效果如图4-34所示。

原图

杂色

图4-34

4.3.7 课堂案例——制作都市生活短视频的卷帘转场

案例学习目标 能够使用“扭曲”和“模糊与锐化”效果制作卷帘转场。

案例知识要点 使用“导入”命令导入素材文件，使用入点和出点调整素材文件，使用“偏移”特效、“方向模糊”特效和“效果控件”面板制作卷帘转场，最终效果如图4-35所示。

效果所在位置 Ch04\制作都市生活短视频的卷帘转场\制作都市生活短视频的卷帘转场. prproj。

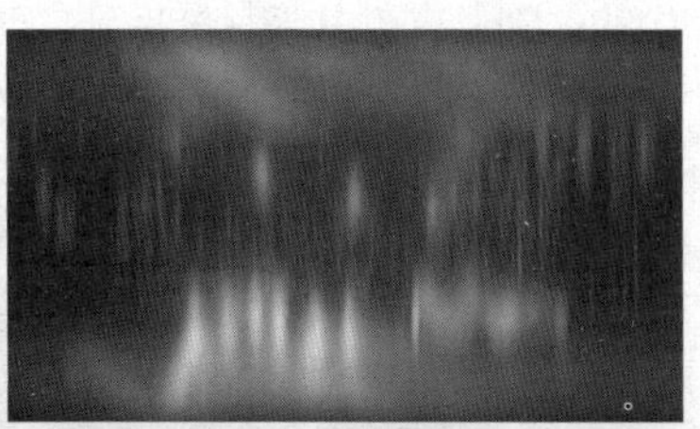

图4-35

1. 添加并调整素材

01 启动Premiere Pro 2022软件，选择“文件 > 新建 > 项目”命令，进入新建项目界面，如图4-36所示，单击“创建”按钮，新建项目。

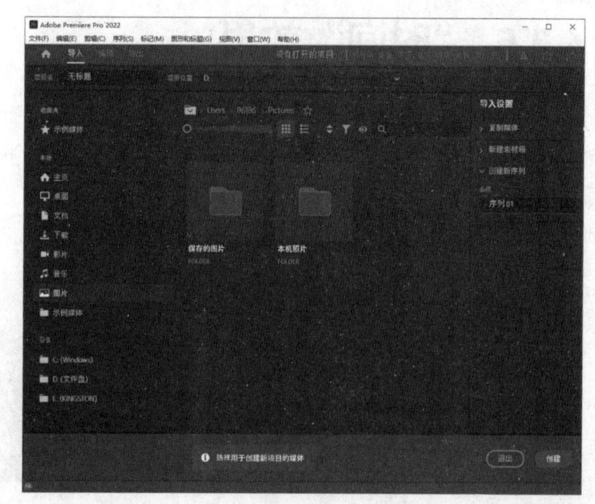

图4-36

02 选择“文件 > 导入”命令，弹出“导入”对话框，选择本书学习资源中的“Ch04\制作都市生活短视频的卷帘转场\素材\01～03”文件，如图4-37所示，单击“打开”按钮，将素材文件导入“项目”面板中，如图4-38所示。双击“项目”面板中的“01”文件，在“源”监视器中打开“01”文件。将时间标签放置在00:00:02:00的位置。按I键，创建标记入点，如图4-39所示。

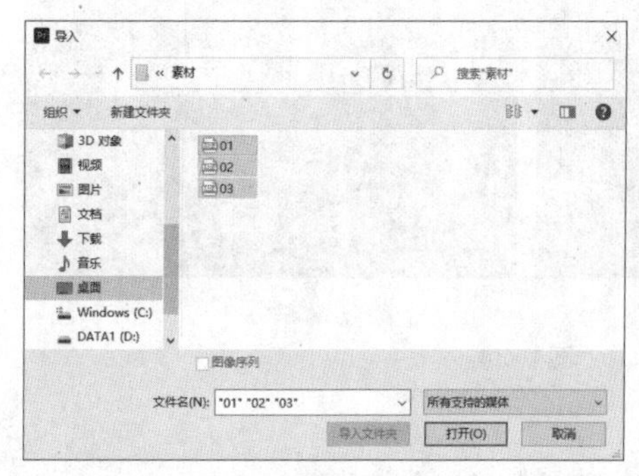

图4-37

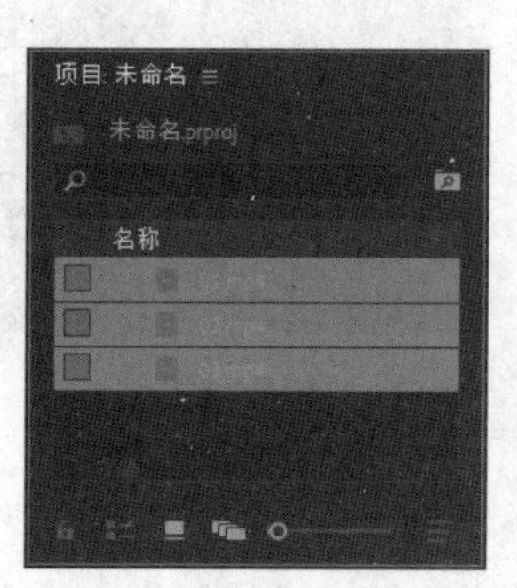

图4-38

图4-39

03 将时间标签放置在00:00:07:00的位置。按O键，创建标记出点，如图4-40所示。选中“源”监视器中的“01”文件并将其拖曳到“时间轴”面板的“视频1（V1）”轨道中，生成“01”序列，如图4-41所示。

图4-40

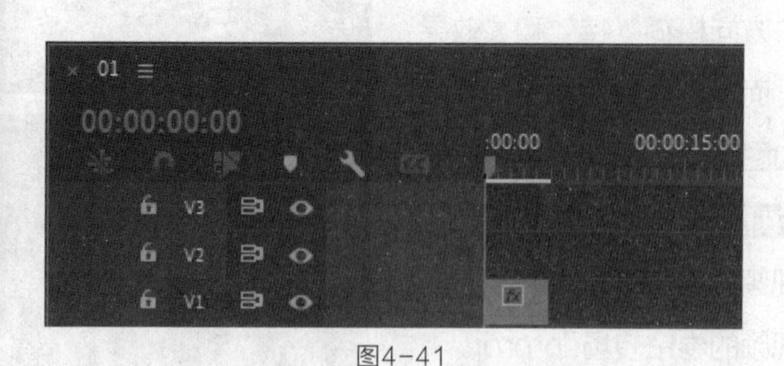

图4-41

04 双击“项目”面板中的“02”文件，在“源”监视器中打开“02”文件。将时间标签放置在00:01:00:00的位置。按I键，创建标记入点，如图4-42所示。将时间标签放置在00:01:05:00的位置。按O键，创建标记出点，如图4-43所示。选中“源”监视器中的“02”文件并将其拖曳到“时间轴”面板的“视频1（V1）”轨道中，如图4-44所示。

图4-42

图4-43

图4-44

05 双击“项目”面板中的“03”文件，在“源”监视器中打开“03”文件。将时间标签放置在00:00:30:05的位置。按I键，创建标记入点，如图4-45所示。将时间标签放置在00:00:35:05的位置。按O键，创建标记出点，如图4-46所示。选中“源”监视器中的“03”文件并将其拖曳到“时间轴”面板的“视频1（V1）”轨道中，如图4-47所示。

图4-45

图4-46

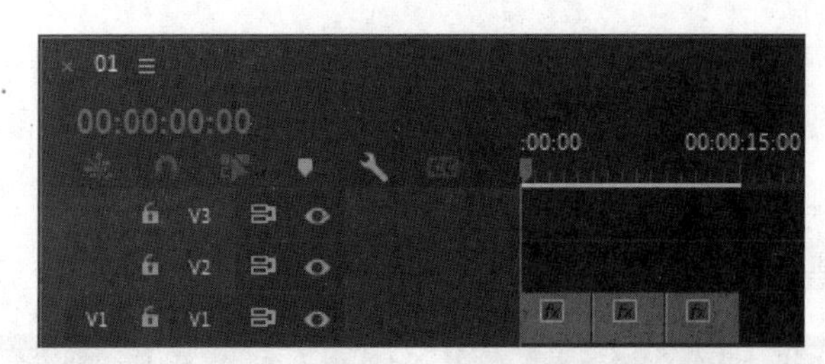

图4-47

2. 制作卷帘转场

01 选择“项目”面板，选择“文件 > 新建 > 调整图层”命令，弹出对话框，如图4-48所示，单击“确定”按钮，在“项目”面板中新建调整图层，如图4-49所示。

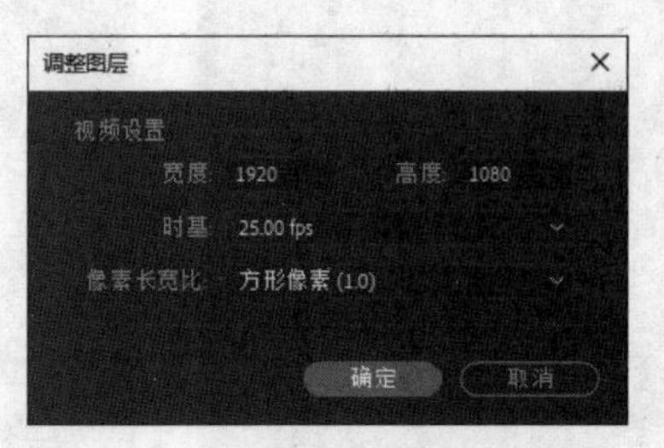

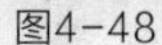

图4-48

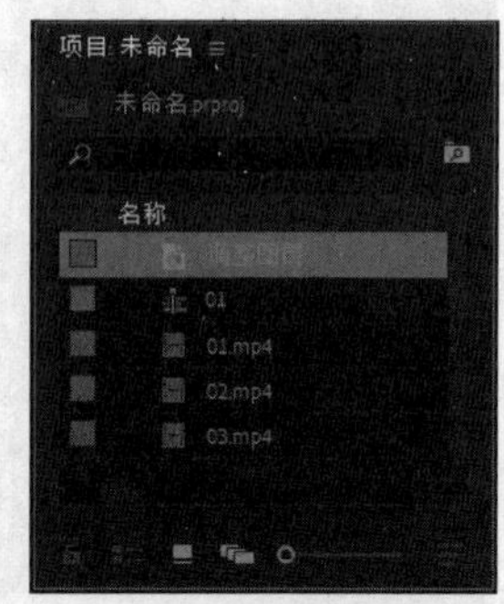

图4-49

02 将时间标签放置在00:00:04:16的位置。选择“项目”面板中的“调整图层”，将其拖曳到“时间轴”面板的“视频2（V2）”轨道中，如图4-50所示。将时间标签放置在00:00:05:10的位置。将鼠标指针放在“调整图层”文件的结束位置并单击，显示出编辑点。当鼠标指针呈◀形状时，向左拖曳到00:00:05:10的位置，如图4-51所示。

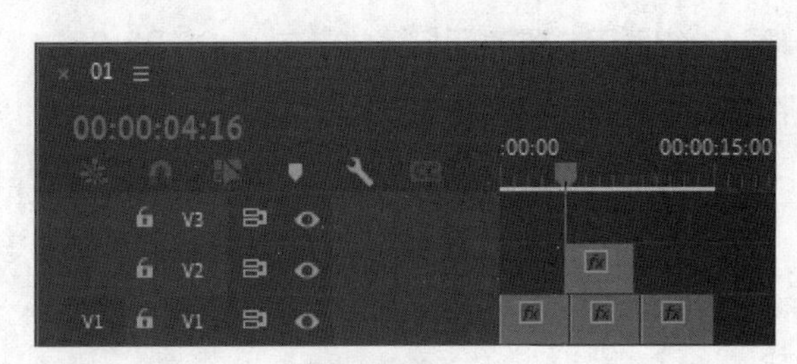

图4-50

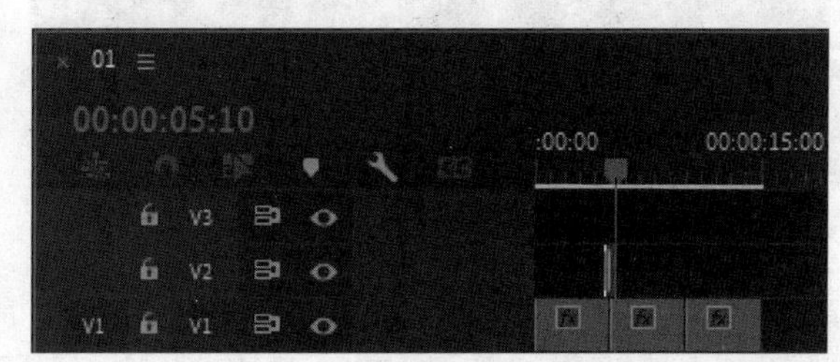

图4-51

03 选择“效果”面板，展开“视频效果”分类选项，单击“扭曲”文件夹前面的▶按钮将其展开，选中“偏移”特效，如图4-52所示。将“偏移”特效拖曳到“时间轴”面板“视频2（V2）”轨道中的“调整图层”文件上，如图4-53所示。

图4-52

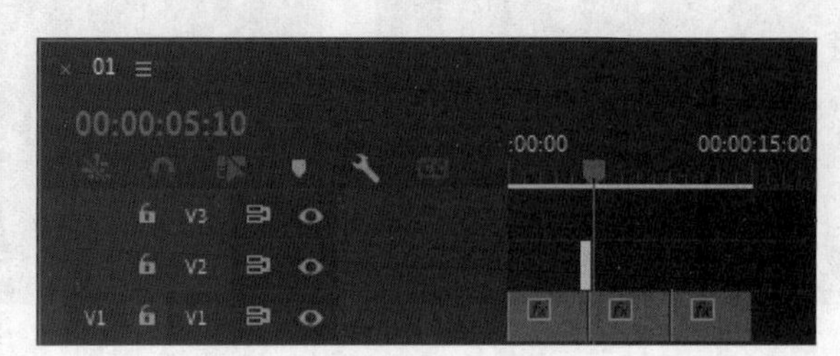

图4-53

04 将时间标签放置在00:00:04:16的位置。选中“时间轴”面板中的“调整图层”文件。选择“效果控件”面板，展开“偏移”选项，单击“将中心移位至”选项左侧的“切换动画”按钮，如图4-54所示，记录第1个动画关键帧。将时间标签放置在00:00:05:08的位置。“将中心移位至”选项设置为960.0和2880.0，如图4-55所示，记录第2个动画关键帧。

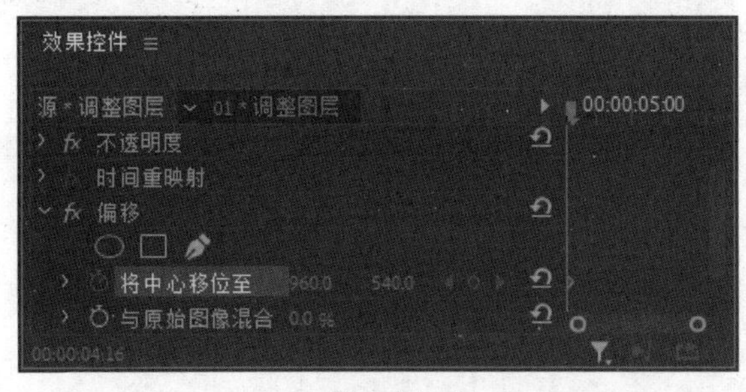

图4-54

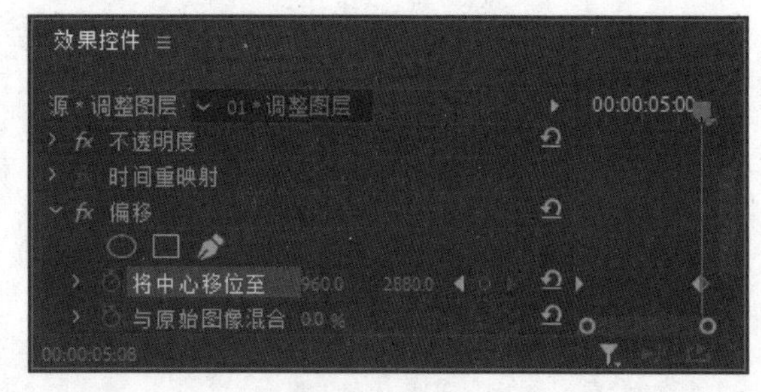

图4-55

05 单击“与原始图像混合”选项左侧的“切换动画”按钮，如图4-56所示，记录第1个动画关键帧。将时间标签放置在00:00:05:09的位置。将“与原始图像混合”选项设置为100.0%，如图4-57所示，记录第2个动画关键帧。

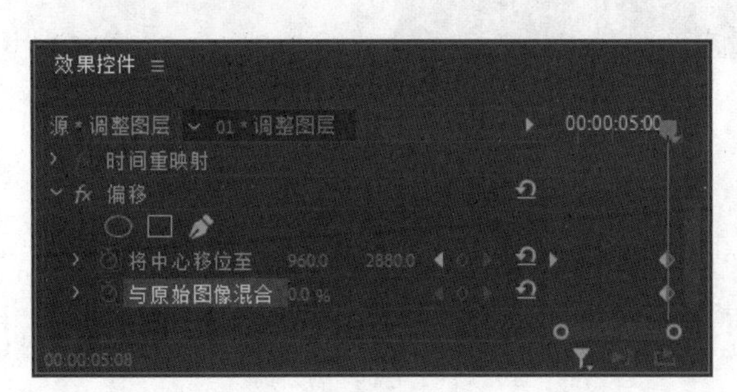

图4-56

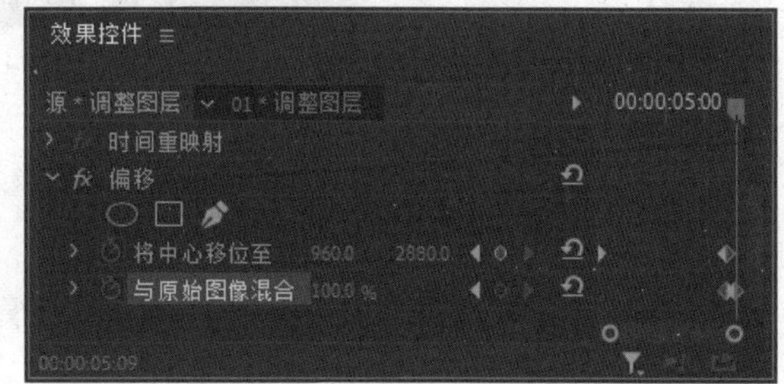

图4-57

06 选择“效果”面板，单击“模糊与锐化”文件夹前面的按钮将其展开，选中“方向模糊”特效，如图4-58所示。将“方向模糊”特效拖曳到“时间轴”面板“视频2（V2）”轨道中的“调整图层”文件上。选择“效果控件”面板，展开“方向模糊”选项，将“模糊长度”选项设置为50.0，如图4-59所示。

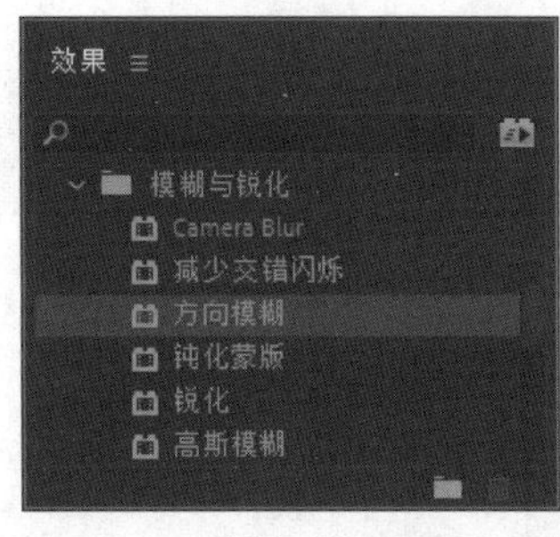

图4-58

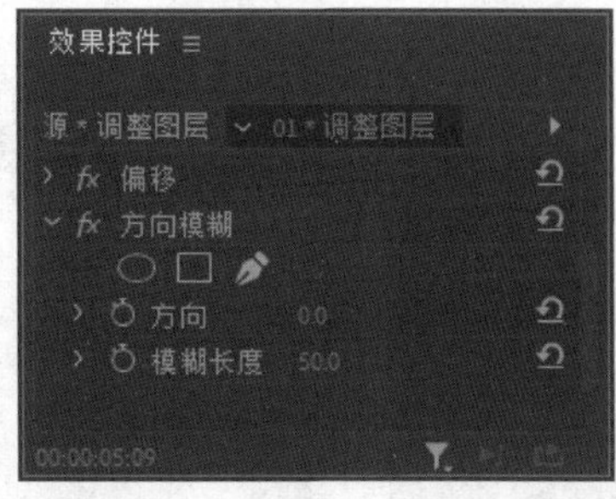

图4-59

07 选择"时间轴"面板，按Ctrl+C快捷键复制"调整图层"，如图4-60所示。单击"视频2（V2）"轨道左侧的图标，将其设置为目标轨道。单击"视频1（V1）"轨道左侧的图标，取消对"视频1（V1）"轨道的选择，如图4-61所示。将时间标签放置在00:00:09:18的位置。按Ctrl+V快捷键，粘贴复制的文件，如图4-62所示。都市生活短视频的卷帘转场制作完成。

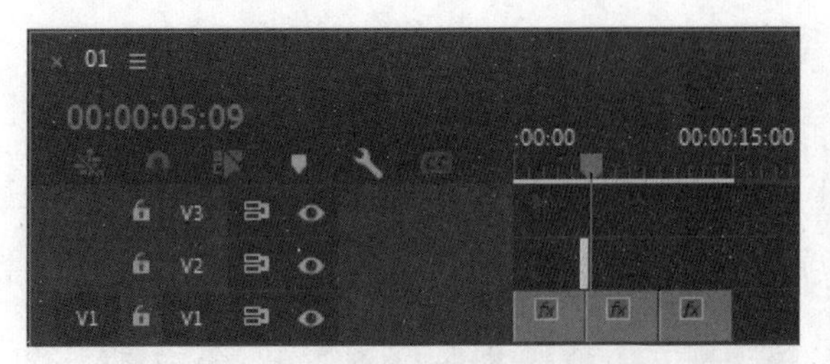

图4-60

图4-61

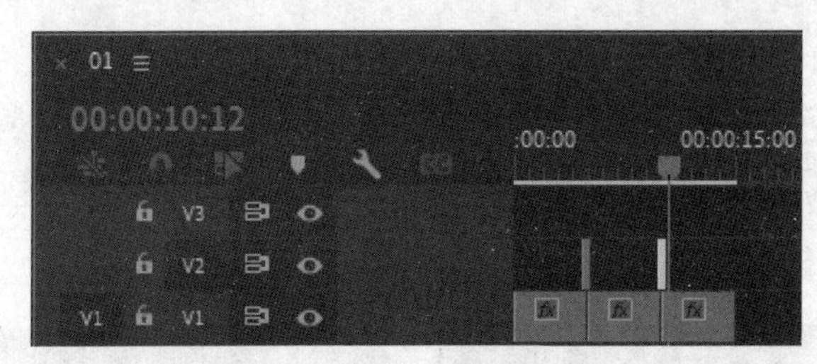

图4-62

4.3.8 "模糊与锐化"效果

"模糊与锐化"效果主要用于对镜头画面进行模糊或锐化处理，共包含6种特效，如图4-63所示。使用不同的特效后，呈现的效果如图4-64所示。

图4-63

图4-64

4.3.9 “沉浸式视频”效果

“沉浸式视频”效果主要通过虚拟现实技术来实现虚拟现实的效果，共包含11种特效，如图4-65所示。使用不同的特效后，呈现的效果如图4-66所示。

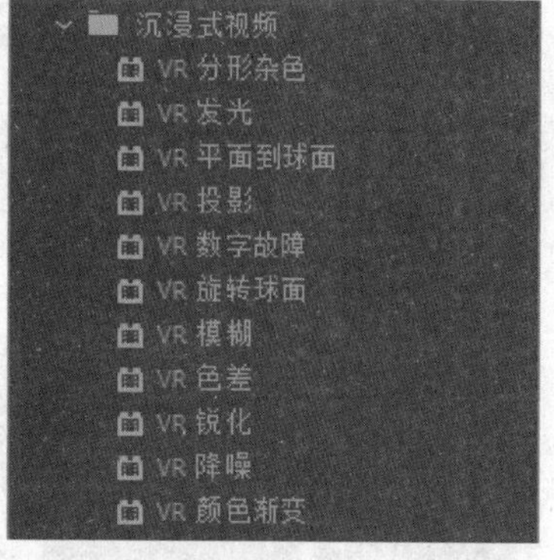

图4-65

原图

VR分形杂色

VR发光

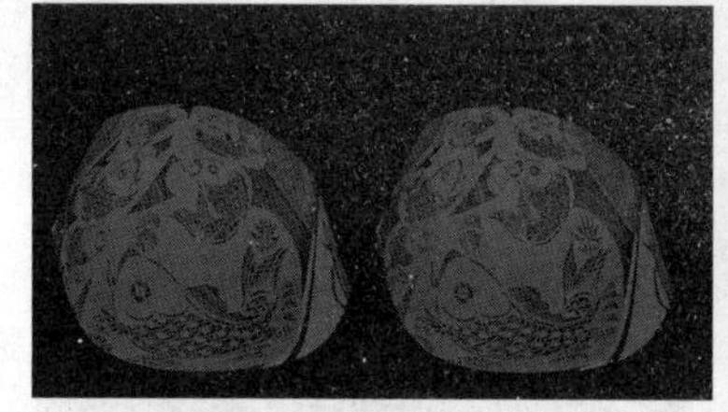

VR平面到球面

VR投影

VR数字故障

VR旋转球面

VR模糊

VR色差

VR锐化

VR降噪

VR颜色渐变

图4-66

4.3.10 “生成”效果

“生成”效果共包含4种特效，如图4-67所示。使用不同的特效后，呈现的效果如图4-68所示。

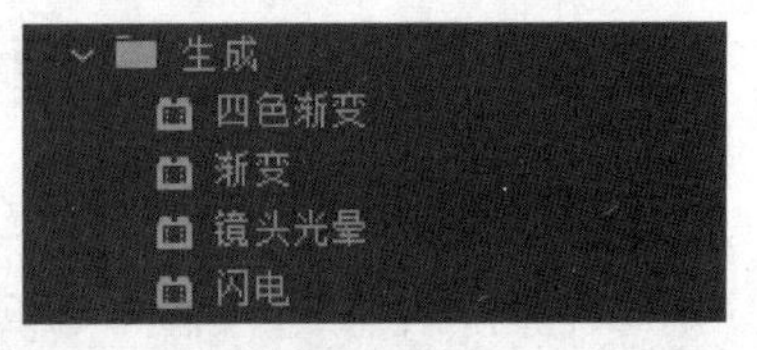

图4-67

原图

四色渐变

渐变

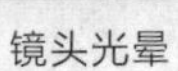

镜头光晕

闪电

图4-68

4.3.11 “视频”效果

“视频”效果用于对视频特性进行控制，共包含4种特效，如图4-69所示。使用不同的特效后，呈现的效果如图4-70所示。

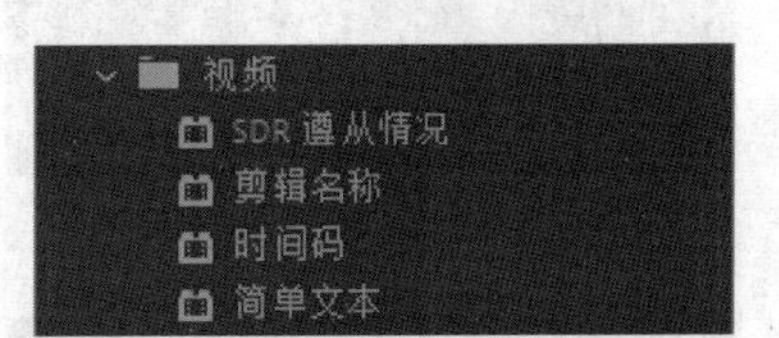

图4-69

原图

SDR遵从情况

剪辑名称

时间码

简单文本

图4-70

4.3.12 “过渡”效果

“过渡”效果主要用于在两个素材之间进行过渡变化，共包含3种特效，如图4-71所示。使用不同的特效后，呈现的效果如图4-72所示。

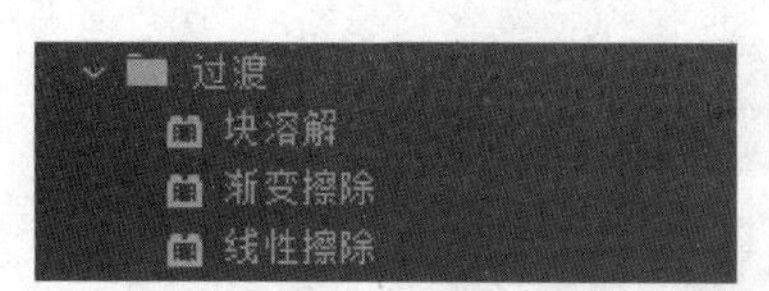

图4-71

原图

块溶解

渐变擦除

线性擦除

图4-72

4.3.13 “透视”效果

“透视”效果主要用于制作三维透视效果，使素材产生立体感或空间感，共包含两种特效，如图4-73所示。使用不同的特效后，呈现的效果如图4-74所示。

图4-73

原图

基本3D

投影

图4-74

4.3.14 “通道”效果

“通道”效果可以对素材的通道进行处理，以实现图像颜色、色调、饱和度和亮度等属性的改变，只包含一种特效，如图4-75所示。使用特效后，呈现的效果如图4-76所示。

图4-75

原图

反转

图4-76

4.3.15 课堂案例——制作青春生活短视频的翻页转场

案例学习目标 能够使用“扭曲”“时间”“透视效果”制作翻页转场。

案例知识要点 使用“导入”命令导入素材文件，使用入点和出点调整素材文件，使用“变换”特效和“嵌套”命令制作嵌套文件，使用“残影”特效、“径向阴影”特效和“效果控件”面板制作翻页转场，最终效果如图4-77所示。

效果所在位置 Ch04\制作青春生活短视频的翻页转场\制作青春生活短视频的翻页转场. prproj。

图4-77

1. 添加并调整素材

01 启动Premiere Pro 2022软件，选择“文件 > 新建 > 项目”命令，进入新建项目界面，如图4-78所示，单击“创建”按钮，新建项目。

02 选择“文件 > 导入”命令，弹出“导入”对话框，选择本书学习资源中的“Ch04\制作青春生活短视频的翻页转场\素材\01～03”文件，如图4-79所示，单击“打开”按钮，将素材文件导入“项目”面板中，如图4-80所示。双击“项目”面板中的“01”文件，在“源”监视器中打开“01”文件。将时间标签放置在00:00:04:00的位置。按I键，创建标记入点，如图4-81所示。

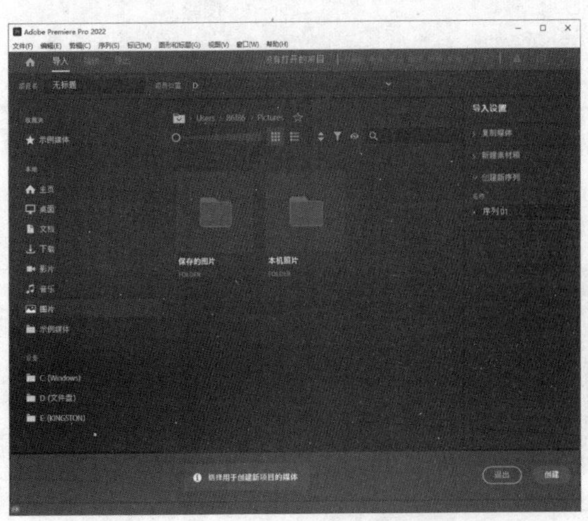

图4-78

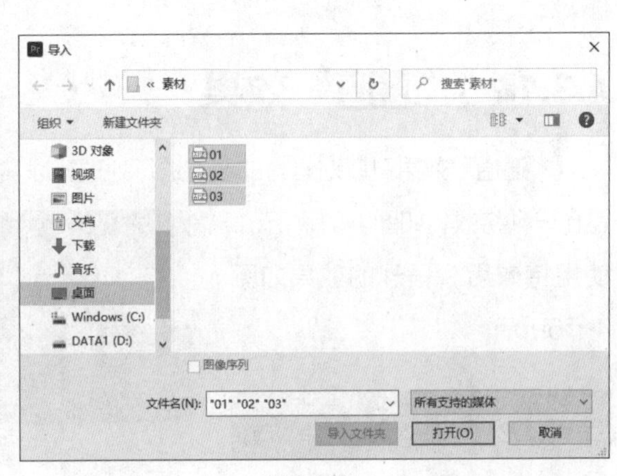

图4-79

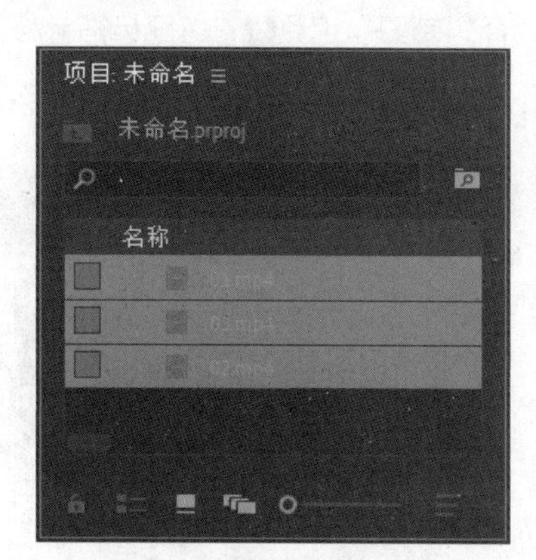

图4-80

图4-81

图4-82

03 将时间标签放置在00:00:09:00的位置。按O键，创建标记出点，如图4-82所示。选中“源”监视器中的“01”文件并将其拖曳到“时间轴”面板的“视频1（V1）”轨道中，生成“01”序列，如图4-83所示。

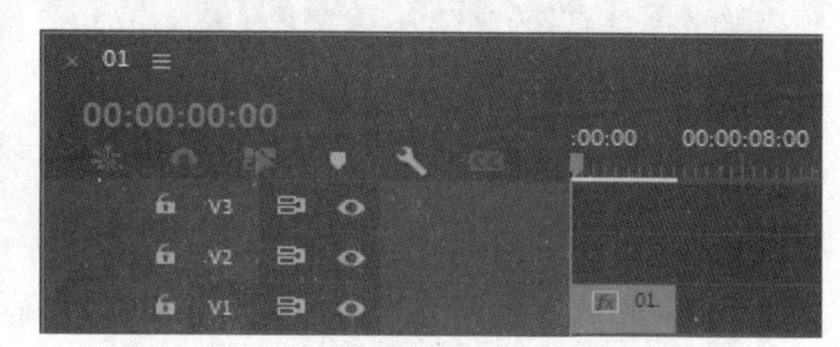

图4-83

04 双击“项目”面板中的“02”文件，在“源”监视器中打开“02”文件。将时间标签放置在00:00:10:00的位置。按I键，创建标记入点，如图4-84所示。将时间标签放置在00:00:18:00的位置。按O键，创建标记出点，如图4-85所示。

图4-84

图4-85

05 将时间标签放置在00:00:02:00的位置。选中“源”监视器中的“02”文件并将其拖曳到“时间轴”面板的“视频2（V2）”轨道中，如图4-86所示。选择“剃刀”工具，将鼠标指针移到“时间轴”面板中的“02”文件上，在“01”文件的结束位置单击，切割素材，如图4-87所示。

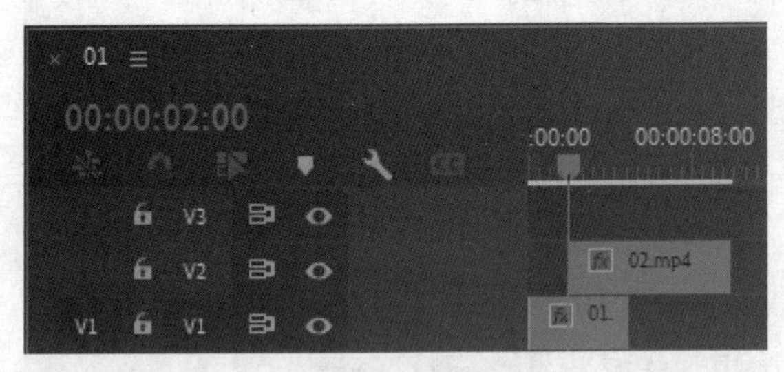

图4-86

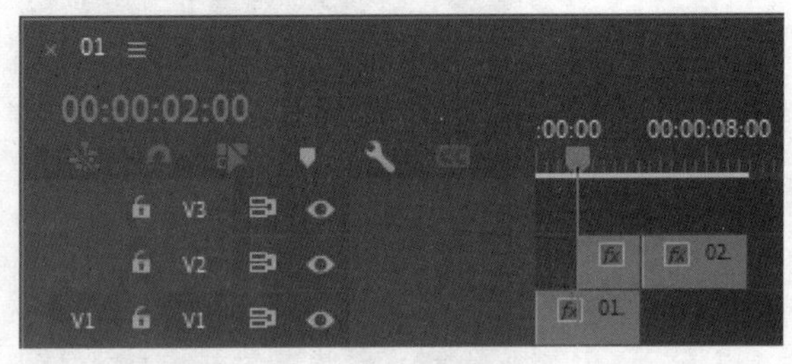

图4-87

06 选择“选择”工具，选择切割后右侧的“02”文件，如图4-88所示。将其拖曳到“视频1（V1）”轨道中，如图4-89所示。

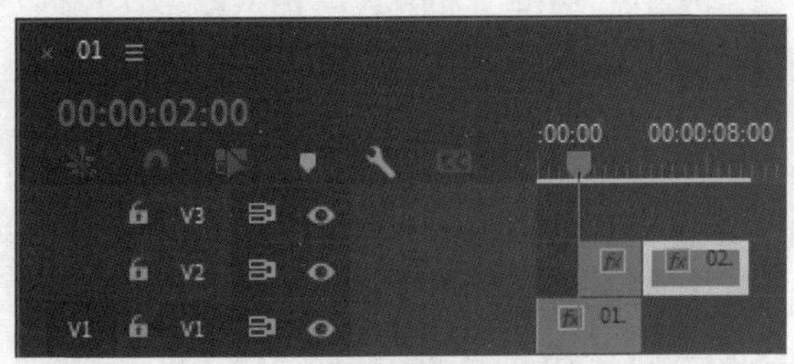

图4-88

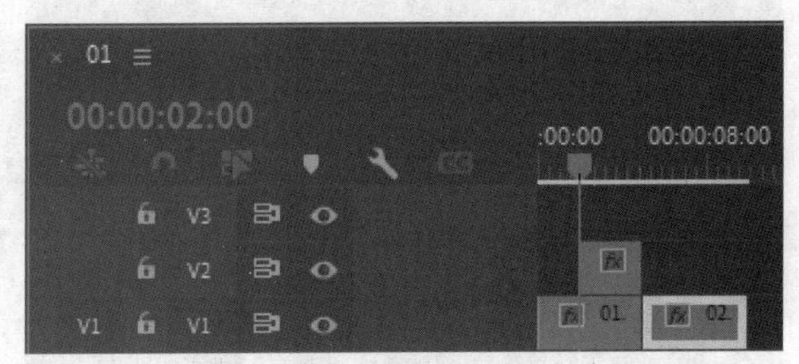

图4-89

07 双击“项目”面板中的“03”文件，在“源”监视器中打开“03”文件。将时间标签放置在00:00:08:00的位置。按O键，创建标记出点，如图4-90所示。将时间标签放置在00:00:07:00的位置。选中“源”监视器中的“03”文件并将其拖曳到“时间轴”面板的“视频2（V2）”轨道中，如图4-91所示。

图4-90

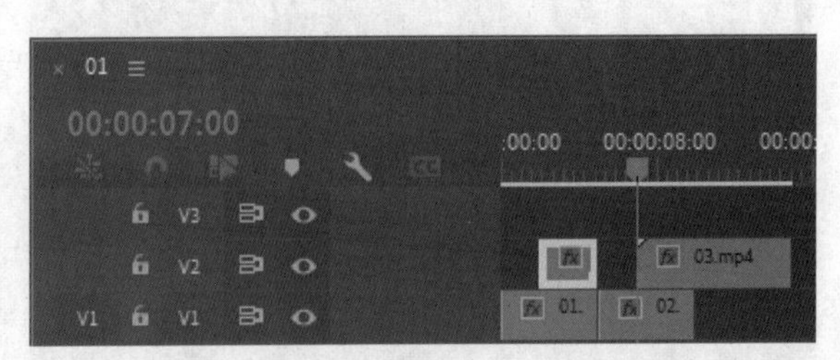

图4-91

08 选择“剃刀”工具，将鼠标指针移到“时间轴”面板中的“03”文件上，在“02”文件的结束位置单击，切割素材，如图4-92所示。选择“选择”工具，选择切割后右侧的“03”文件，将其拖曳到“视频1（V1）”轨道中，如图4-93所示。

图4-92

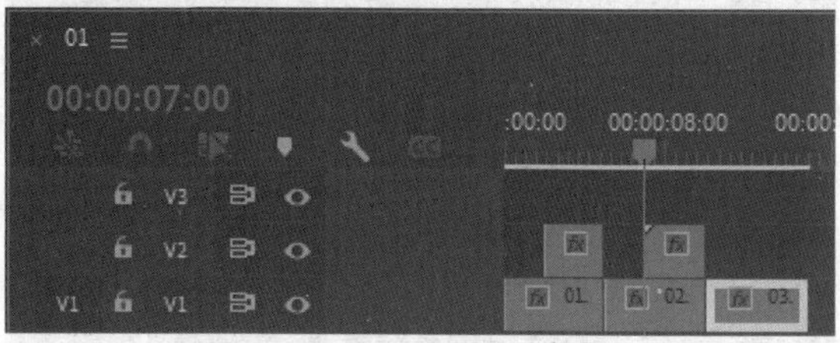

图4-93

2. 制作翻页转场

01 将时间标签放置在00:00:02:00的位置。选择“效果”面板，展开“视频效果”分类选项，单击“扭曲”文件夹前面的按钮将其展开，选中“变换”特效，如图4-94所示。将“变换”特效拖曳到“时间轴”面板“视频2（V2）”轨道中的“02”文件上，如图4-95所示。

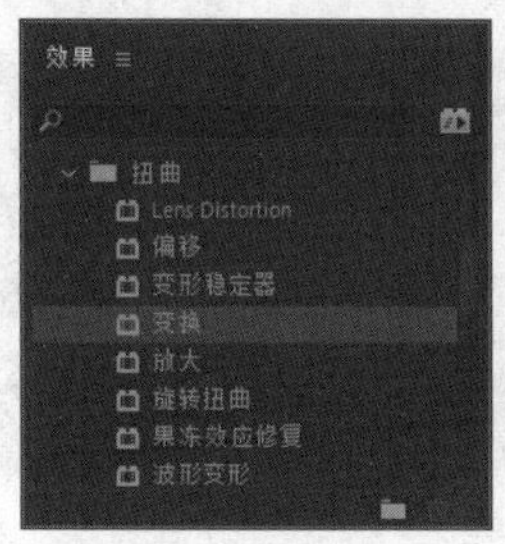

图4-94

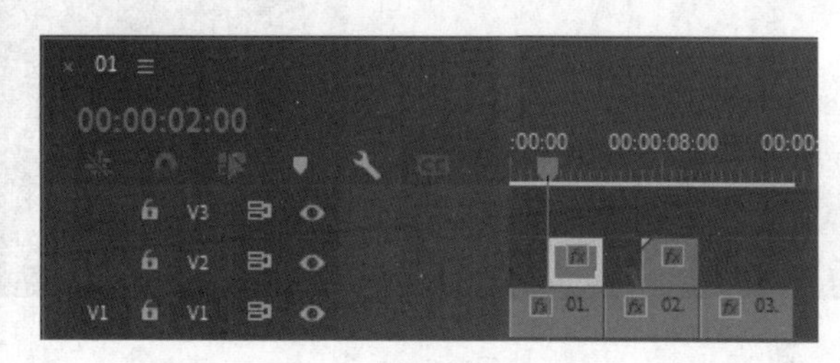

图4-95

02 选中“时间轴”面板中的“02”文件。选择“效果控件”面板，展开“变换”选项，将“锚点”选项设置为-960.0和540.0，单击“位置”选项左侧的“切换动画”按钮，如图4-96所示，记录第1个动画关键帧。将时间标签放置在00:00:05:00的位置。将“位置”选项设置为960.0和540.0，如图4-97所示，记录第2个动画关键帧。

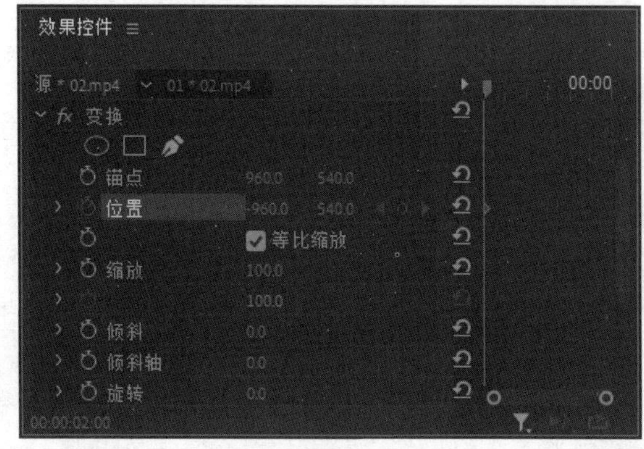

图4-96

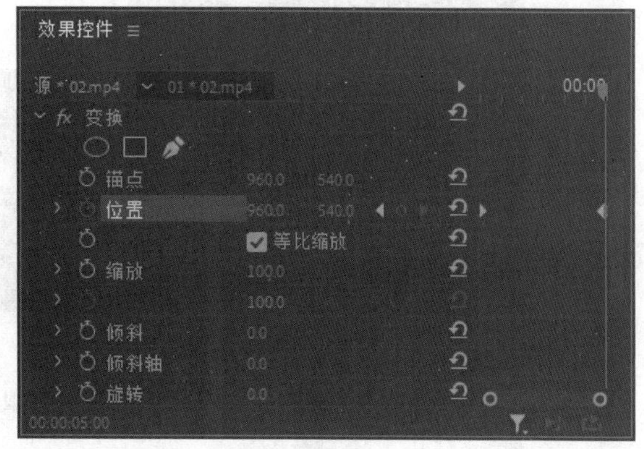

图4-97

03 选择右侧的关键帧，在关键帧上单击鼠标右键，在弹出的菜单中选择“缓入”命令，效果如图4-98所示。单击“位置”选项左侧的▶按钮，将其展开，向左拖曳右侧的控制点，如图4-99所示。

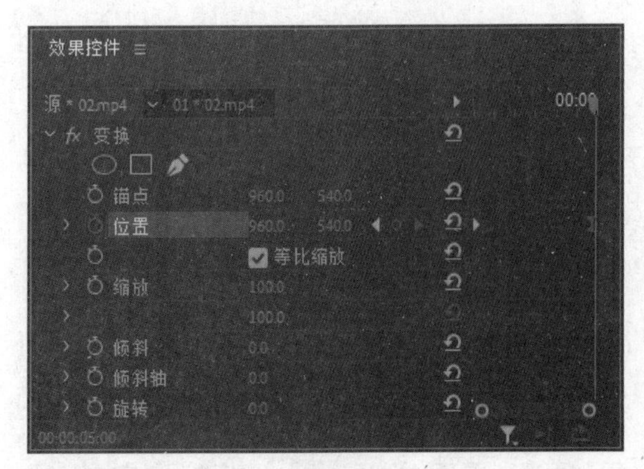

图4-98

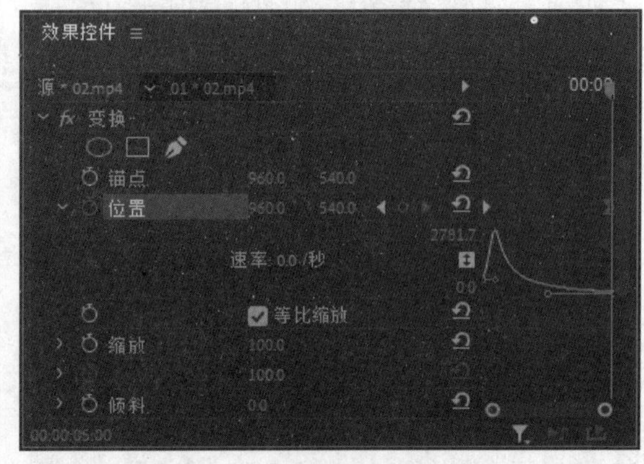

图4-99

04 在“时间轴”面板中的“02”文件上单击鼠标右键，在弹出的菜单中选择“嵌套”命令，弹出对话框，如图4-100所示，单击“确定”按钮，“时间轴”面板如图4-101所示。

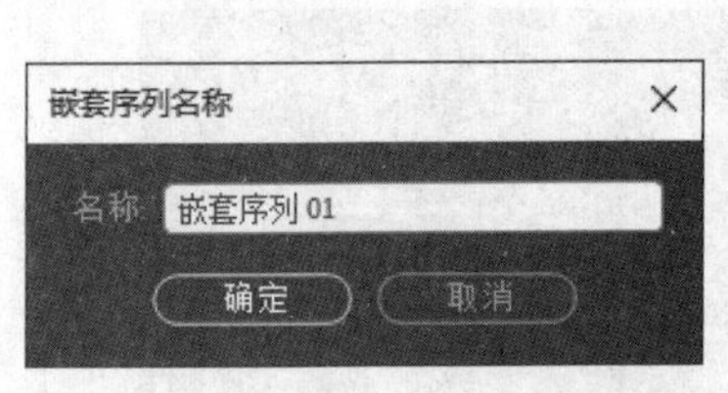

图4-100

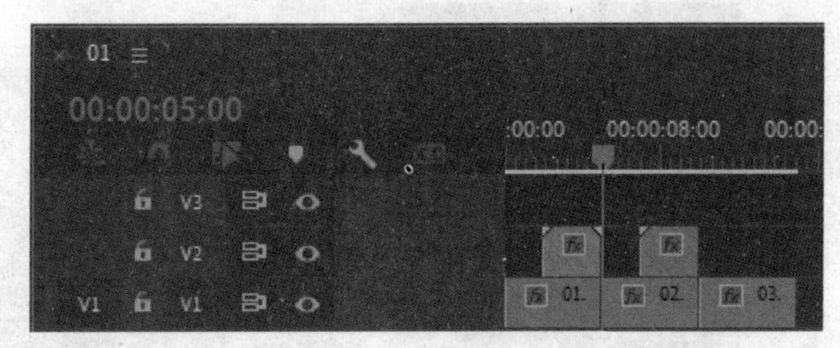

图4-101

05 将时间标签放置在00:00:02:00的位置。选择“效果”面板，单击“时间”文件夹前面的▶按钮将其展开，选中“残影”特效，如图4-102所示。将“残影”特效拖曳到“时间轴”面板“视频2（V2）”轨道中的“嵌套序列01”文件上，如图4-103所示。

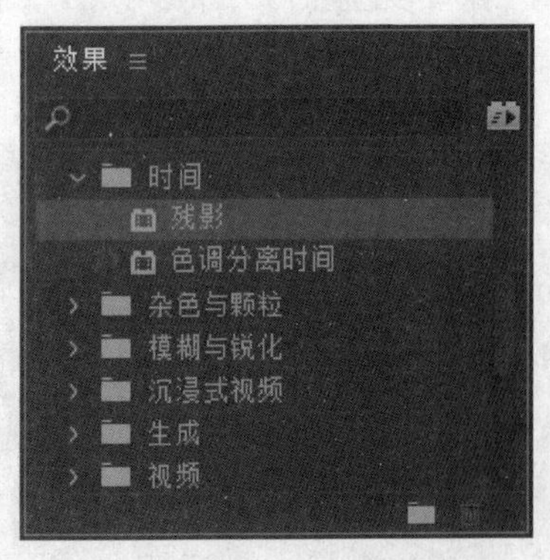

图4-102

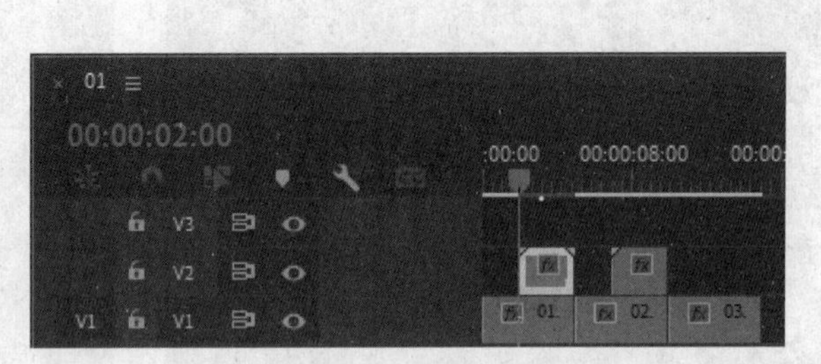

图4-103

06 选择“效果控件”面板，展开“残影”选项，将“残影时间（秒）”选项设置为–0.200，“残影数量”选项设置为6，“残影运算符”选项设置为“从后至前组合”，单击“残影时间（秒）”选项左侧的“切换动画”按钮⏱，如图4-104所示，记录第1个动画关键帧。将时间标签放置在00:00:05:00的位置。将“残影时间（秒）”选项设置为0，如图4-105所示，记录第2个动画关键帧。

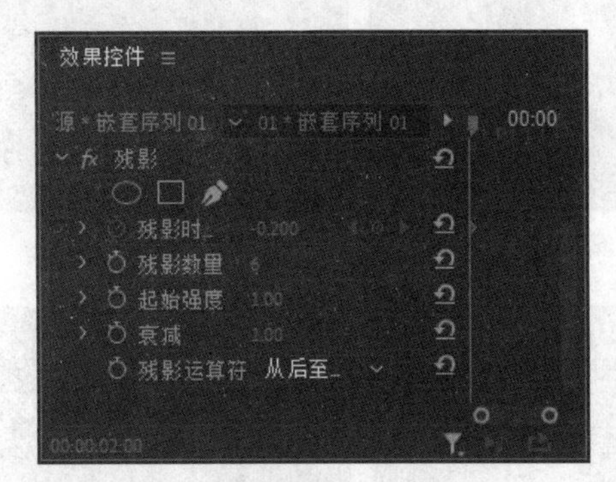

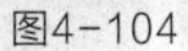
图4-104

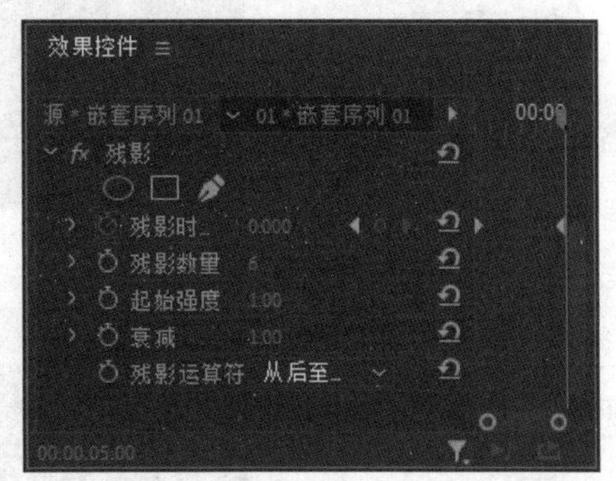

图4-105

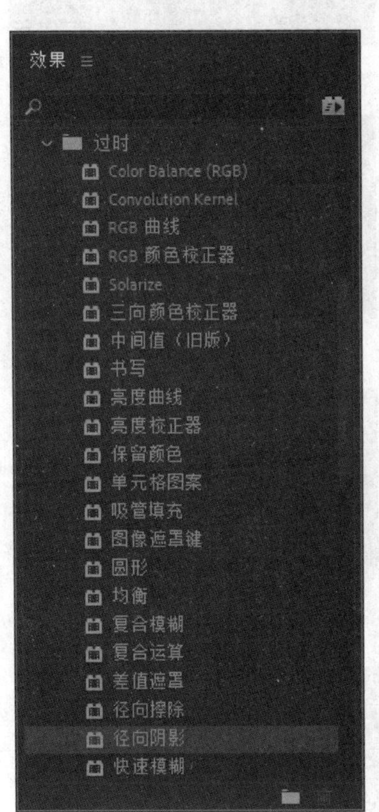

图4-106

07 选择“效果”面板，单击“过时”文件夹前面的▶按钮将其展开，选中“径向阴影”特效，如图4-106所示。将“径向阴影”特效拖曳到“时间轴”面板“视频2（V2）”轨道中的“嵌套序列01”文件上。选择“效果控件”面板，如图4-107所示，将“径向阴影”特效拖曳到“残影”特效的上方，如图4-108所示。

08 展开“径向阴影”选项，将“投影距离”选项设置为1.0，“柔和度”选项设置为50.0，如图4-109所示。用相同的方法制作“嵌套序列02”，如图4-110所示。青春生活短视频的翻页转场制作完成。

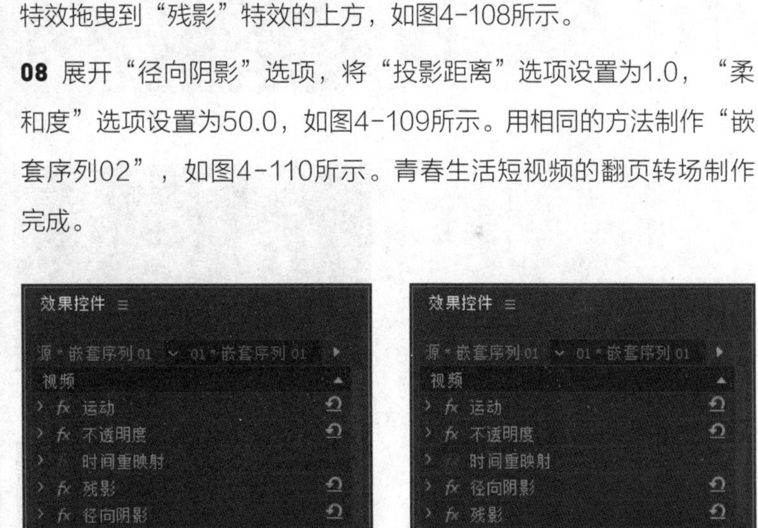

图4-107

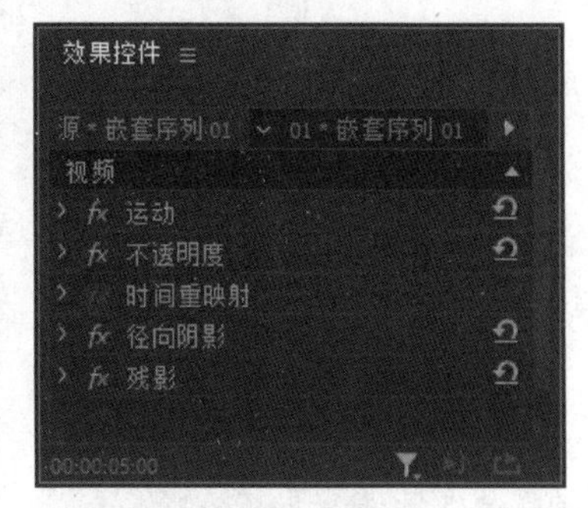

图4-108

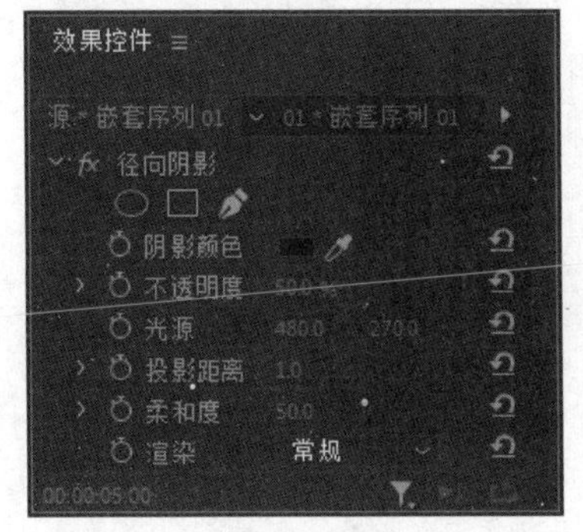

图4-109

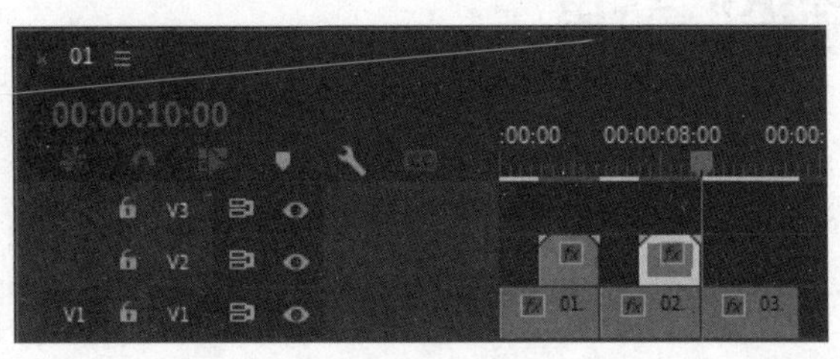

图4-110

4.3.16 “风格化”效果

“风格化”效果主要用于模拟一些美术风格，以实现丰富的画面效果，共包含9种特效，如图4-111所示。使用不同的特效后，呈现的效果如图4-112所示。

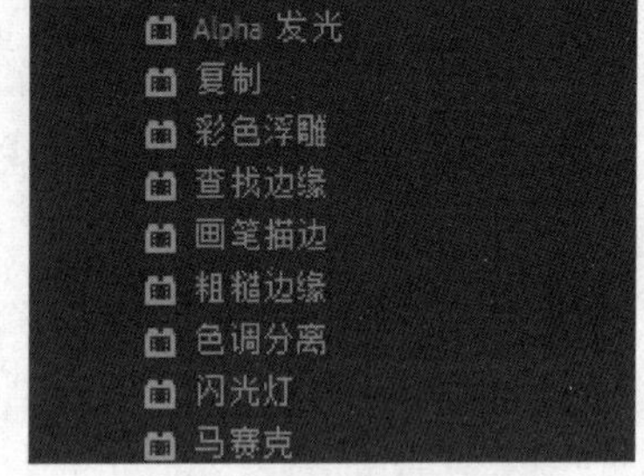

图4-111

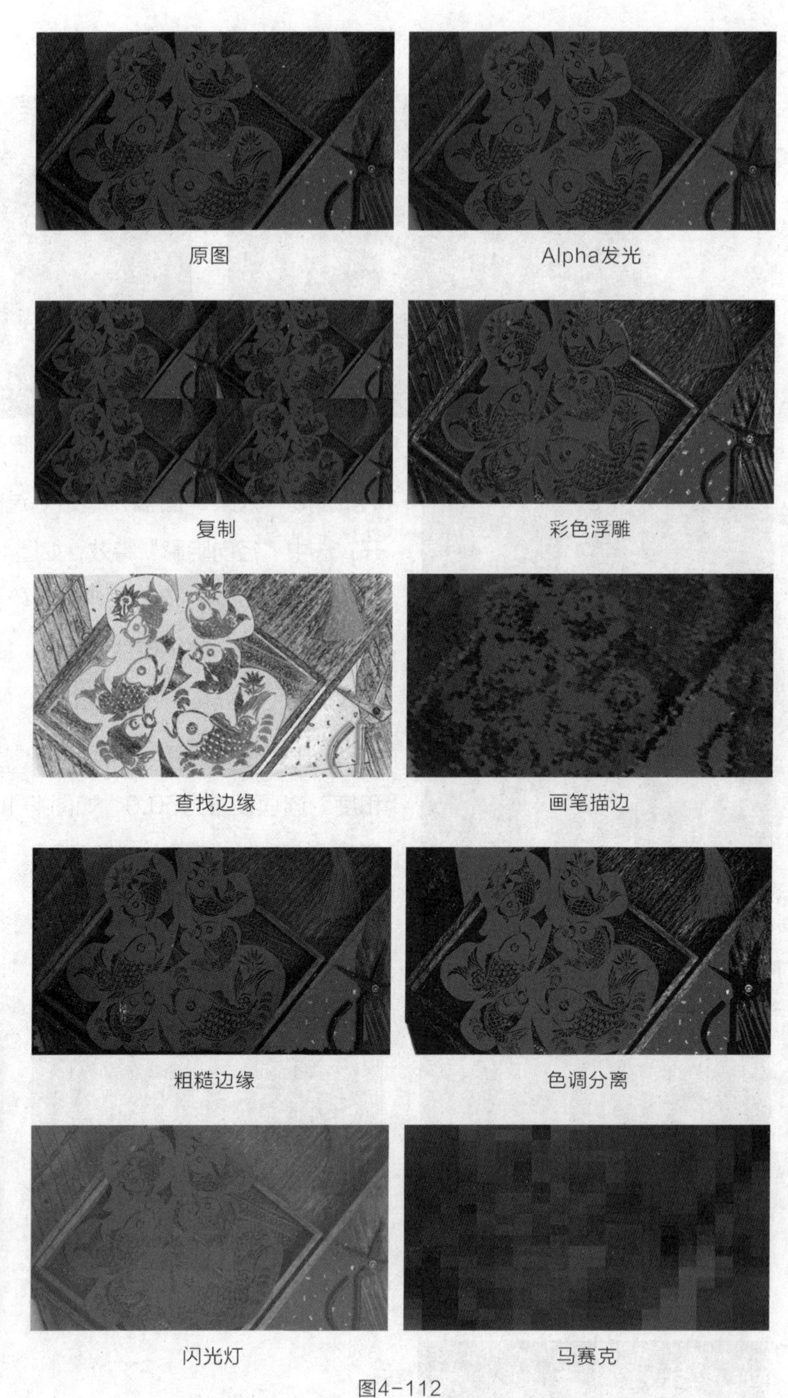

图4-112

4.3.17 “预设”效果

1. “模糊”效果

预设的“模糊”效果主要用于制作画面的快速模糊效果，共包含两种特效，如图4-113所示。使用不同的特效后，呈现的效果如图4-114所示。

图4-113

快速模糊入点

快速模糊出点

图4-114

2. “画中画”效果

预设的“画中画”效果主要用于制作画面的位置和比例缩放效果，共包含38种特效，如图4-115所示。使用部分特效后，呈现的效果如图4-116所示。

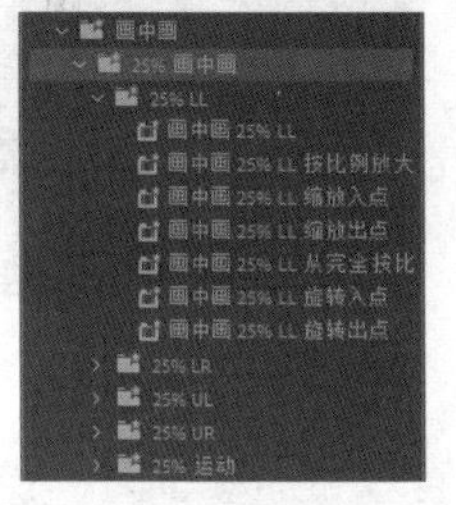

图4-115

画中画25%LL按比例放大至完全

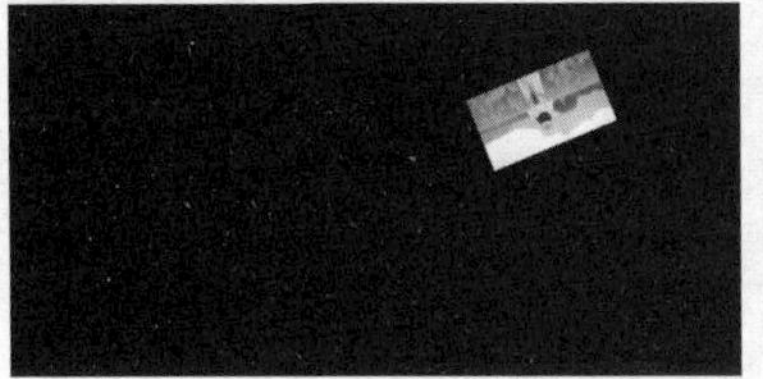

画中画25%UR旋转入点

画中画25%LR至LL

图4-116

3. “马赛克”效果

预设的“马赛克”效果主要用于制作画面的马赛克效果，共包含两种特效，如图4-117所示。使用不同的特效后，呈现的效果如图4-118所示。

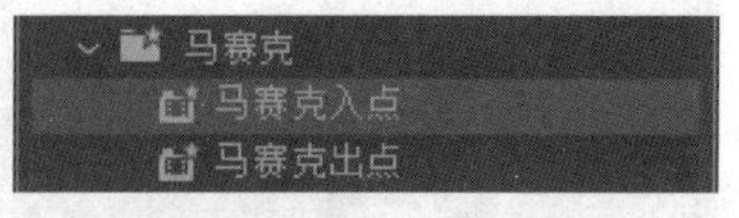

图4-117

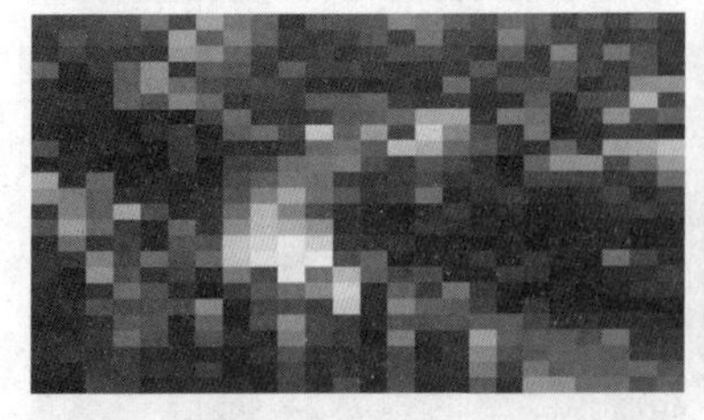
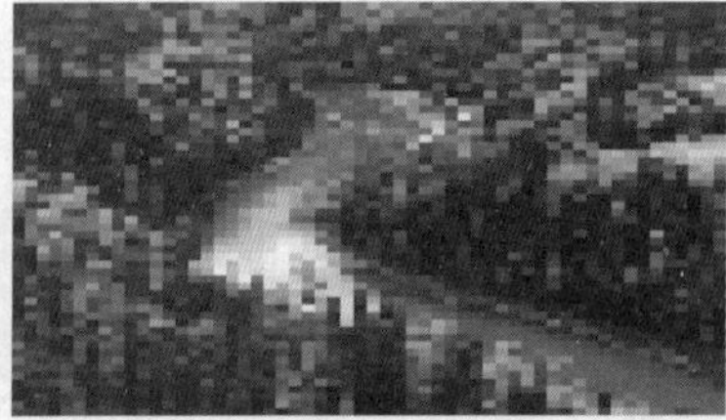

马赛克入点

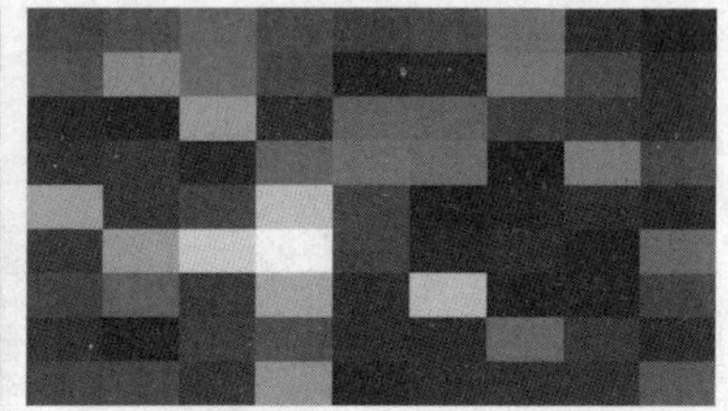

马赛克出点

图4-118

4. “扭曲”效果

预设的“扭曲”效果主要用于制作画面的扭曲效果，共包含两种特效，如图4-119所示。使用不同的特效后，呈现的效果如图4-120所示。

图4-119

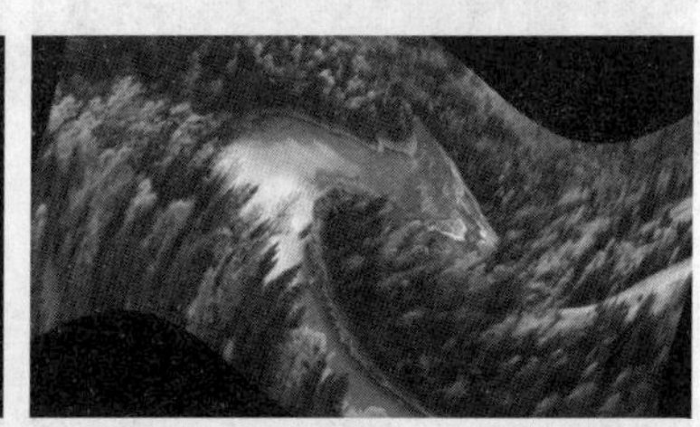

扭曲入点

扭曲出点

图4-120

5. “卷积内核”效果

预设的“卷积内核”效果主要通过运算改变影片素材中每个像素的颜色和亮度值，从而改变图像的质感，共包含10种特效，如图4-121所示。使用不同的特效后，呈现的效果如图4-122所示。

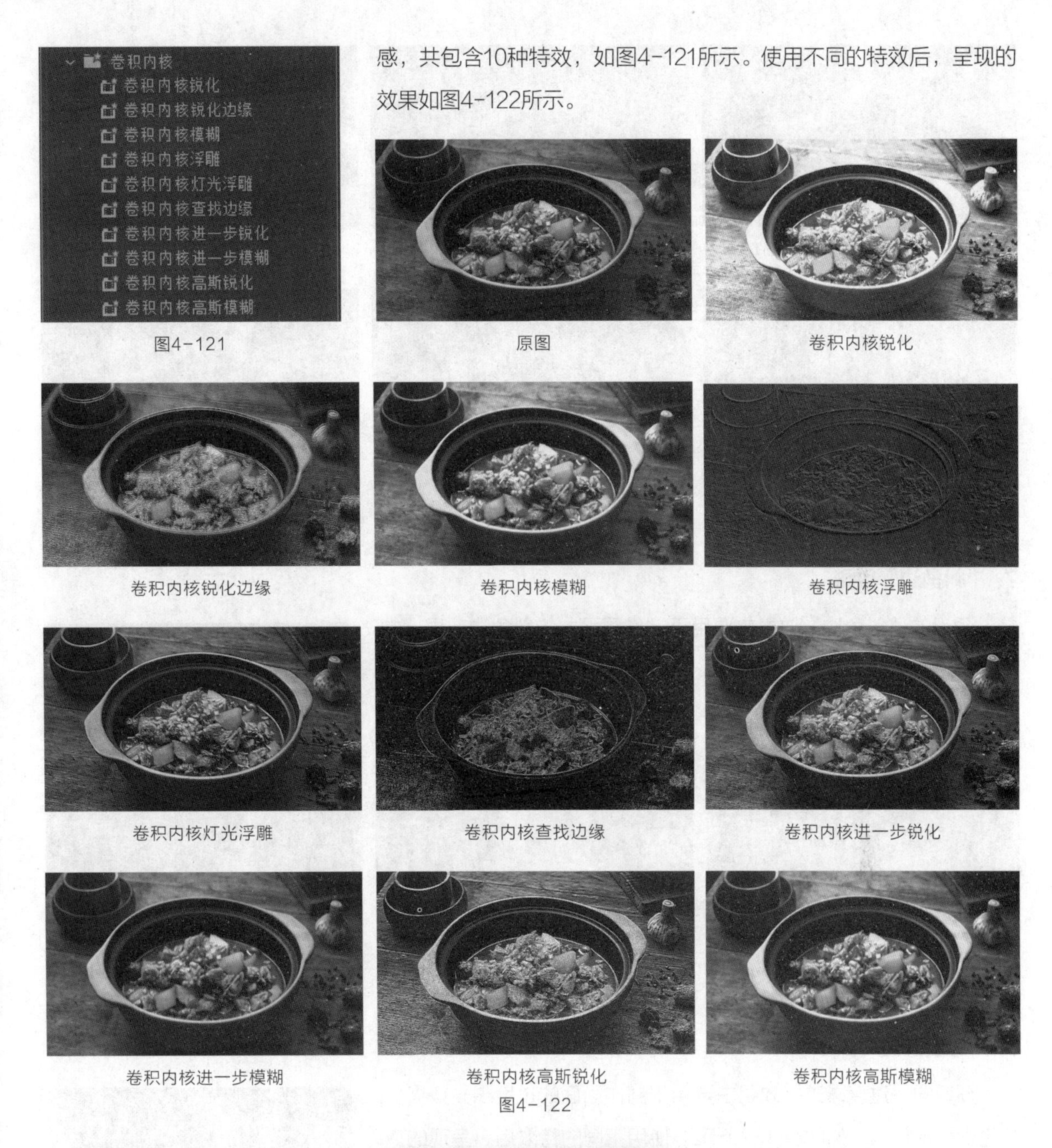

图4-121

原图　卷积内核锐化

卷积内核锐化边缘　卷积内核模糊　卷积内核浮雕

卷积内核灯光浮雕　卷积内核查找边缘　卷积内核进一步锐化

卷积内核进一步模糊　卷积内核高斯锐化　卷积内核高斯模糊

图4-122

6. “去除镜头扭曲”效果

预设的“去除镜头扭曲”效果主要用于去除影片素材中的镜头扭曲现象，共包含62种特效，如图4-123所示。使用部分特效后，呈现的效果如图4-124所示。

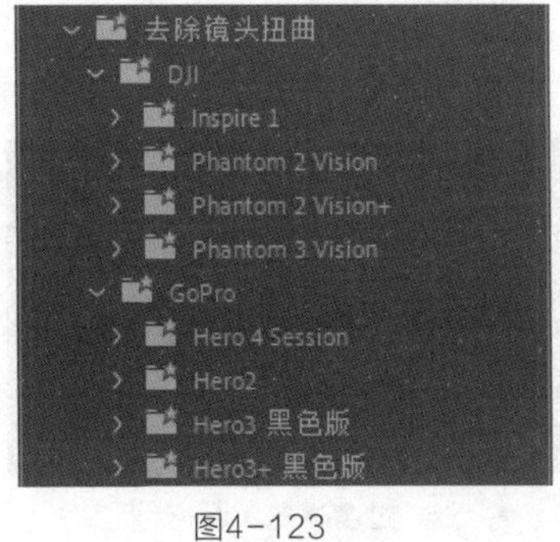

图4-123

原图

图4-124

Phantom 2 Vision（480）

Phantom 3 Vision（4K）

Hero 4 Session（1080-宽）

Hero2（960-宽）

Hero3 黑色版（4K影院-宽）

Hero3+ 黑色版（720-窄）

图4-124（续）

7. “斜角边”效果

预设的“斜角边”效果主要用于制作画面中的斜角边效果，共包含两种特效，如图4-125所示。使用不同的特效后，呈现的效果如图4-126所示。

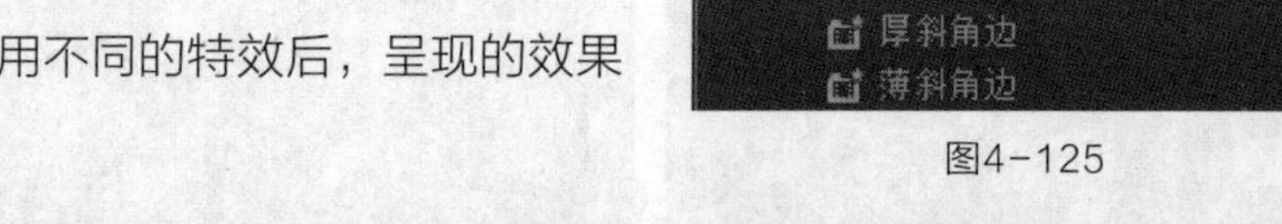

图4-125

原图

厚斜角边

薄斜角边

图4-126

8. “过度曝光”效果

预设的“过度曝光”效果主要用于制作画面的过度曝光效果，共包含两种特效，如图4-127所示。使用不同的特效后，呈现的效果如图4-128所示。

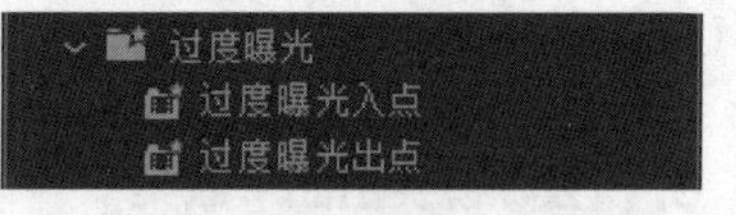

图4-127

过度曝光入点

图4-128

过度曝光出点

图4-128（续）

课堂练习——制作城市形象宣传片的梦幻特效

练习知识要点 使用“导入”命令导入素材文件，使用入点和出点调整素材文件，使用“高斯模糊”特效、“Lumetri”特效和“效果控件”面板制作梦幻特效，最终效果如图4-129所示。

效果所在位置 Ch04\制作城市形象宣传片的梦幻特效\制作城市形象宣传片的梦幻特效. prproj。

图4-129

课后习题——制作古城形象宣传片的旋转转场

习题知识要点 使用“导入”命令导入素材文件，使用入点和出点调整素材文件，使用“变换”特效和“效果控件”面板制作旋转转场，使用“Lumetri”特效调整图像颜色，最终效果如图4-130所示。

效果所在位置 Ch04\制作古城形象宣传片的旋转转场\制作古城形象宣传片的旋转转场. prproj。

图4-130

第 5 章

调色、叠加与键控

本章介绍

本章主要讲解在Premiere Pro 2022中对素材进行调色、叠加与键控的基本方法。调色、叠加与键控属于Premiere Pro 2022中较高级的应用，它们可以使影片产生完美的画面效果。学习本章内容后，读者可以更好地掌握调色、叠加与键控技术，制作出更优秀的作品。

学习目标

●掌握视频调色技术。

●熟练掌握叠加技术。

●掌握键控技术。

技能目标

●熟练掌握古风美景短视频绘画特效的制作方法。

●熟练掌握影视效果短视频怀旧特效的制作方法。

●熟练掌握风景短视频画面颜色的调整方法。

●熟练掌握唯美古风短视频中人物的抠出方法。

●熟练掌握抠出折纸素材并合成到栏目片头的方法。

5.1 视频调色基础

在Premiere Pro 2022的“效果”面板中，包含一些专门用于改变图像亮度、对比度和颜色的效果，这些效果位于“视频效果”文件夹的5个子文件夹中，即“图像控制”“调整”“过时”“颜色校正”“Lumetri预设”。下面分别进行详细讲解。

5.1.1 课堂案例——制作古风美景短视频的绘画特效

案例学习目标 能够使用多个特效制作视频的绘画特效。

案例知识要点 使用“黑白”特效将彩色图像转换为灰度图像，使用“查找边缘”特效制作图像的边缘，使用“Levels”特效调整图像的亮度和对比度，使用“高斯模糊”特效制作图像的模糊效果，使用“旧版标题”命令和“字幕”面板添加与编辑文字，使用“划出”特效制作文字过渡效果，最终效果如图5-1所示。

效果所在位置 Ch05\制作古风美景短视频的绘画特效\制作古风美景短视频的绘画特效. prproj。

图5-1

1. 制作视频水墨效果

01 启动Premiere Pro 2022软件，选择“文件 > 新建 > 项目”命令，进入新建项目界面，如图5-2所示，单击“创建”按钮，新建项目。

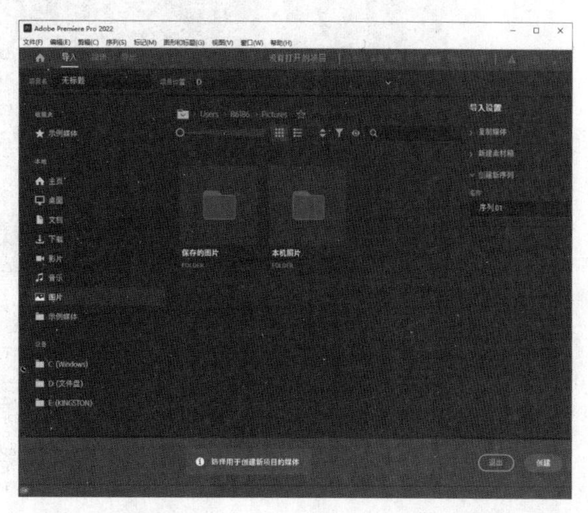

图5-2

02 选择"文件 > 导入"命令，弹出"导入"对话框，选择本书学习资源中的"Ch05\制作古风美景短视频的绘画特效\素材\01"文件，如图5-3所示，单击"打开"按钮，将素材文件导入"项目"面板中，如图5-4所示。选择"项目"面板中的"01"文件并将其拖曳到"时间轴"面板的"视频1（V1）"轨道中，生成"01"序列，如图5-5所示。

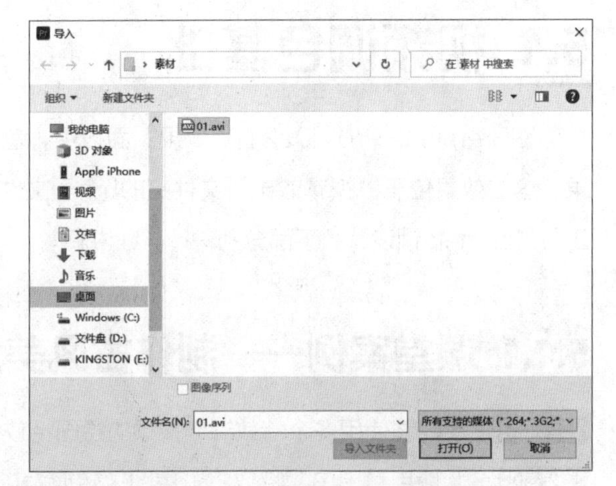

图5-3

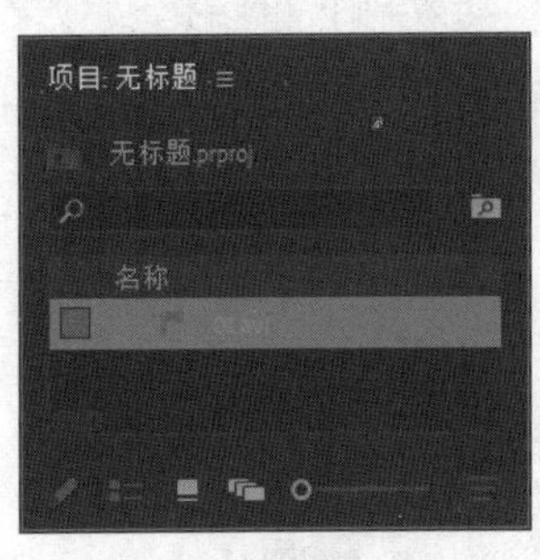

图5-4

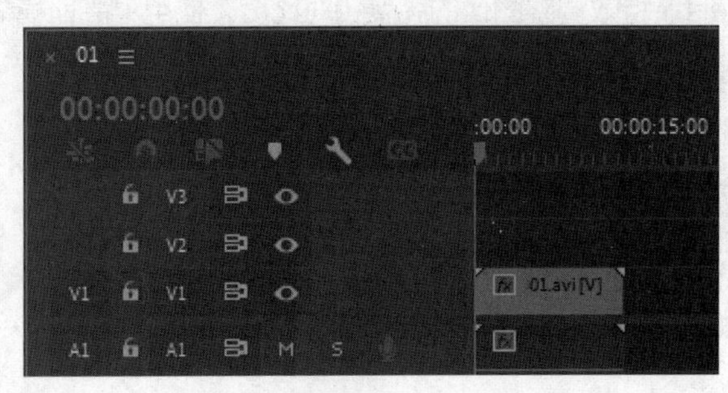

图5-5

03 将时间标签放置在00:00:05:00的位置。将鼠标指针放在"01"文件的结束位置并单击，显示出编辑点。当鼠标指针呈形状时，向左拖曳到00:00:05:00的位置，如图5-6所示。

04 将时间标签放置在00:00:00:00的位置。选择"效果"面板，展开"视频效果"分类选项，单击"图像控制"文件夹前面的按钮将其展开，选中"黑白"特效，如图5-7所示。将"黑白"特效拖曳到"时间轴"面板中的"01"文件上。

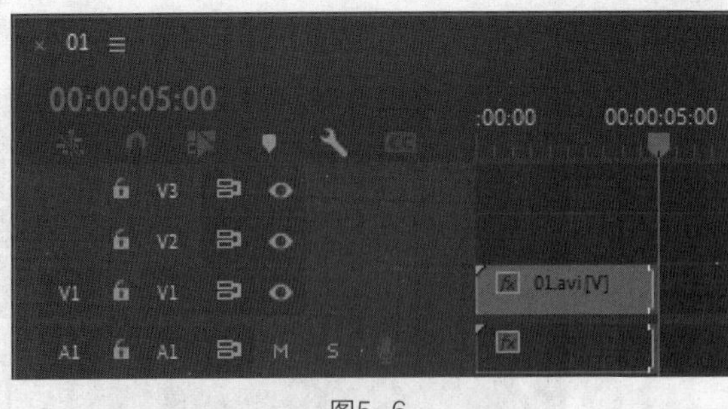

图5-6

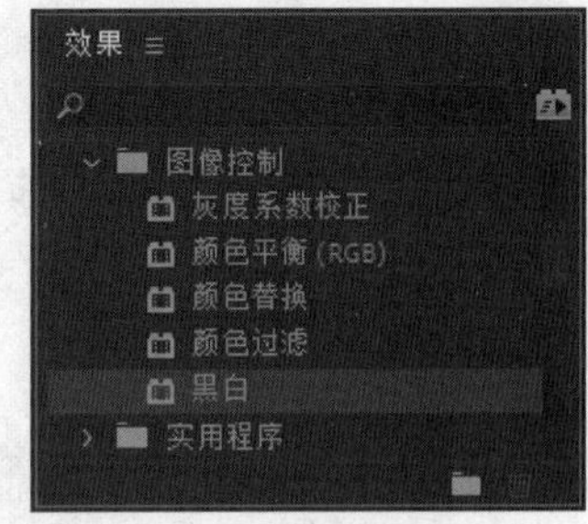

图5-7

05 选择"效果"面板，单击"风格化"文件夹前面的按钮将其展开，选中"查找边缘"特效，如图5-8所示。将"查找边缘"特效拖曳到"时间轴"面板中的"01"文件上。在"效果控件"面板中展开"查找边缘"特效，将"与原始图像混合"选项设置为12%，如图5-9所示。

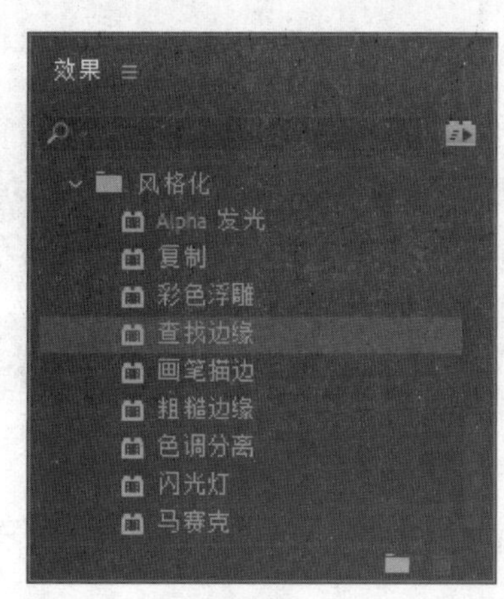

图5-8

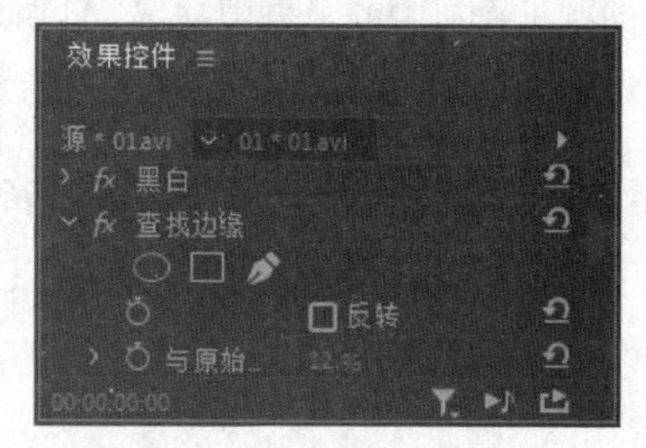

图5-9

06 选择“效果”面板，单击“调整”文件夹前面的▶按钮将其展开，选中“Levels”特效，如图5-10所示。将“Levels”特效拖曳到“时间轴”面板中的“01”文件上。在“效果控件”面板中展开“Levels”特效并进行参数设置，如图5-11所示。

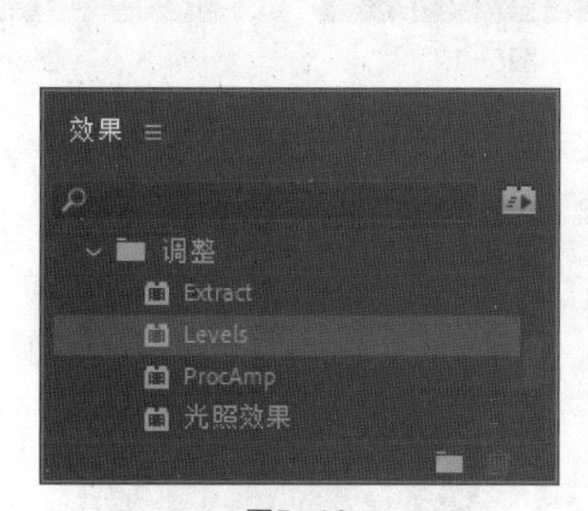

图5-10

图5-11

07 选择“效果”面板，单击“模糊与锐化”文件夹前面的▶按钮将其展开，选中“高斯模糊”特效，如图5-12所示。将“高斯模糊”特效拖曳到“时间轴”面板中的“01”文件上。在“效果控件”面板中展开“高斯模糊”特效，将“模糊度”选项设置为3.2，如图5-13所示。

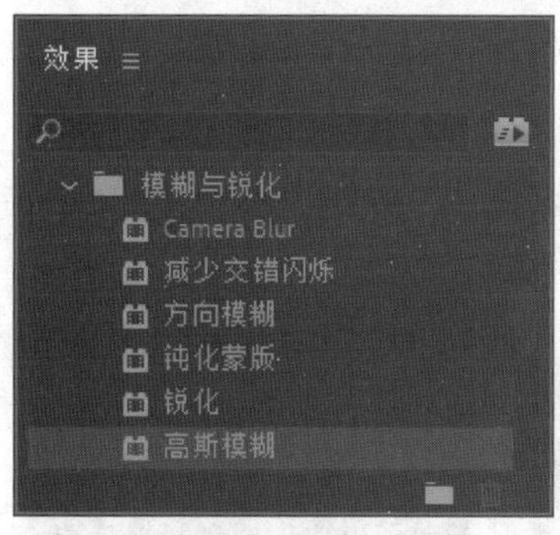

图5-12

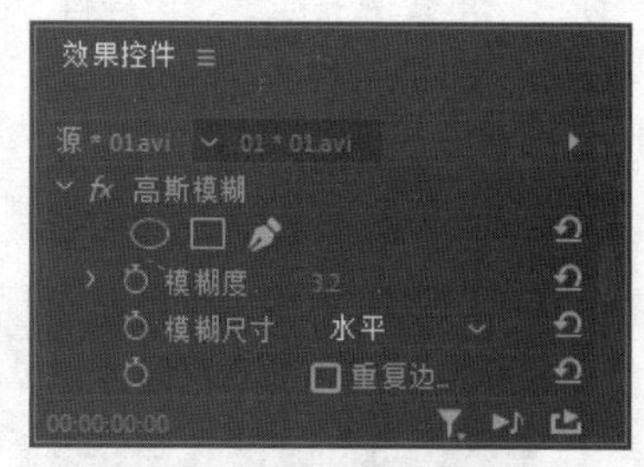

图5-13

2. 添加并编辑文字

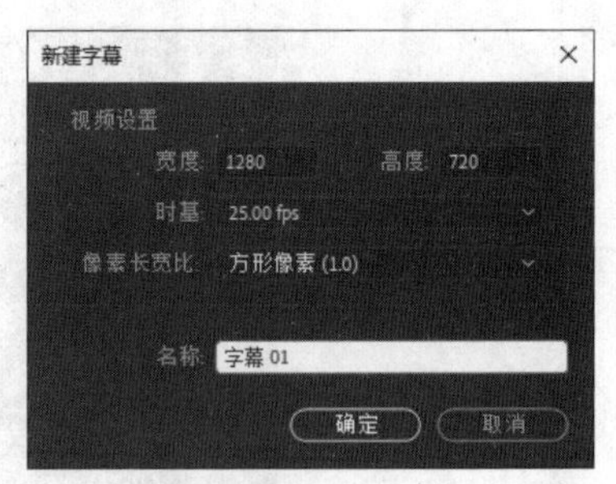

图5-14

01 选择“文件 > 新建 > 旧版标题”命令，弹出“新建字幕”对话框，如图5-14所示，单击“确定”按钮，打开“字幕”面板。选择面板左侧“旧版标题工具”中的“垂直文字”工具，在“字幕”面板中单击以插入光标，输入需要的文字。

02 在“旧版标题属性”面板中展开“变换”栏，各选项的设置如图5-15所示。展开“属性”栏，各选项的设置如图5-16所示。展开“填充”栏，各选项的设置如图5-17所示，“字幕”面板如图5-18所示，新建的字幕文件会自动保存到“项目”面板中。

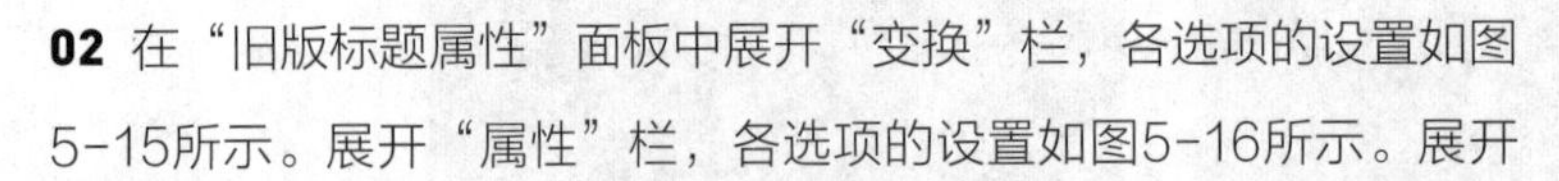

图5-15

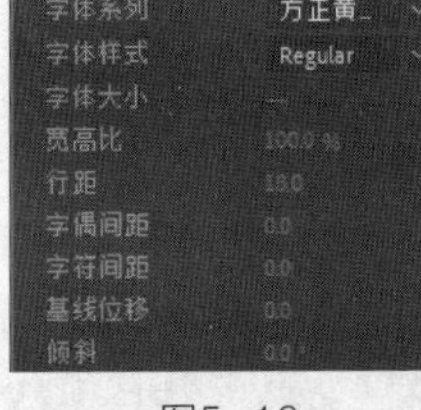

图5-16

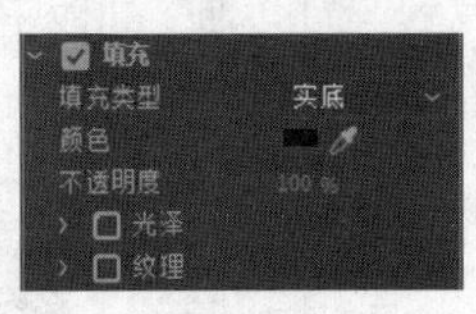

图5-17

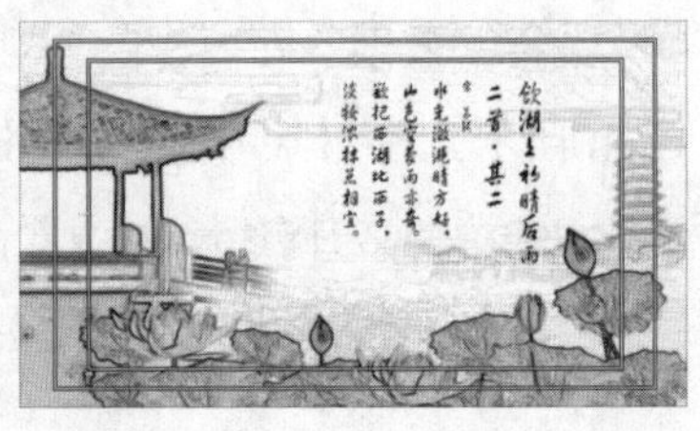

图5-18

03 在“项目”面板中选中“字幕01”文件并将其拖曳到“时间轴”面板的“视频2（V2）”轨道中，如图5-19所示。选择“效果”面板，展开“视频过渡”分类选项，单击“擦除”文件夹前面的按钮将其展开，选中“划出”特效，如图5-20所示。

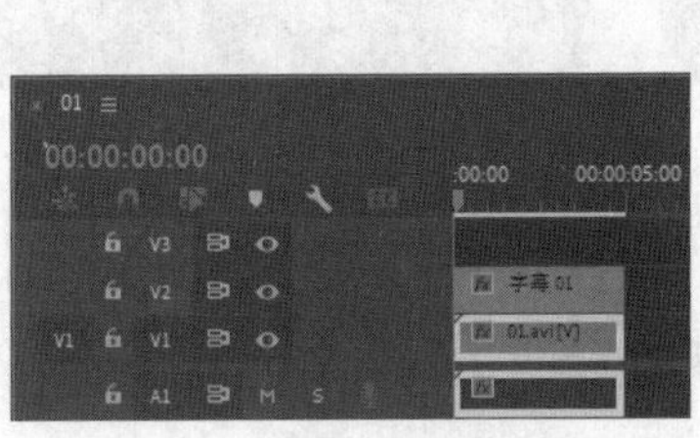

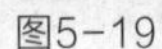

图5-19

图5-20

04 将“划出”特效拖曳到“时间轴”面板中的“字幕01”文件的开始位置，如图5-21所示。选择“时间轴”面板中的“划出”特效。选择“效果控件”面板，将“持续时间”选项设置为00:00:04:00，单击小视窗右侧的“自东向西”三角形按钮，如图5-22所示。古风美景短视频的绘画特效制作完成。

图5-21

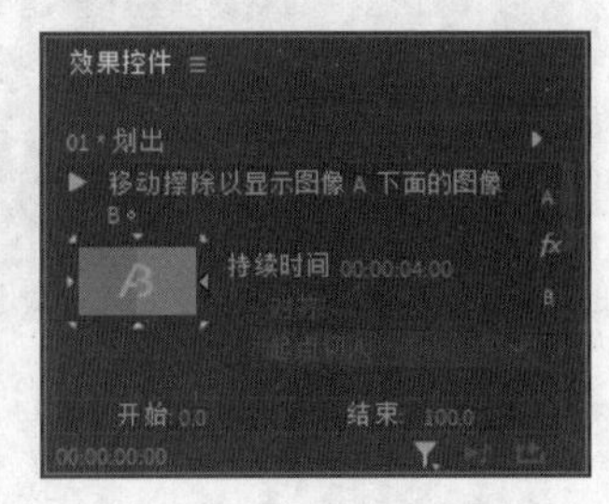

图5-22

5.1.2 “图像控制”效果

“图像控制”效果的主要用途是对素材的色彩进行处理。这种效果广泛应用于视频编辑中，可以处理一些前期拍摄中遗留的问题，还可以使素材达到某种预期的效果。“图像控制”效果是一组重要的视频效果，共包含4种特效，如图5-23所示。使用不同的特效后，呈现的效果如图5-24所示。

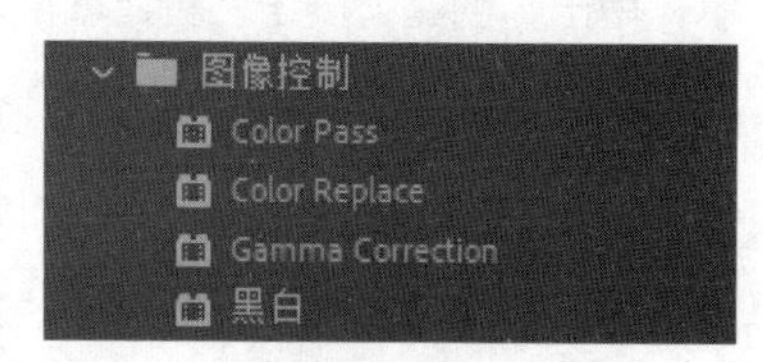

图5-23

原图

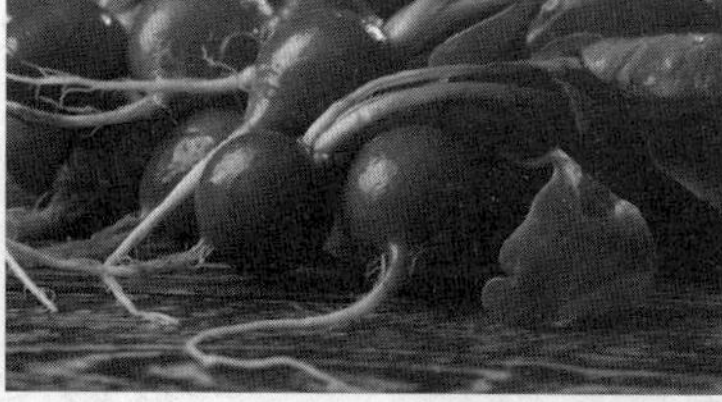

Color Pass

Color Replace

Gamma Correction

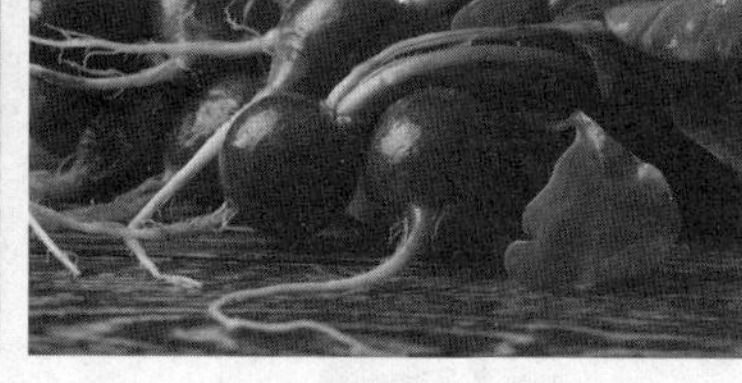

黑白

图5-24

5.1.3 课堂案例——制作影视效果短视频的怀旧特效

案例学习目标 能够使用“调整”效果制作怀旧特效。

案例知识要点 使用“导入”命令导入视频文件，使用“ProcAmp”特效调整图像的亮度、饱和度和对比度，使用“颜色平衡”特效调整图像中的部分颜色，使用“DE_AgedFilm”外部特效制作怀旧特效，最终效果如图5-25所示。

效果所在位置 Ch05\制作影视效果短视频的怀旧特效\制作影视效果短视频的怀旧特效. prproj。

图5-25

01 启动Premiere Pro 2022软件，选择“文件 > 新建 > 项目”命令，进入新建项目界面，如图5-26所示，单击“创建”按钮，新建项目。

02 选择“文件 > 导入”命令，弹出“导入”对话框，选择本书学习资源中的“Ch05\制作影视效果短视频的怀旧特效\素材\01”文件，如图5-27所示，单击“打开”按钮，将素材文件导入“项目”面板中，如图5-28所示。选择“项目”面板中的“01”文件并将其拖曳到“时间轴”面板的“视频1（V1）”轨道中，生成“01”序列，如图5-29所示。

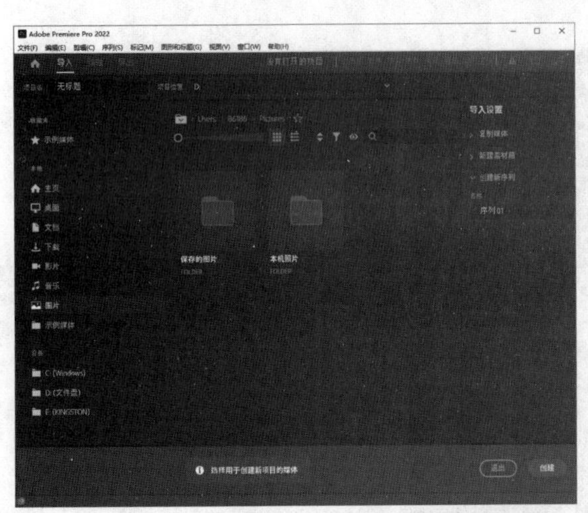

图5-26

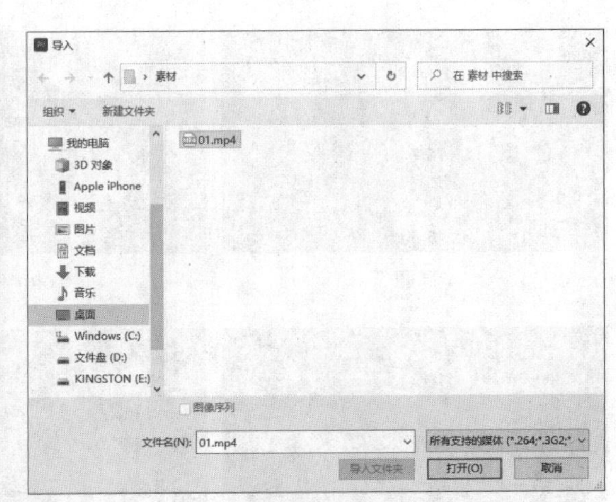

图5-27

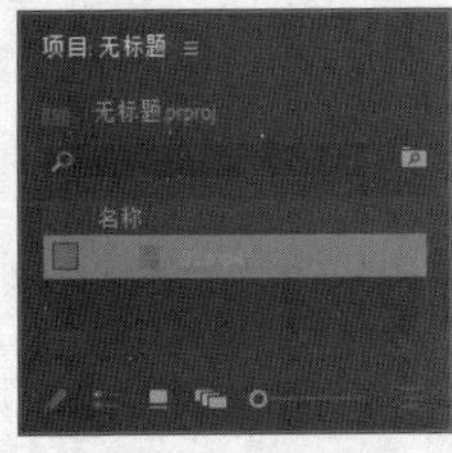

图5-28

图5-29

03 选择“效果”面板，展开“视频效果”分类选项，单击“调整”文件夹前面的▶按钮将其展开，选中“ProcAmp”特效，如图5-30所示。

04 将“ProcAmp”特效拖曳到“时间轴”面板中的“01”文件上，如图5-31所示。在“效果控件”面板中，展开“ProcAmp”特效，将“对比度”选项设置为115.0，“饱和度”选项设置为50.0，如图5-32所示。

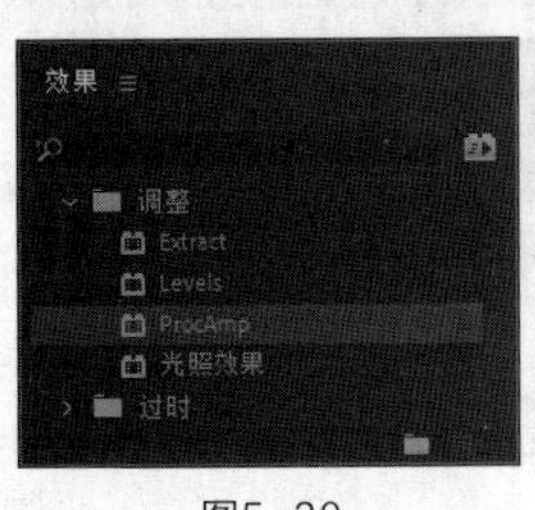

图5-30

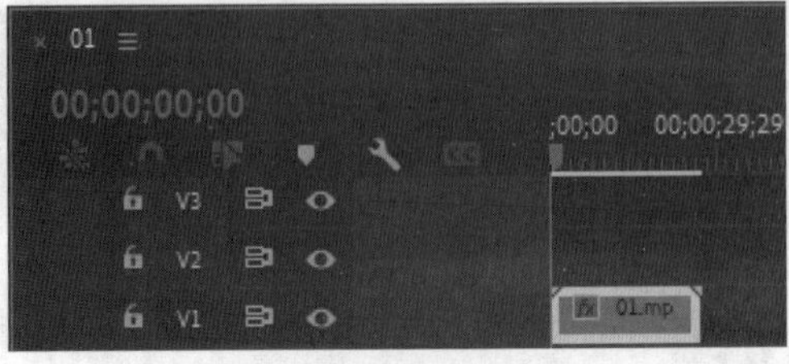

图5-31

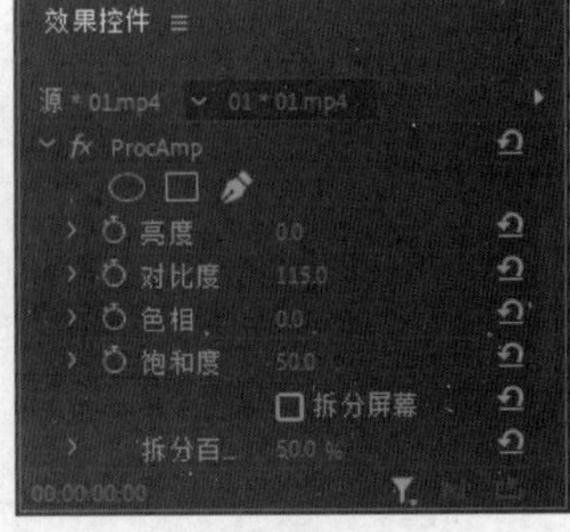

图5-32

05 选择“效果”面板，单击“颜色校正”文件夹前面的▶按钮将其展开，选中“颜色平衡”特效，如图5-33所示。将“颜色平衡”特效拖曳到“时间轴”面板中的“01”文件上。选择“效果控件”面板，展开“颜色平衡”特效并进行参数设置，如图5-34所示。

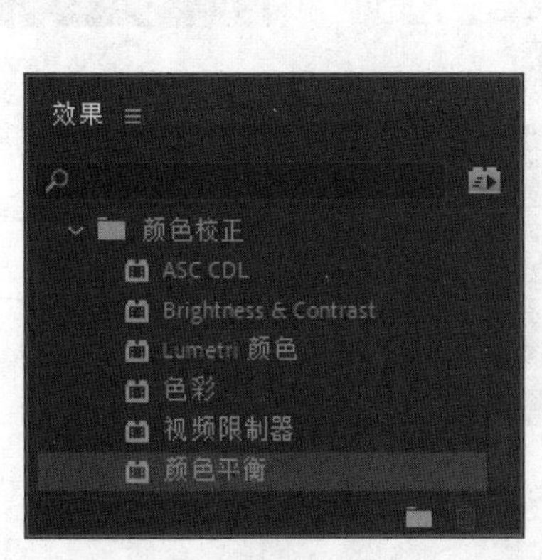

图5-33

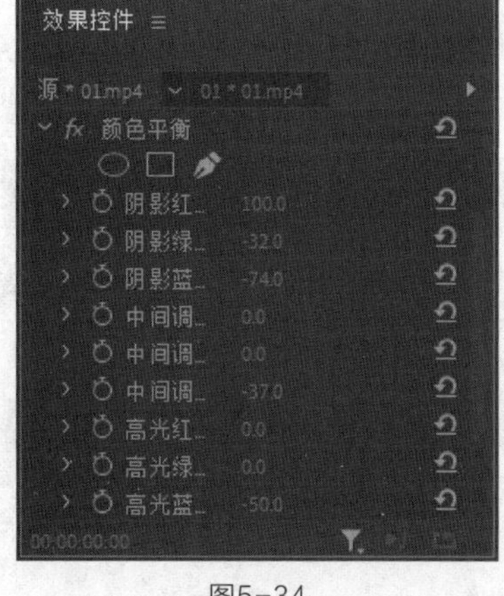

图5-34

06 选择“效果”面板，单击“Digieffects Damage v2.5”文件夹前面的▶按钮将其展开，选中“DE_AgedFilm”特效，如图5-35所示。将“DE_AgedFilm”特效拖曳到“时间轴”面板中的“01”文件上。

07 在“效果控件”面板中展开“DE_AgedFilm”特效并进行参数设置，如图5-36所示。影视效果短视频的怀旧特效制作完成。

图5-35

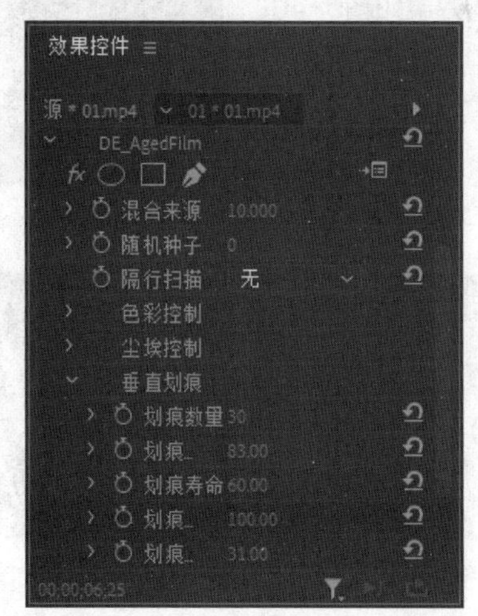

图5-36

5.1.4 “调整”效果

“调整”效果可以调整素材画面的明暗度，并添加光照效果，共包含4种特效，如图5-37所示。使用不同的特效后，呈现的效果如图5-38所示。

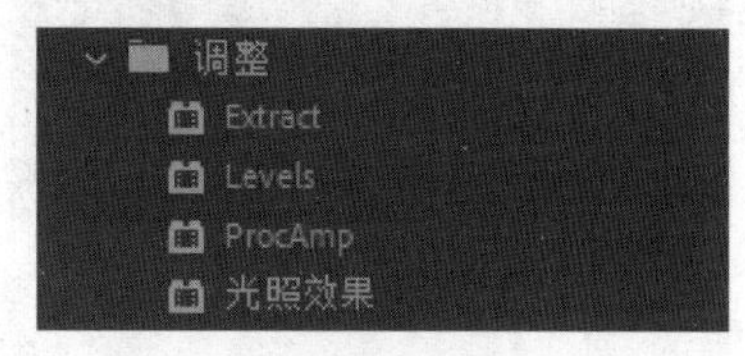

图5-37

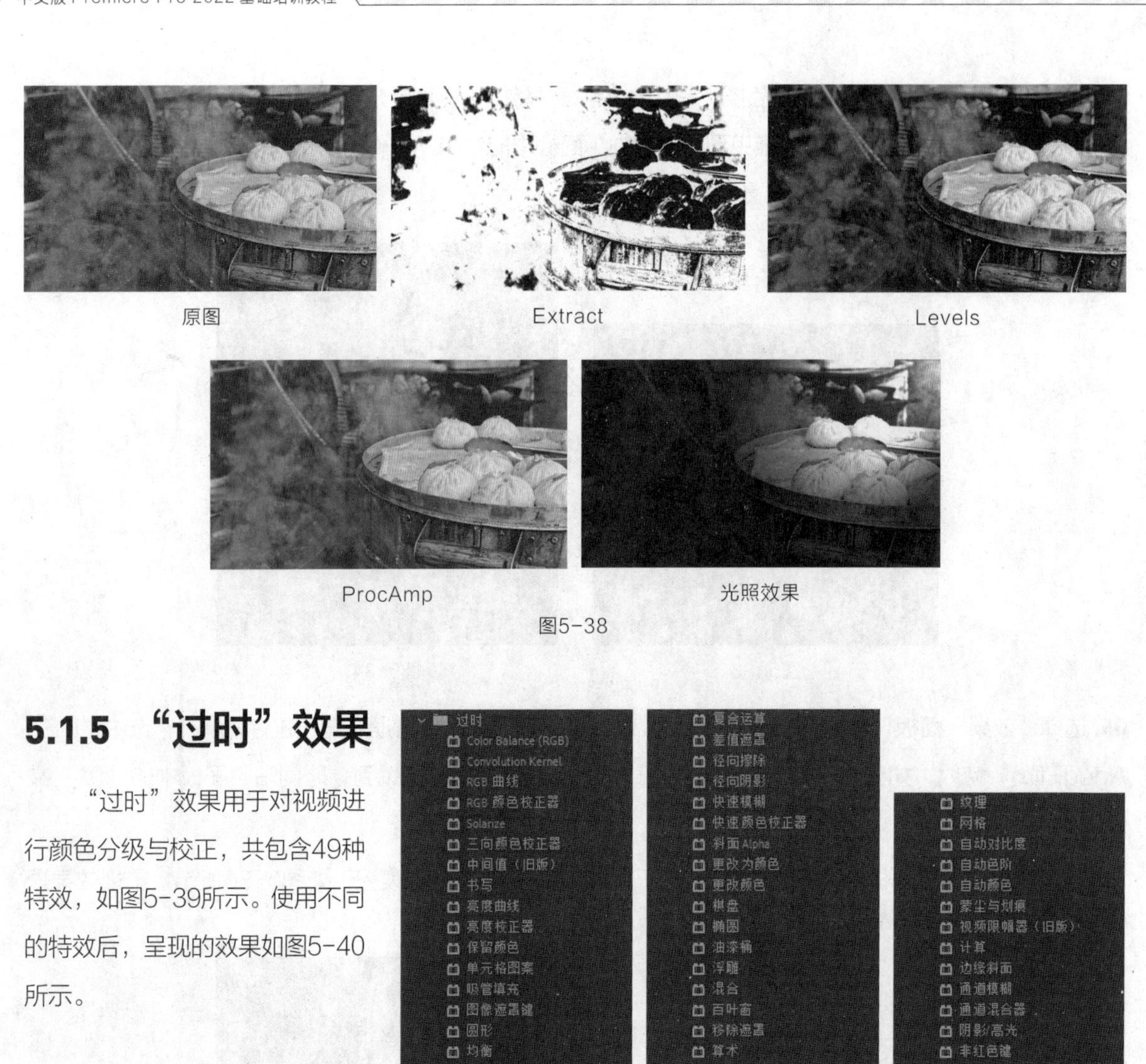

原图 Extract Levels

ProcAmp 光照效果

图5-38

5.1.5 “过时”效果

“过时”效果用于对视频进行颜色分级与校正，共包含49种特效，如图5-39所示。使用不同的特效后，呈现的效果如图5-40所示。

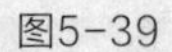

图5-39

原图 Color Balance（RGB） Convolution Kernel

RGB 曲线 RGB 颜色校正器 Solarize

图5-40

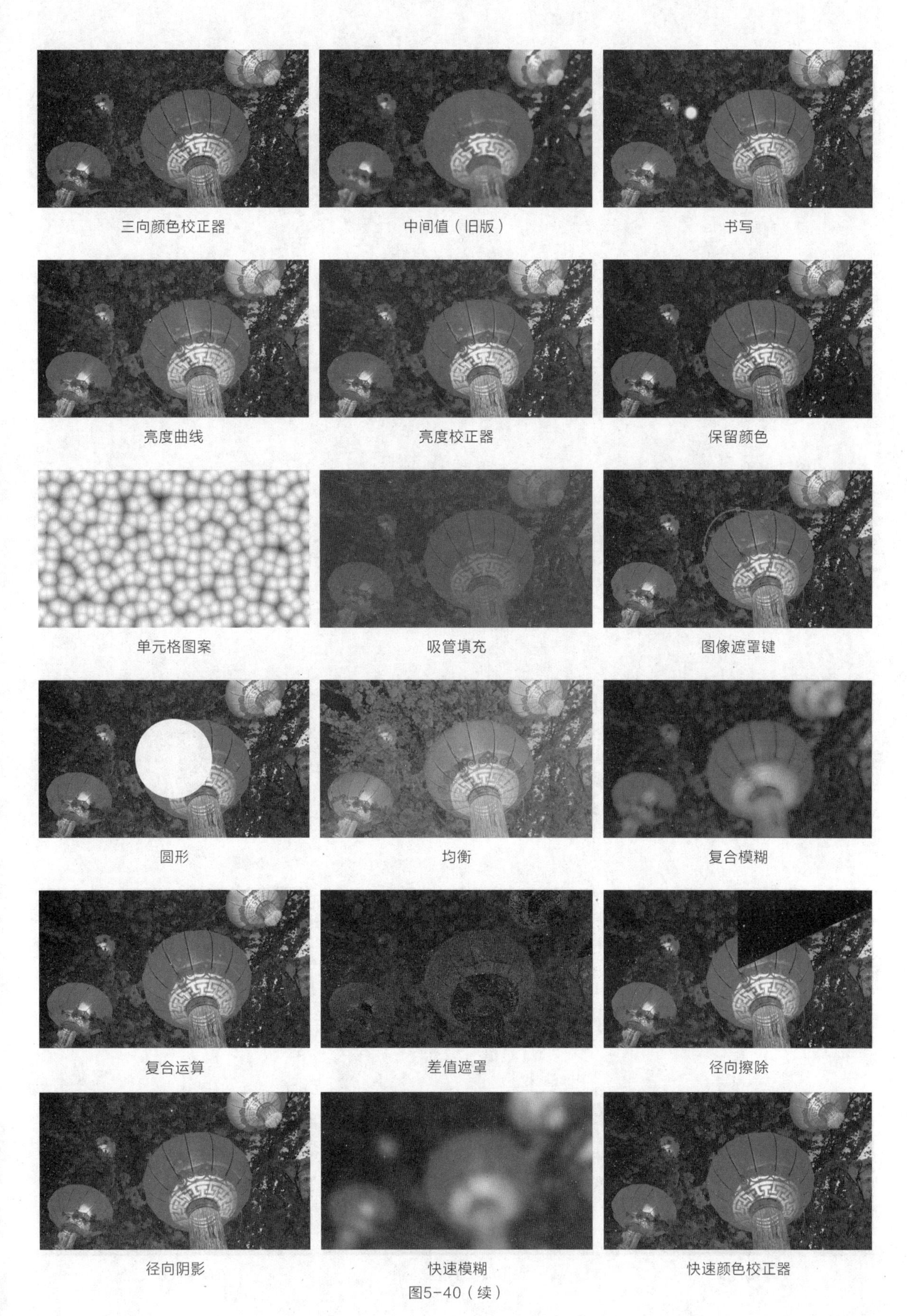

三向颜色校正器　中间值（旧版）　书写

亮度曲线　亮度校正器　保留颜色

单元格图案　吸管填充　图像遮罩键

圆形　均衡　复合模糊

复合运算　差值遮罩　径向擦除

径向阴影　快速模糊　快速颜色校正器

图5-40（续）

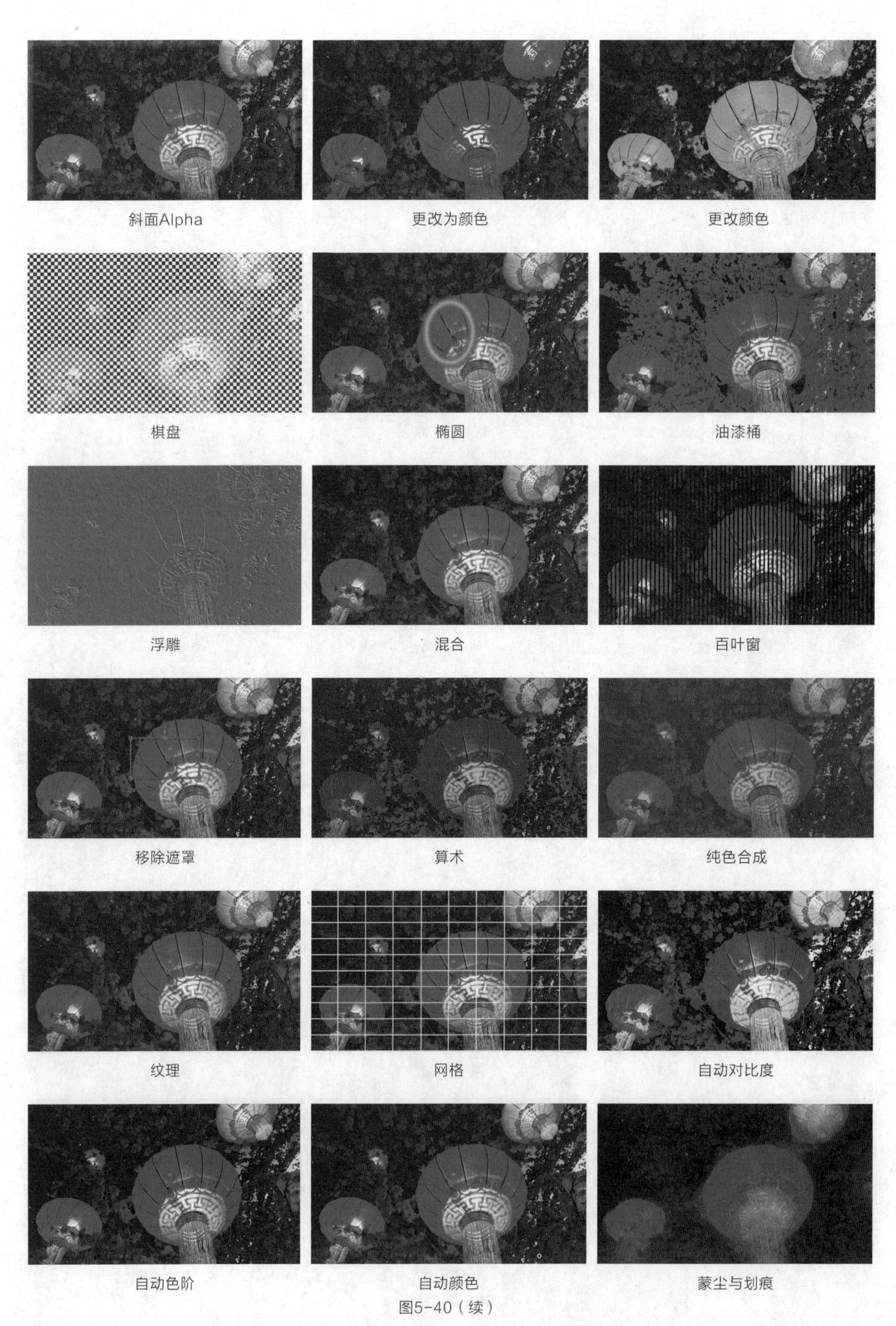
斜面Alpha
更改为颜色
更改颜色
棋盘
椭圆
油漆桶
浮雕
混合
百叶窗
移除遮罩
算术
纯色合成
纹理
网格
自动对比度
自动色阶
自动颜色
蒙尘与划痕

图5-40（续）

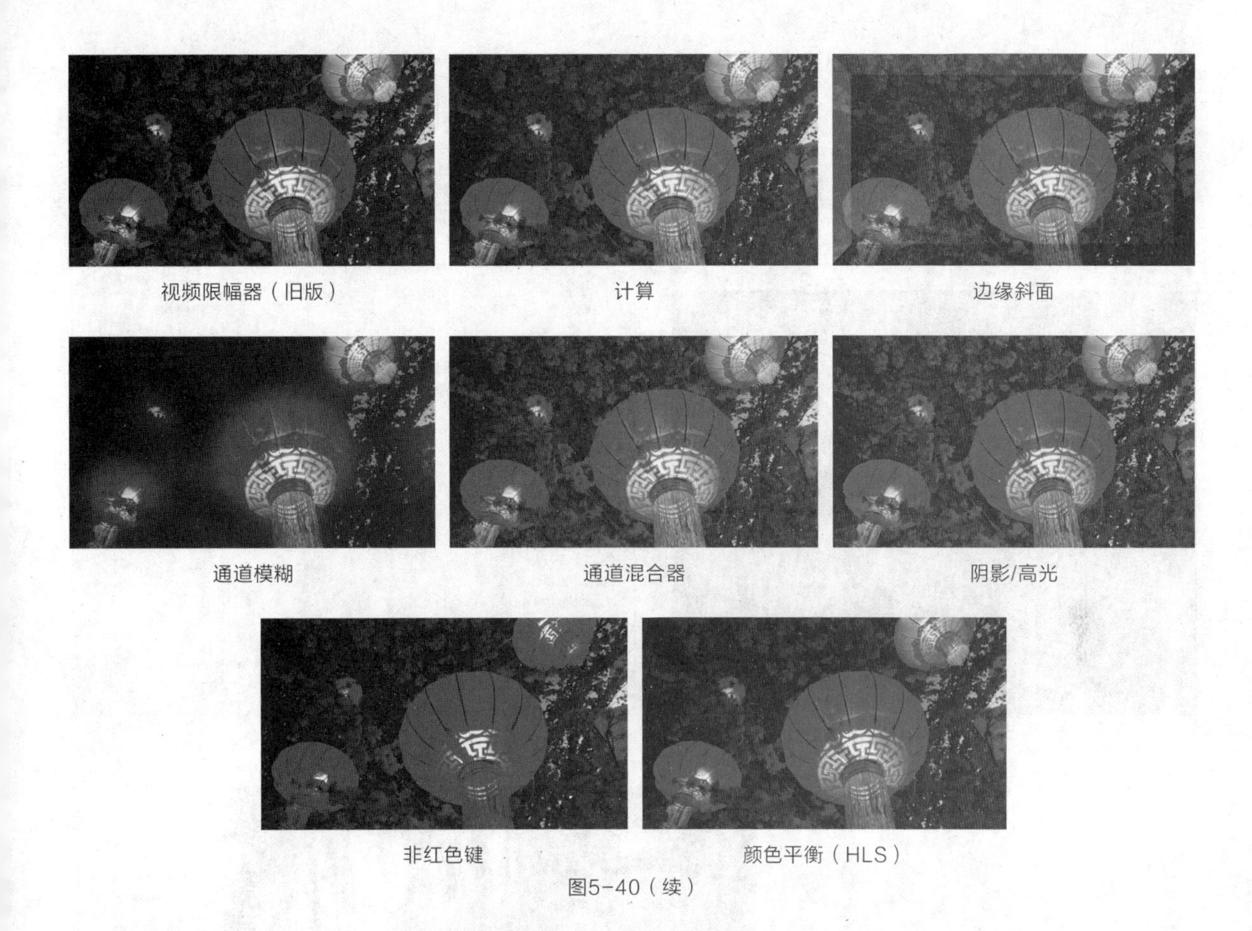

视频限幅器（旧版） 计算 边缘斜面

通道模糊 通道混合器 阴影/高光

非红色键 颜色平衡（HLS）

图5-40（续）

5.1.6 课堂案例——调整风景短视频的画面颜色

案例学习目标 能够使用“颜色校正”效果调整画面颜色。

案例知识要点 使用“导入”命令导入视频文件，使用“Lumetri颜色”特效和“效果控件”面板调整视频画面的颜色，使用“交叉溶解”特效添加视频间的过渡效果，最终效果如图5-41所示。

效果所在位置 Ch05\调整风景短视频的画面颜色\调整风景短视频的画面颜色. prproj。

图5-41

01 启动Premiere Pro 2022软件，选择“文件 > 新建 > 项目”命令，进入新建项目界面，如图5-42所示，单击“创建”按钮，新建项目。

02 选择“文件 > 导入”命令，弹出“导入”对话框，选择本书学习资源中的“Ch05\调整风景短视频的画面颜色\素材\01和02”文件，如图5-43所示，单击“打开”按钮，将素材文件导入“项目”面板中，如图5-44所示。双击“项目”面板中的“01”文件，在“源”监视器中打开“01”文件。将时间标签放置在00:00:20:00的位置。按O键，创建标记出点，如图5-45所示。

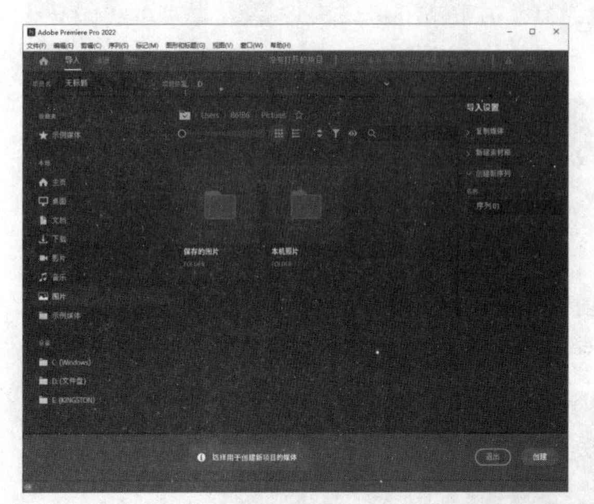

图5-42

图5-43

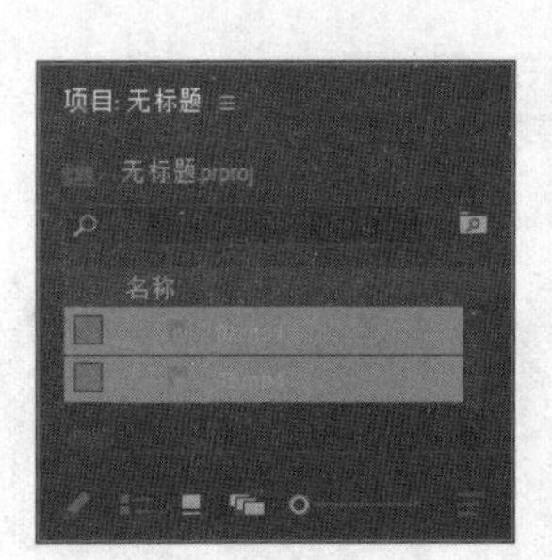

图5-44

图5-45

03 选中“源”监视器中的“01”文件并将其拖曳到“时间轴”面板的“视频1（V1）”轨道中，生成“01”序列，如图5-46所示。选择“效果”面板，展开“视频效果”分类选项，单击“颜色校正”文件夹前面的▶按钮将其展开，选中“Lumetri颜色”特效。将“Lumetri颜色”特效拖曳到“时间轴”面板中的“01”文件上，如图5-47所示。

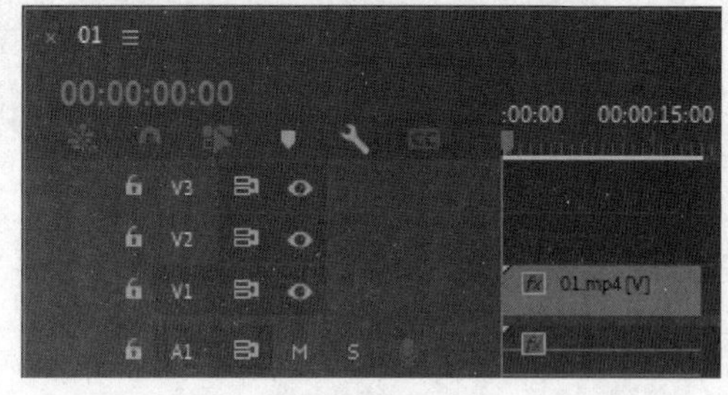

图5-46

图5-47

04 将时间标签放置在00:00:05:00的位置。选择“剃刀”工具，将鼠标指针移到“时间轴”面板中的“01”文件上，在00:00:05:00位置单击以切割素材，如图5-48所示。将时间标签放置在00:00:10:00的位置。将鼠标指针移到“时间轴”面板中的“01”文件上，在00:00:10:00位置单击以切割素材，如图5-49所示。用相同的方法在00:00:15:00的位置切割素材。

图5-48

图5-49

05 将时间标签放置在00:00:00:00的位置。选择“选择”工具，选择“时间轴”面板中的第1个“01”文件。在“效果控件”面板中展开“Lumetri颜色”特效，各选项的设置如图5-50所示，调整“曲线/色相饱和度曲线/色相与色相”选项中的曲线，如图5-51所示。

06 将时间标签放置在00:00:05:00的位置。选择“时间轴”面板中的第2个“01”文件。在“效果控件”面板中展开“Lumetri颜色”特效，调整“曲线/色相饱和度曲线/色相与色相”选项中的曲线，如图5-52所示。

图5-50

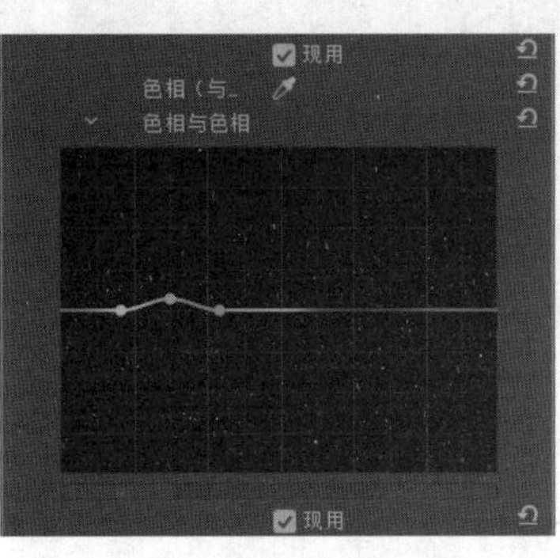

图5-51

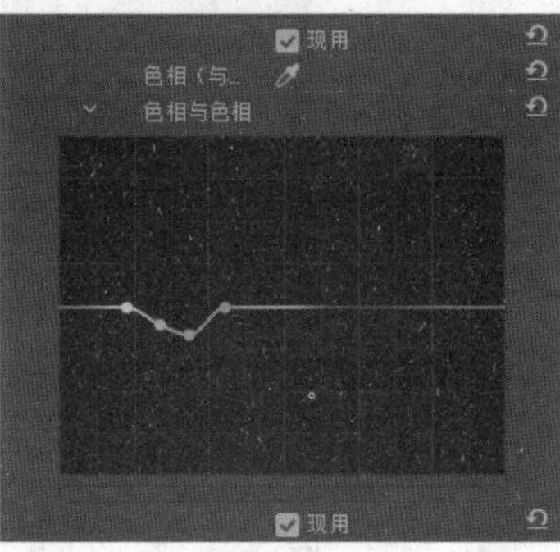

图5-52

07 将时间标签放置在00:00:10: 00的位置。选择“时间轴”面板中的第3个“01”文件。在“效果控件”面板中展开“Lumetri颜色”特效，调整“曲线/色相饱和度曲线/色相与饱和度”选项中的曲线，如图5-53所示。调整“曲线/色相饱和度曲线/色相与色相”选项中的曲线，如图5-54所示。

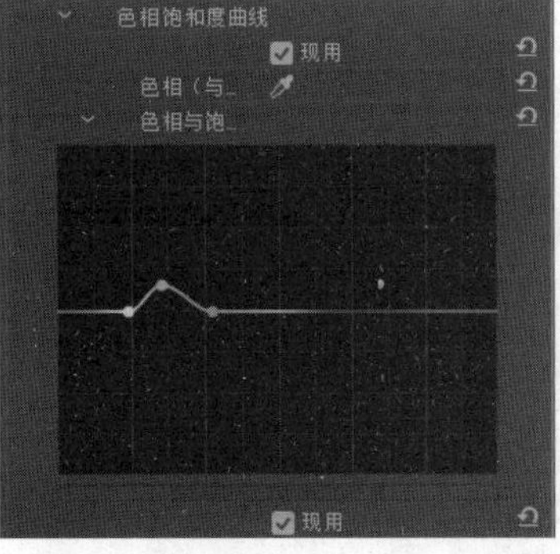

图5-53

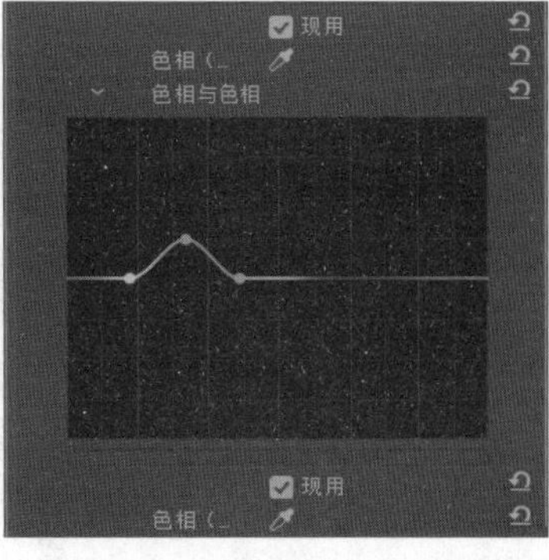

图5-54

08 将时间标签放置在00:00:15:00的位置。选择“时间轴”面板中的第4个“01”文件。在“效果控件”面板中展开“Lumetri颜色”特效，各选项的设置如图5-55所示，调整“曲线/色相饱和度曲线/色相与饱和度”选项中的曲线，如图5-56所示。调整“曲线/色相饱和度曲线/色相与色相”选项中的曲线，如图5-57所示。

图5-55

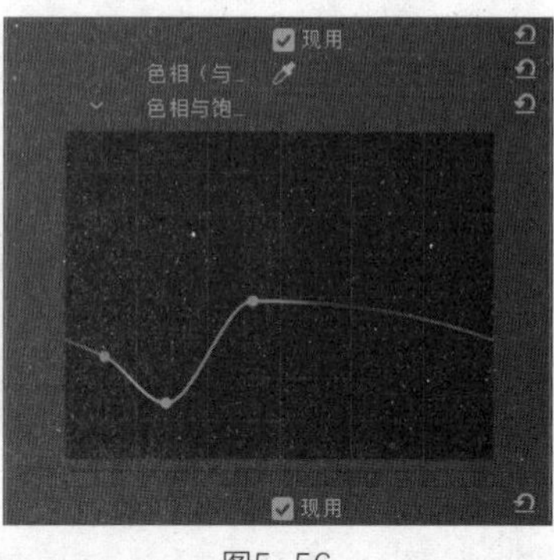

图5-56

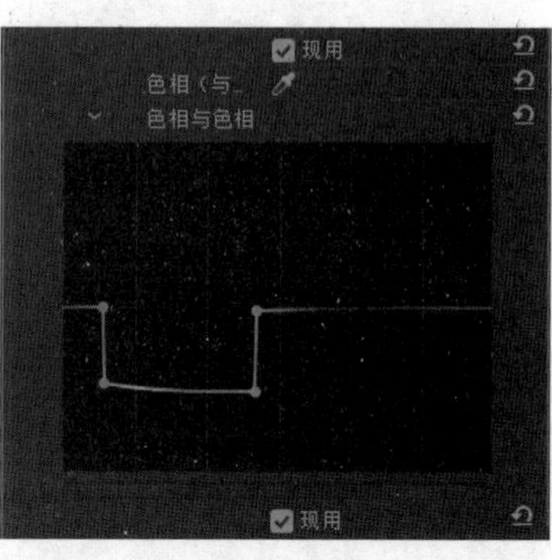

图5-57

09 选择“项目”面板中的“02”文件，将其拖曳到“时间轴”面板的“视频2（V2）”轨道中，如图5-58所示。在“02”文件上单击鼠标右键，在弹出的菜单中选择“速度/持续时间”命令，弹出对话框，各选项的设置如图5-59所示，单击“确定”按钮。

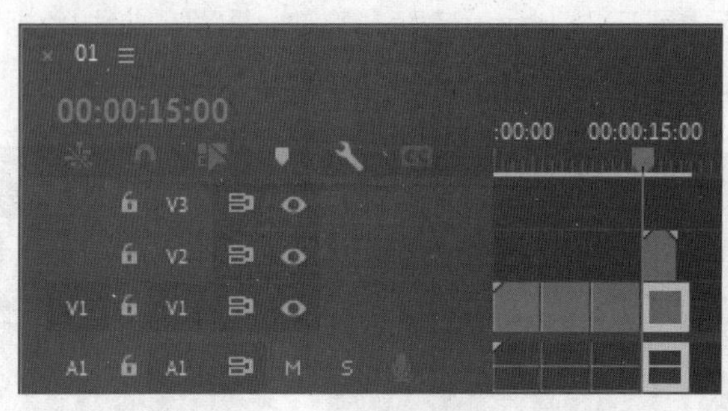

图5-58

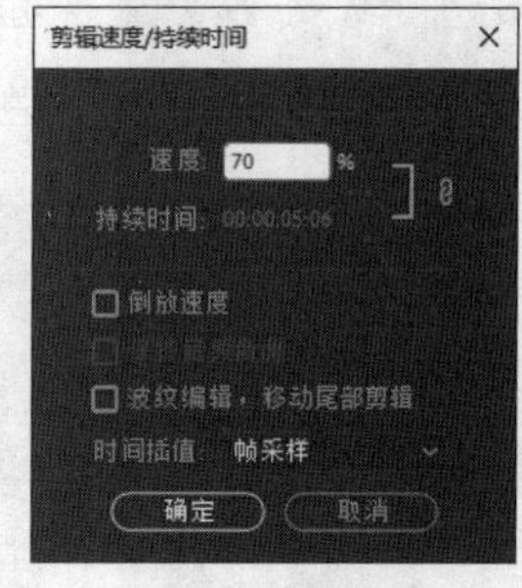

图5-59

10 将鼠标指针放在“02”文件的结束位置并单击，显示出编辑点。当鼠标指针呈◀形状时，向左拖曳到“01”文件的结束位置，如图5-60所示。选择“时间轴”面板中的“02”文件。选择“效果控件”面板，展开“运动”选项，将“缩放”选项设置为150.0；展开“不透明度”选项，将“混合模式”选项设置为“滤色”，“不透明度”选项设置为70.0%，如图5-61所示。

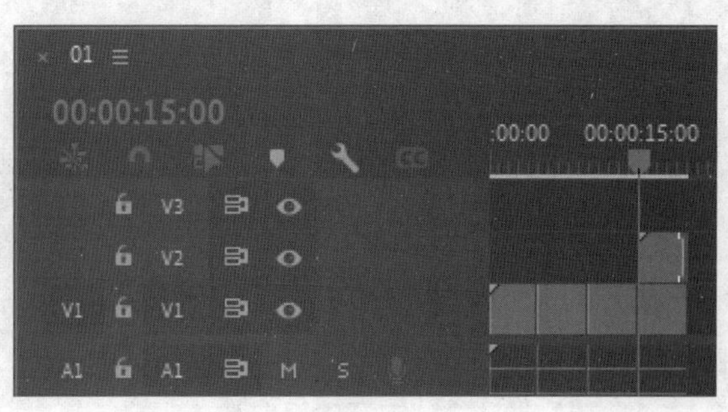

图5-60

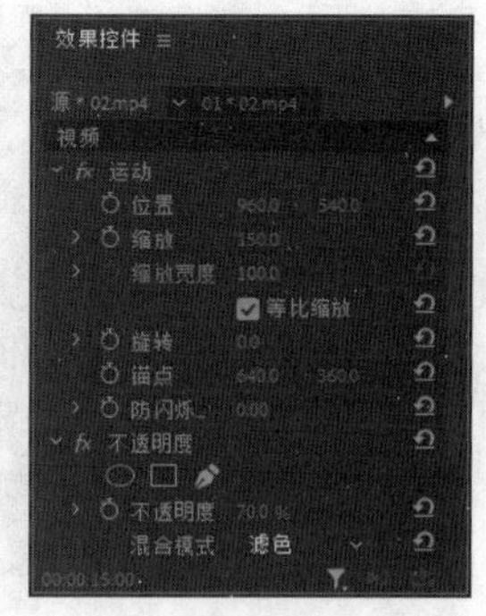

图5-61

11 选择“效果”面板，展开“视频过渡”特效分类选项，单击“溶解”文件夹前面的 按钮将其展开，选中“交叉溶解”特效，如图5-62所示。将“交叉溶解”特效拖曳到“时间轴”面板“视频1（V1）”轨道中的第1个“01”文件的结束位置和第2个“01”文件的开始位置。

12 选择“时间轴”面板中的“交叉溶解”特效。选择“效果控件”面板，将“持续时间”选项设置为00:00:02:00，如图5-63所示。用相同的方法在其他位置添加并调整“交叉溶解”特效，如图5-64所示。风景短视频的画面颜色调整完成。

图5-62

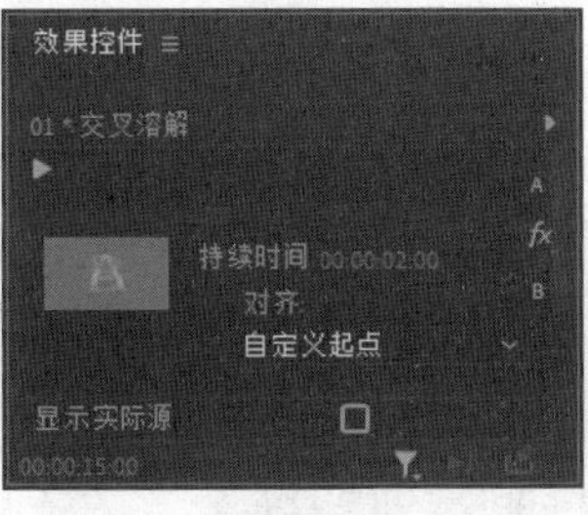

图5-63

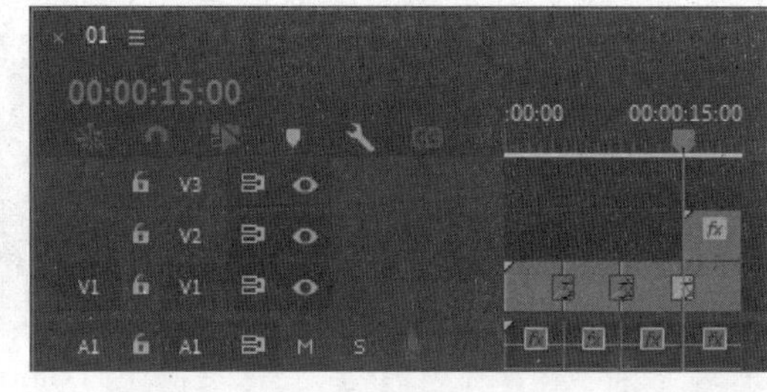

图5-64

5.1.7 “颜色校正”效果

“颜色校正”效果主要用于对视频素材进行颜色校正，共包含6种特效，如图5-65所示。使用不同的特效后，呈现的效果如图5-66所示。

图5-65

原图

ASC CDL

Brightness&Contrast

Lumetri颜色

色彩

视频限制器

颜色平衡

图5-66

5.1.8 “Lumetri预设”效果

“Lumetri预设”效果主要用于对视频素材进行颜色调整，共包含五大类特效。

1. “Filmstocks”视频效果

“Filmstocks”文件夹中共包含5种视频特效，如图5-67所示。使用不同的特效后，呈现的效果如图5-68所示。

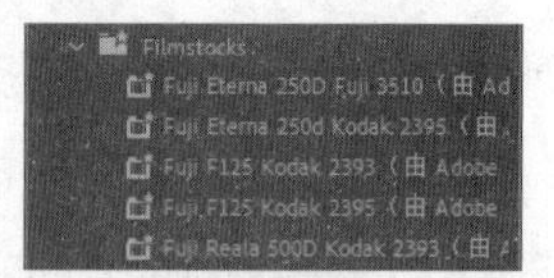

图5-67

原图

Fuji Eterna 250D Fuji 3510

Fuji Eterna 250d Kodak 2395

Fuji F125 Kodak 2393

Fuji F125 Kodak 2395

Fuji Reala 500D Kodak 2393

图5-68

2. “影片”视频效果

“影片”文件夹中共包含7种视频特效，如图5-69所示。使用不同的特效后，呈现的效果如图5-70所示。

图5-69

原图

2 Strip

Cinespace 100

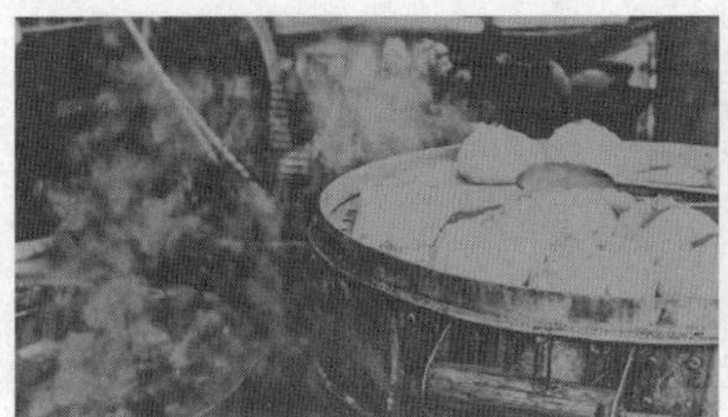

Cinespace 100 淡化胶片

Cinespace 25

Cinespace 25 淡化胶片

图5-70

Cinespace 50

Cinespace 50 淡化胶片

图5-70（续）

3. “SpeedLooks”视频效果

“SpeedLooks”文件夹中包含不同的子文件夹，如图5-71所示，共包含275种视频特效。使用部分特效后，呈现的效果如图5-72所示。

原图

SL清楚出拳NDR（Arri Alexa）

SL冰蓝（Arri Alexa）

SL亮蓝（BMC ProRes）

SL复古棕色（Canon 1D）

SL 淘金LDR（Canon 7D）

SL Noir 红波（RED-REDLOGFILM）

SL 冷蓝（Universal）

图5-72

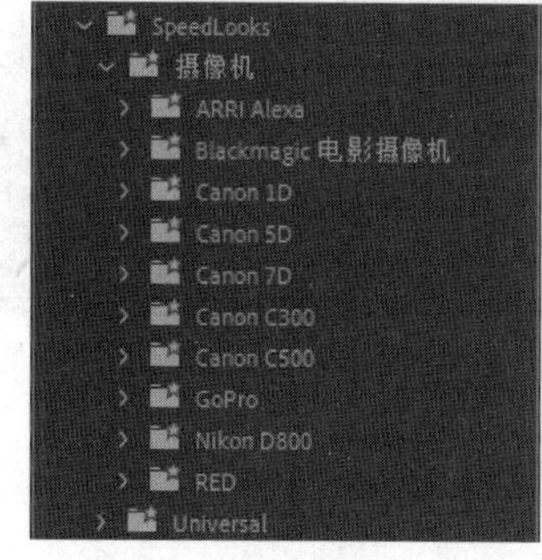

图5-71

4. “单色”视频效果

“单色”文件夹中共包含7种视频特效，如图5-73所示。使用不同的特效后，呈现的效果如图5-74所示。

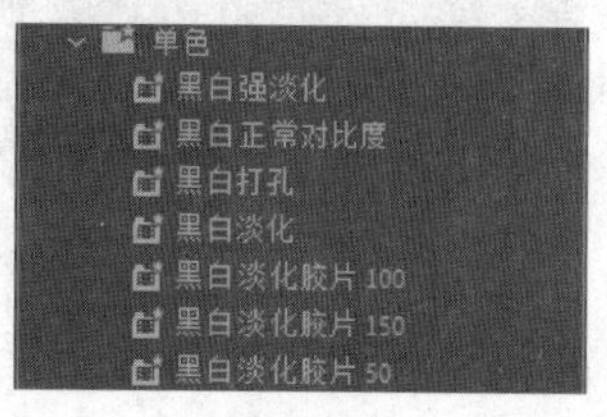

图5-73

原图

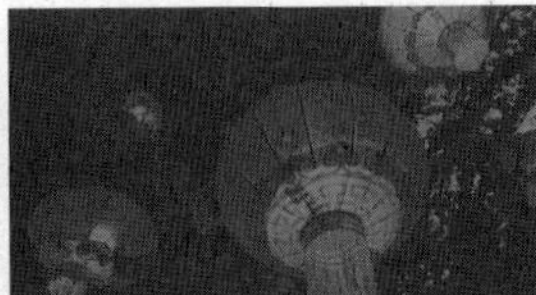
黑白强淡化

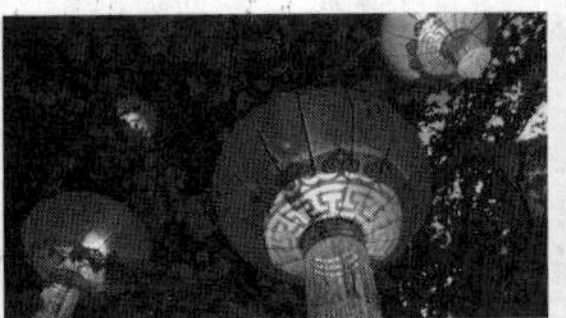
黑白正常对比度

黑白打孔

黑白淡化

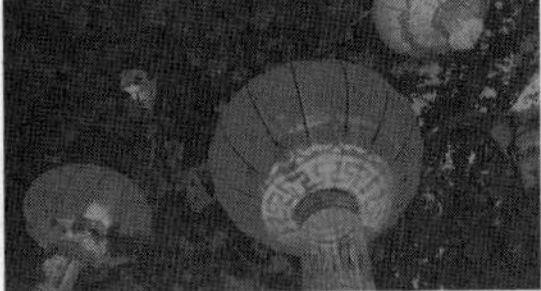
黑白淡化胶片100

黑白淡化胶片150

黑白淡化胶片50

图5-74

5. “技术”视频效果

“技术”文件夹中共包含6种视频特效，如图5-75所示。使用不同的特效后，呈现的效果如图5-76所示。

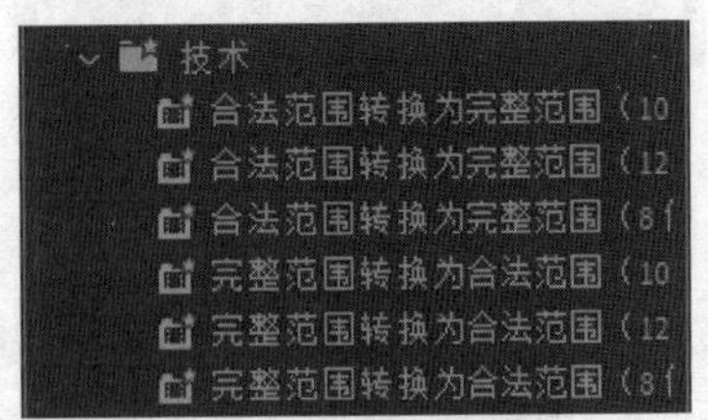

图5-75

原图

合法范围转换为完整范围（10位）

合法范围转换为完整范围（12位）

合法范围转换为完整范围（8位）

完整范围转换为合法范围（10位）

完整范围转换为合法范围（12位）

完整范围转换为合法范围（8位）

图5-76

5.2 叠加技术

叠加技术一般用于制作效果比较复杂的影视作品，方法通常为对多个视频素材进行叠加、透明度处理，再应用各种类型的“键控”效果等。

5.2.1 课堂案例——抠出唯美古风短视频中的人物

案例学习目标 能够抠出视频中的人物。

案例知识要点 使用“导入”命令导入素材文件，使用“帧定格选项”命令定格视频图像，使用“效果控件”面板抠出人物并制作动画，使用“嵌套”命令嵌套素材文件，使用“油漆桶”特效制作图像描边，最终效果如图5-77所示。

效果所在位置 Ch05\抠出唯美古风短视频中的人物\抠出唯美古风短视频中的人物. prproj。

图5-77

01 启动Premiere Pro 2022软件，选择“文件 > 新建 > 项目”命令，进入新建项目界面，如图5-78所示，单击“创建”按钮，新建项目。

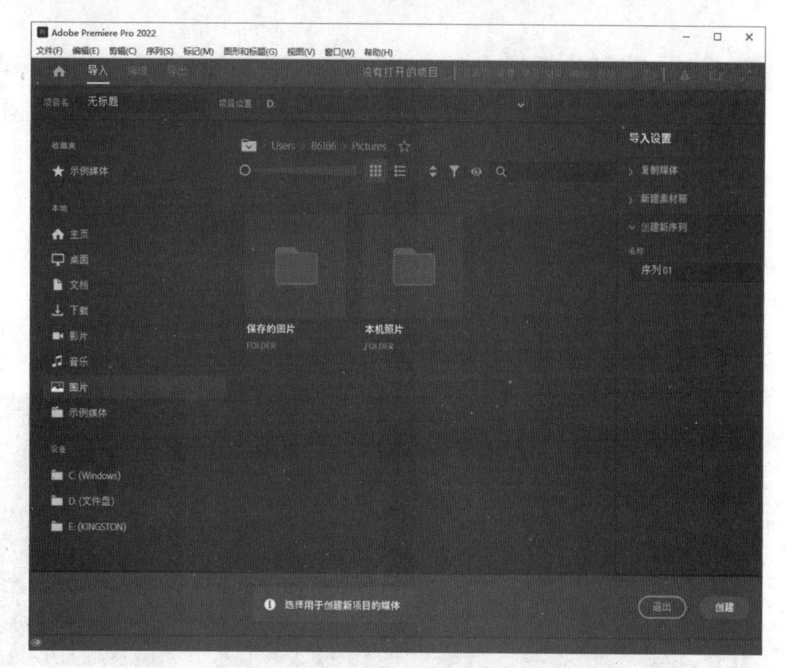

图5-78

02 选择"文件 > 导入"命令，弹出"导入"对话框，选择本书学习资源中的"Ch05\抠出唯美古风短视频中的人物\素材\01"文件，如图5-79所示，单击"打开"按钮，将素材文件导入"项目"面板中，如图5-80所示。双击"项目"面板中的"01"文件，在"源"监视器中打开"01"文件。将时间标签放置在00:00:18:00的位置。按I键，创建标记入点，如图5-81所示。

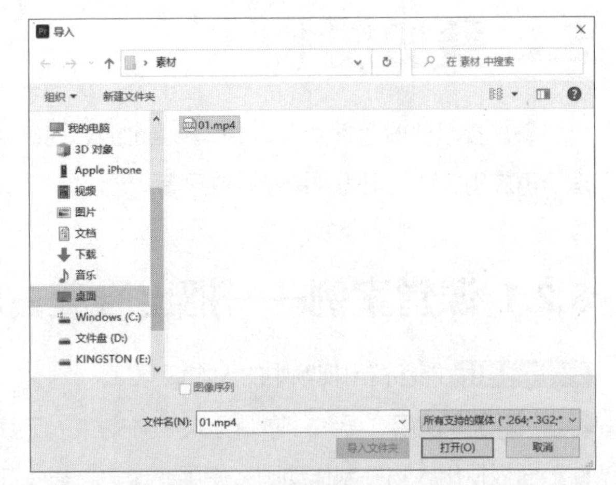

图5-79

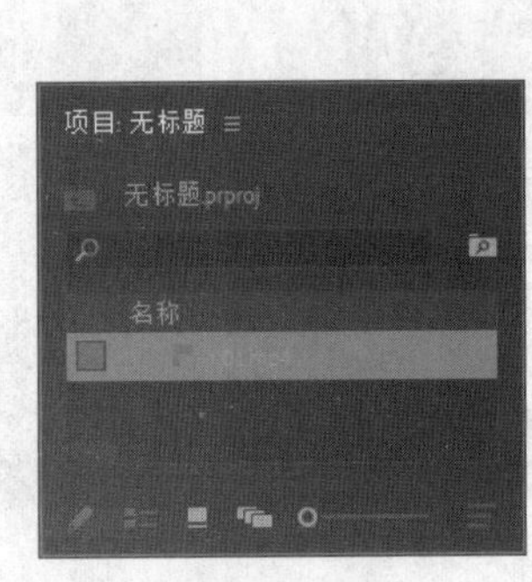

图5-80

图5-81

03 将时间标签放置在00:00:25:00的位置。按O键，创建标记出点，如图5-82所示。选中"源"监视器中的"01"文件并将其拖曳到"时间轴"面板的"视频1（V1）"轨道中，生成"01"序列，如图5-83所示。

图5-82

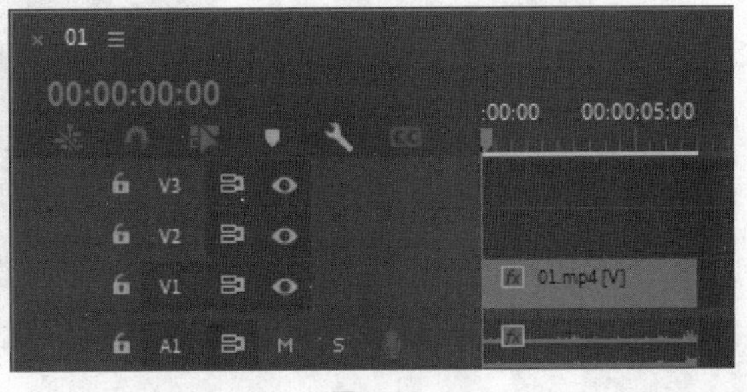

图5-83

04 按住Alt键的同时，选择下方的音频，如图5-84所示。按Delete键，删除音频，如图5-85所示。

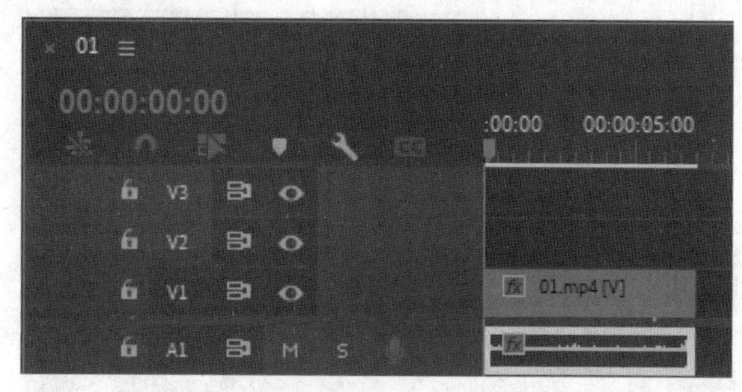

图5-84

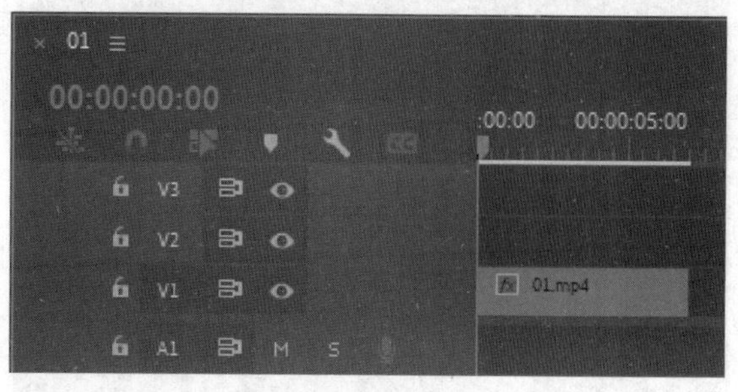

图5-85

05 将时间标签放置在00:00:06:00的位置。选择“剃刀”工具，将鼠标指针移到“时间轴”面板中的“01”文件上，在00:00:06:00位置单击以切割素材，如图5-86所示。选择“选择”工具，选择切割后右侧的“01”文件，单击鼠标右键，在弹出的菜单中选择“帧定格选项”命令，弹出对话框，各选项的设置如图5-87所示，单击“确定”按钮。

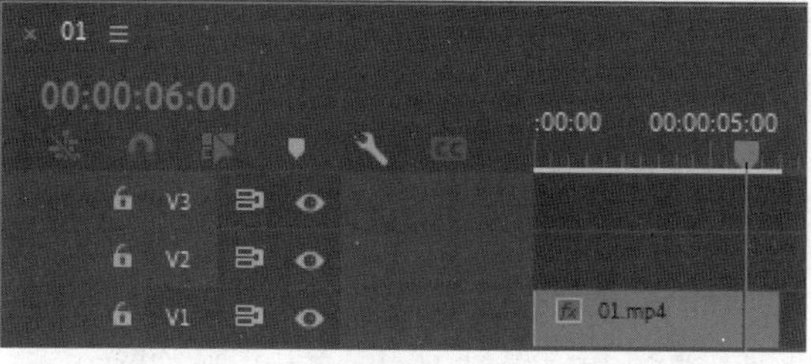

图5-86

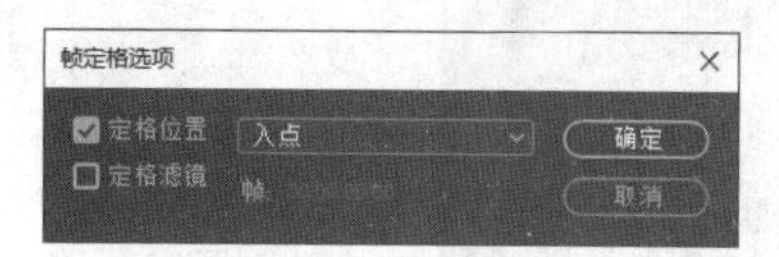

图5-87

06 将时间标签放置在00:00:11:23的位置。将鼠标指针放在“01”文件的结束位置并单击，显示出编辑点。当鼠标指针呈形状时，向右拖曳到00:00:11:23的位置，如图5-88所示。选择右侧的“01”文件，按住Alt键的同时，将其向上拖曳到“视频2（V2）”轨道中，以复制文件，如图5-89所示。

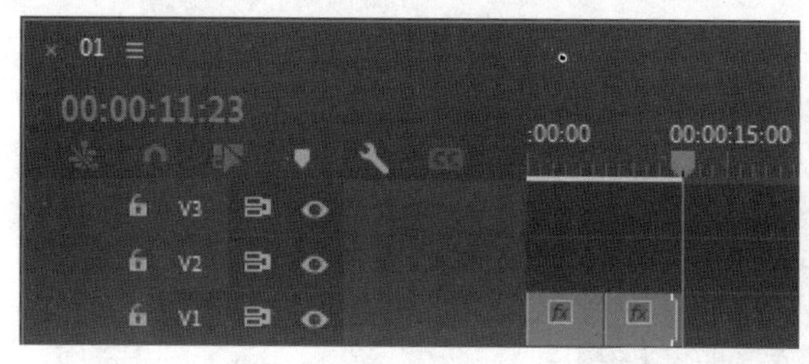

图5-88

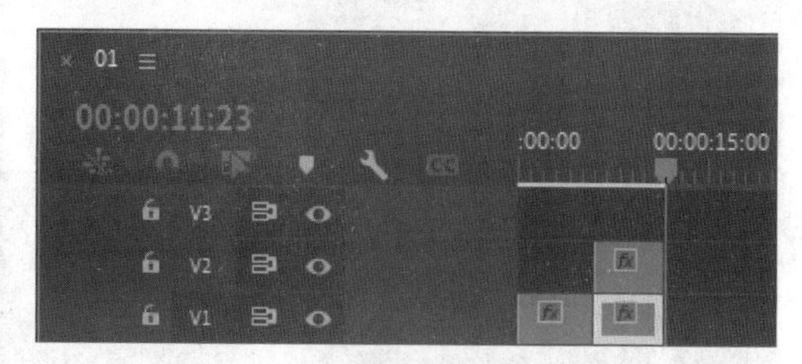

图5-89

07 将时间标签放置在00:00:06:00的位置。选择“视频2（V2）”轨道中的“01”文件。在“效果控件”面板中，展开“不透明度”特效，选择“自由绘制贝塞尔曲线”工具，如图5-90所示。在“节目”监视器中沿着人物边缘绘制曲线，如图5-91所示。

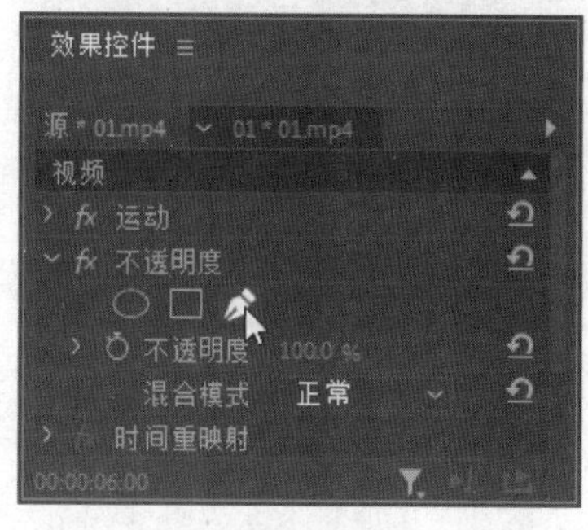

图5-90

08 选择“视频2（V2）”轨道中的“01”文件。单击鼠标右键，在弹出的菜单中选择“嵌套”命令，弹出“嵌套序列名称”对话框，如图5-92所示，单击“确定”按钮，“时间轴”面板如图5-93所示。

图5-91

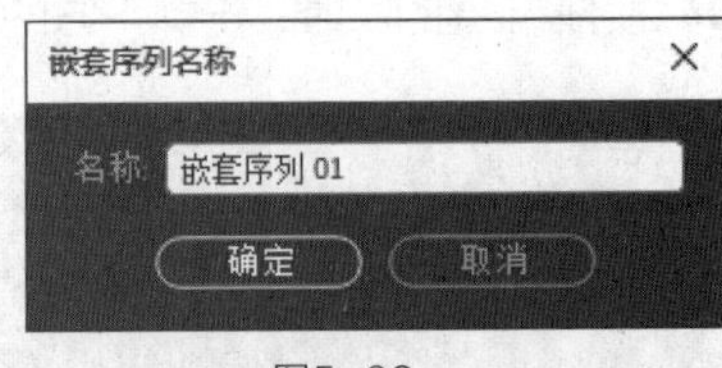

图5-92

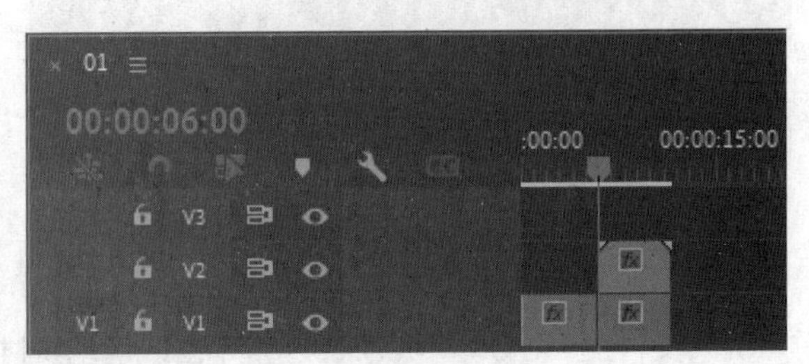

图5-93

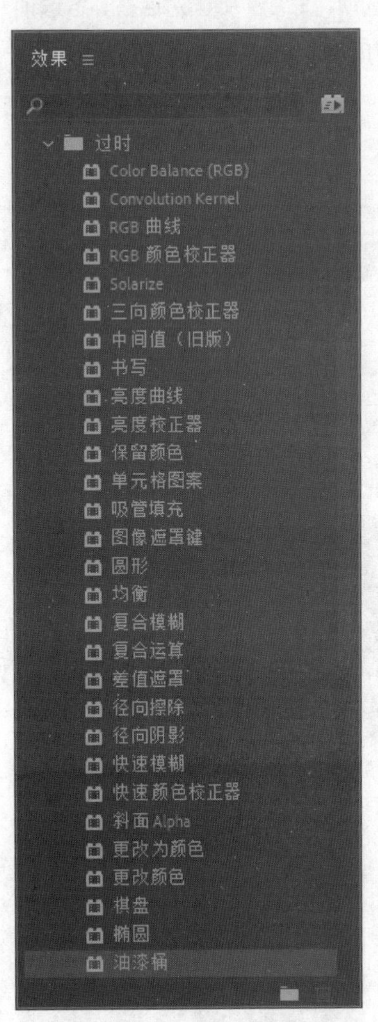

图5-94

09 选择“效果”面板，展开“视频效果”分类选项，单击“过时”文件夹前面的按钮将其展开，选中“油漆桶”特效，如图5-94所示。将“油漆桶”特效拖曳到“时间轴”面板中的“嵌套序列01”文件上。在“效果控件”面板中展开“油漆桶”特效，将“颜色”选项设置为白色，其他选项的设置如图5-95所示。

10 展开“运动”选项，选择“缩放”选项，“节目”监视器中显示出变换框，如图5-96所示，将中心点移动到适当的位置，如图5-97所示。

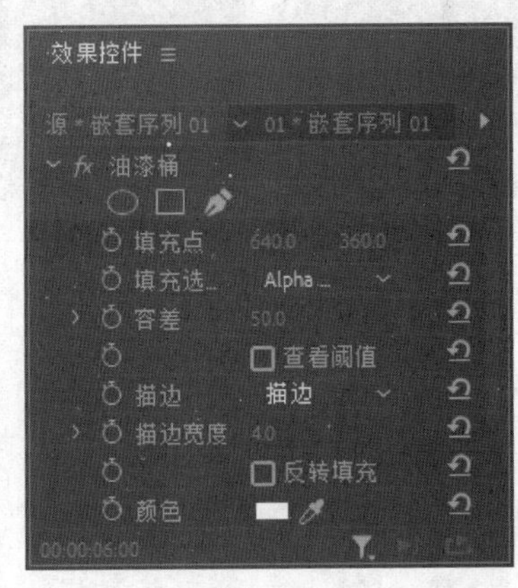

图5-95

图5-96

图5-97

11 单击“缩放”选项左侧的“切换动画”按钮，如图5-98所示，记录第1个动画关键帧。将时间标签放置在00:00:08:00的位置。将“缩放”选项设置为120.0，如图5-99所示，记录第2个动画关键帧。唯美古风短视频中的人物抠出完成。

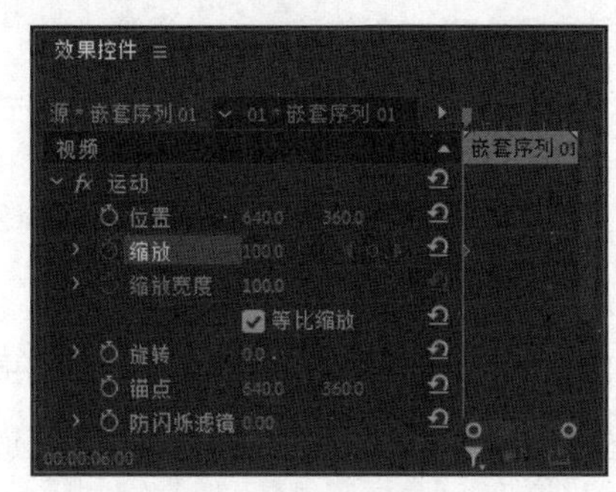

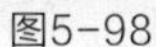
图5-98

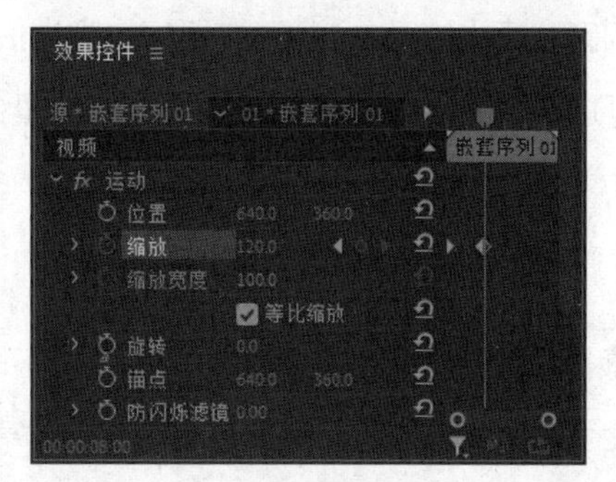

图5-99

5.2.2 认识叠加

在Premiere Pro 2022中建立叠加效果，是在多个视频轨道中的素材实现切换之后，才将叠加轨道上的素材相互叠加的，上层轨道中的素材会叠加在下层轨道中的素材上，并在监视器中优先显示出来。

1. 透明

透明叠加的原理是因为每个素材都有一定的不透明度，在不透明度值为0%时，图像完全透明；在不透明度值为100%时，图像完全不透明；不透明度值介于两者之间时，图像呈半透明效果。所以在Premiere Pro 2022中，将一个素材叠加在另一个素材上之后，上方轨道中的素材能够显示其下方轨道中的部分素材，这利用的就是素材的不透明度。通过对素材不透明度进行设置，可以制作出透明叠加的效果，对比效果如图5-100和图5-101所示。

用户可以使用Alpha通道、蒙版或“键控”效果来定义素材的透明区域和不透明区域，通过设置素材的不透明度并结合使用不同的混合模式就可以制作出绚丽多彩的影视视觉效果。

图5-100

图5-101

2. Alpha通道

素材的颜色信息都被保存在3个通道中，这3个通道分别是红色通道、绿色通道和蓝色通道。另外，在素材中还包含第4个通道，即Alpha通道，它用于存储素材的透明度信息。

当在“After Effects Composition”面板或Premiere Pro 2022的监视器中查看Alpha通道时，白色区域是完全不透明的，黑色区域是完全透明的，介于这两者之间的区域则是半透明的。

3. 蒙版

在蒙版中，白色区域定义的是完全不透明的区域，黑色区域定义的是完全透明的区域，介于这两者之间的区域则是半透明的，这点类似于Alpha通道。通常，Alpha通道被用作蒙版，但是使用蒙版定义素材的透明区域要比使用Alpha通道更好，因为很多的原始素材不包含Alpha通道。

TGA、TIFF、EPS和PDF等格式的素材都包含Alpha通道。在使用EPS和PDF格式的素材时，Premiere Pro 2022会自动将透明区域转换为Alpha通道。

4. 键控

在进行素材叠加时，可以使用Alpha通道将不同的素材对象叠加到一个场景中。但是在实际的工作中，能够使用Alpha通道进行叠加的原始素材非常少，因为摄像机是无法产生Alpha通道的，这时键控（即抠像）技术就非常有用了。

使用键控技术可以很容易地为颜色或亮度一致的视频素材替换背景，该技术一般称为“蓝屏技术”或“绿屏技术”，也就是背景色完全是蓝色或绿色（当然也可以是其他颜色），图像调整的过程如图5-102至图5-104所示。

图5-102

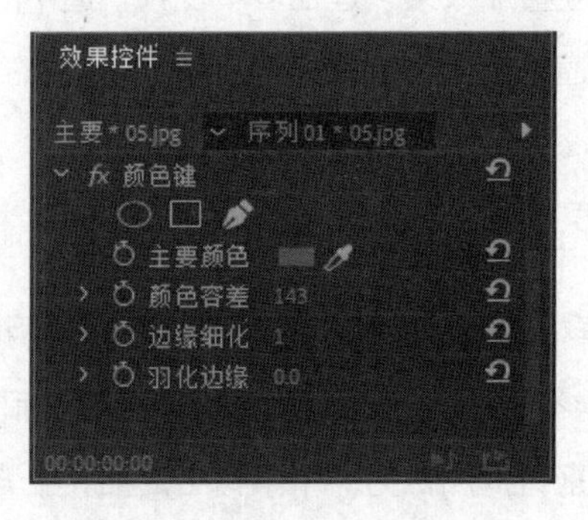

图5-103

图5-104

5.2.3 叠加视频

在非线性编辑中，每一个视频素材就是一个图层，将这些图层放置于“时间轴”面板中的不同视频轨道上，为视频素材设置不同的不透明度，即可实现视频素材的叠加效果。

在进行叠加视频操作之前，应注意以下几点。

（1）必须有两个或两个以上的素材，有时为了实现想要的效果，可以创建一个字幕或颜色蒙版文件。

（2）只能对重叠轨道上的素材应用透明叠加设置。在默认设置下，每一个新建项目都包含两个可重叠轨道——“视频2（V2）”和“视频3（V3）”轨道，当然也可以另外增加多个重叠轨道。

（3）在Premiere Pro 2022中制作叠加效果时，首先叠加视频主轨道上的素材（包括过渡效果），然后将被叠加的素材叠加到背景素材中。在叠加过程中，先叠加较低层轨道中的素材，然后以叠加后的素材为背景来叠加较高层轨道中的素材，这样在叠加完成后，最高层的素材就会位于画面的顶层。

（4）透明素材必须放置在其他素材之上，将想要叠加的素材放置于叠加轨道或更高的视频轨道上。

（5）背景素材可以放置在视频主轨道［“视频1（V1）”或“视频2（V2）”］轨道上，即较低层叠加轨道上的素材可以作为较高层叠加轨道上的素材的背景。

（6）必须对位于最高层轨道上的素材进行透明度设置，否则其下方的所有素材均不能显示。

（7）叠加有两种方式，一种是混合叠加方式，另一种是淡化叠加方式。

混合叠加方式是将素材的一部分叠加到另一个素材上，因此作为前景的素材最好具有单一的底色，并且与需要保留的部分对比鲜明，这样很容易将底色变透明，再叠加到作为背景的素材上；背景素材在前景素材透明处可见，从而使前景色保留的部分看上去就像背景素材中的一部分。

淡化叠加方式是通过调整整个前景的不透明度，让前景整体变暗、变淡，而背景素材逐渐显现出来，达到一种梦幻或朦胧的效果。

图5-105和图5-106分别为混合叠加方式和淡化叠加方式的应用效果。

图5-105

图5-106

5.2.4 课堂案例——抠出折纸素材并合成到栏目片头

案例学习目标 能够使用“键控”效果抠出视频文件中的折纸素材。

案例知识要点 使用“导入”命令导入视频文件，使用“颜色键”特效抠出折纸素材，使用“效果控件”面板制作文字动画。折纸世界栏目片头效果如图5-107所示。

效果所在位置 Ch05\抠出折纸素材并合成到栏目片头\抠出折纸素材并合成到栏目片头. prproj。

图5-107

01 启动Premiere Pro 2022软件，选择“文件 > 新建 > 项目”命令，进入新建项目界面，如图5-108所示，单击“创建”按钮，新建项目。选择“文件 > 新建 > 序列”命令，弹出“新建序列”对话框，单击“设置”选项卡，参数设置如图5-109所示，单击“确定”按钮，新建序列。

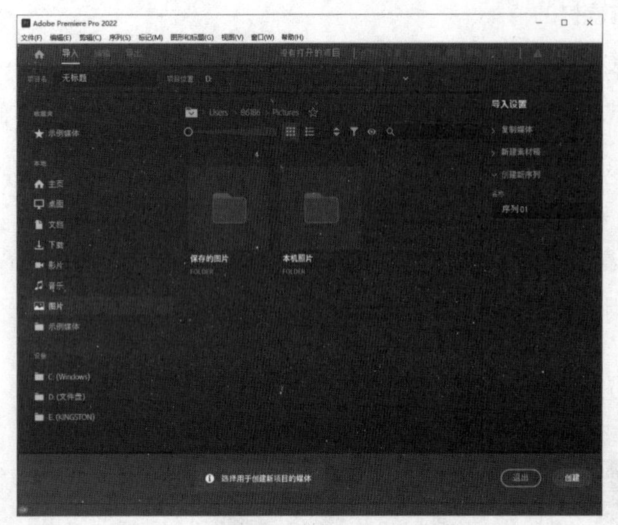

图5-108

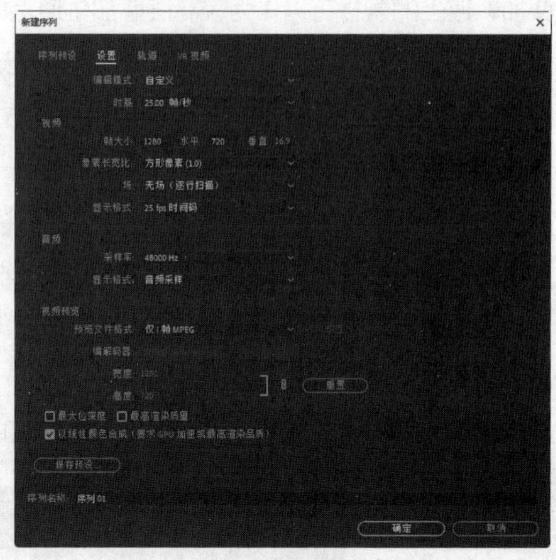

图5-109

02 选择“文件 > 导入”命令，弹出“导入”对话框，选择本书学习资源中的“Ch05\抠出折纸素材并合成到栏目片头\素材\01～03”文件，如图5-110所示，单击“打开”按钮，将素材文件导入“项目”面板中，如图5-111所示。

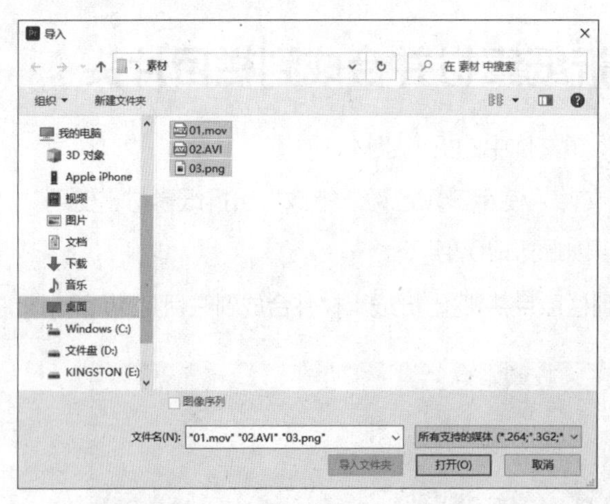

图5-110

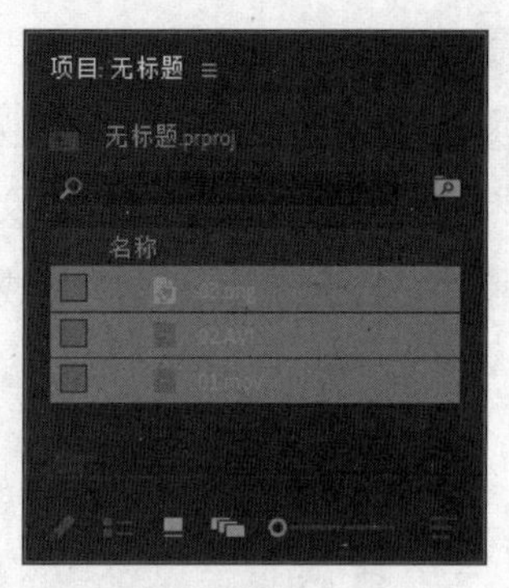

图5-111

03 在“项目”面板中，选中“01”文件并将其拖曳到“时间轴”面板的“视频1（V1）”轨道中，弹出“剪辑不匹配警告”对话框，单击“保持现有设置”按钮，在保持现有序列设置的情况下将“01”文件放置在“视频1（V1）”轨道中，如图5-112所示。选择“时间轴”面板中的“01”文件。选择“效果控件”面板，展开“运动”选项，将“缩放”选项设置为67.0，如图5-113所示。

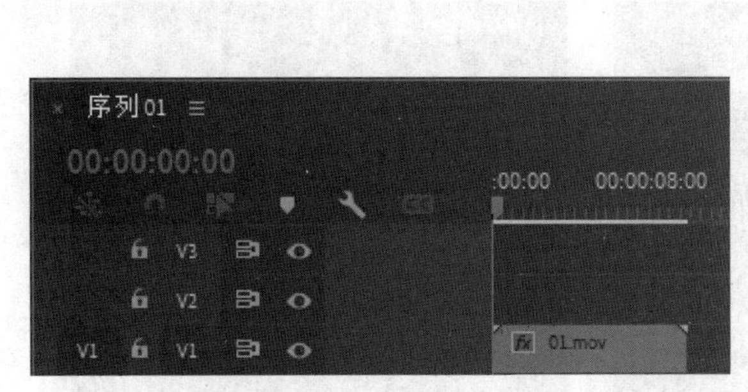

图5-112

图5-113

04 在“项目”面板中，选中“02”文件并将其拖曳到“时间轴”面板的“视频2（V2）”轨道中，如图5-114所示。选择“效果”面板，展开“视频效果”分类选项，单击“键控”文件夹前面的▶按钮将其展开，选中“颜色键”特效，如图5-115所示。

05 将“颜色键”特效拖曳到“时间轴”面板“视频2（V2）”轨道中的“02”文件上。选择“效果控件”面板，展开“颜色键”选项，将“主要颜色”选项设置为蓝色（4、1、167），“颜色容差”选项设置为32，“边缘细化”选项设置为3，如图5-116所示。

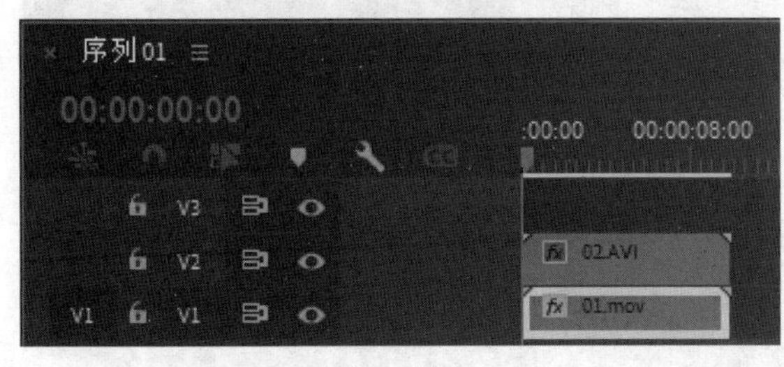

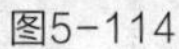
图5-114

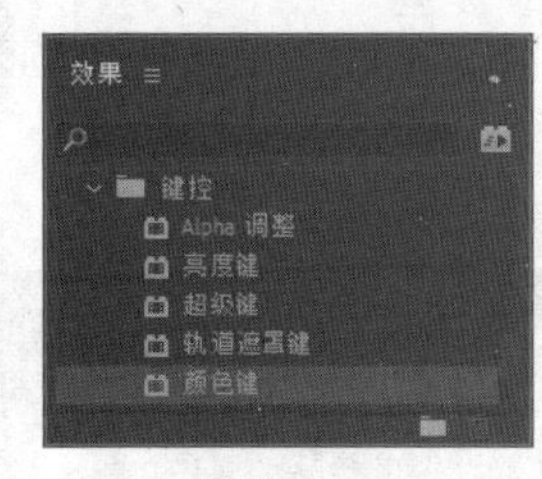

图5-115

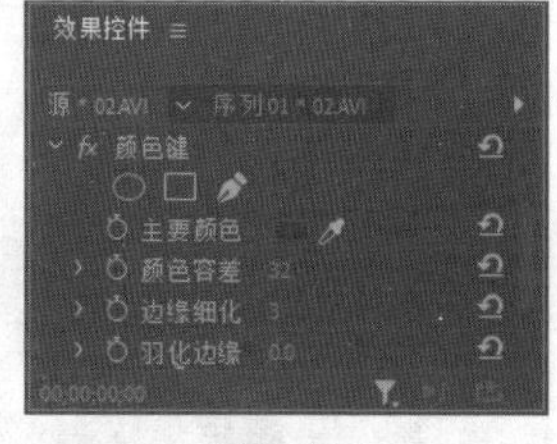

图5-116

06 在“项目”面板中，选中“03”文件并将其拖曳到“时间轴”面板的“视频3（V3）”轨道中，如图5-117所示。将鼠标指针放在“03”文件的结束位置并单击，显示出编辑点。当鼠标指针呈◀形状时，向右拖曳到“02”文件的结束位置，如图5-118所示。

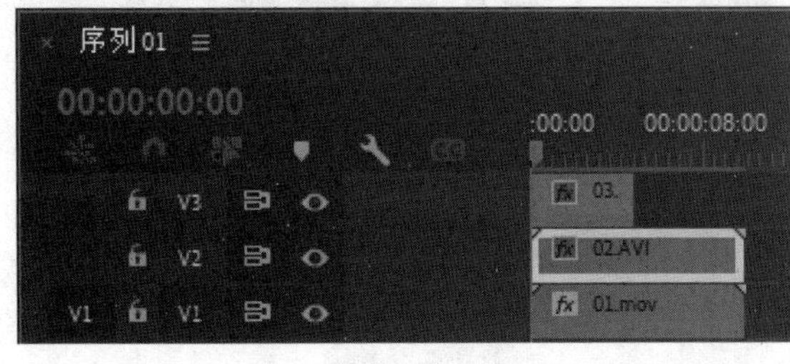

图5-117

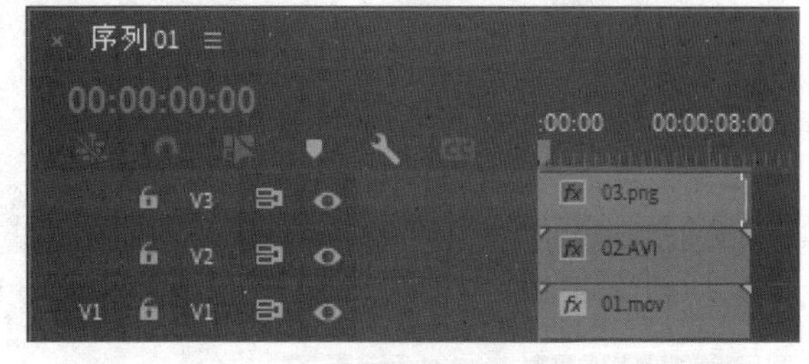

图5-118

07 选中“时间轴”面板中的“03”文件。选择“效果控件”面板，展开“运动”选项，将“缩放”选项设置为0，单击“缩放”选项左侧的“切换动画”按钮⏱，如图5-119所示，记录第1个动画关键帧。将时间标签放置在00:00:02:07的位置。将“缩放”选项设置为170.0，如图5-120所示，记录第2个动画关键帧。成功抠出折纸素材并合成到栏目片头。

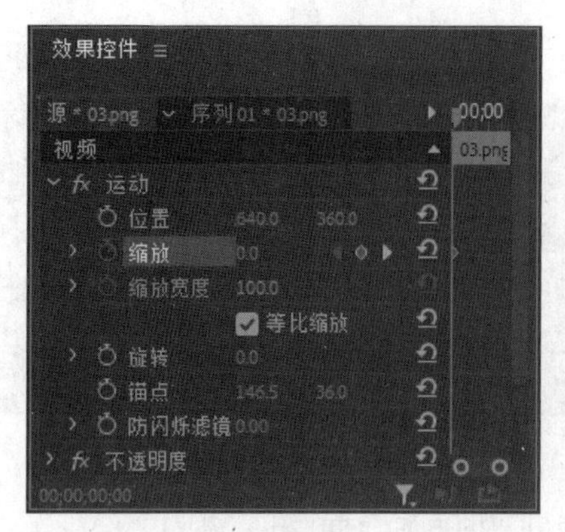

图5-119

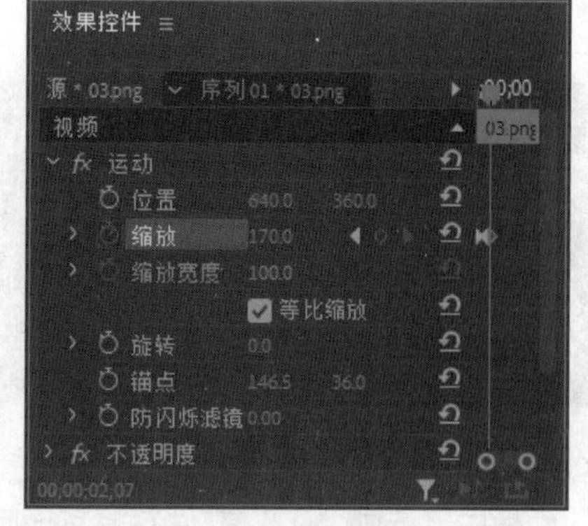

图5-120

5.2.5 “键控”效果

在电视制作中，键控常被称为“抠像”，而在电影制作中则被称为“遮罩”。键控是使用特定的颜色值（颜色键）和亮度值（亮度键）来定义视频素材中的透明区域。“键控”文件夹中包含5种特效，如图5-121所示。使用不同的特效后，呈现的效果如图5-122所示。

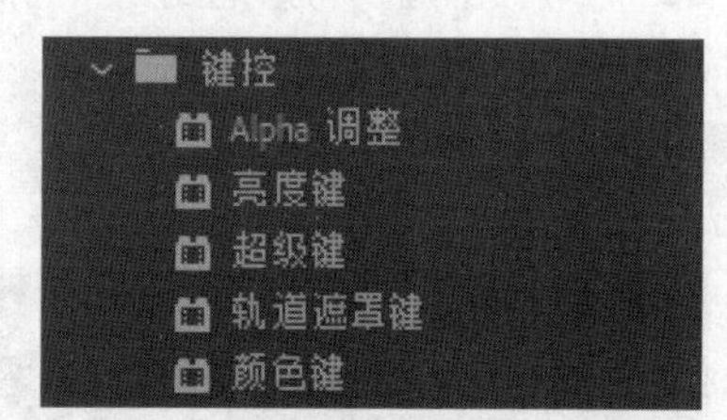

图5-121

原图1

原图2

Alpha调整

亮度键

超级键

轨道遮罩键

颜色键

图5-122

课堂练习——调整花开美景短视频的花朵颜色

练习知识要点 使用“导入”命令导入素材文件，使用“效果控件”面板调整图像的大小并制作动画，使用“更改颜色”特效改变图像的颜色，最终效果如图5-123所示。

效果所在位置 Ch05\调整花开美景短视频的花朵颜色\调整花开美景短视频的花朵颜色. prproj。

图5-123

课后习题——调整森林美景宣传片的画面颜色

习题知识要点 使用“导入”命令导入素材文件，使用“效果控件”面板编辑图像并制作动画效果，使用“自动色阶”特效和“颜色平衡”特效调整图像颜色，最终效果如图5-124所示。

效果所在位置 Ch05\调整森林美景宣传片的画面颜色\调整森林美景宣传片的画面颜色. prproj。

图5-124

第 6 章

添加字幕

本章介绍

本章主要介绍创建字幕文字对象、编辑与修饰字幕文字，以及创建运动字幕的相关内容。通过对本章的学习，读者能够快速掌握创建及编辑字幕的技巧。

学习目标

- ●熟悉字幕的创建方法。
- ●熟练掌握字幕文字的编辑与修饰方法。
- ●掌握运动字幕的创建技巧。

技能目标

- ●熟练掌握饭庄宣传片片头遮罩文字的制作方法。
- ●熟练掌握旅行节目片头宣传文字的编辑方法。
- ●熟练掌握动物世界纪录片滚动字幕的制作方法。

6.1 创建字幕文字对象

在Premiere Pro 2022中，用户可以非常方便地创建出传统字幕和图形字幕，也可以创建出路径字幕、段落字幕及文本字幕。

6.1.1 课堂案例——制作饭庄宣传片片头的遮罩文字

案例学习目标 能够使用“文字”工具和“基本图形”面板创建字幕。

案例知识要点 使用“导入”命令导入素材文件，使用“文字”工具添加文字，使用“基本图形”面板编辑文字，使用“高斯模糊”特效、“轨道遮罩键”特效、“交叉溶解”特效和“效果控件”面板制作遮罩文字，最终效果如图6-1所示。

效果所在位置 Ch06\制作饭庄宣传片片头的遮罩文字\制作饭庄宣传片片头的遮罩文字. prproj。

图6-1

01 启动Premiere Pro 2022软件，选择“文件 > 新建 > 项目”命令，进入新建项目界面，如图6-2所示，单击“创建”按钮，新建项目。

图6-2

02 选择“文件 > 导入”命令，弹出“导入”对话框，选择本书学习资源中的“Ch06\制作饭庄宣传片片头的遮罩文字\素材\01”文件，如图6-3所示，单击“打开”按钮，将素材文件导入“项目”面板中，如图6-4所示。将“项目”面板中的“01”文件拖曳到“时间轴”面板的“视频1（V1）”轨道中，生成“01”序列，如图6-5所示。

03 按住Alt键的同时，选择下方的音频，如图6-6所示。按Delete键，删除音频，如图6-7所示。

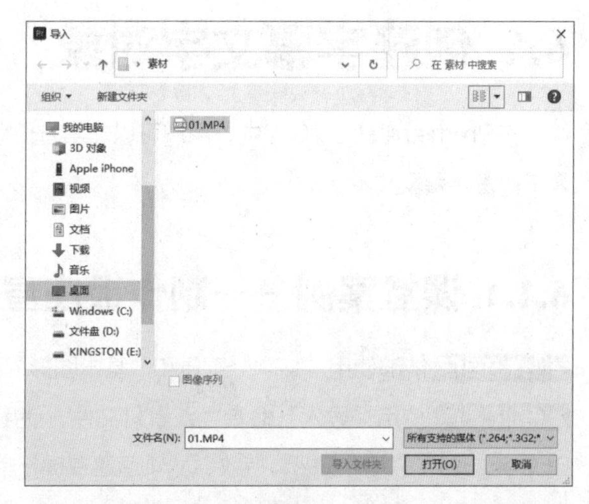

图6-3

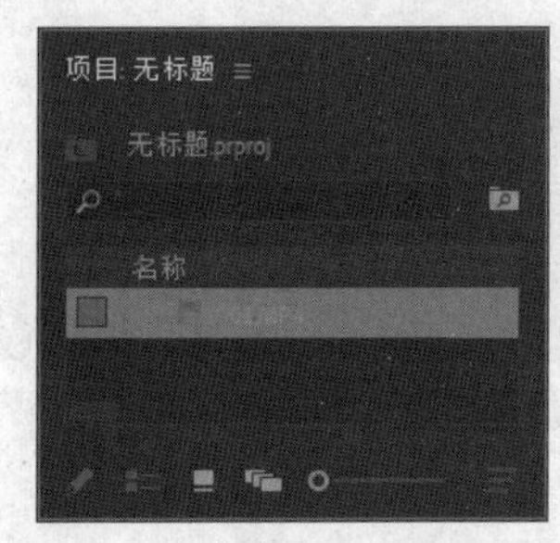

图6-4

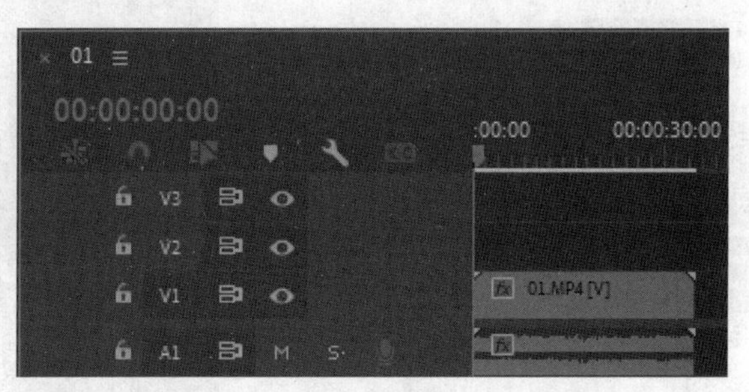

图6-5

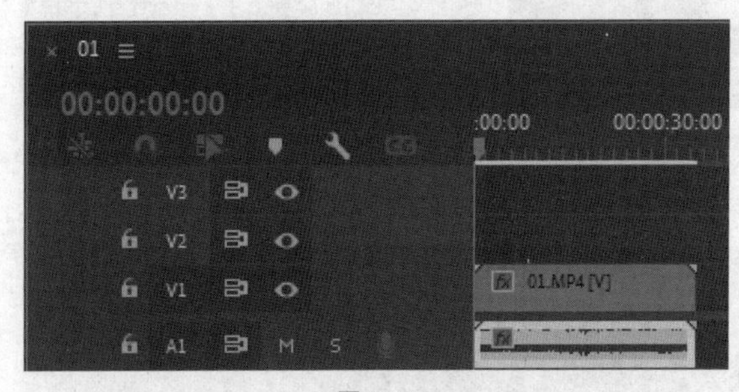

图6-6

图6-7

04 将时间标签放置在00:00:13:00的位置。将鼠标指针放在“01”文件的结束位置并单击，显示出编辑点。当鼠标指针呈◀形状时，向左拖曳到00:00:13:00的位置，如图6-8所示。选择“时间轴”面板中的“01”文件。按住Alt键的同时，将其向上拖曳到“视频2（V2）”轨道中，以复制文件，如图6-9所示。

图6-8

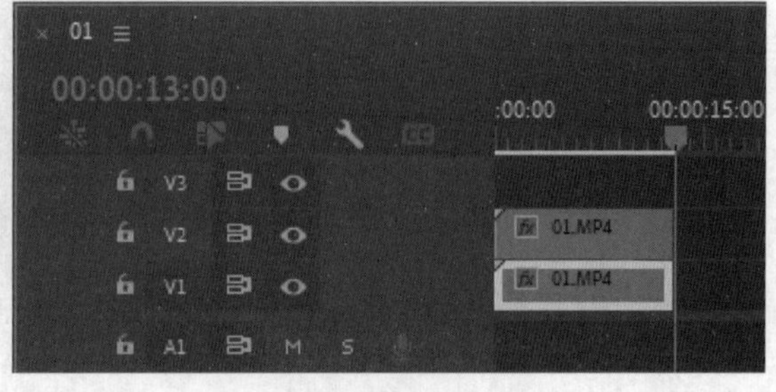

图6-9

05 将时间标签放置在00:00:00:00的位置。选择“工具”面板中的“文字”工具T，在“节目”监视器中单击并输入需要的文字，如图6-10所示。“时间轴”面板的“视频3（V3）”轨道中会生成图形文件，如图6-11所示。

图6-10

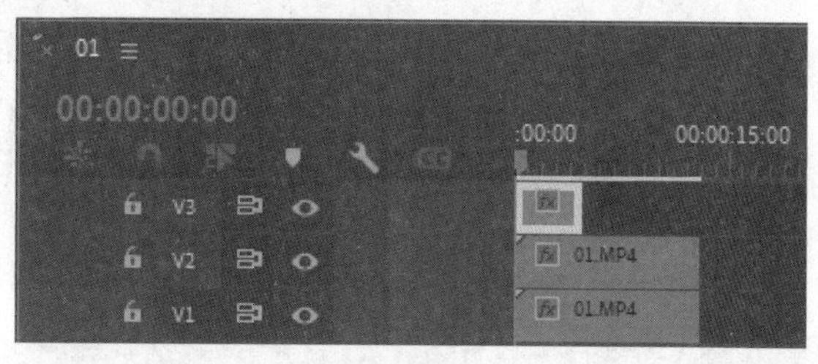

图6-11

06 选择“窗口 > 基本图形”命令，弹出“基本图形”面板，单击“编辑”选项卡，在“外观”栏中将“填充”选项设置为黑色，“文本”栏中的设置如图6-12所示。“对齐并变换”栏中的设置如图6-13所示。“节目”监视器中的效果如图6-14所示。

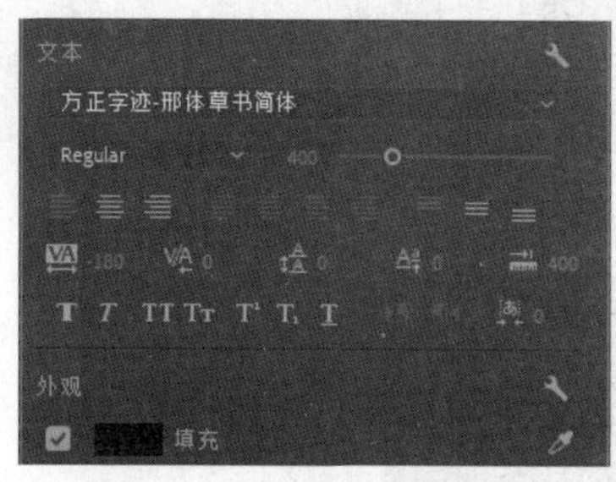

图6-12

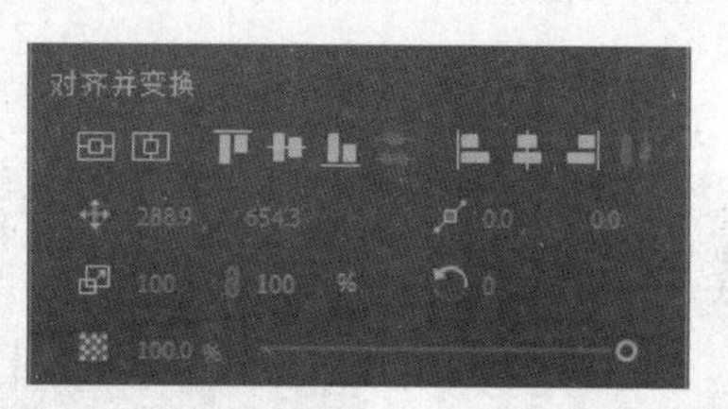

图6-13

图6-14

07 将鼠标指针放在图形文件的结束位置并单击，显示出编辑点。当鼠标指针呈◀形状时，向右拖曳到“01”文件的结束位置，如图6-15所示。选择“时间轴”面板中的图形文件。按住Alt键的同时，将其向上拖曳到轨道上方的空白区域，将复制文件并生成“视频4（V4）”轨道，如图6-16所示。

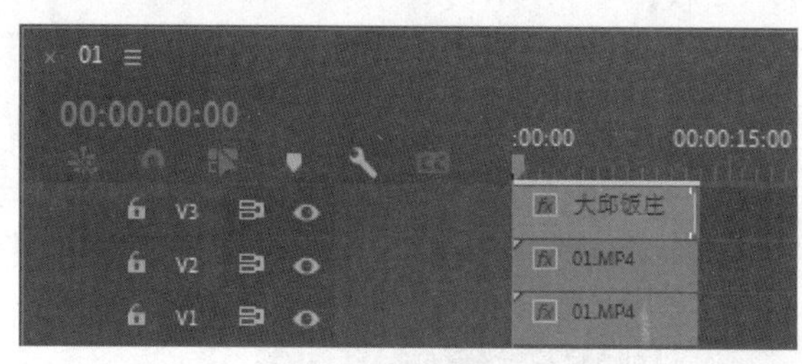

图6-15

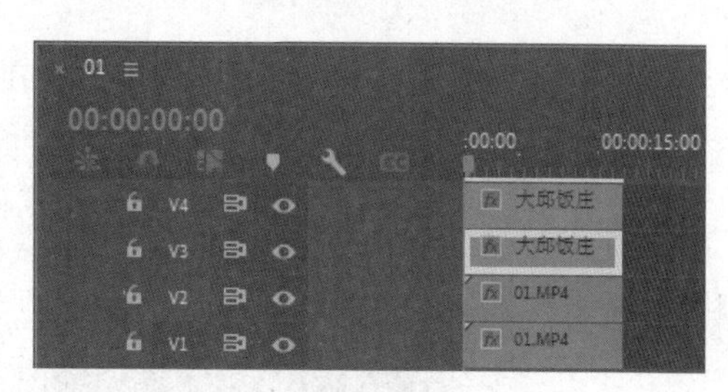

图6-16

08 将时间标签放置在00:00:02:12的位置。将鼠标指针放在图形文件的结束位置并单击，显示出编辑点。当鼠标指针呈◀形状时，向左拖曳到00:00:02:12的位置，如图6-17所示。将时间标签放置在00:00:00:00的位置。选择“时间轴”面板中的图形文件。选择“效果控件”面板，展开“文本”选项，在“外观”栏中将“填充”选项设置为白色，如图6-18所示。

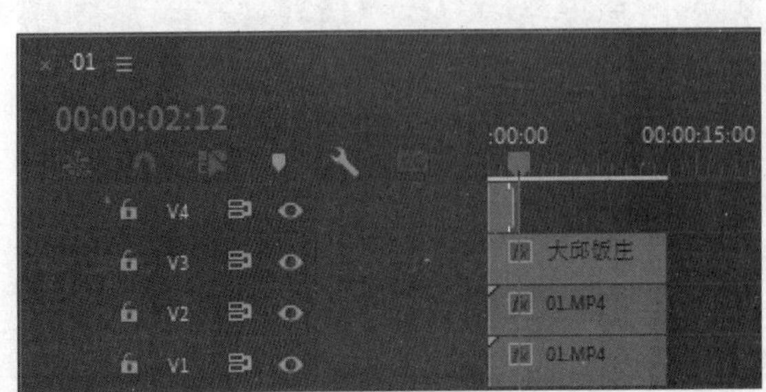

图6-17

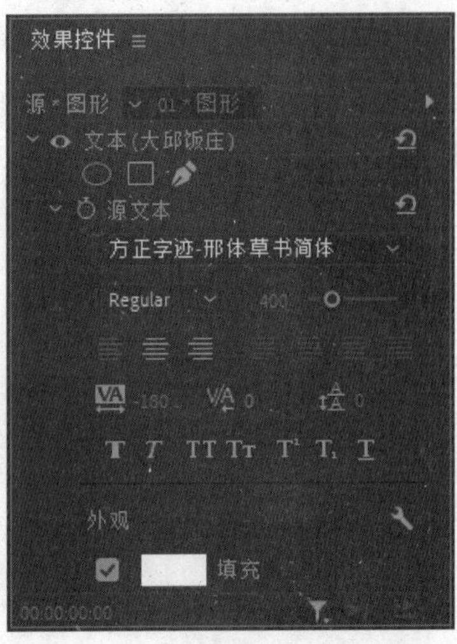

图6-18

09 选择“效果”面板，展开“视频效果”分类选项，单击“模糊与锐化”文件夹前面的▶按钮将其展开，选中“高斯模糊”特效，如图6-19所示。将“高斯模糊”特效拖曳到“时间轴”面板的“视频1（V1）”轨道中的“01”文件上。在“效果控件”面板中，展开“高斯模糊”特效，将“模糊度”选项设置为350.0，如图6-20所示。

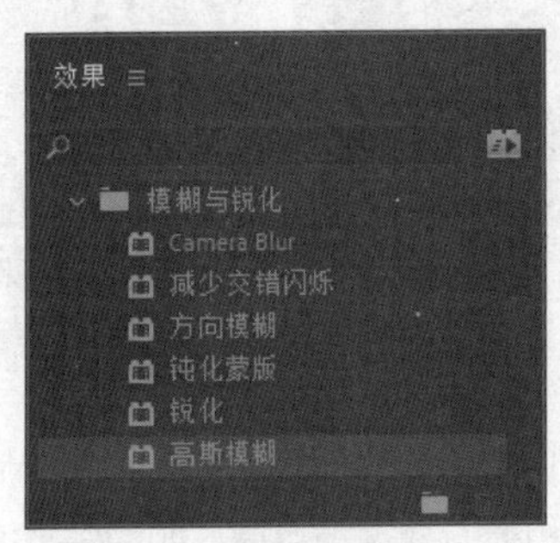

图6-19

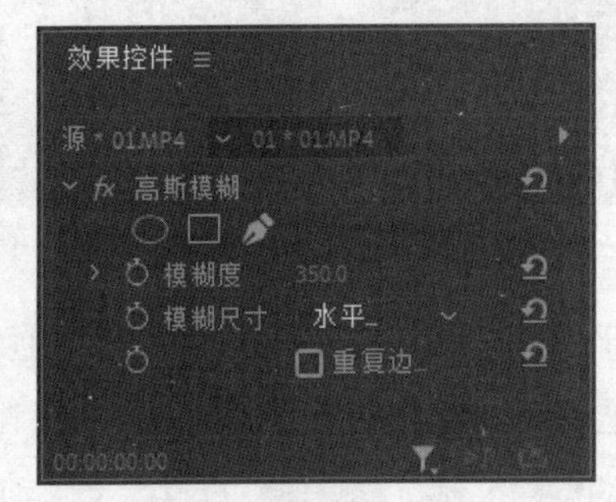

图6-20

10 选择“效果”面板，单击“键控”文件夹前面的▶按钮将其展开，选中“轨道遮罩键”特效，如图6-21所示。将“轨道遮罩键”特效拖曳到“时间轴”面板的“视频2（V2）”轨道中的“01”文件上。在“效果控件”面板中，展开“轨道遮罩键”特效，将“遮罩”选项设置为“视频3”，如图6-22所示。

图6-21

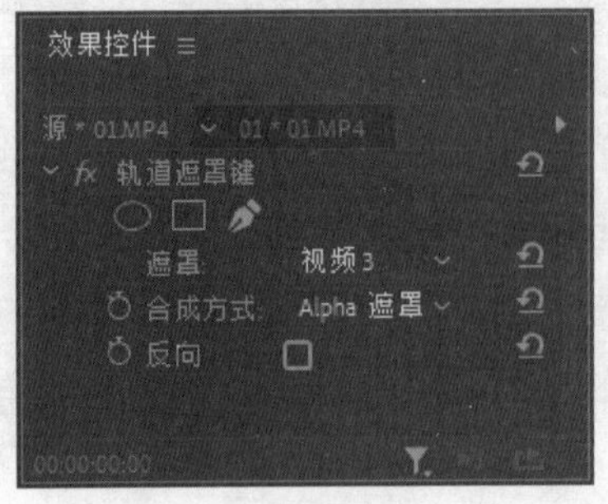

图6-22

11 将时间标签放置在00:00:03:10的位置。选择“时间轴”面板的“视频3（V3）”轨道中的图形文件。在“效果控件”面板中展开“运动”选项，单击“缩放”选项左侧的“切换动画”按钮，如图6-23所示，记录第1个动画关键帧。将时间标签放置在00:00:06:10的位置。将“缩放”选项设置为10000.0，如图6-24所示，记录第2个动画关键帧。

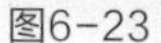
图6-23

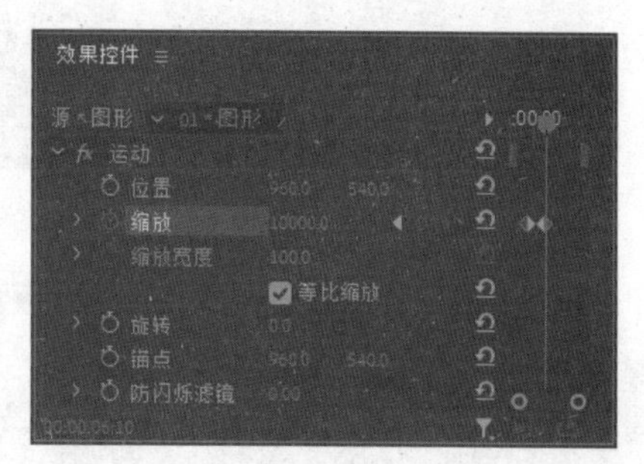

图6-24

12 将时间标签放置在00:00:00:00的位置。选择“效果”面板，展开“视频过渡”分类选项，单击“溶解”文件夹前面的按钮将其展开，选中“交叉溶解”特效，如图6-25所示。将“交叉溶解”特效拖曳到“时间轴”面板中的“视频4（V4）”轨道的图形文件的结束位置。在“效果控件”面板中，展开“交叉溶解”特效，将“持续时间”选项设置为00:00:01:00，如图6-26所示。饭庄宣传片片头的遮罩文字制作完成。

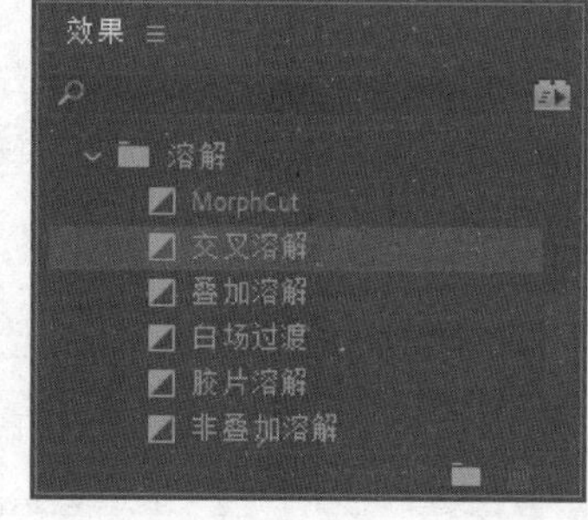

图6-25

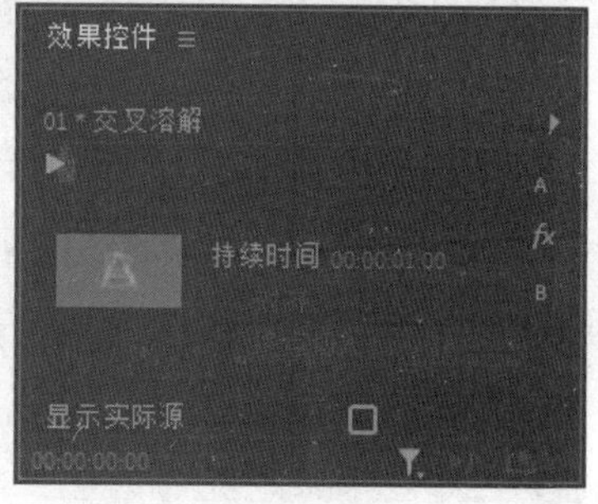

图6-26

6.1.2 创建传统字幕

创建水平或垂直传统字幕的具体操作步骤如下。

01 选择“文件 > 新建 > 旧版标题”命令，弹出“新建字幕”对话框，如图6-27所示，单击“确定”按钮，弹出“字幕”面板，如图6-28所示。

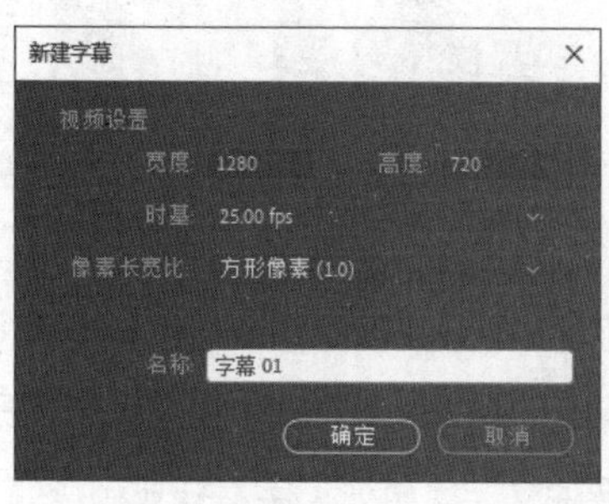

图6-27

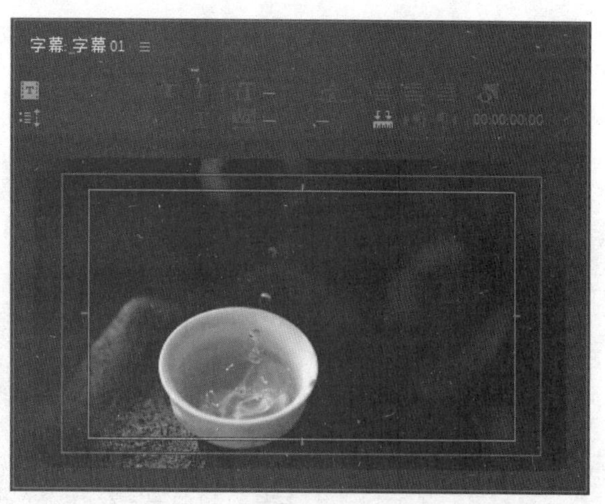

图6-28

02 单击“字幕”面板上方的☰按钮，在弹出的菜单中选择“工具”命令，如图6-29所示，会弹出“旧版标题工具”面板，如图6-30所示。

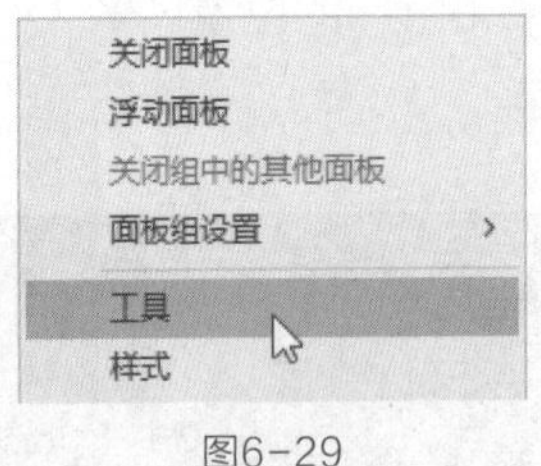

图6-29

图6-30

03 选择“旧版标题工具”面板中的“文字”工具T，在“字幕”面板中分别单击并输入需要的文字，在未选择字幕样式时，文字的效果如图6-31所示。单击“字幕”面板上方的☰按钮，在弹出的菜单中选择“样式”命令，会弹出“旧版标题样式”面板，如图6-32所示。

图6-31

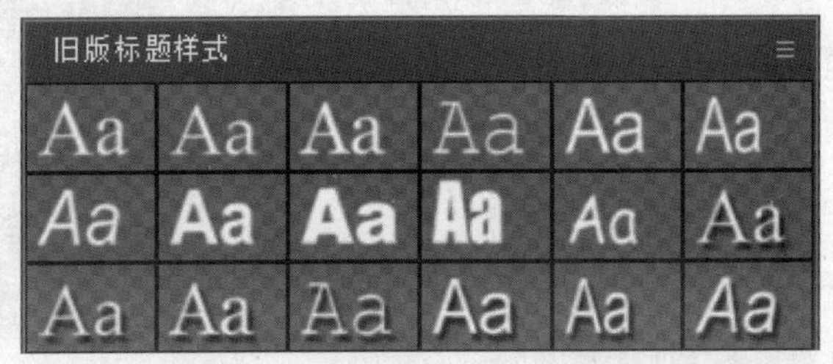

图6-32

04 在“旧版标题样式”面板中选择需要的字幕样式，如图6-33所示，“字幕”面板中的文字效果如图6-34所示。

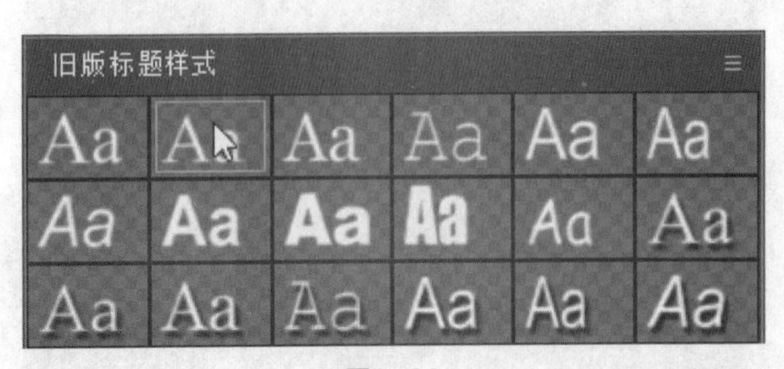

图6-33

图6-34

05 在“字幕”面板上方的工具栏中分别设置字体和文字大小，文字效果如图6-35所示。用相同的方法添加其他文字和印章，如图6-36所示。选择“旧版标题工具”面板中的“垂直文字”工具IT，用与创建水平字幕同样的方法在“字幕”面板中单击并输入需要的文字，再设置字幕样式和其他文字属性。

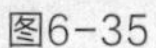
图6-35

图6-36

6.1.3 创建图形字幕

创建水平或垂直图形字幕的具体操作步骤如下。

图6-37

01 选择“工具”面板中的“文字”工具，在“节目”监视器中单击并输入需要的文字，如图6-37所示。“时间轴”面板的“视频2（V2）”轨道中会生成图形文件，如图6-38所示。

图6-38

02 选择“窗口 > 基本图形”命令，弹出“基本图形”面板，单击“编辑”选项卡，如图6-39所示，在“外观”栏中将“填充”选项设置为白色，“文本”栏中的设置如图6-40所示，“对齐并变换”栏中的设置如图6-41所示。

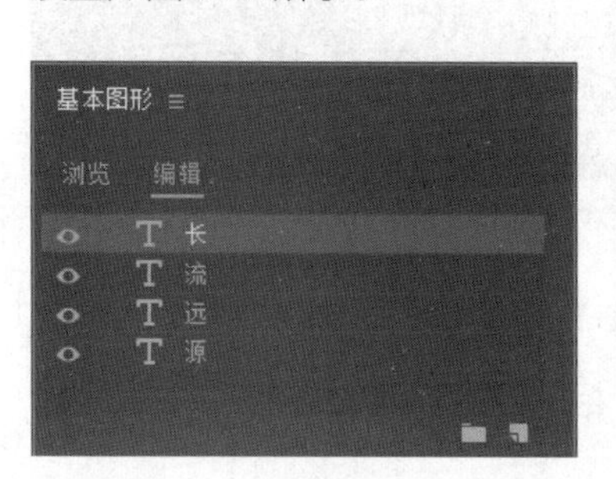

图6-39

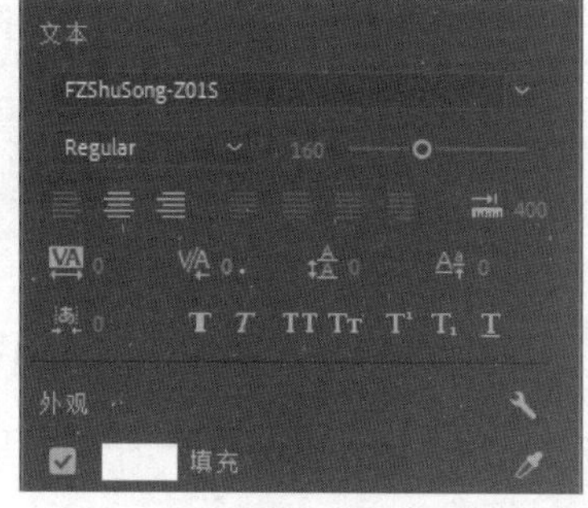

图6-40

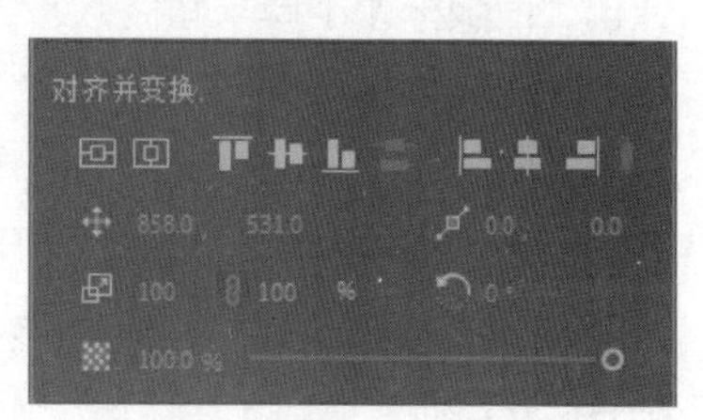

图6-41

03 选择并设置其他文字，“节目”监视器中的效果如图6-42所示。用相同的方法添加其他文字和印章，如图6-43所示。选择“工具”面板中的“垂直文字”工具，在“节目”监视器中输入垂直图形文字。

图6-42

图6-43

6.1.4 创建路径字幕

创建水平或垂直路径字幕的具体操作步骤如下。

01 选择“文件 > 新建 > 旧版标题”命令，弹出“新建字幕”对话框，如图6-44所示，单击“确定”按钮，弹出“字幕”面板，如图6-45所示。

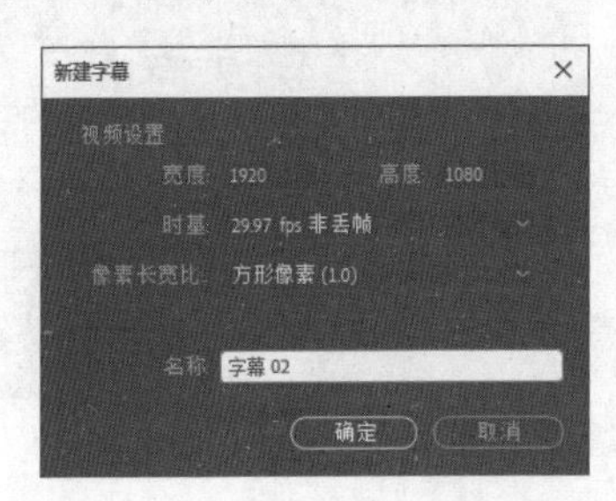

图6-44

图6-45

02 单击“字幕”面板上方的按钮，在弹出的菜单中选择“工具”命令，如图6-46所示，会弹出“旧版标题工具”面板，如图6-47所示。

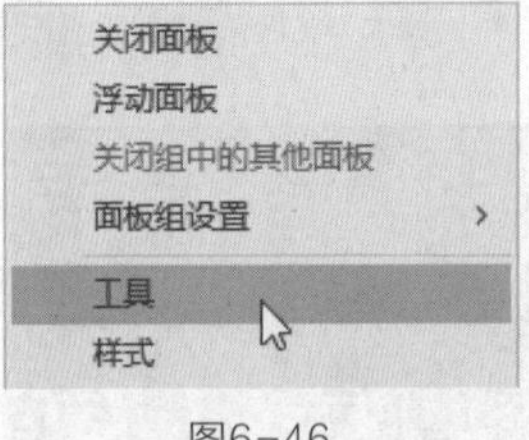

图6-46

图6-47

03 选择“旧版标题工具”面板中的“路径文字”工具，在“字幕”面板中拖曳鼠标以绘制路径，如图6-48所示。选择“路径文字”工具，在路径上单击以定位光标，输入需要的文字，如图6-49所示。

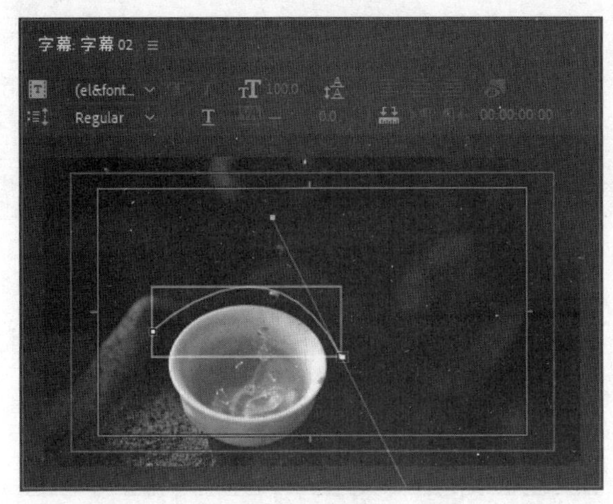

图6-48

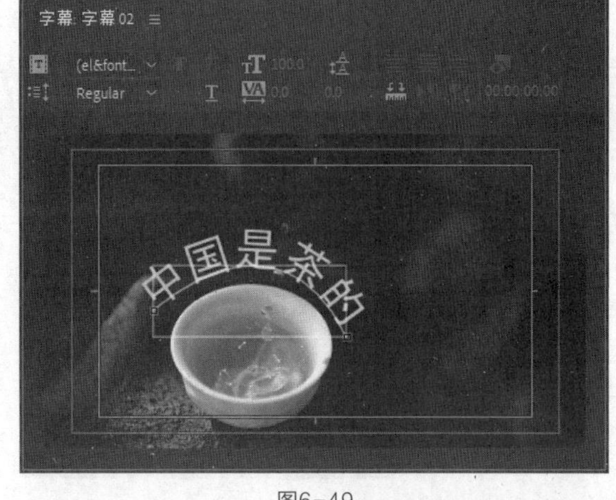

图6-49

04 单击“字幕”面板上方的■按钮，在弹出的菜单中选择“属性”命令，如图6-50所示，会弹出“旧版标题属性”面板，展开“填充”栏，将“颜色”选项设置为白色；展开“属性”栏，各选项的设置如图6-51所示，“字幕”面板中的效果如图6-52所示。用相同的方法制作垂直路径文字，“字幕”面板中的效果如图6-53所示。

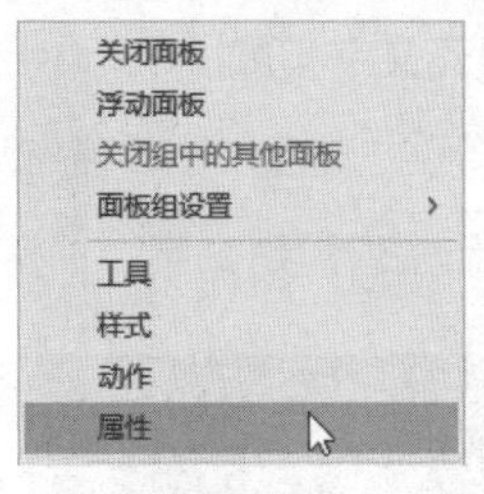

图6-50

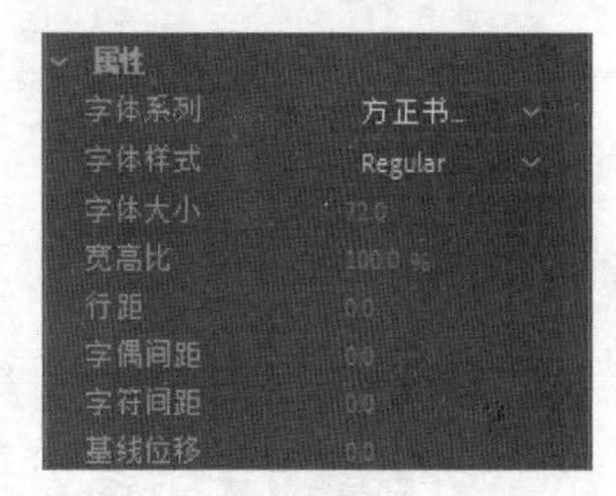

图6-51

图6-52

图6-53

6.1.5 创建段落字幕

创建水平或垂直段落字幕的具体操作步骤如下。

1. 创建传统段落字幕

01 选择“文件 > 新建 > 旧版标题”命令，弹出“新建字幕”对话框，如图6-54所示，单击“确定”按钮，弹出“字幕”面板。选择“旧版标题工具”面板中的“文字”工具![T]，在“字幕”面板中拖曳出文本框，如图6-55所示。

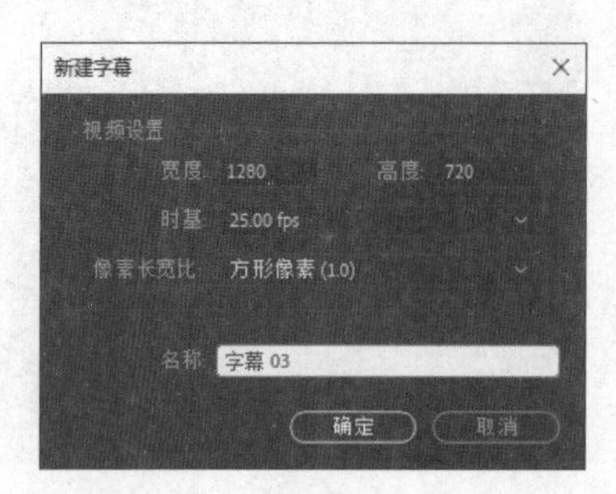

图6-54

图6-55

02 在文本框中输入需要的段落文字，如图6-56所示。在“旧版标题属性”面板中展开“填充”栏，将“颜色”选项设置为白色；展开“属性”栏，各选项的设置如图6-57所示，“字幕”面板中的效果如图6-58所示。用相同的方法制作垂直段落文字，“字幕”面板中的效果如图6-59所示。

图6-56

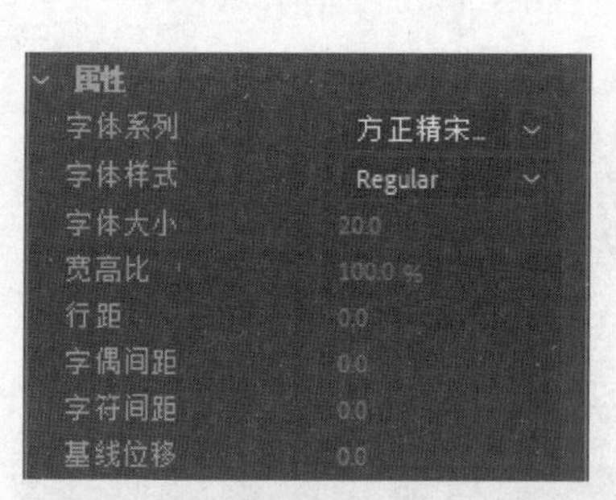

图6-57

图6-58

图6-59

2. 创建图形段落字幕

选择“工具”面板中的“文字”工具T，直接在“节目”监视器中拖曳出文本框并输入文字，在“基本图形”面板中编辑文字，效果如图6-60所示。用相同的方法输入垂直段落文字，效果如图6-61所示。

图6-60

图6-61

6.1.6 创建文本字幕

选择“窗口 > 文本”命令，弹出“文本”面板，如图6-62所示。

“转录序列”按钮：可以对所选素材进行语音识别，以生成实时的文字字幕。

“创建新字幕轨”按钮：可以在“时间轴”面板中创建字幕轨道，并手动添加需要的字幕。

“从文件导入说明性字幕”按钮：可以从已有文件中导入字幕。

单击“转录文本”选项卡，弹出相应的面板，如图6-63所示，单击“转录序列”按钮，可以对所选素材进行语音识别，以生成实时的文字字幕，并可对字幕进行简单的编辑。单击“图形”选项卡，弹出相应的面板，如图6-64所示，在此可以显示“时间轴”中应用的图形字幕，并对其进行简单的编辑。

图6-62

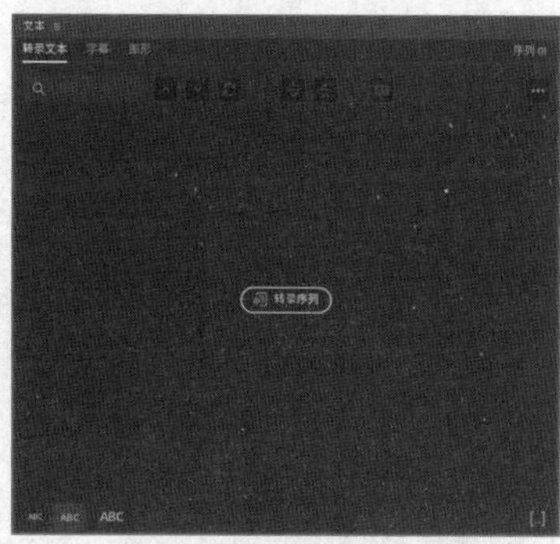

图6-63

图6-64

6.2 编辑与修饰字幕文字

字幕创建完成以后，还需要对字幕进行相应的编辑和修饰，下面进行详细介绍。

6.2.1 课堂案例——编辑旅行节目片头的宣传文字

案例学习目标 能够创建并编辑文字。

案例知识要点 使用“导入”命令导入素材文件，使用“旧版标题”命令创建字幕，使用“字幕”面板添加并编辑文字，使用“旧版标题属性”面板编辑字幕，使用“自动色阶”特效调整素材颜色，使用“快速模糊入点”特效、“快速模糊出点”特效和“效果控件”面板制作模糊文字，最终效果如图6-65所示。

效果所在位置 Ch06\编辑旅行节目片头的宣传文字\编辑旅行节目片头的宣传文字. prproj。

图6-65

01 启动Premiere Pro 2022软件，选择“文件 > 新建 > 项目”命令，进入新建项目界面，如图6-66所示，单击“创建”按钮，新建项目。

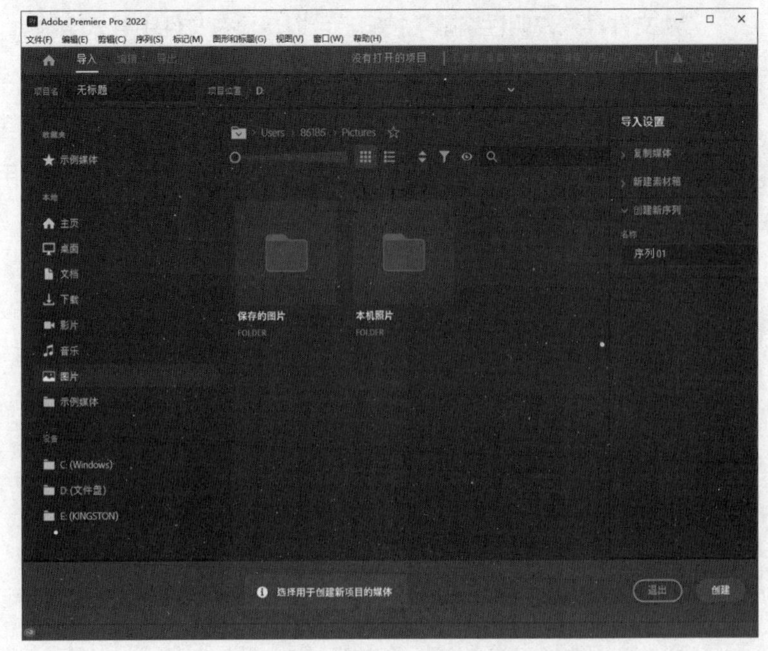

图6-66

02 选择“文件 > 导入”命令，弹出“导入”对话框，选择本书学习资源中的“Ch06\编辑旅行节目片头的宣传文字\素材\01”文件，如图6-67所示，单击“打开”按钮，将素材文件导入“项目”面板中，如图6-68所示。将“项目”面板中的“01”文件拖曳到“时间轴”面板的“视频1（V1）”轨道中，生成“01”序列，如图6-69所示。

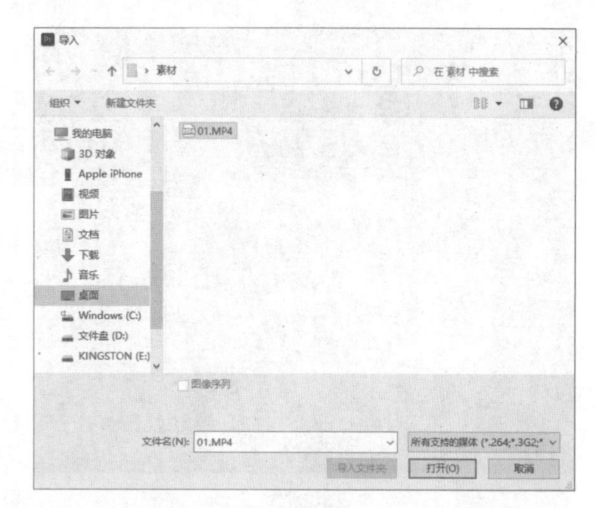

图6-67

图6-68

图6-69

03 将时间标签放置在00:00:10:00的位置。将鼠标指针放在“01”文件的结束位置并单击，显示出编辑点，如图6-70所示。当鼠标指针呈◀形状时，向左拖曳到00:00:10:00的位置，如图6-71所示。

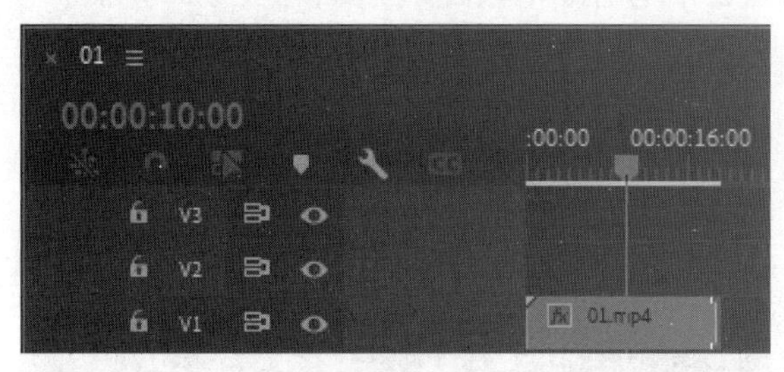

图6-70

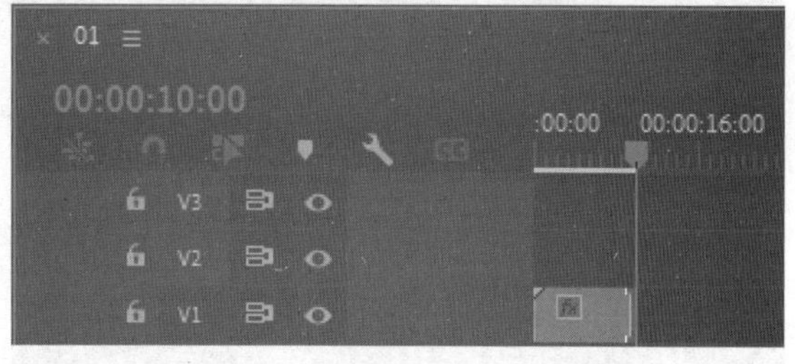

图6-71

04 选择“文件 > 新建 > 旧版标题”命令，弹出“新建字幕”对话框，如图6-72所示，单击“确定”按钮，弹出“字幕”面板。选择“旧版标题工具”面板中的“矩形”工具■，在“字幕”面板中绘制一个矩形，如图6-73所示。在“旧版标题属性”面板中展开“填充”栏，将“颜色”选项设置为红色（225、0、0），如图6-74所示，“字幕”面板中的效果如图6-75所示。

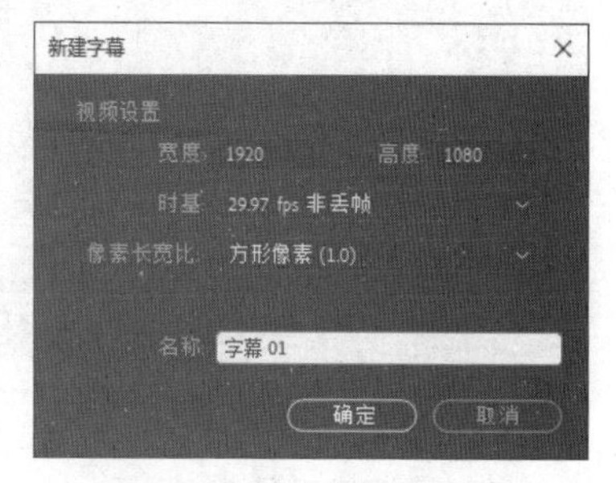

图6-72

图6-73

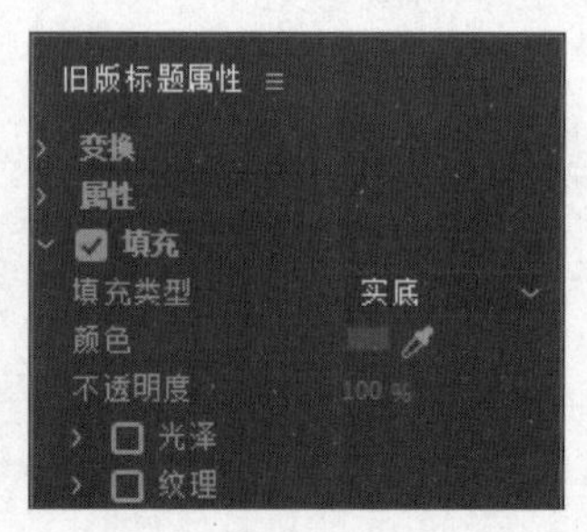

图6-74

图6-75

05 选择“旧版标题工具”面板中的“文字”工具 T，在“字幕”面板中分别单击并输入需要的文字，如图6-76所示。分别选择文字，在“字幕”面板上方设置适当的字体、文字大小和位置。在“旧版标题属性”面板中展开“填充”栏，将“颜色”选项设置为白色，“字幕”面板中的效果如图6-77所示。“项目”面板中会生成“字幕01”文件。

图6-76

图6-77

06 将时间标签放置在00:00:01:00的位置。将“项目”面板中的“字幕01”文件拖曳到“时间轴”面板的“视频2（V2）”轨道中，如图6-78所示。将时间标签放置在00:00:08:00的位置。将鼠标指针放在“01”文件的结束位置并单击，显示出编辑点。当鼠标指针呈形状时，向右拖曳到00:00:08:00的位置，如图6-79所示。

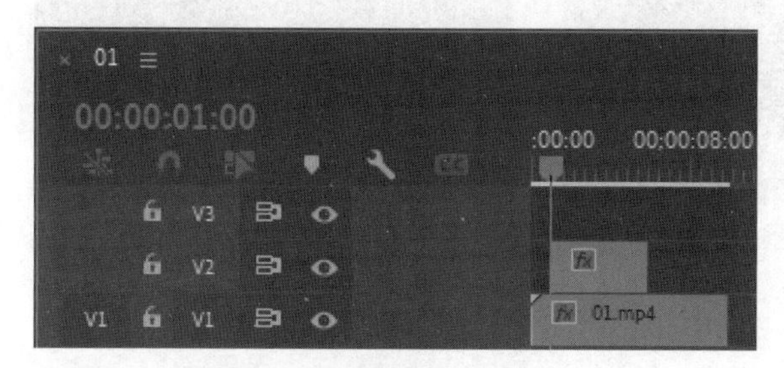

图6-78

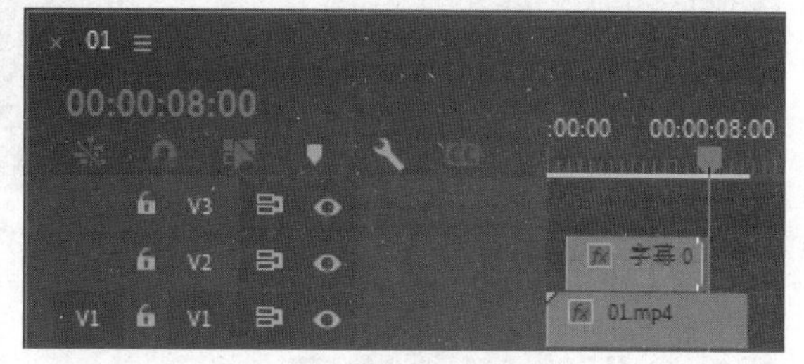

图6-79

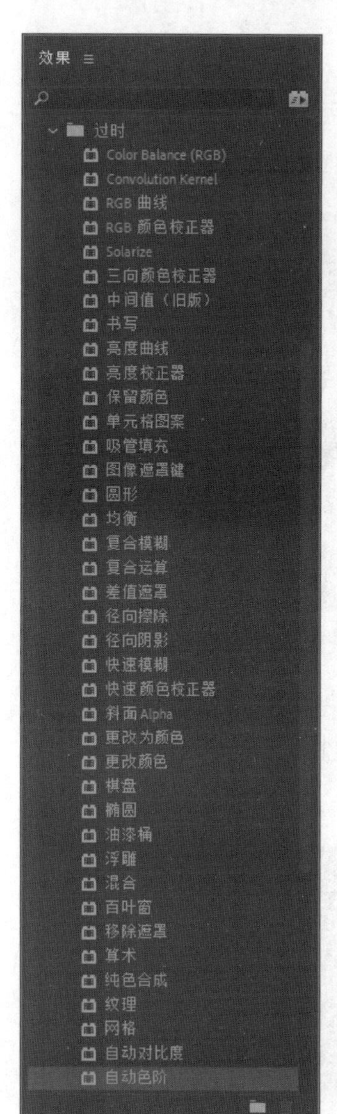

图6-80

07 选择“效果”面板，展开“视频效果”分类选项，单击“过时”文件夹前面的按钮将其展开，选中“自动色阶”特效，如图6-80所示。将“自动色阶”特效拖曳到“时间轴”面板中的“01”文件上，如图6-81所示。

08 选择“效果”面板，展开“预设”分类选项，单击“模糊”文件夹前面的按钮将其展开，选中“快速模糊入点”特效，如图6-82所示。将“快速模糊入点”特效拖曳到“时间轴”面板中的“字幕01”文件上。

09 将时间标签放置在00:00:03:00的位置。在“效果控件”面板中，展开“快速模糊（快速模糊入点）”特效，选择第2个关键帧，将其拖曳到时间标签所在的位置，如图6-83所示。

图6-81

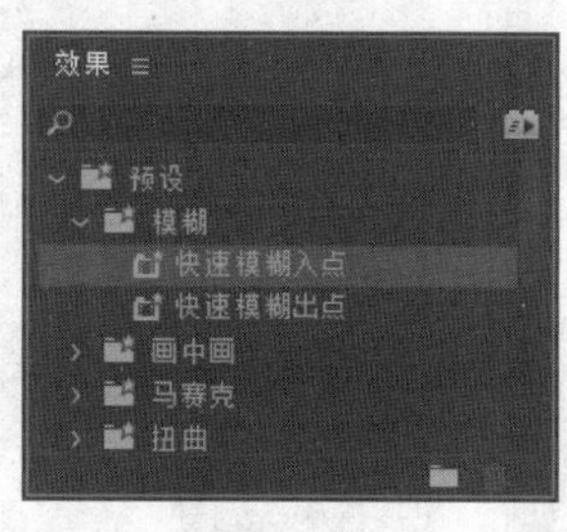

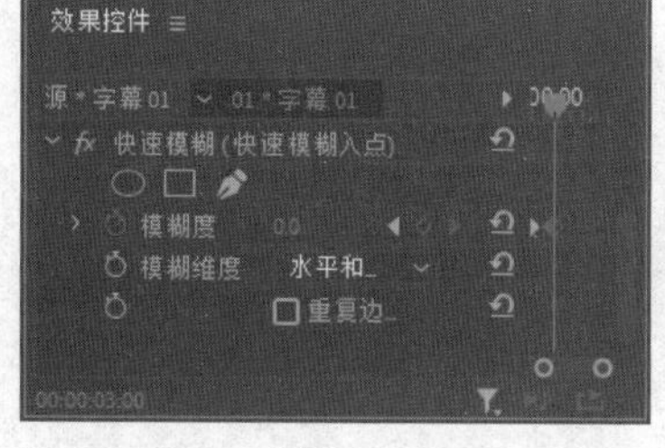

图6-82　　图6-83

10 选择“效果”面板，选中“快速模糊出点”特效，如图6-84所示。将“快速模糊出点”特效拖曳到“时间轴”面板中的“字幕01”文件上。

11 将时间标签放置在00:00:06:00的位置。在“效果控件”面板中，展开“快速模糊（快速模糊出点）”特效，选择第1个关键帧，将其拖曳到时间标签所在的位置，如图6-85所示。旅行节目片头的宣传文字编辑完成。

图6-84

图6-85

6.2.2 编辑字幕文字

1. 编辑传统字幕

01 在“字幕”面板中输入文字并设置文字属性，效果如图6-86所示。使用“选择”工具▶选取文字，将鼠标指针移至文本框内，按住鼠标左键拖曳，可以移动文字对象，效果如图6-87所示。

图6-86

图6-87

02 将鼠标指针移至文本框的任意一个点上，当鼠标指针呈↗、↔或↖形状时，按住鼠标左键拖曳，可缩放文字对象，效果如图6-88所示。将鼠标指针移至文本框的任意一点的外侧，当鼠标指针呈↗、↘或↕形状时，按住鼠标左键拖曳，可旋转文字对象，效果如图6-89所示。

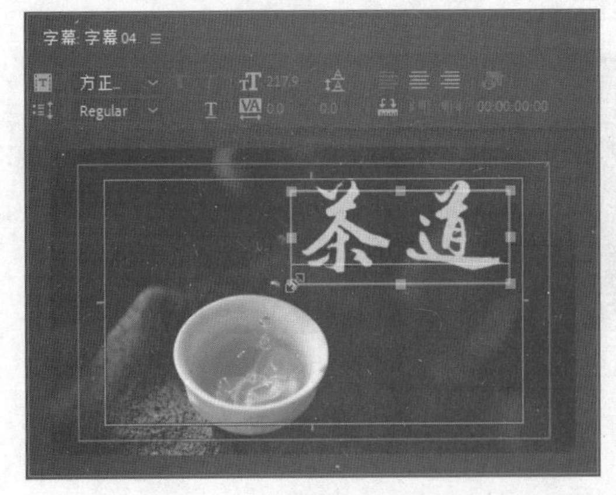

图6-88

图6-89

2. 编辑图形字幕

01 在“节目”监视器中输入图形文字，并设置相关属性，效果如图6-90所示。使用“选择”工具▶选取文字，将鼠标指针移至文本框内，按住鼠标左键拖曳，可移动文字对象，效果如图6-91所示。

图6-90

图6-91

02 将鼠标指针移至文本框的任意一个点上，当鼠标指针呈↗、↔或↖形状时，按住鼠标左键拖曳，可缩放文字对象，效果如图6-92所示。将鼠标指针移至文本框的任意一点的外侧，当鼠标指针呈↱、↰或↺形状时，按住鼠标左键拖曳，可旋转文字对象，效果如图6-93所示。

图6-92

图6-93

03 将鼠标指针移至文本框上的锚点⊕处，当鼠标指针呈▸形状时，按住鼠标左键可将文本拖曳到适当的位置，如图6-94所示。将鼠标指针移至文本框的任意一个锚点外侧，当鼠标指针呈↱、↰或↺形状时，按住鼠标左键拖曳，可以以锚点为中心旋转文字对象，效果如图6-95所示。

图6-94

图6-95

6.2.3 设置字幕属性

在Premiere Pro 2022中可以非常方便地对字幕文字进行调整，包括调整文字的位置、不透明度，改变文字的字体、大小、颜色和为文字添加阴影等。

1. 在“旧版标题属性”面板中编辑传统字幕的属性

在“旧版标题属性”面板的“变换”栏中可以对文字或图形字幕的不透明度、位置、宽度、高度及旋转等属性进行设置，如图6-96所示。在“属性”栏中可以对字幕文字的字体、大小、宽高比及字符间距、扭曲等基本属性进行设置，如图6-97所示。“填充”栏主要用于设置文字或图形字幕的填充类型、颜色和不透明度等属性，如图6-98所示。

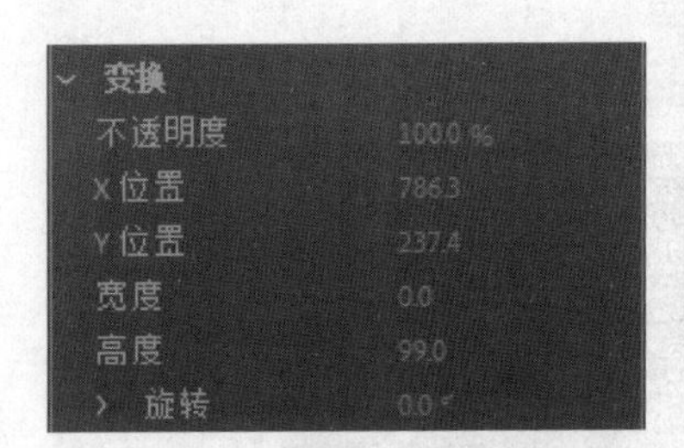

图6-96

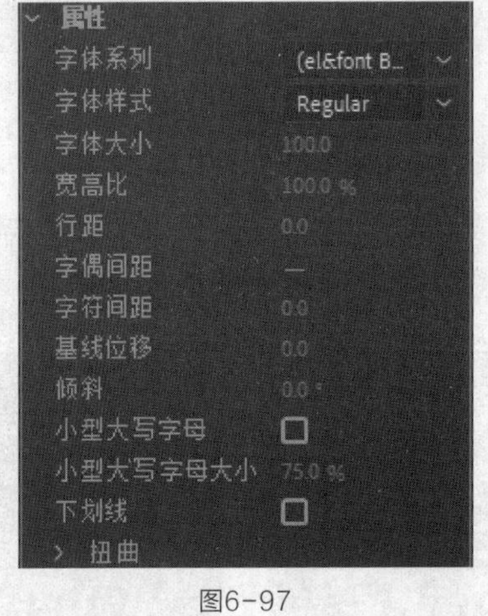

图6-97

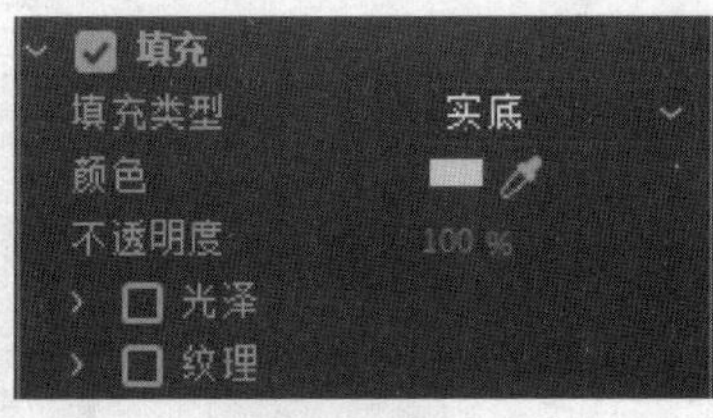

图6-98

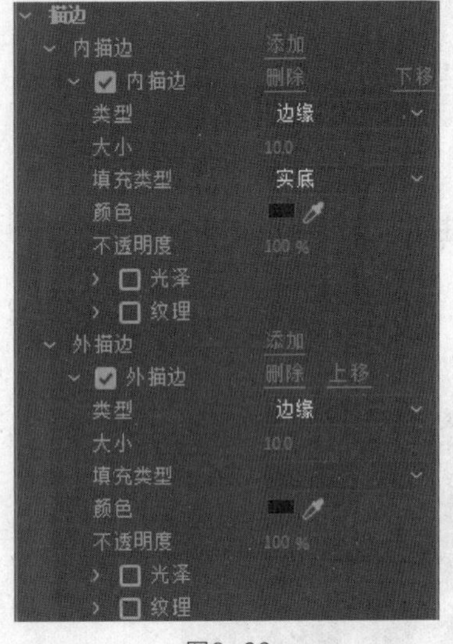

图6-99

“描边”栏主要用于设置文字或图形字幕的描边效果，可以设置内描边和外描边，如图6-99所示。“阴影”栏主要用于设置阴影的颜色、不透明度、角度、距离、大小和扩展效果，如图6-100所示。“背景”栏主要用于设置字幕背景的填充类型、颜色和不透明度等属性，如图6-101所示。

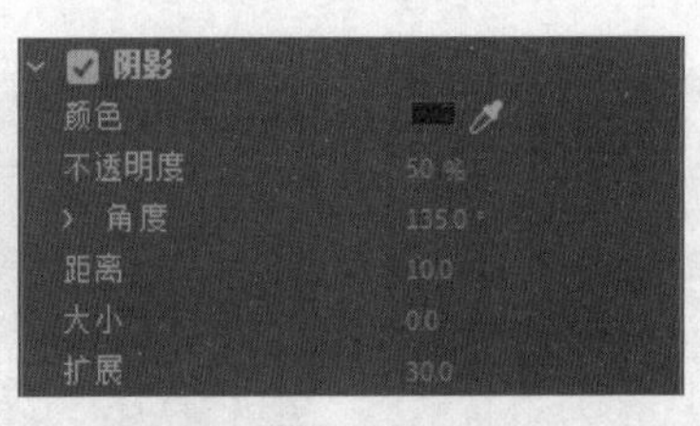

图6-100

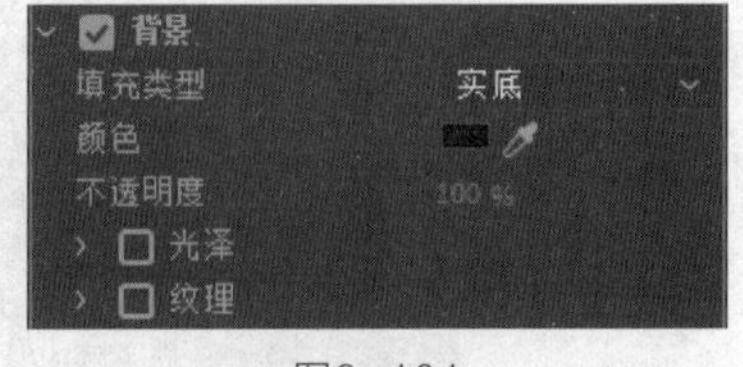

图6-101

2. 在“效果控件”面板中编辑图形字幕的属性

展开“效果控件”面板中的“文本”选项，在“源文本”栏中可以设置文字的字体、样式、大小，

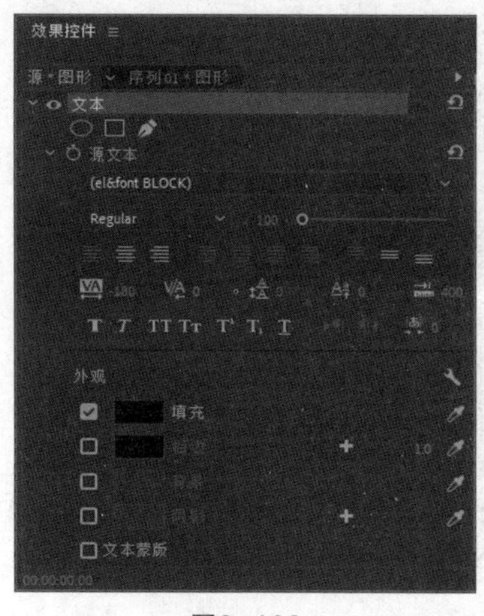

图6-102

以及字距和行距等属性。在“外观”栏中可以设置填充、描边、背景、阴影及文本蒙版等属性，如图6-102所示。在“变换”栏中可以设置文字的位置、缩放、旋转、不透明度及锚点等属性，如图6-103所示。

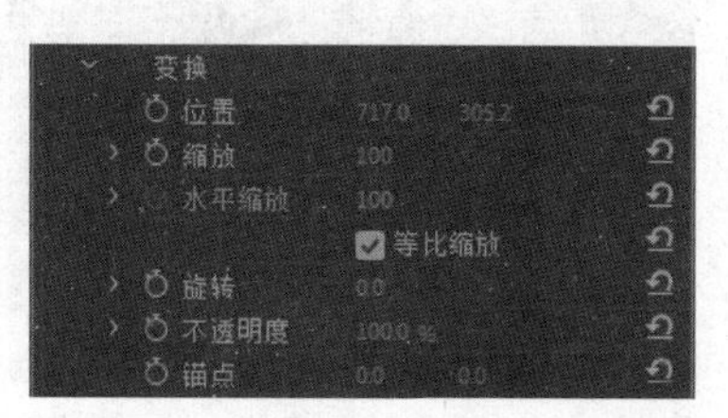

图6-103

3．在“基本图形”面板中编辑图形字幕的属性

“基本图形”面板上方为文本图层和响应设置，如图6-104所示。“对齐并变换”栏用于设置图形字幕的对齐方式、位置、旋转及比例等属性。“主样式”栏用于设置图形字幕的主样式，如图6-105所示。“文本”栏用于设置文字的字体、样式、大小，以及字距和行距等属性，“外观”栏用于设置填充、描边、背景、阴影及文本蒙版等属性，如图6-106所示。

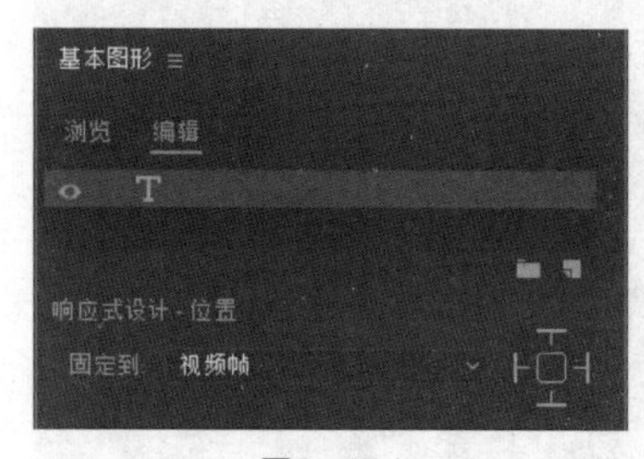

图6-104

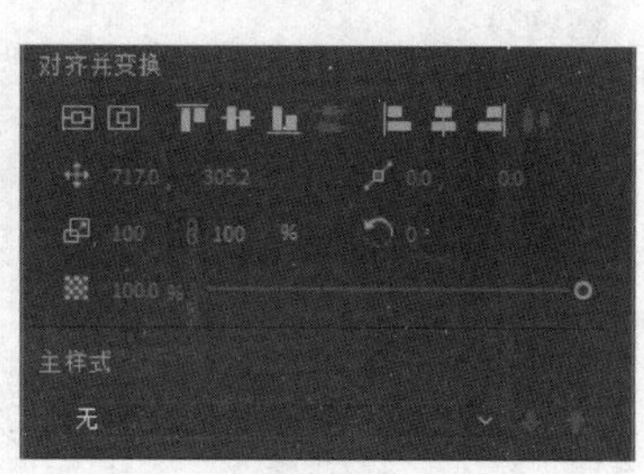

图6-105

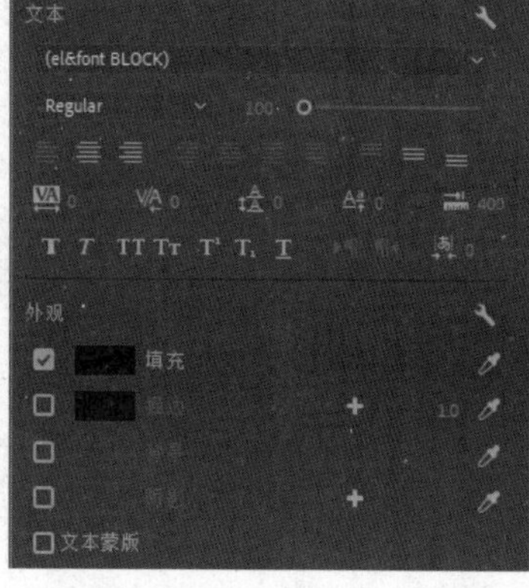

图6-106

6.3 创建运动字幕

在观看电影时，经常会看到影片的开头和结尾都有滚动文字，用于显示导演与演员的姓名或影片中出现的人物对白文字等，这些文字可以使用视频编辑软件添加到视频画面中。Premiere Pro 2022提供了垂直滚动字幕和横向游动字幕效果。

6.3.1 课堂案例——制作动物世界纪录片的滚动字幕

案例学习目标 能够输入并编辑水平滚动字幕。

案例知识要点 使用“导入”命令导入素材文件，使用“基本图形”和“效果控件”面板制作滚动条，使用“旧版标题”命令创建文字，使用“滚动/游动选项”按钮制作滚动文字，最终效果如图6-107所示。

效果所在位置 Ch06\制作动物世界纪录片的滚动字幕\制作动物世界纪录片的滚动字幕. prproj。

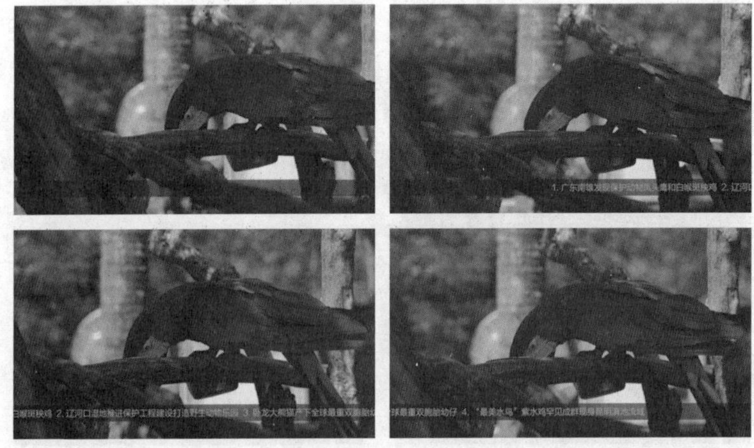

图6-107

01 启动Premiere Pro 2022软件，选择“文件 > 新建 > 项目”命令，进入新建项目界面，如图6-108所示，单击“创建”按钮，新建项目。

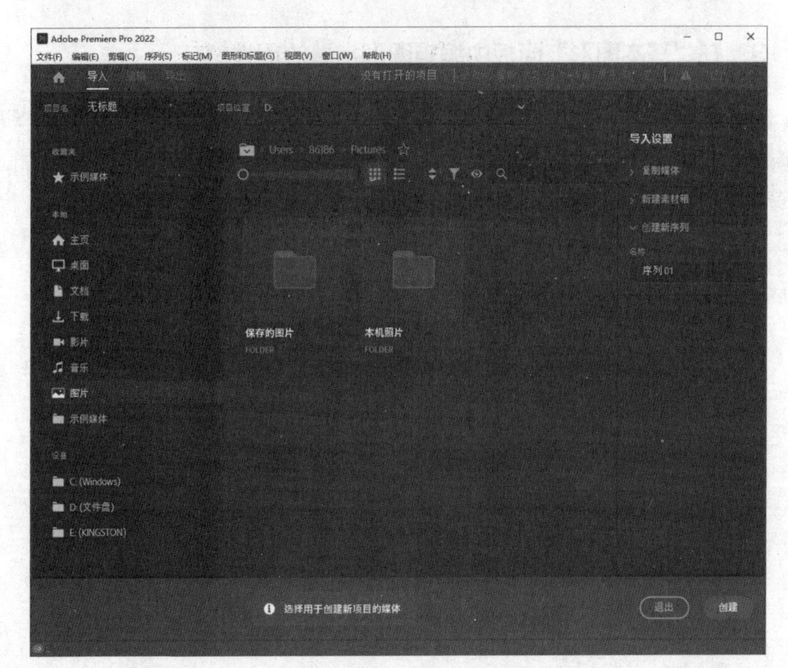

图6-108

02 选择“文件 > 导入”命令，弹出“导入”对话框，选择本书学习资源中的“Ch06\制作动物世界纪录片的滚动字幕\素材\01”文件，如图6-109所示，单击“打开”按钮，将素材文件导入“项目”面板中，如图6-110所示。将“项目”面板中的“01”文件拖曳到“时间轴”面板的“视频1（V1）”轨道中，生成“01”序列，如图6-111所示。

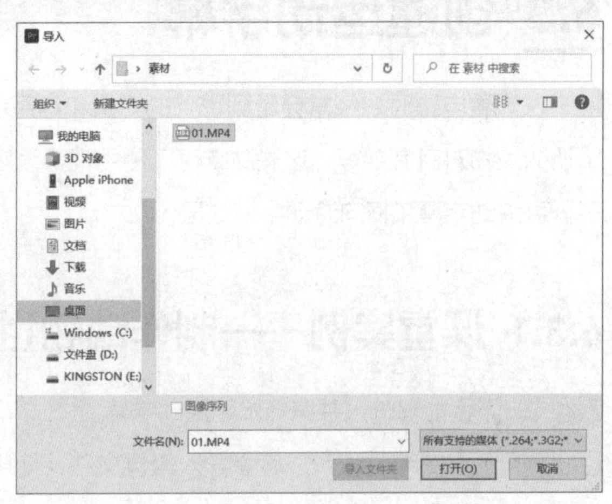

图6-109

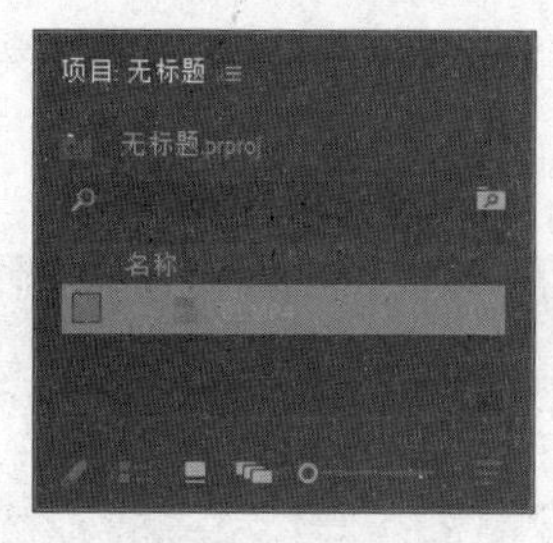

图6-110

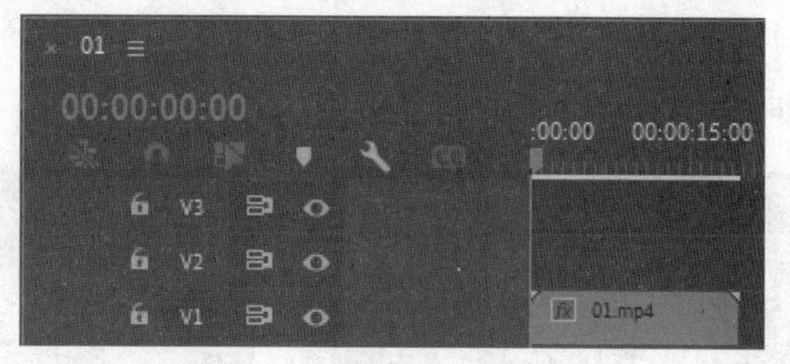

图6-111

03 选择“剪辑 > 速度/持续时间”命令，弹出对话框，将“速度”选项设置为150%，如图6-112所示，单击“确定”按钮，“时间轴”面板如图6-113所示。

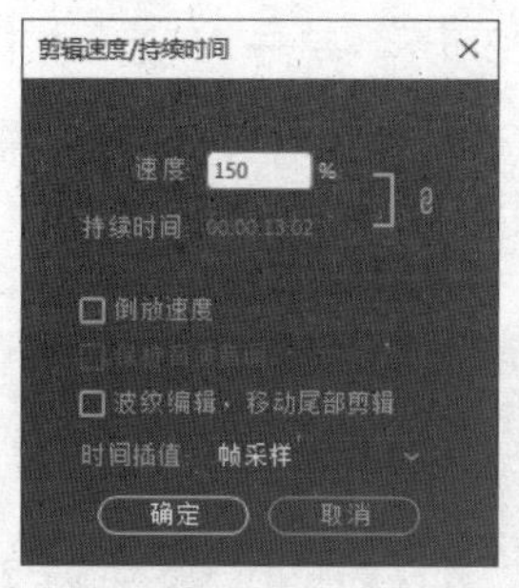

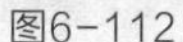

图6-112

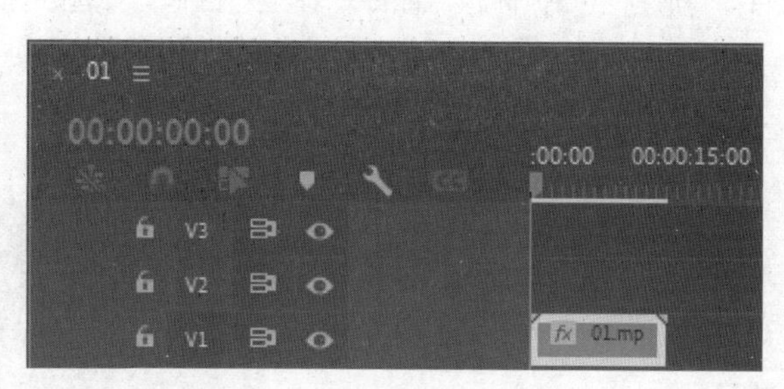

图6-113

04 选择“基本图形”面板，单击“编辑”选项卡，单击“新建图层”按钮，在弹出的菜单中选择“矩形”命令，在“节目”监视器中生成一个矩形，如图6-114所示。“时间轴”面板的“视频2（V2）”轨道中会生成图形文件，如图6-115所示。

图6-114

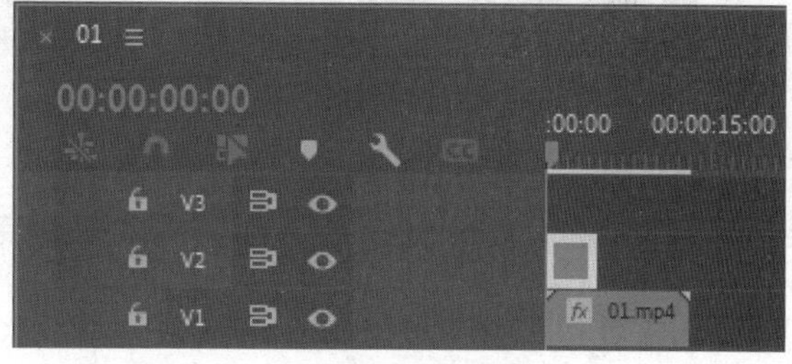

图6-115

05 在“基本图形”面板中选择“形状01”图层，在“外观”栏中将“填充”选项设置为黑色，“对齐并变换”栏中的设置如图6-116所示，“节目”监视器中的矩形如图6-117所示。

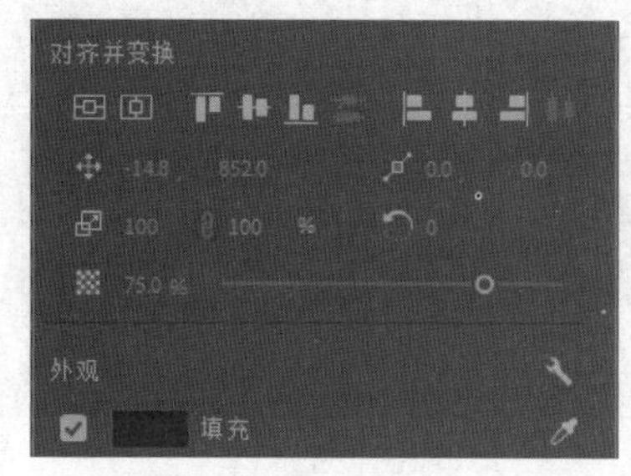

图6-116

图6-117

06 在“节目”监视器中调整矩形的长宽比，如图6-118所示。将鼠标指针放在“图形”文件的结束位置，当鼠标指针呈形状时，向右拖曳到“01”文件的结束位置，如图6-119所示。

图6-118

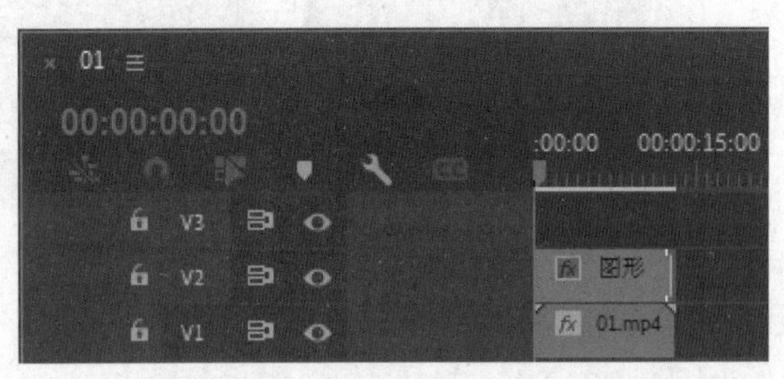

图6-119

07 选择“文件 > 新建 > 旧版标题”命令，弹出对话框，如图6-120所示，单击“确定”按钮，弹出“字幕”面板。选择“旧版标题工具”面板中的“文字”工具，在“字幕”面板中单击并输入需要的文字，设置适当的字体和文字大小，如图6-121所示。在“项目”面板中会生成“字幕01”文件。

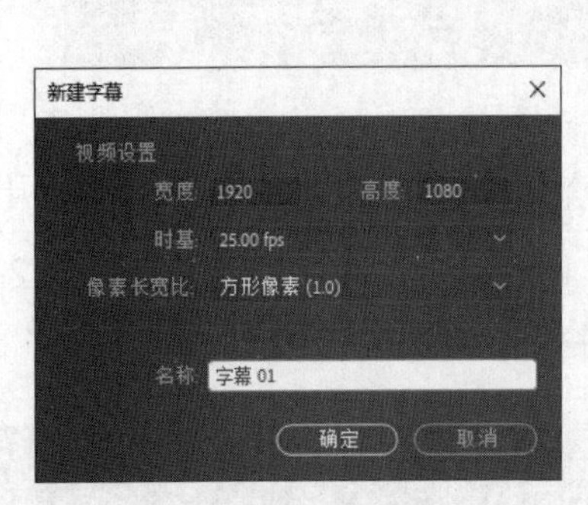

图6-120

图6-121

08 在“字幕”面板中单击“滚动/游动选项”按钮，在弹出的对话框中选中“向左游动”单选项，在“定时（帧）”栏中勾选“开始于屏幕外”和“结束于屏幕外”复选框，如图6-122所示，单击“确定”按钮，“字幕”面板如图6-123所示。

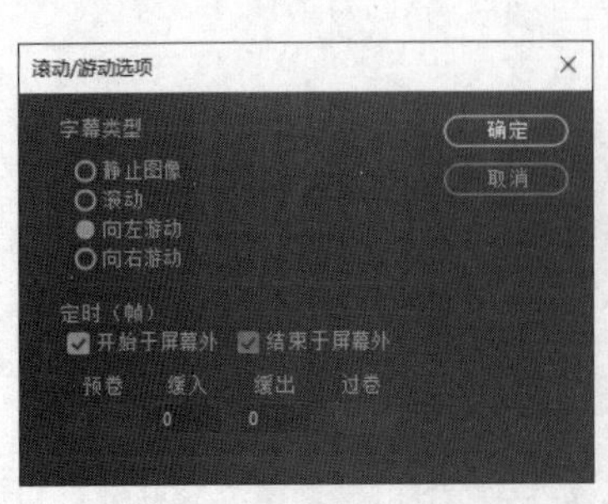

图6-122

图6-123

09 在“项目”面板中，选中“字幕01”文件并将其拖曳到“时间轴”面板的“视频3（V3）”轨道中，如图6-124所示。将鼠标指针放在“字幕01”文件的结束位置，当鼠标指针呈◀形状时，向右拖曳到“图形”文件的结束位置，如图6-125所示。动物世界纪录片的滚动字幕制作完成。

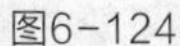
图6-124

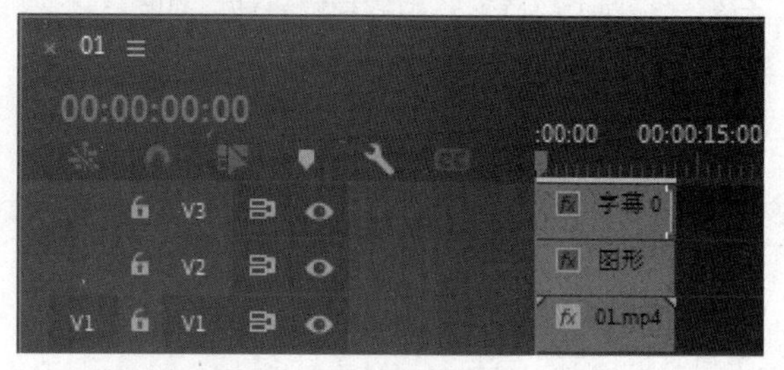

图6-125

6.3.2 制作垂直滚动字幕

制作垂直滚动字幕的具体操作步骤如下。

1. 在“字幕”面板中制作垂直滚动字幕

01 启动Premiere Pro 2022软件，在“项目”面板中导入素材并将其添加到“时间轴”面板中的视频轨道上。

02 选择“文件 > 新建 > 旧版标题”命令，弹出“新建字幕”对话框，单击“确定”按钮，打开“字幕”面板。

03 选择面板左侧“旧版标题工具”中的“垂直文字”工具，在“字幕”面板中拖曳出文本框，输入需要的文字并对文字属性进行相应的设置，如图6-126所示。

04 在“字幕”面板中单击“滚动/游动选项”按钮，在弹出的对话框中选中“滚动”单选项，在“定时（帧）”栏中勾选“开始于屏幕外”和“结束于屏幕外”复选框，其他参数的设置如图6-127所示，单击“确定”按钮。

图6-126

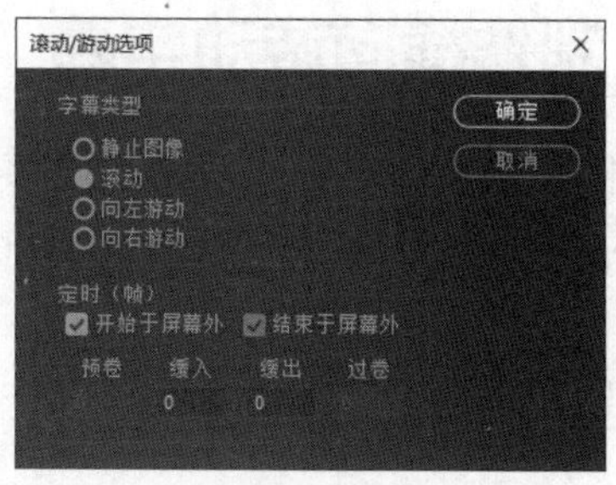

图6-127

05 制作的字幕会自动保存在“项目”面板中。从“项目”面板中将新建的字幕拖曳到“时间轴”面板的“视频2（V2）”轨道上，并将其长度调整至与“视频1（V1）”中的素材一致，如图6-128所示。

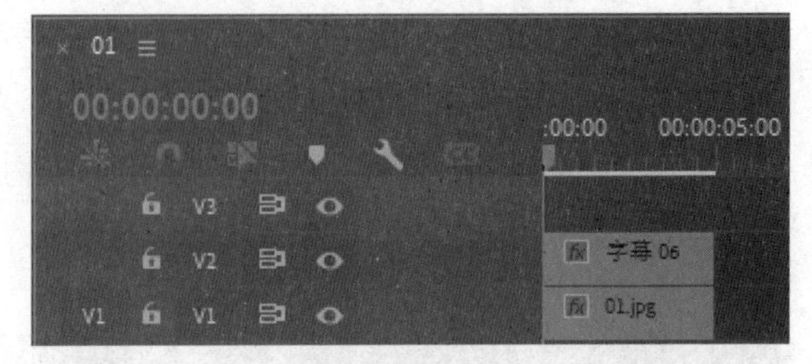

图6-128

06 单击“节目”监视器下方的“播放-停止切换”按钮▶/■，即可预览字幕的垂直滚动效果，如图6-129和图6-130所示。

图6-129

图6-130

2. 在“基本图形”面板中制作垂直滚动字幕

在“基本图形”面板中取消对文字图层的选取，如图6-131所示。勾选“滚动”复选框，在弹出的选项中设置滚动选项，可以制作垂直滚动字幕，如图6-132所示。

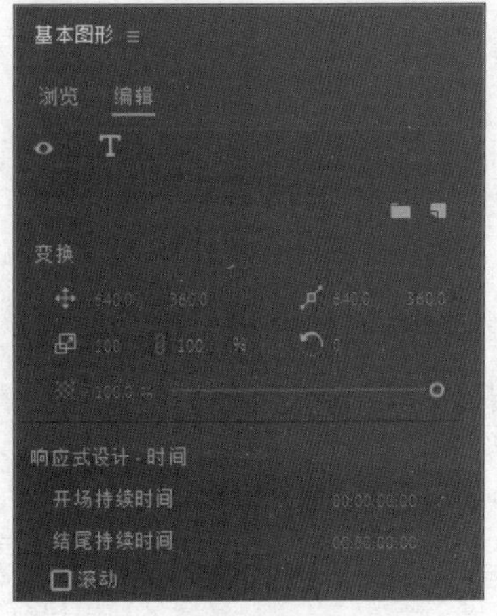

图6-131

图6-132

6.3.3 制作横向游动字幕

制作横向游动字幕与制作垂直滚动字幕的操作基本相同，具体操作步骤如下。

01 启动Premiere Pro 2022软件，在“项目”面板中导入素材并将其添加到“时间轴”面板中的视频轨道上。

02 选择“文件 > 新建 > 旧版标题”命令，弹出“新建字幕”对话框，单击“确定”按钮，打开“字幕”面板。

03 选择面板左侧“旧版标题工具”中的“文字”工具T，在“字幕”面板中单击并输入需要的文字，设置字幕文字的样式和其他属性，如图6-133所示。

图6-133

04 单击“字幕”面板左上方的“滚动/游动选项”按钮，在弹出的对话框中选中“向左游动”单选项，具体设置如图6-134所示，单击“确定”按钮。

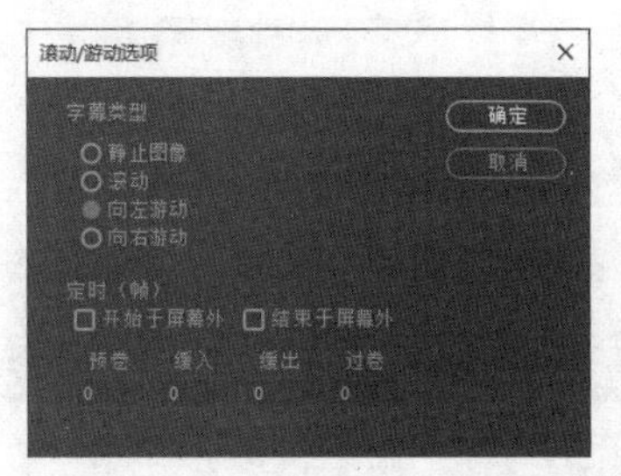

图6-134

05 制作的字幕会自动保存在“项目”面板中。从“项目”面板中将新建的字幕拖曳到“时间轴”面板的“视频3（V3）”轨道上，如图6-135所示。在“效果”面板中展开“视频效果”分类选项，单击“键控”文件夹前面的按钮将其展开，选中“轨道遮罩键”特效，如图6-136所示。

06 将“轨道遮罩键”特效拖曳到“时间轴”面板的“视频2（V2）”轨道中的“02”文件上。在“效果控件”面板中展开“轨道遮罩键”选项，具体设置如图6-137所示。

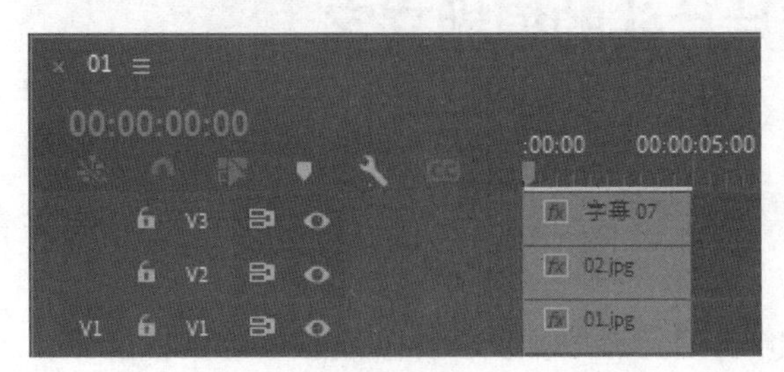

图6-135

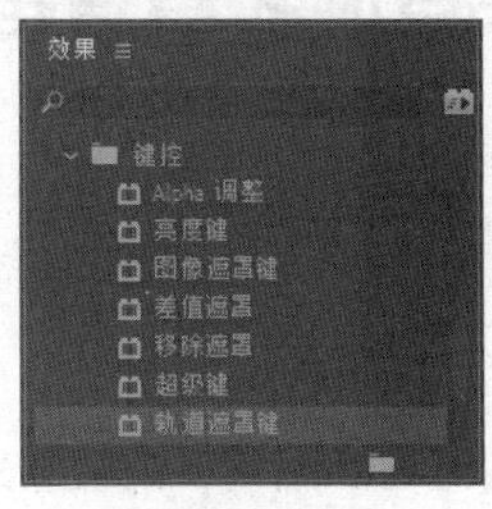

图6-136

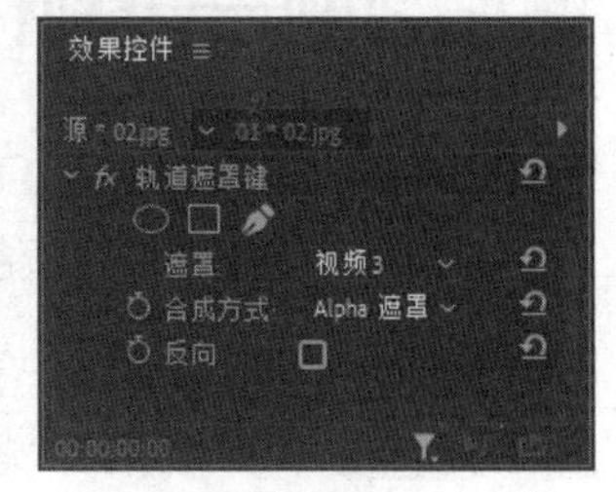

图6-137

07 单击“节目”监视器下方的“播放-停止切换”按钮▶/■，即可预览字幕的横向游动效果，如图6-138和图6-139所示。

图6-138

图6-139

课堂练习——制作霞浦旅游宣传片片头的消散文字

练习知识要点 使用“导入”命令导入素材文件，使用“旧版标题”命令和“字幕”面板添加字幕文字，使用“旧版标题属性”面板编辑字幕文字，使用“自动颜色”特效和“快速颜色校正器”特效调整素材颜色，使用“粗糙边缘”特效和“效果控件”面板制作消散文字，最终效果如图6-140所示。

效果所在位置 Ch06\制作霞浦旅游宣传片片头的消散文字\制作霞浦旅游宣传片片头的消散文字. prproj。

图6-140

课后习题——制作京城故事宣传片片头的模糊文字

习题知识要点 使用“导入”命令导入素材文件，使用“文字”工具添加文字，使用“基本图形”面板编辑字幕文字，使用“快速颜色校正器”特效调整素材颜色，使用“高斯模糊”特效和“效果控件”面板制作模糊文字，最终效果如图6-141所示。

效果所在位置 Ch06\制作京城故事宣传片片头的模糊文字\制作京城故事宣传片片头的模糊文字. prproj。

图6-141

第 7 章

加入音频

本章介绍

本章对音频及音频效果的应用与编辑进行讲解，重点讲解音轨混合器、调节音频、编辑音频、基本声音、分离和链接视/音频及添加音频效果等内容。通过对本章的学习，读者可以掌握Premiere Pro 2022音频效果的制作方法。

学习目标

●了解音频效果。

●了解使用音轨混合器的方法。

●熟练掌握音频的调节方法。

●掌握编辑音频的方法。

●了解“基本声音”面板。

●了解分离和链接视/音频的方法。

●掌握添加音频效果的技巧。

技能目标

●熟练掌握动物世界纪录片音频的调整方法。

●熟练掌握都市生活短视频片头音频的合成方法。

●熟练掌握动物世界宣传片音频特效的添加方法。

7.1 认识音频

Premiere Pro 2022中的音频编辑功能十分强大，不仅可以编辑音频素材、添加音效、制作立体声和5.1环绕声，还可以使用“时间轴”面板进行音频的合成工作，同时还提供了一些特殊处理方法，如声音的摇摆和声音的渐变等。

在Premiere Pro 2022中，对音频素材进行处理主要有以下4种方式。

（1）在“时间轴”面板的音频轨道上，通过修改关键帧的方式对音频素材进行处理，如图7-1所示。

（2）使用菜单命令来编辑所选的音频素材，如图7-2所示。

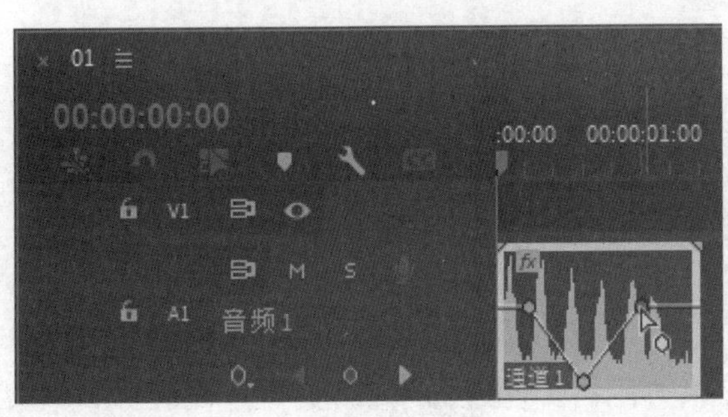

图7-1

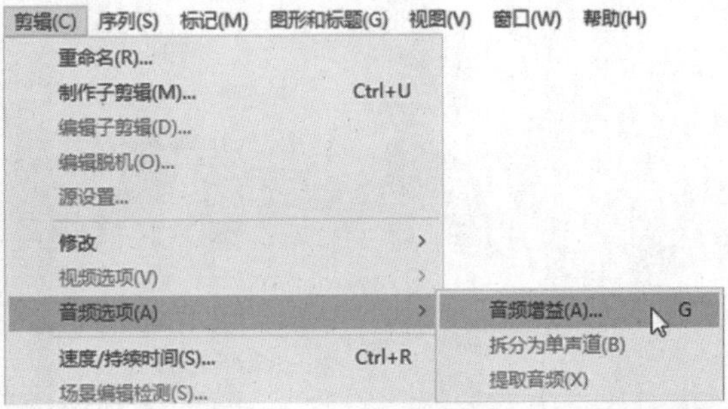

剪辑(C) 序列(S) 标记(M) 图形和标题(G) 视图(V) 窗口(W) 帮助(H)
重命名(R)...
制作子剪辑(M)... Ctrl+U
编辑子剪辑(D)...
编辑脱机(O)...
源设置...
修改
视频选项(V)
音频选项(A)
速度/持续时间(S)... Ctrl+R
场景编辑检测(S)...
音频增益(A)... G
拆分为单声道(B)
提取音频(X)

图7-2

（3）在“效果”面板中为音频素材添加音频效果，如图7-3所示。

（4）选择“编辑 > 首选项 > 音频”命令，弹出“首选项”对话框，可以对音频素材的属性进行初始设置，如图7-4所示。

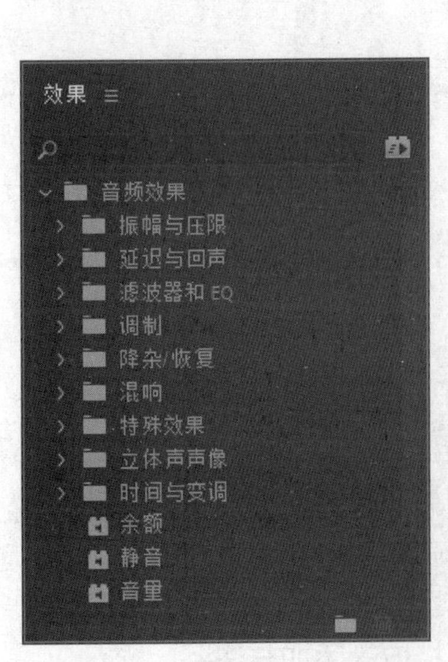

图7-3

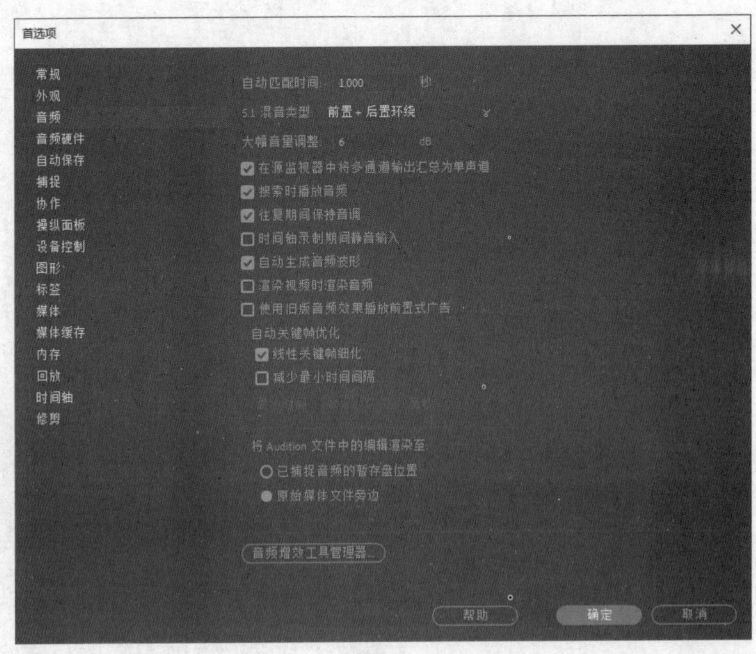

图7-4

7.2 “音轨混合器”面板

Premiere Pro 2022相较于之前的版本大大加强了处理音频的能力，相关功能也更加专业。“音轨混合器”面板可以更加有效地调节节目的音频，如图7-5所示。

“音轨混合器”面板可以实时混合“时间轴”面板中各轨道中的音频对象，还可以选择相应的音频控制器进行调节。

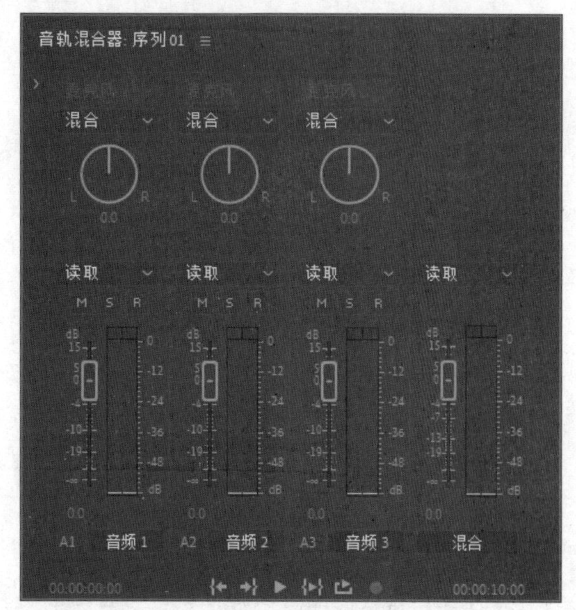

图7-5

7.2.1 认识“音轨混合器”面板

“音轨混合器”由若干个轨道音频控制器、主音频控制器和播放控制器组成，每个控制器都可以使用控制按钮和调节滑块调节音频。

1. 轨道音频控制器

“音轨混合器”中的轨道音频控制器用于调节对应轨道上的音频对象，控制器1对应“音频1（A1）”、控制器2对应“音频2（A2）”，依此类推。轨道音频控制器的数量由“时间轴”面板中的音频轨道数决定，在“时间轴”面板中添加音频轨道时，“音轨混合器”面板中将自动添加一个轨道音频控制器与其对应。

轨道音频控制器由控制按钮、声道调节旋钮及音量调节滑块组成。

（1）控制按钮。轨道音频控制器中的控制按钮可以设置音频调节时的状态，如图7-6所示。

单击“静音轨道”按钮M，该轨道音频为静音状态。

单击“独奏轨道”按钮S，其他未激活该按钮的轨道音频会被自动设置为静音状态。

单击“启用轨道以进行录制”按钮R，可以利用输入设备将声音录制到目标轨道上。

（2）声道调节旋钮。如果音频对象为双声道音频，可以使用声道调节旋钮调节其播放声道，如图7-7所示。向左转动旋钮，可以输出到左声道（L）；向右转动旋钮，可以输出到右声道（R）。

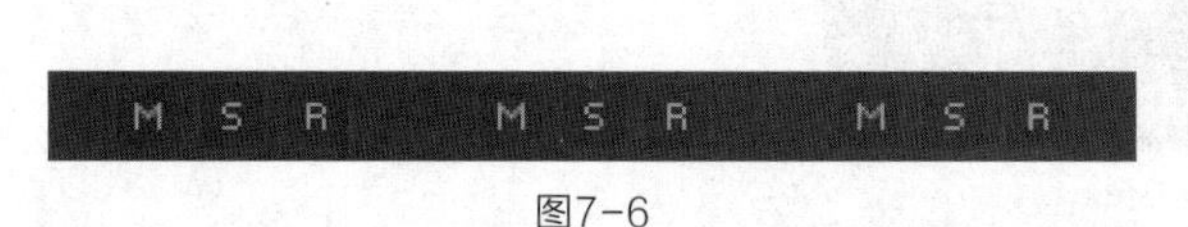

图7-6

图7-7

（3）音量调节滑块。通过音量调节滑块可以控制当前轨道音频对象的音量，Premiere Pro 2022以分贝数显示音量，如图7-8所示。向上拖曳滑块，可以增大音量；向下拖曳滑块，可以减小音量。下方数值栏中显示的是当前音量，也可直接在数值栏中输入声音音量大小。播放音频时，该面板左侧为音量表，显示音频播放时的音量大小；音量表顶部的小方块显示系统所能处理的音量极限，当方块显示为红色时，表示该音频量超过极限，音量过大。

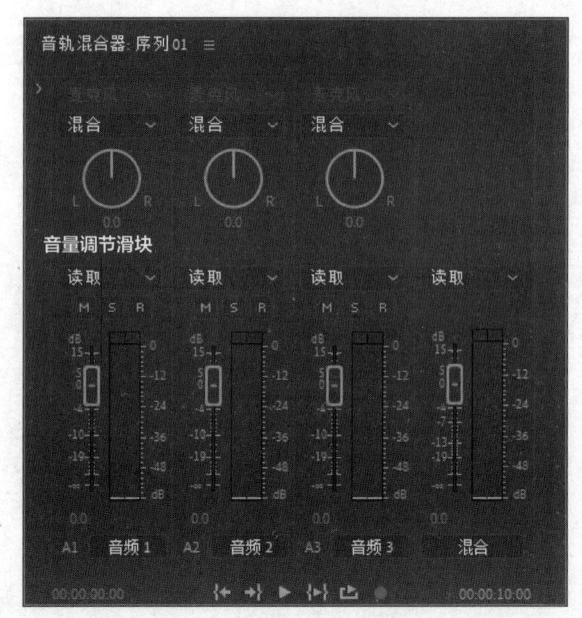

图7-8

2. 主音频控制器

使用主音频控制器可以调节“时间轴”面板中所有轨道上的音频对象。主音频控制器的使用方法与轨道音频控制器相同。

3. 播放控制器

播放控制器用于播放音频，使用方法与监视器中的播放控制栏相同，如图7-9所示。

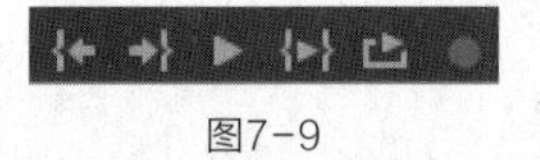

图7-9

7.2.2 设置“音轨混合器”面板

单击“音轨混合器”面板上方的按钮，弹出的菜单如图7-10所示。

（1）显示/隐藏轨道：选择此命令，会弹出图7-11所示的对话框，可以对“音轨混合器”面板中的轨道进行显示或隐藏。

（2）显示音频时间单位：可以在时间标尺上显示音频单位。

（3）循环：选择该命令后，系统会循环播放音频。

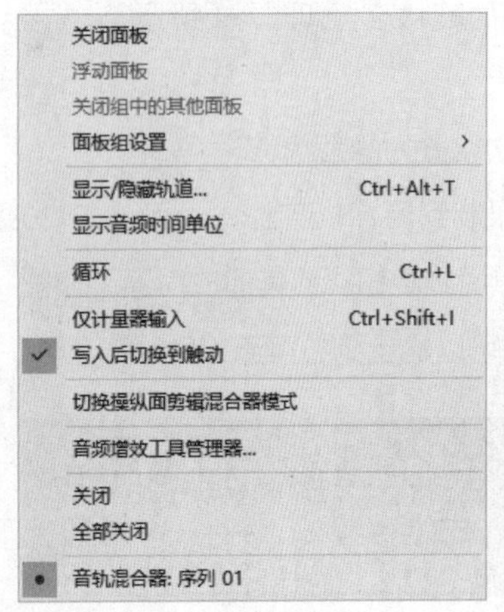

图7-10

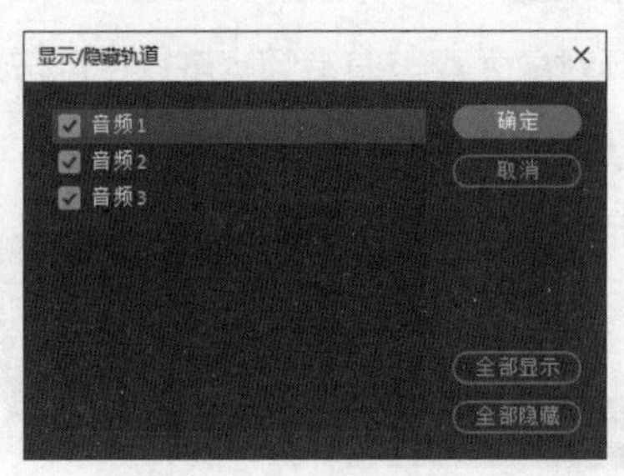

图7-11

7.3 调节音频

“时间轴”面板的每个音频轨道上都有音频淡化控制，用户可通过音频淡化器调节音频素材的电平。音频淡化器初始为中低音量，相当于录音机表中的0dB。

在Premiere Pro 2022中，对音频的调节分为剪辑调节和轨道调节。剪辑调节时，音频的改变仅对当前的音频素材有效，删除音频素材后，调节效果就消失了；而轨道调节针对当前音频轨道进行调节，所有在当前音频轨道上的音频素材都会在调节范围内受到影响。使用实时记录的时候，则只能对音频轨道进行调节。

在“时间轴”面板的音频轨道左侧单击按钮，在弹出的菜单中选择音频轨道的调节命令，如图7-12所示。

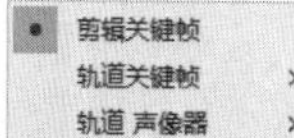

图7-12

7.3.1 课堂案例——调整动物世界纪录片的音频

案例学习目标 掌握编辑音频淡入淡出效果的方法。

案例知识要点 使用“导入”命令导入素材文件，使用“效果控件”面板调整音频的淡入淡出效果，最终效果如图7-13所示。

效果所在位置 Ch07\调整动物世界纪录片的音频\调整动物世界纪录片的音频. prproj。

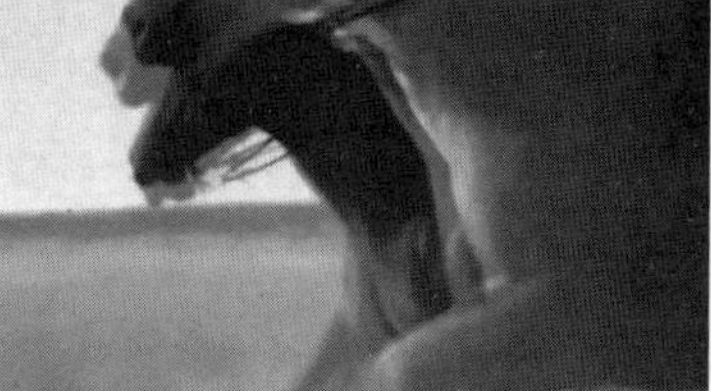

图7-13

01 启动Premiere Pro 2022软件，选择“文件 > 新建 > 项目”命令，进入新建项目界面，如图7-14所示，单击“创建”按钮，新建项目。

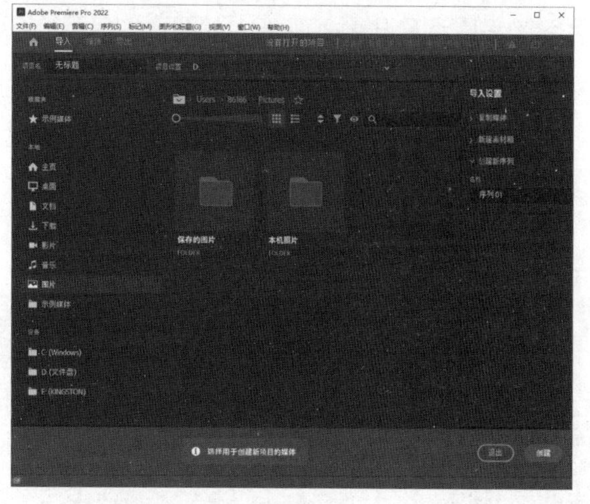

图7-14

02 选择“文件 > 导入”命令，弹出“导入”对话框，选择本书学习资源中的“Ch07\调整动物世界纪录片的音频\素材\01和02”文件，如图7-15所示，单击“打开”按钮，将素材文件导入“项目”面板中，如图7-16所示。将“项目”面板中的“01”文件拖曳到“时间轴”面板的“视频1（V1）”轨道中，生成“01”序列，如图7-17所示。

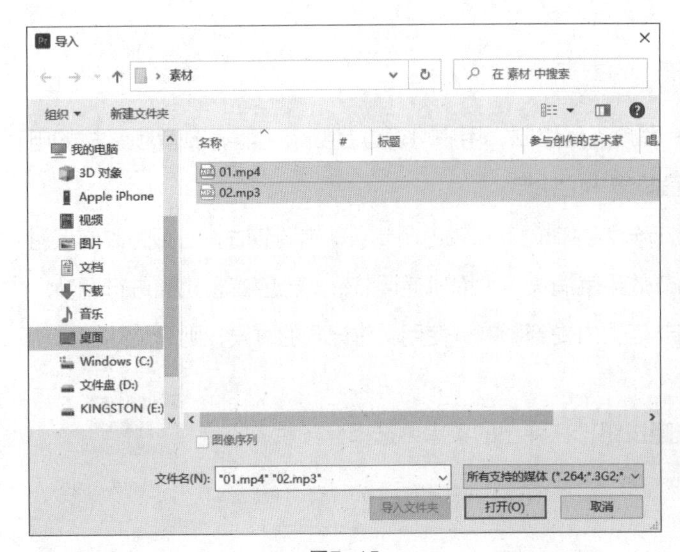

图7-15

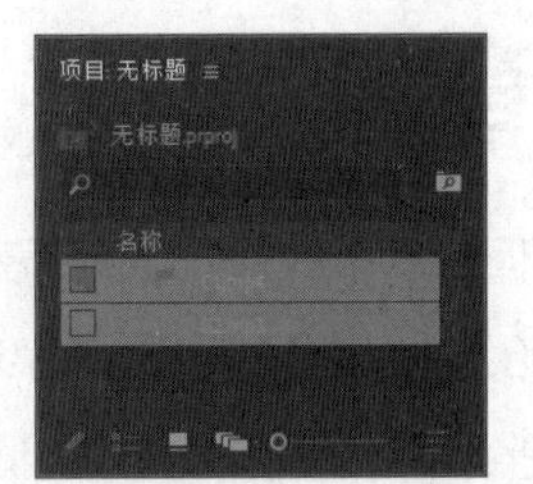

图7-16

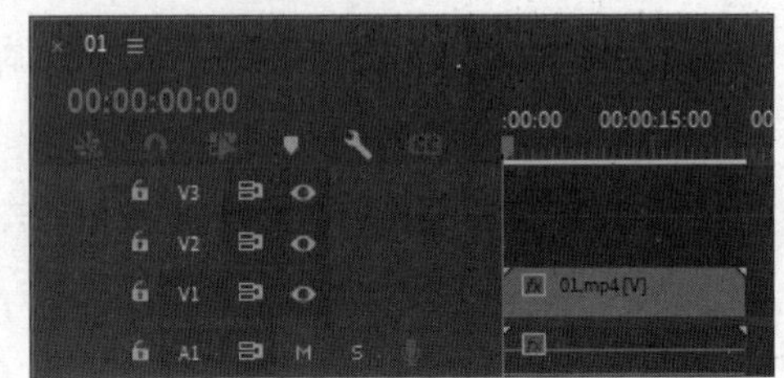

图7-17

03 在“项目”面板中，选中“02”文件并将其拖曳到“时间轴”面板的“音频1（A1）”轨道中，覆盖原文件的音频，如图7-18所示。将鼠标指针放在“02”文件的结束位置并单击，显示出编辑点。当鼠标指针呈◀形状时，向左拖曳到“01”文件的结束位置，如图7-19所示。

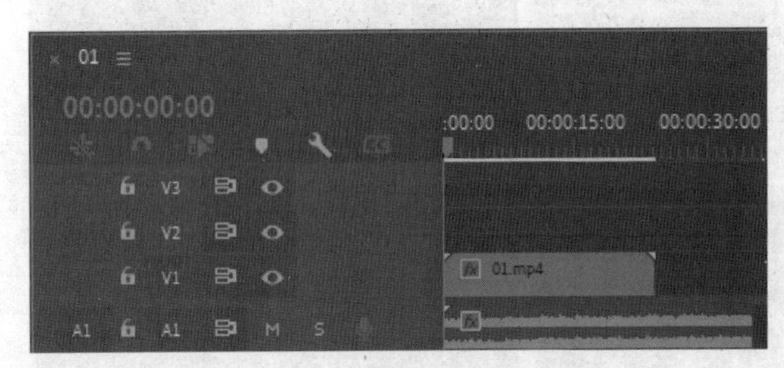

图7-18

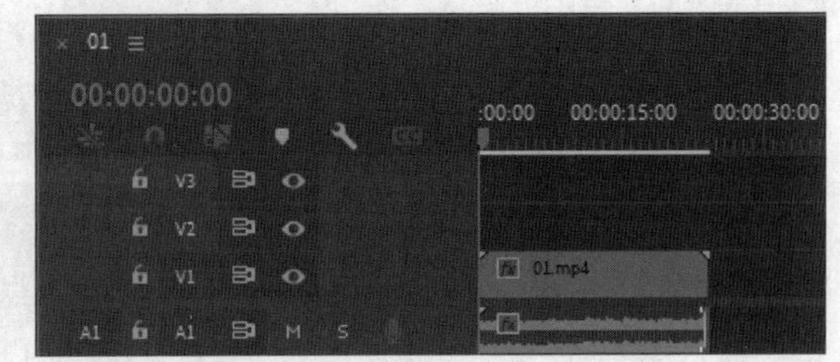

图7-19

04 选择“时间轴”面板中的“02”文件。选择“效果控件”面板，展开“音量”选项，将“级别”选项设置为–999.0dB，如图7-20所示，记录第1个动画关键帧。将时间标签放置在00:00:00:21的位置，将“级别”选项设置为0.0dB，如图7-21所示，记录第2个动画关键帧。

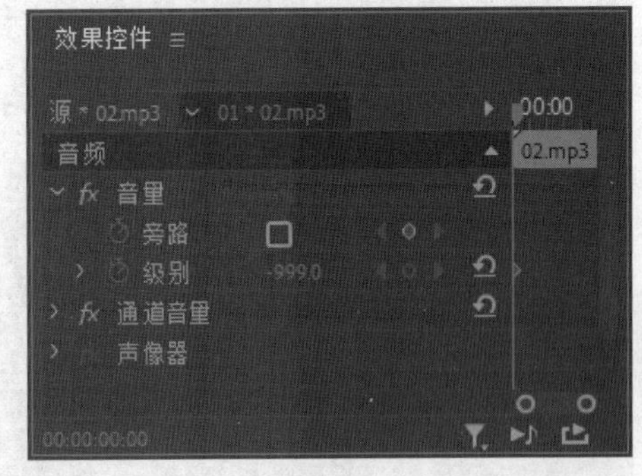

图7-20

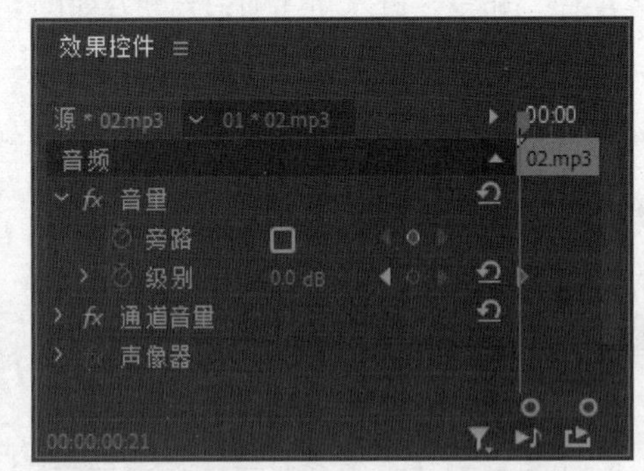

图7-21

05 将时间标签放置在00:00:06: 22的位置。将“级别”选项设置为6.0dB，如图7-22所示，记录第3个动画关键帧。将时间标签放置在00:00:15:23的位置。将“级别”选项设置为0.0dB，如图7-23所示，记录第4个动画关键帧。

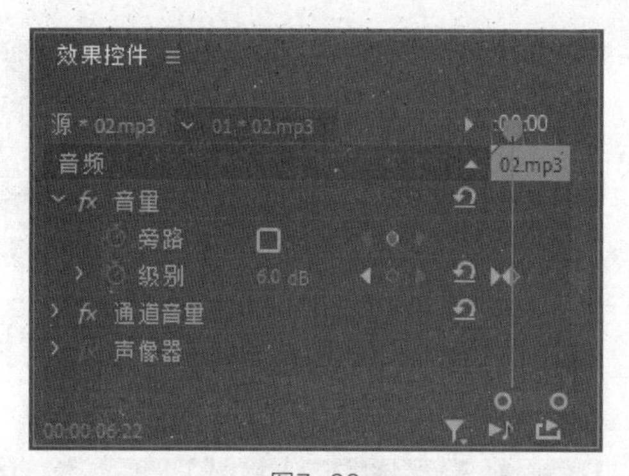

图7-22

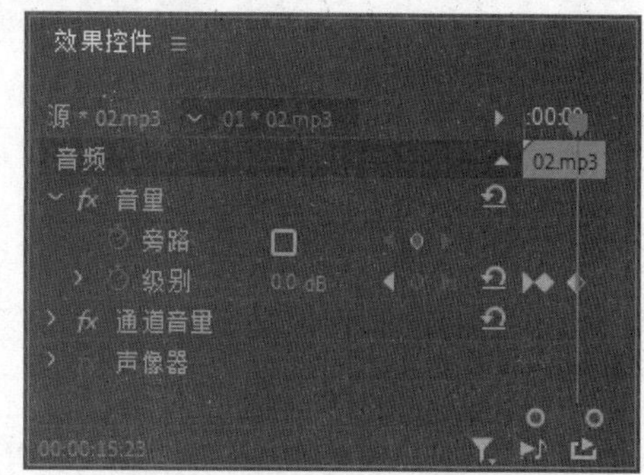

图7-23

06 将时间标签放置在00:00:22: 00的位置。将“级别”选项设置为5.7dB，如图7-24所示，记录第5个动画关键帧。将时间标签放置在00:00:24:09的位置。将“级别”选项设置为–999.0dB，如图7-25所示，记录第6个动画关键帧。动物世界纪录片的音频调整完成。

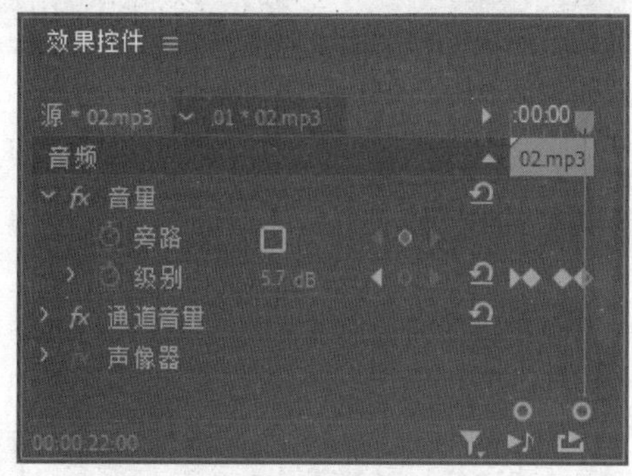

图7-24

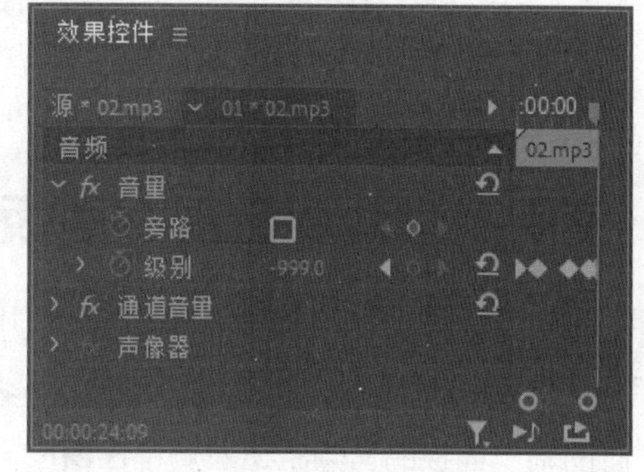

图7-25

7.3.2 使用“时间轴”面板调节音频

01 在默认情况下，音频轨道面板处于折叠状态，如图7-26所示。双击轨道左侧的空白处，可展开轨道面板，如图7-27所示。

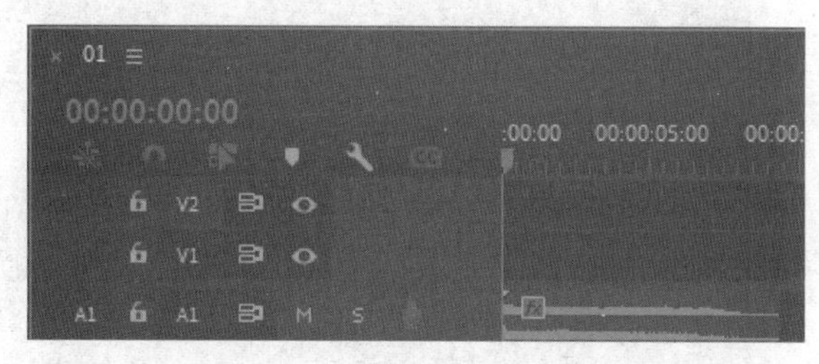

图7-26

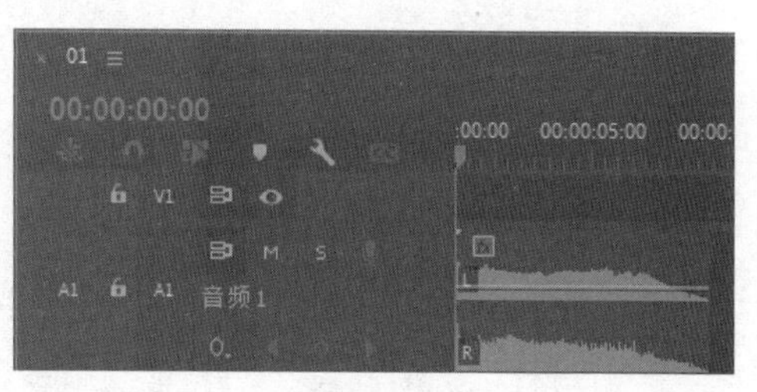

图7-27

02 选择“选择”工具，拖曳音频素材（或轨道）上的白线即可调节音量，如图7-28所示。

03 按住Ctrl键的同时，将鼠标指针移动到音频淡化器上，鼠标指针将变为带有加号的箭头形状，单击可添加关键帧，如图7-29所示。

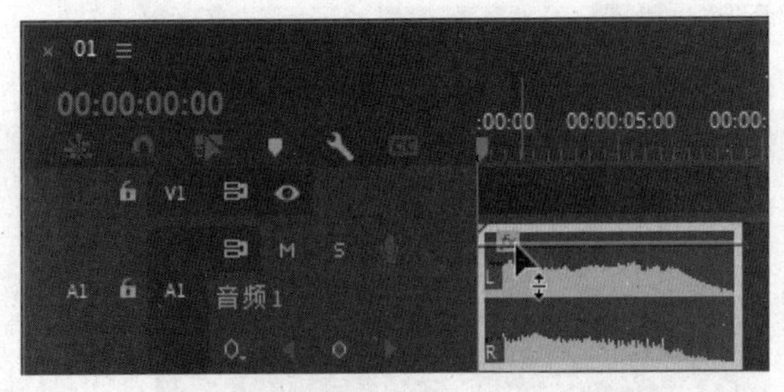

图7-28

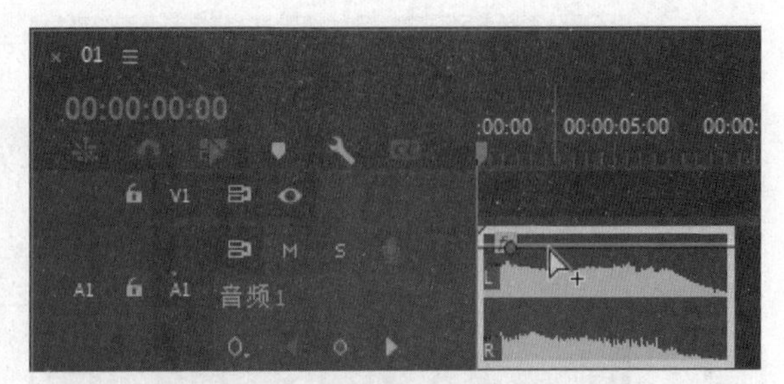

图7-29

04 根据需要添加多个关键帧。单击并按住鼠标左键上下拖曳关键帧，关键帧之间的连线指示了音频素材的淡入或淡出效果：一条递增的线表示音频淡入，一条递减的线表示音频淡出，如图7-30所示。

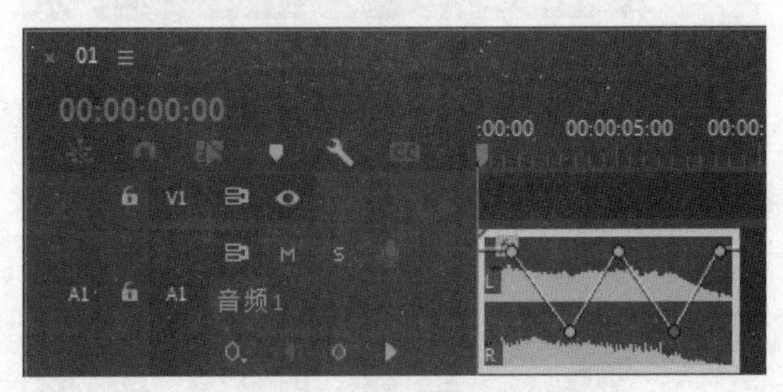

图7-30

7.3.3 使用“音轨混合器”面板调节音频

使用“音轨混合器”面板调节音频非常方便，用户可以在播放音频时实时进行音量调节。

使用“音轨混合器”面板调节音频的方法如下。

01 在“时间轴”面板的音频轨道左侧单击按钮，在弹出的菜单中选择“轨道关键帧 > 音量”选项。

02 在“音轨混合器”面板上方需要进行调节的轨道上单击“自动模式”选项，在弹出的下拉列表中选择“写入”选项，如图7-31所示。

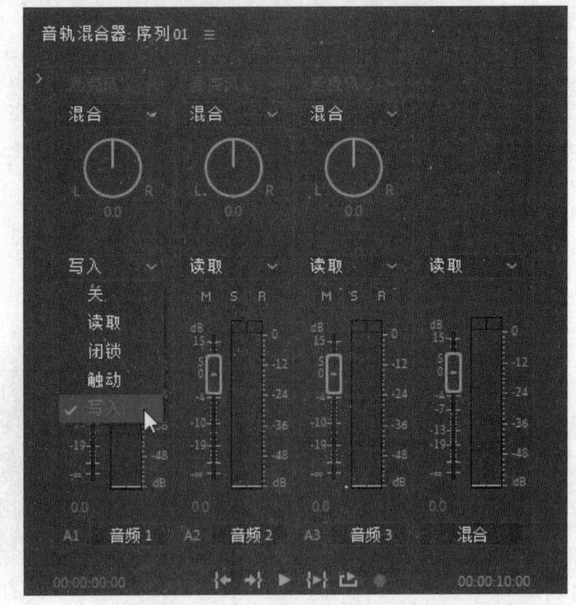

图7-31

03 单击“音轨混合器”面板中的“播放-停止切换”按钮▶，开始播放音频，拖曳音量控制滑块进行调节，调节完成后，“时间轴”面板中会自动记录结果，如图7-32所示。

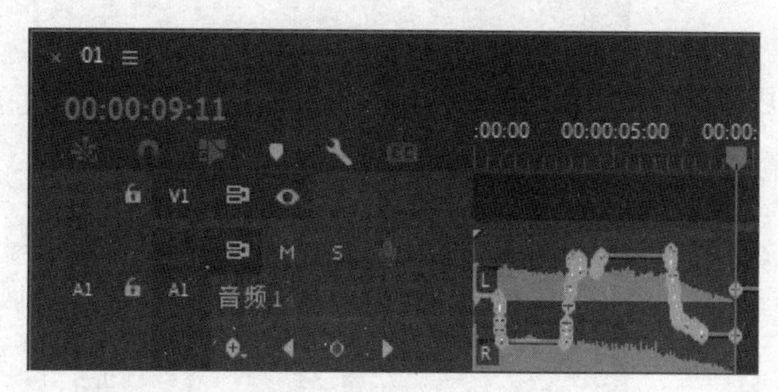

图7-32

7.4 编辑音频

将需要处理的音频素材置入“时间轴”面板后，可以对音频素材进行编辑。本节介绍音频素材的编辑方法。

7.4.1 课堂案例——合成都市生活短视频片头的音频

案例学习目标 掌握调整音频声道、速度与音调的方法。

案例知识要点 使用“导入”命令导入素材文件，使用“球面化”特效、“线性擦除”特效和“效果控件”面板制作文字动画，使用“速度/持续时间”命令调整音频，使用“余额”特效调整音频的左右声道，最终效果如图7-33所示。

效果所在位置 Ch07\合成都市生活短视频片头的音频\合成都市生活短视频片头的音频. prproj。

图7-33

1. 调整素材并制作字幕

01 启动Premiere Pro 2022软件，选择“文件 > 新建 > 项目”命令，进入新建项目界面，如图7-34所示，单击“创建”按钮，新建项目。

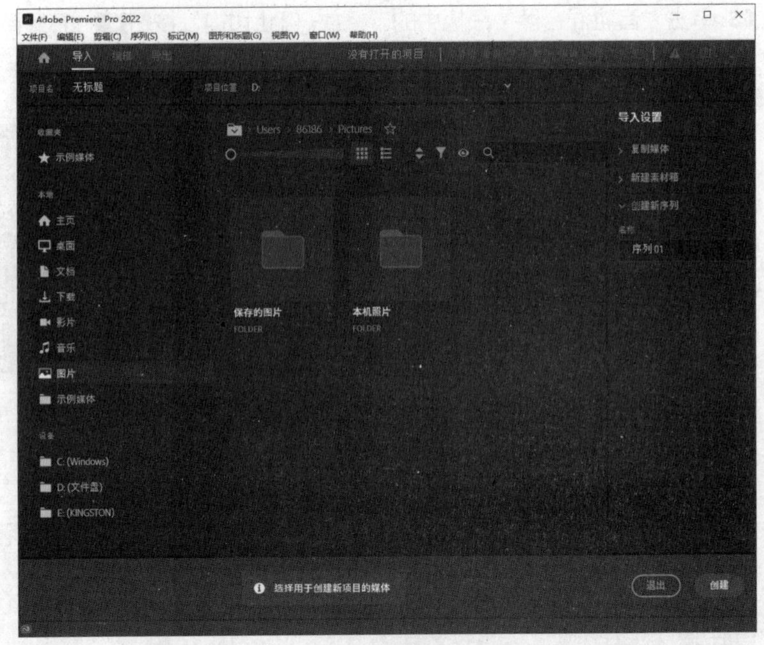

图7-34

02 选择“文件 > 导入”命令，弹出“导入”对话框，选择本书学习资源中的“Ch07\合成都市生活短视频片头的音频\素材\01～04”文件，如图7-35所示，单击“打开”按钮，将素材文件导入“项目”面板中，如图7-36所示。将“项目”面板中的“01”文件拖曳到“时间轴”面板的“视频1（V1）”轨道中，生成“01”序列，如图7-37所示。

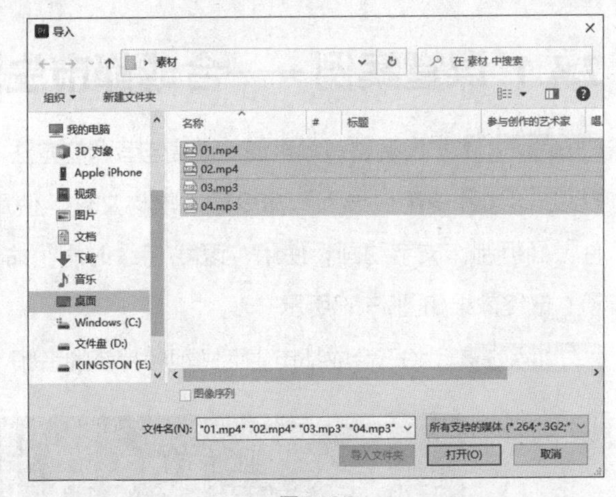

图7-35

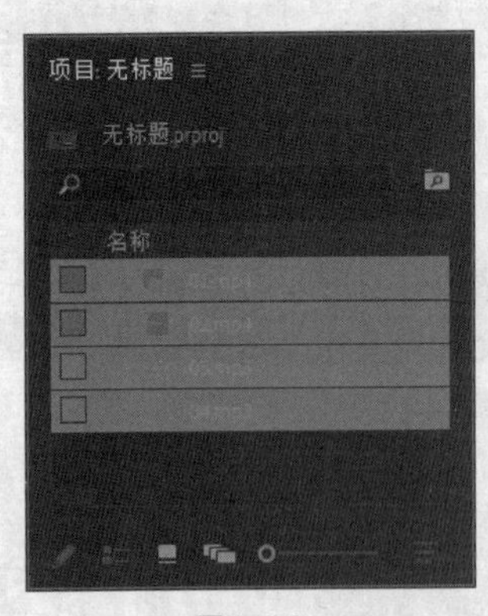

图7-36

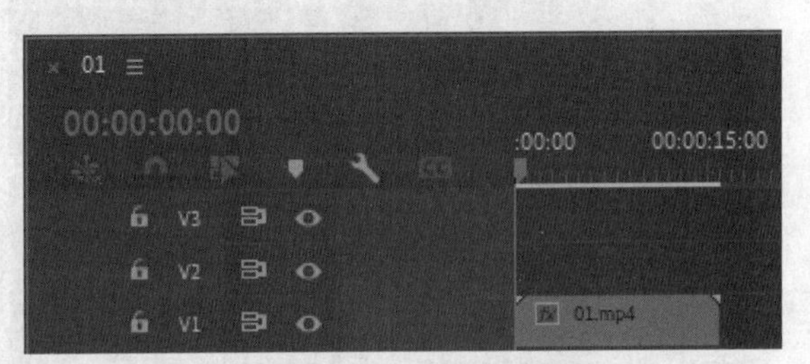

图7-37

03 将时间标签放置在00:00:03:00的位置。将鼠标指针放在“01”文件的结束位置，当鼠标指针呈◀形状时，向左拖曳到00:00:03:00的位置，如图7-38所示。

04 双击“项目”面板中的“02”文件，在“源”监视器中打开“02”文件。将时间标签放置在

00:00:01:24的位置。按O键，创建标记出点，如图7-39所示。

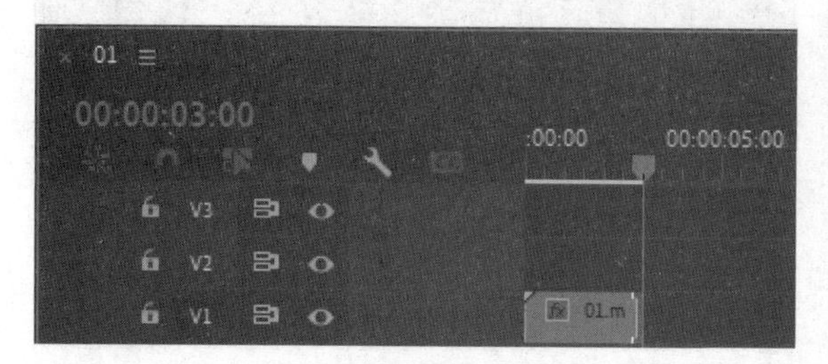

图7-38

图7-39

05 选中“源”监视器中的“02”文件并将其拖曳到“时间轴”面板的“视频1（V1）”轨道中，如图7-40所示。选择“源”监视器，选择“标记 > 清除出点”命令，消除出点，如图7-41所示。

图7-40

图7-41

06 将时间标签放置在00:00:04:12的位置。按I键，创建标记入点。将时间标签放置在00:00:06:11的位置。按O键，创建标记出点，如图7-42所示。选中“源”监视器中的“02”文件并将其拖曳到“时间轴”面板的“视频1（V1）”轨道中，如图7-43所示。

图7-42

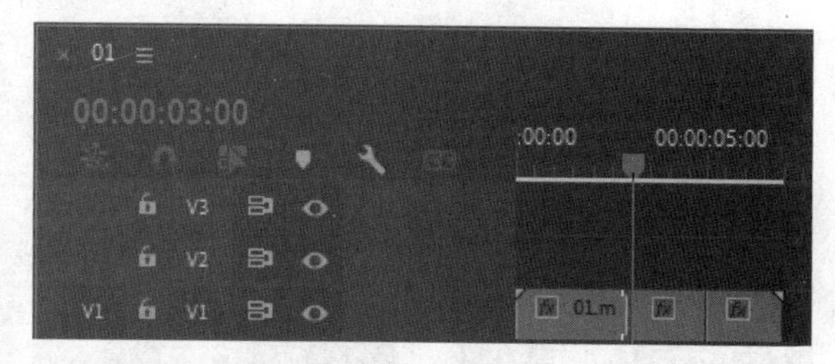

图7-43

07 选择“文件 > 新建 > 旧版标题”命令，弹出“新建字幕”对话框，如图7-44所示，单击“确定”按钮，弹出“字幕”面板。选择“旧版标题工具”面板中的“文字”工具**T**，在“字幕”面板中单击并输入需要的文字，如图7-45所示。

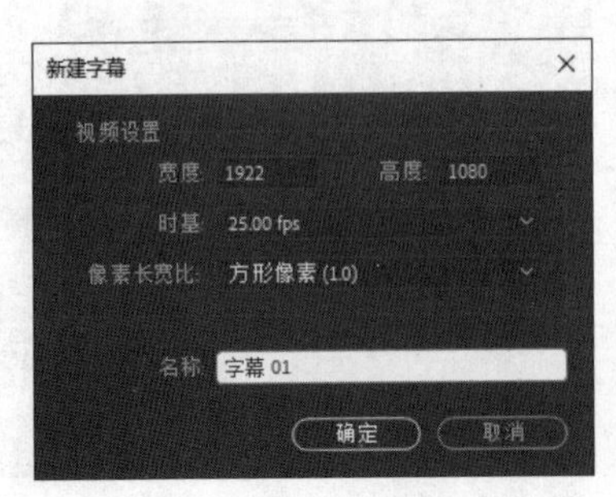

图7-44

图7-45

08 在“旧版标题属性”面板中，展开“属性”栏，参数设置如图7-46所示。展开“描边”栏，单击“内描边”右侧的“添加”，将“颜色”选项设置为白色，其他选项的设置如图7-47所示，“字幕”面板中的效果如图7-48所示。“项目”面板中会生成“字幕01”文件。

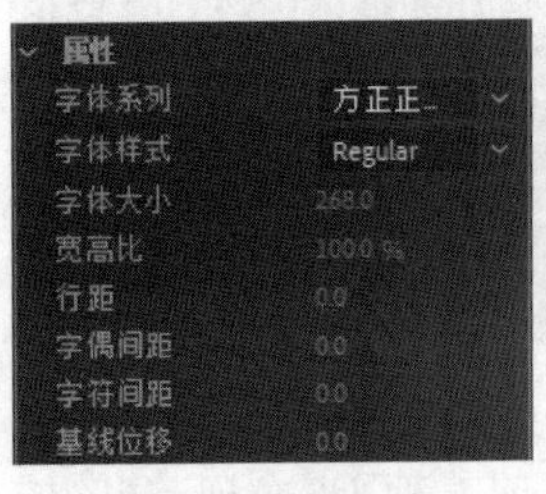

图7-46

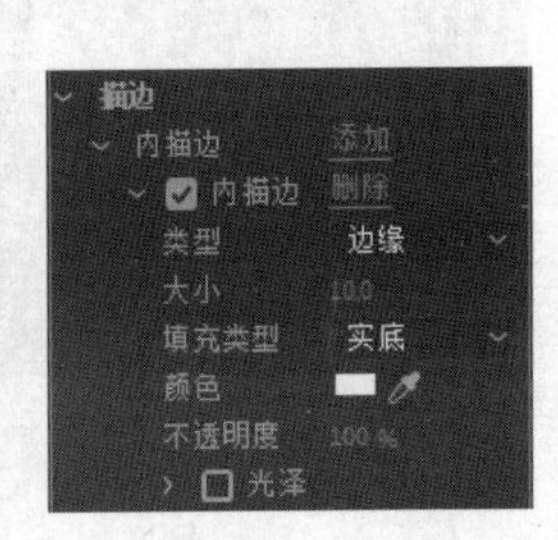

图7-47

图7-48

09 选择“项目”面板中生成的“字幕01”文件，按Ctrl+C快捷键，复制文件。按Ctrl+V快捷键，粘贴文件，并将复制得到的文件重命名为“字幕02”，如图7-49所示。双击“字幕02”文件，弹出“字幕”面板。取消勾选“描边”栏。展开“填充”栏，将“颜色”选项设置为白色，如图7-50所示，“字幕”面板中的效果如图7-51所示。

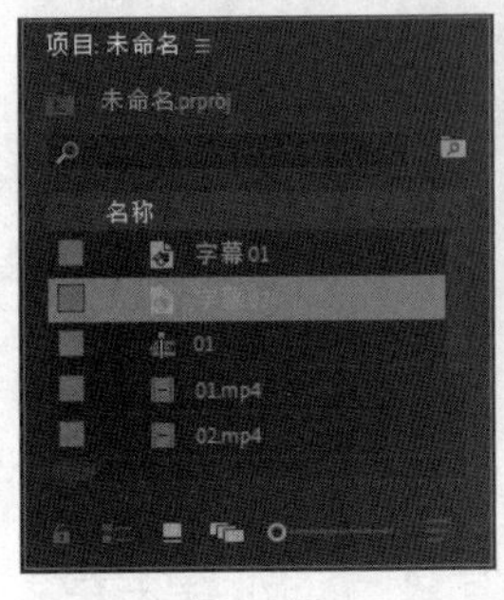

图7-49

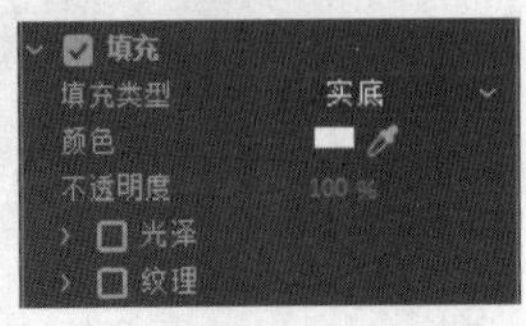

图7-50

图7-51

10 将时间标签放置在00:00:00:17的位置。选择“项目”面板中的“字幕01”文件，将其拖曳到“时间轴”面板的“视频2（V2）”轨道中，如图7-52所示。选择“项目”面板中的“字幕02”文件，将其拖曳到“时间轴”面板的“视频3（V3）”轨道中，如图7-53所示。

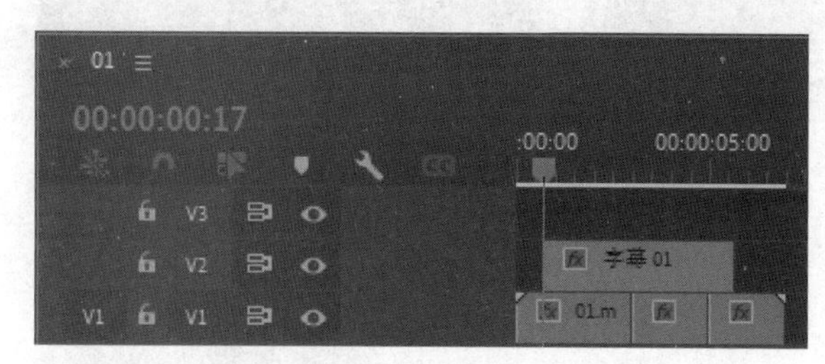

图7-52

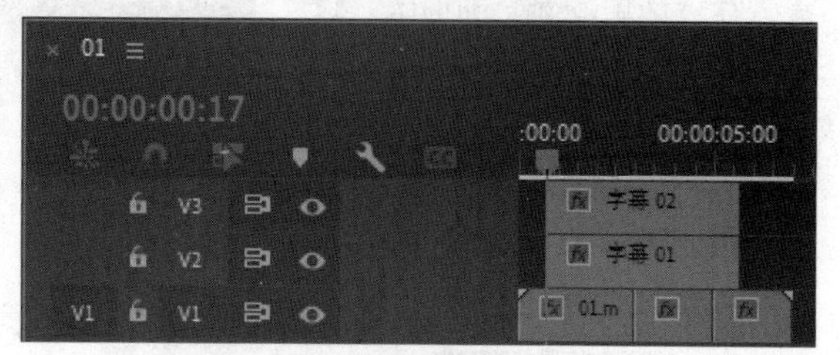

图7-53

2. 添加视频特效和过渡效果

01 选择“效果”面板，展开“视频效果”分类选项，单击“扭曲”文件夹前面的▶按钮将其展开，选中“球面化”特效，如图7-54所示。将“球面化”特效拖曳到“时间轴”面板中的“字幕02”文件上。

02 在“效果控件”面板中，展开“球面化”特效，将“半径”选项设置为250.0，“球面中心”选项设置为258.0和540.0，单击“球面中心”选项左侧的“切换动画”按钮⏱，如图7-55所示，记录第1个动画关键帧。

图7-54

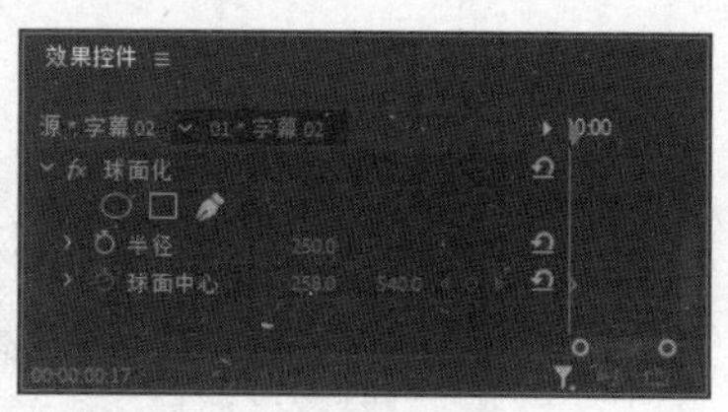

图7-55

03 将时间标签放置在00:00:04:17的位置。在“效果控件”面板中，将“球面中心”选项设置为1683.0和540.0，记录第2个动画关键帧，如图7-56所示。

04 选择“效果”面板，单击“过渡”文件夹前面的▶按钮将其展开，选中“线性擦除”特效，如图7-57所示。将“线性擦除”特效拖曳到“时间轴”面板中的“字幕02”文件上。

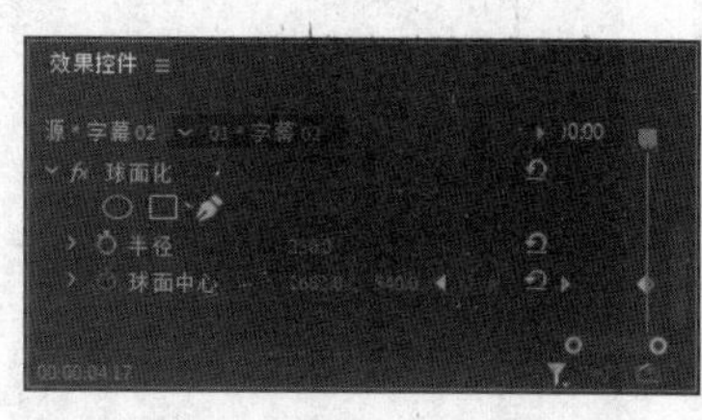

图7-56

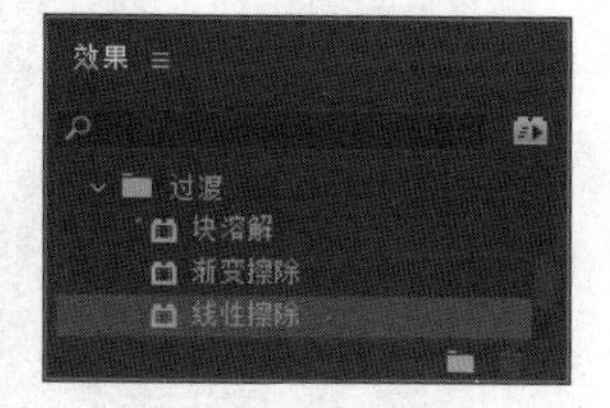

图7-57

05 将时间标签放置在00:00:00:17的位置。在“效果控件”面板中，展开“线性擦除”特效，将“擦除角度”选项设置为−90.0°，“过渡完成”选项设置为100%，单击“过渡完成”选项左侧的“切换动画”按钮，如图7-58所示，记录第1个动画关键帧。将时间标签放置在00:00:04:17的位置。在“效果控件”面板中，将“过渡完成”选项设置为0%，记录第2个动画关键帧，如图7-59所示。

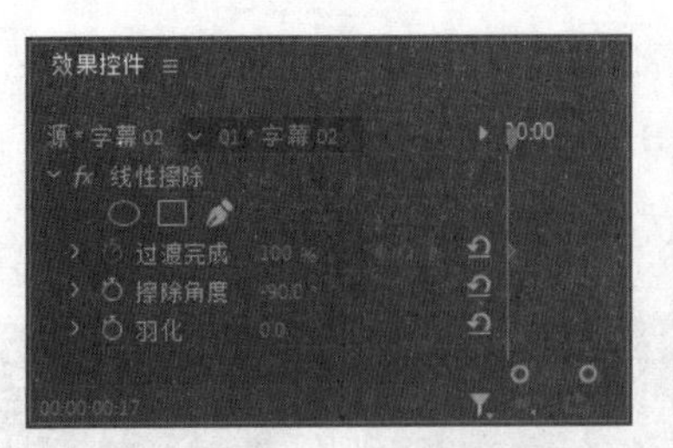

图7-58

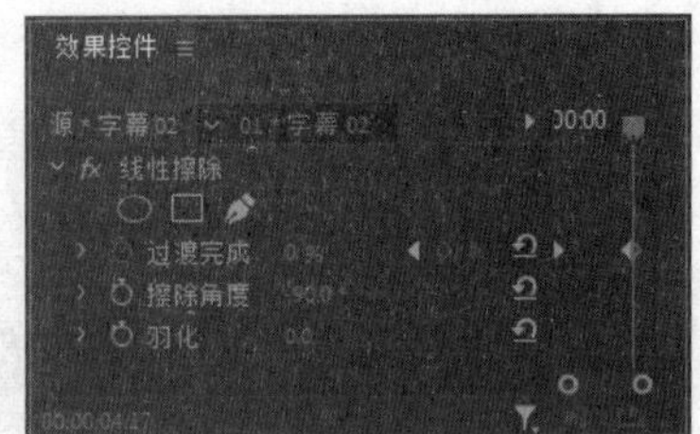

图7-59

06 选择“效果”面板，展开“视频过渡”分类选项，单击“溶解”文件夹前面的按钮将其展开，选中“交叉溶解”特效，如图7-60所示。将“交叉溶解”特效拖曳到“时间轴”面板中“01”文件的结束位置和第1个“02”文件的开始位置。再将其拖曳到“时间轴”面板中第1个“02”文件的结束位置和第2个“02”文件的开始位置，如图7-61所示。

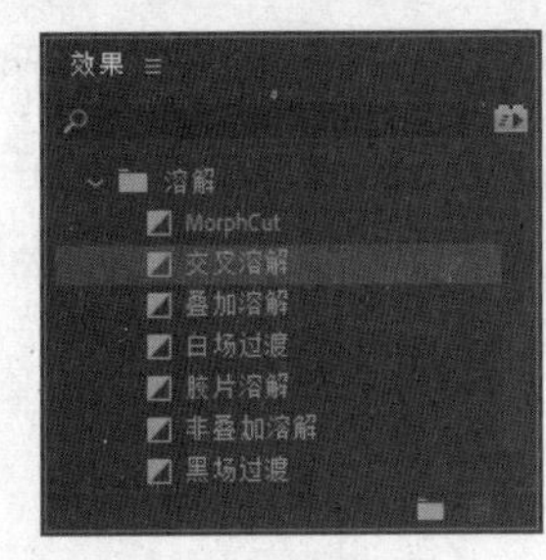

图7-60

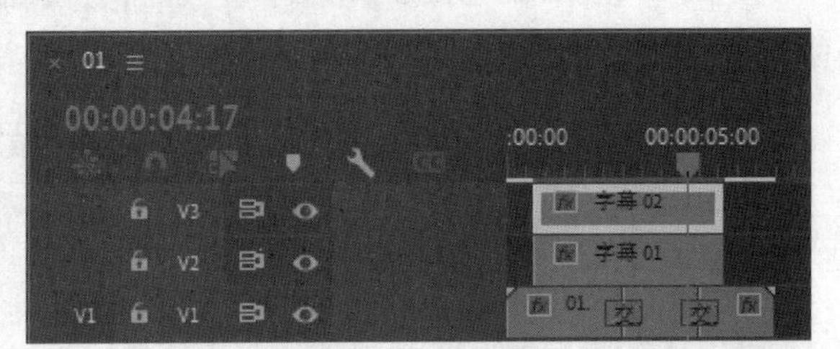

图7-61

3. 添加并调整音频

01 选择“项目”面板中的“03”文件，将其拖曳到“时间轴”面板的“音频1（A1）”轨道中，如图7-62所示。选择“时间轴”面板中的“03”文件。选择“剪辑 > 速度/持续时间”命令，弹出对话框，各选项的设置如图7-63所示，单击“确定”按钮。

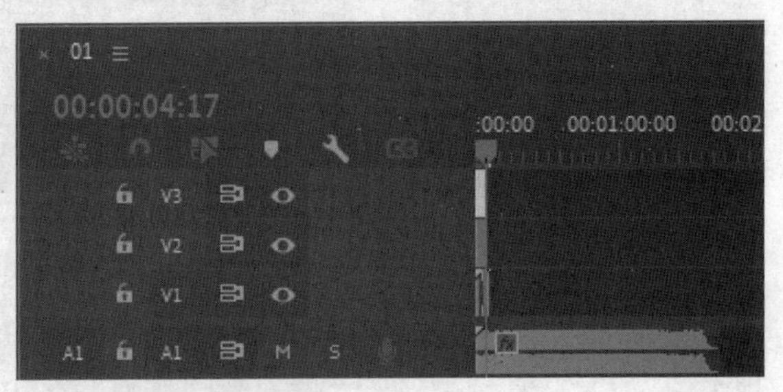

图7-62

02 将鼠标指针放在“03”文件的结束位置，当鼠标指针呈形状时，向左拖曳到“02”文件的结束位置，如图7-64所示。

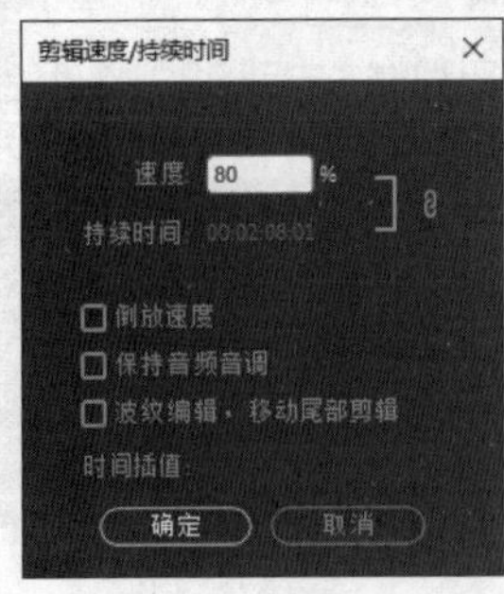

图7-63

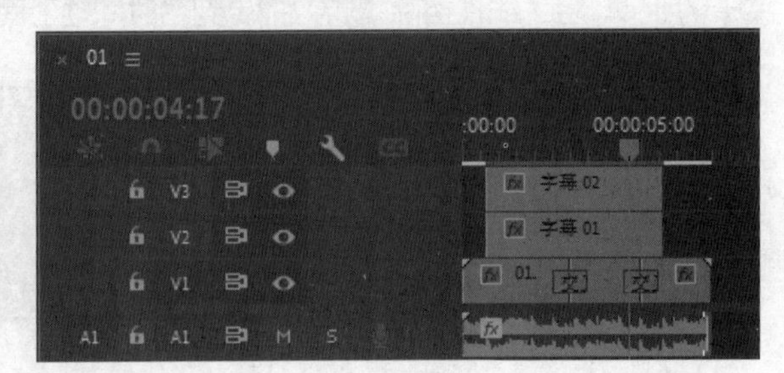

图7-64

03 选择“项目”面板中的“04”文件，将其拖曳到“时间轴”面板的“音频2（A2）”轨道中，如图7-65所示。将鼠标指针放在“04”文件的结束位置，当鼠标指针呈◂形状时，向左拖曳到“03”文件的结束位置，如图7-66所示。

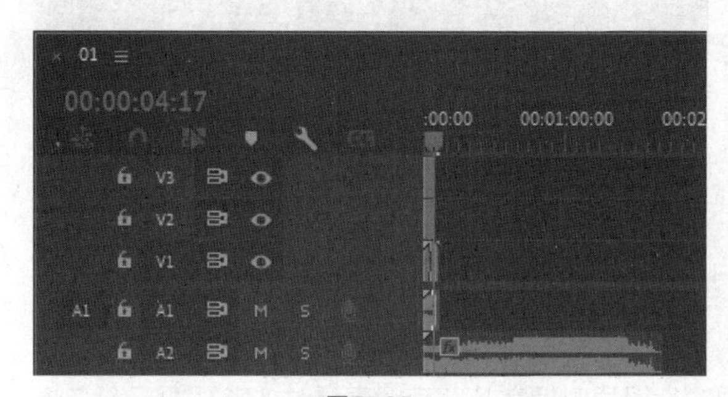

图7-65

图7-66

04 选择“效果”面板，展开“音频效果”分类选项，选中“余额”特效，如图7-67所示。将“余额”特效拖曳到“时间轴”面板中的“03”文件和“04”文件上。

05 选择“时间轴”面板中的“03”文件。选择“效果控件”面板，展开“余额”选项，将“余额”选项设置为50.000，如图7-68所示。选择“时间轴”面板中的“04”文件。选择“效果控件”面板，展开“余额”选项，将“余额”选项设置为-30.000，如图7-69所示。都市生活短视频片头的音频合成完成。

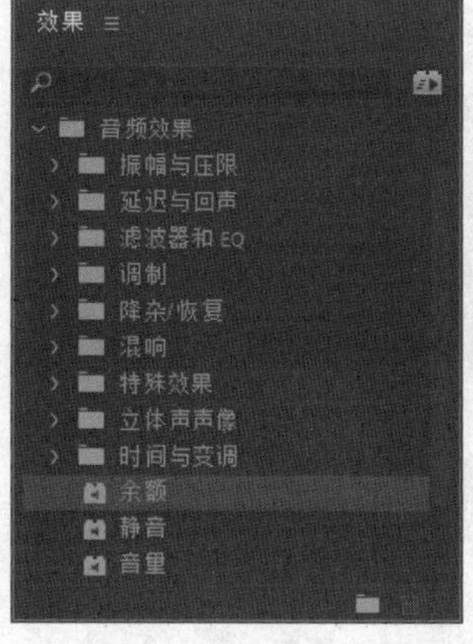

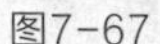
图7-67

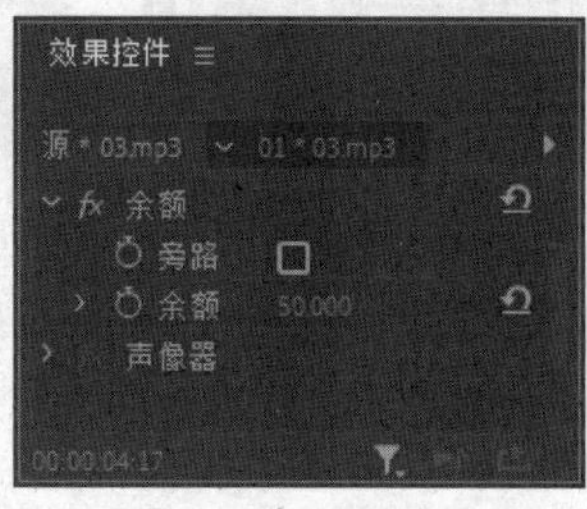

图7-68

图7-69

7.4.2 调整速度和持续时间

与视频素材的编辑一样，在应用音频素材时，也可以对其播放速度和时间长度进行设置，具体操作步骤如下。

01 选中要调整的音频素材。选择“剪辑 > 速度/持续时间”命令，在弹出的对话框中对音频素材的速度及持续时间进行调整，如图7-70所示，单击“确定”按钮。

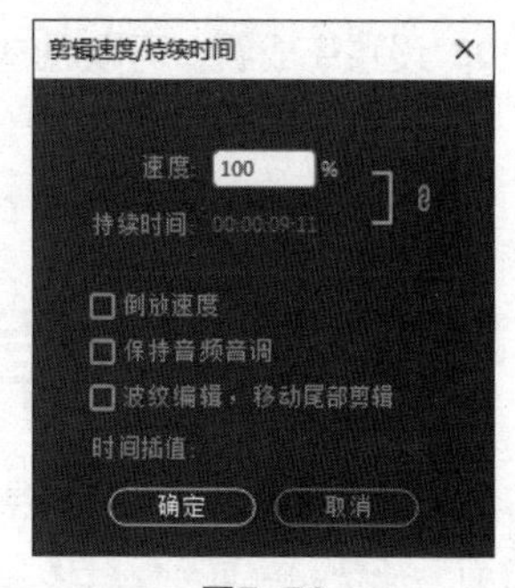

图7-70

02 在“时间轴”面板中直接拖曳音频素材的边缘，可改变音频轨道上音频素材的长度。也可选择“剃刀”工具，对音频素材进行切割，如图7-71所示，然后将不需要的部分删除。

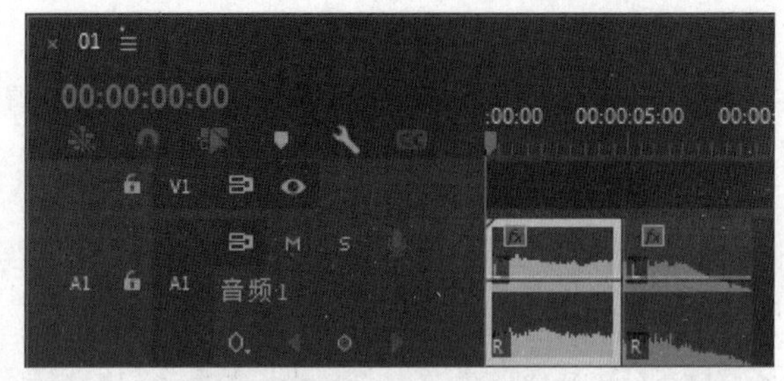

图7-71

7.4.3 音频增益

音频增益指的是音频信号的声调高低。当一个视频片段同时拥有几个音频素材时，就需要平衡音频素材的增益。因为如果一个素材的音频信号太高或太低，就会严重影响播放时的音频效果。使用“音频增益”功能的具体操作步骤如下。

01 选择“时间轴”面板中需要调整的音频素材，如图7-72所示。

02 选择“剪辑 > 音频选项 > 音频增益”命令，弹出“音频增益”对话框，如图7-73所示，其中“峰值振幅”为软件自动计算的该素材的峰值振幅，可以作为调整增益的参考。

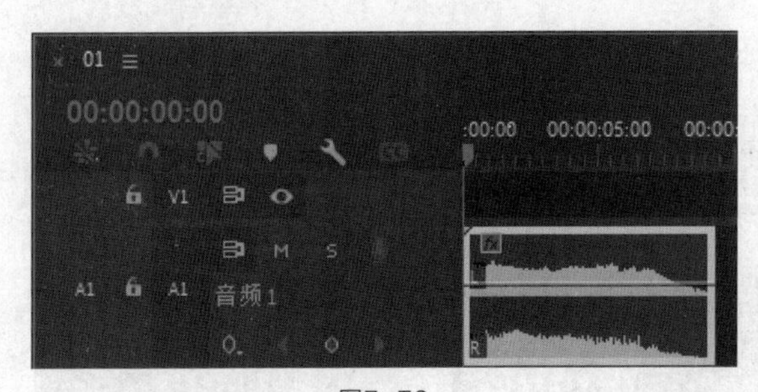

图7-72

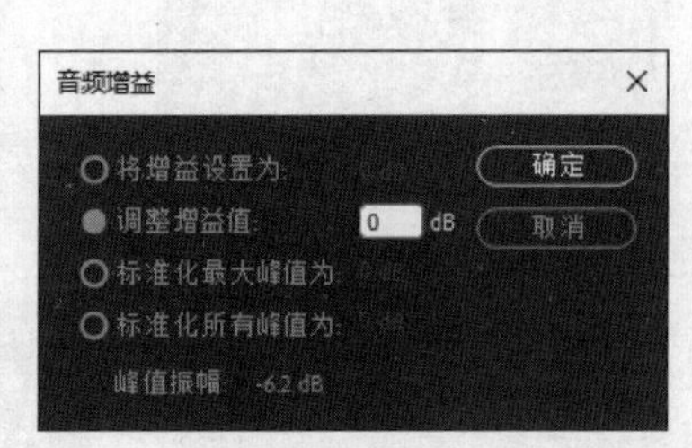

图7-73

将增益设置为： 可以设置增益为特定值。该值始终会更新为当前增益，即使未选中左侧的单选按钮也可显示。

调整增益值： 可以调整增益值。“将增益设置为”的值会根据此值自动更新。

标准化最大峰值为： 可以设置最大峰值振幅。

标准化所有峰值为： 可以设置峰值振幅。

03 设置完成后，可以通过“源”监视器查看处理后的音频波形变化。播放修改后的音频素材，试听音频效果。

7.5 基本声音

选择“窗口 > 基本声音”命令，弹出“基本声音”面板，如图7-74所示。在该面板中选择剪辑类型，如“对话”“音乐”“SFX”“环境”，会弹出相应的选项，以编辑、修复声音。

单击“对话”按钮，弹出相应的选项，如图7-75所示，可以设置响度，降低隆隆声，消除嗡嗡声和齿声，提高对话的清晰度，创建伪声效果，还可以调整音量。

单击“音乐”按钮，弹出相应的选项，如图7-76所示，可以设置响度、调整持续时间、使用自动闪避功能，还可以调整音量。

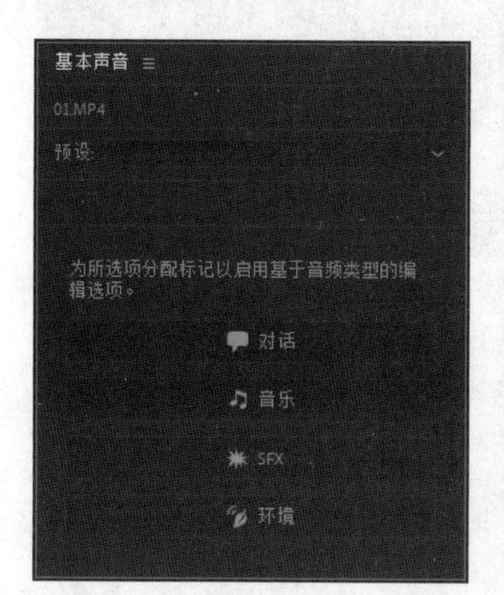

图7-74

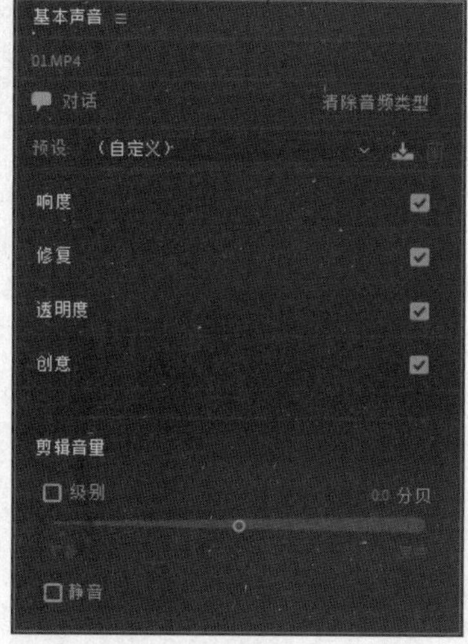

图7-75

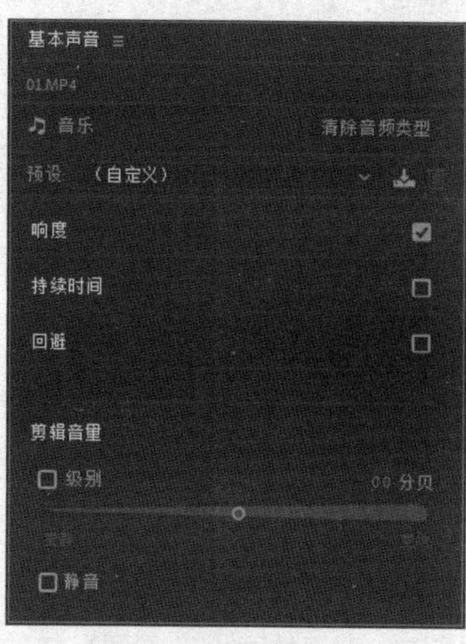

图7-76

单击“SFX”按钮，弹出相应的选项，如图7-77所示，可以设置响度、创建混响效果、调整平移效果，还可以调整音量。

单击“环境”按钮，弹出相应的选项，如图7-78所示，可以设置响度、创建混响效果、设置立体声宽度、使用自动闪避功能，还可以调整音量。

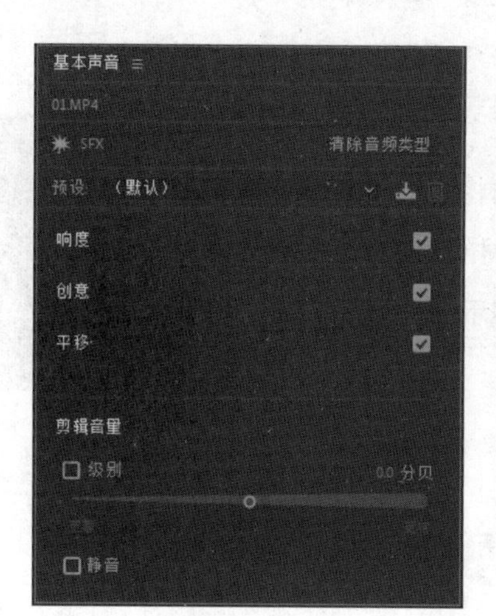

图7-77

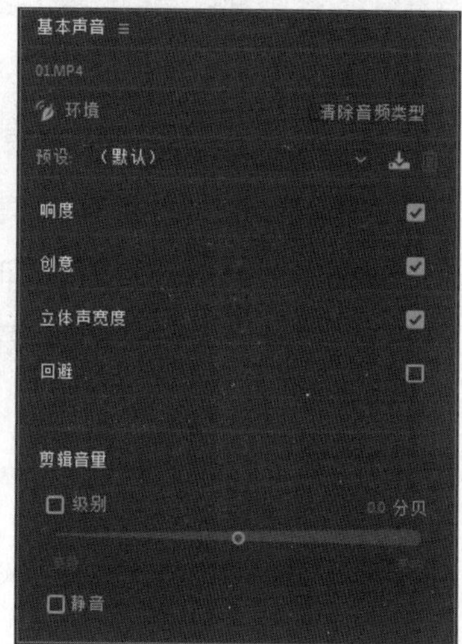

图7-78

7.6 分离和链接视/音频

在编辑视/音频的过程中，经常需要将“时间轴”面板中的视/音频链接素材的视频和音频部分分离。用户可以完全打断或暂时释放链接素材的链接关系并重新设置音频或视频部分。

在Premiere Pro 2022中，音频素材和视频素材有两种链接关系：硬链接和软链接。如果链接的视频和音频来自同一个影片文件，则是硬链接，“项目”面板中只显示一个素材，硬链接是在素材导入Premiere Pro 2022之前就建立的，音频和视频部分在“时间轴”面板中显示为相同的颜色，如图7-79

所示。软链接是在“时间轴”面板中建立的链接，用户可以在“时间轴”面板中为音频素材和视频素材建立软链接，软链接的素材在“项目”面板中保持着各自的完整性，在“时间轴”面板中显示为不同的颜色，如图7-80所示。

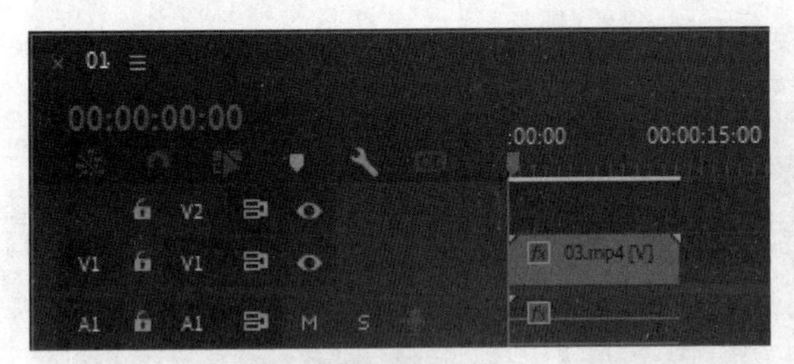

图7-79

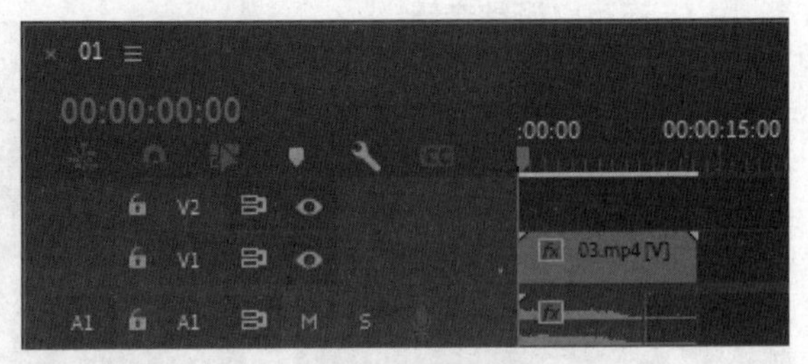

图7-80

如果要打断链接在一起的视/音频，可在轨道上选择对象，单击鼠标右键，在弹出的菜单中选择“取消链接”命令，如图7-81所示。如果要把分离的视/音频素材链接在一起，作为一个整体进行操作，则只需要框选需要链接的视/音频，单击鼠标右键，在弹出的菜单中选择“链接”命令即可，如图7-82所示。

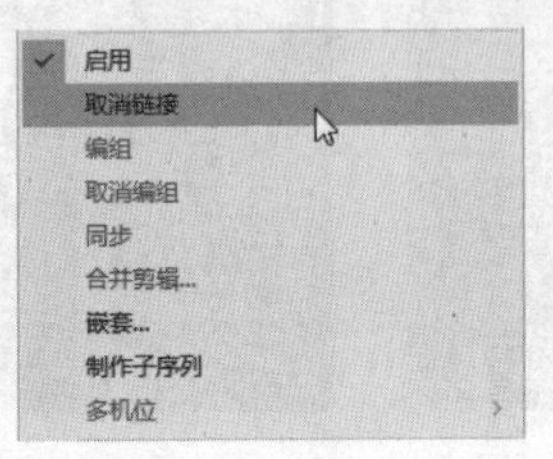

图7-81

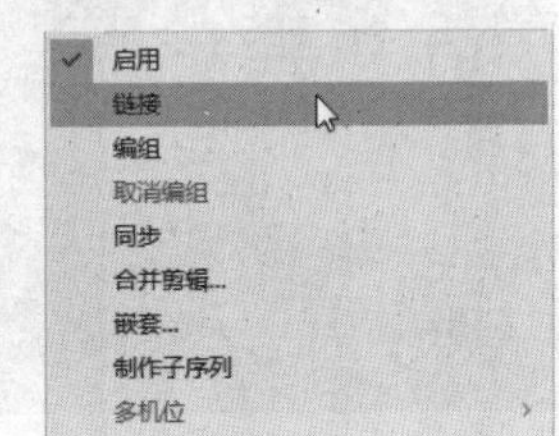

图7-82

链接在一起的素材被断开后，分别移动音频和视频部分，使它们错位，然后再将它们链接在一起，系统会在片段上标识错位的时间，如图7-83所示，负值表示向前偏移，正值表示向后偏移。

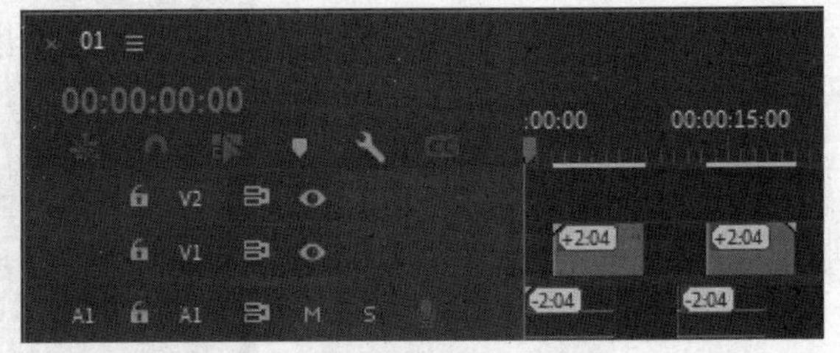

图7-83

7.7 添加音频效果

Premiere Pro 2022提供了20多种音频效果，可以产生回声、合声及去除噪声等，还可以使用扩展的插件实现更多的控制效果。

7.7.1 课堂案例——添加动物世界宣传片的音频特效

案例学习目标 能够添加音频效果并编辑音频的重低音。

案例知识要点 使用“缩放”选项改变素材大小，使用“Levels”特效调整素材亮度，使用“显示轨道关键帧”选项制作音频的淡出与淡入效果，使用“低通”特效制作音频低音效果，最终效果如图7-84所示。

效果所在位置 Ch07\添加动物世界宣传片的音频特效\添加动物世界宣传片的音频特效. prproj。

图7-84

01 启动Premiere Pro 2022软件，选择“文件 > 新建 > 项目”命令，进入新建项目界面，如图7-85所示，单击“创建”按钮，新建项目。选择“文件 > 新建 > 序列”命令，弹出“新建序列”对话框，单击“设置”选项卡，参数设置如图7-86所示，单击“确定”按钮，新建序列。

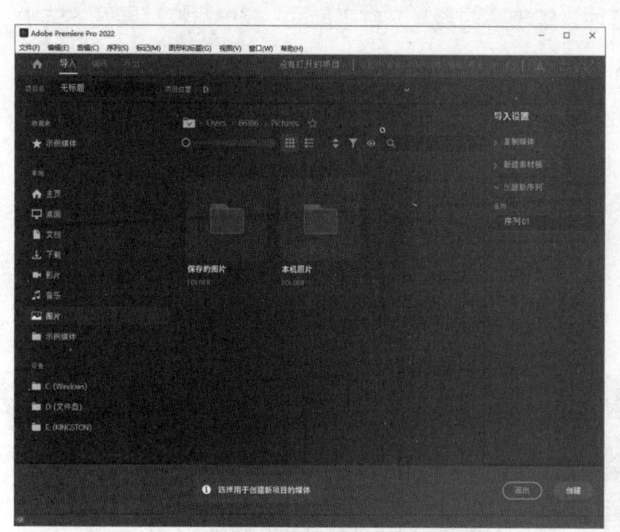

图7-85

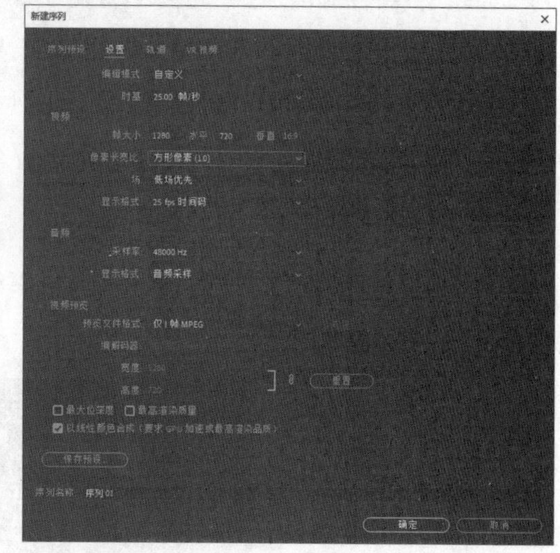

图7-86

02 选择“文件 > 导入”命令，弹出“导入”对话框，选择本书学习资源中的“Ch07\添加动物世界宣传片的音频特效\素材\01和02”文件，如图7-87所示，单击“打开”按钮，将素材文件导入“项目”面板中，如图7-88所示。

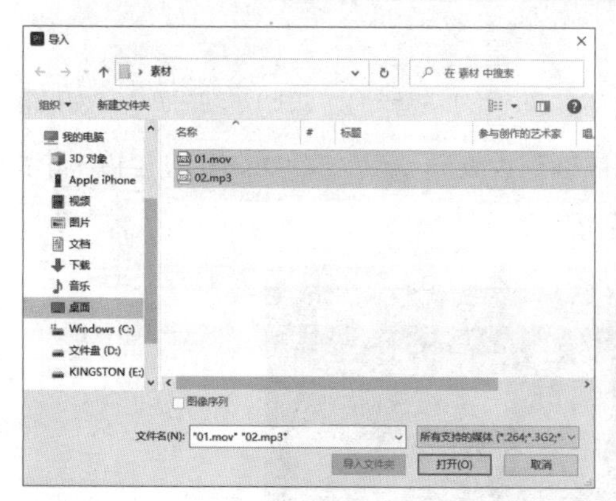

图7-87

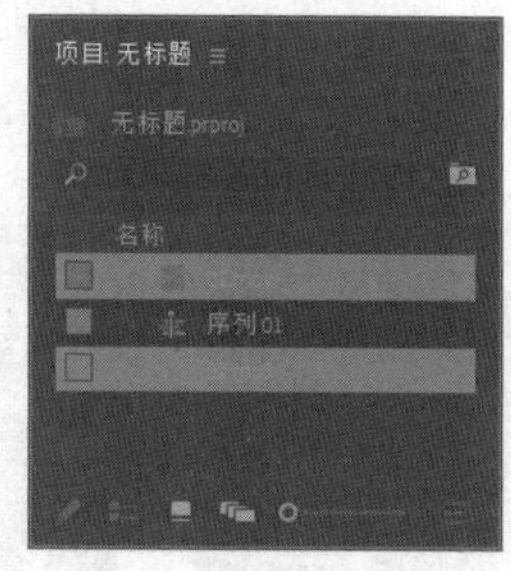

图7-88

03 在“项目”面板中，选中“01”文件并将其拖曳到“时间轴”面板的“视频1（V1）”轨道中，弹出“剪辑不匹配警告”对话框，单击“保持现有设置”按钮，在保持现有序列设置的情况下将“01”文件放置在“视频1（V1）”轨道中，如图7-89所示。选择“时间轴”面板中的“01”文件。选择“效果控件”面板，展开“运动”选项，将“位置”选项设置为640.0和438.0，“缩放”选项设置为163.0，如图7-90所示。

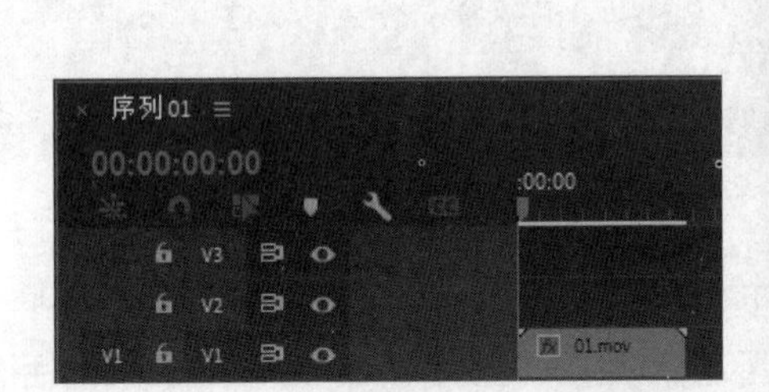

图7-89

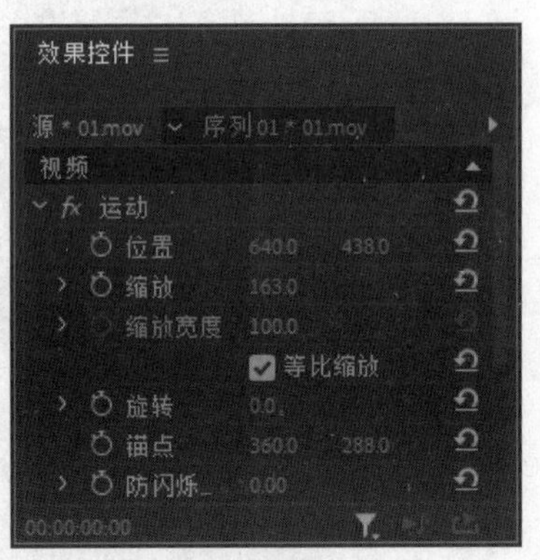

图7-90

04 选择“效果”面板，展开“视频效果”分类选项，单击“调整”文件夹前面的▶按钮将其展开，选中“Levels”特效，如图7-91所示，将其拖曳到“时间轴”面板中的“01”文件上。选择“效果控件”面板，展开“Levels”特效，将“（RGB）Black Input Level”选项设置为50，“（RGB）White Input Level”选项设置为196，其他选项的设置如图7-92所示。

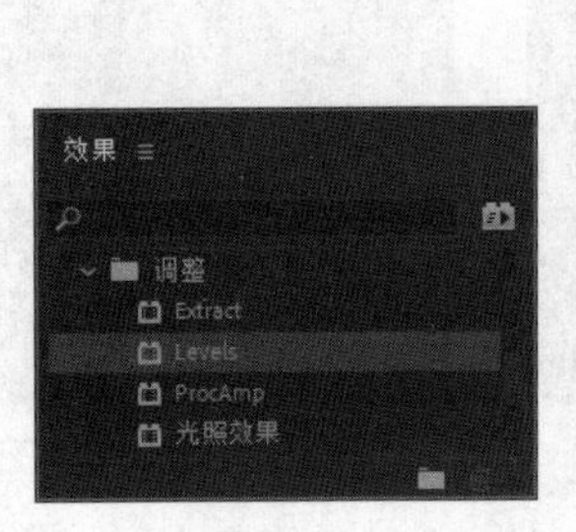

图7-91

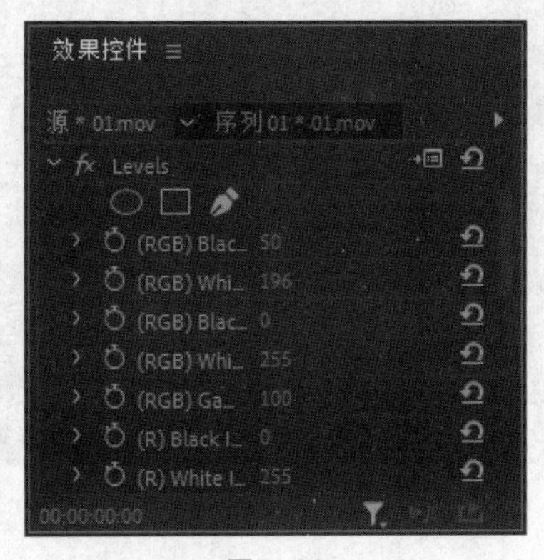

图7-92

05 在“项目”面板中选中“02”文件，将其拖曳到“时间轴”面板的“音频1（A1）”轨道中，如图7-93所示。在“音频1（A1）”轨道上选中“02”文件，将鼠标指针放在“02”文件的尾部，当鼠标指针呈◀形状时，向左拖曳到“01”文件的结束位置，如图7-94所示。

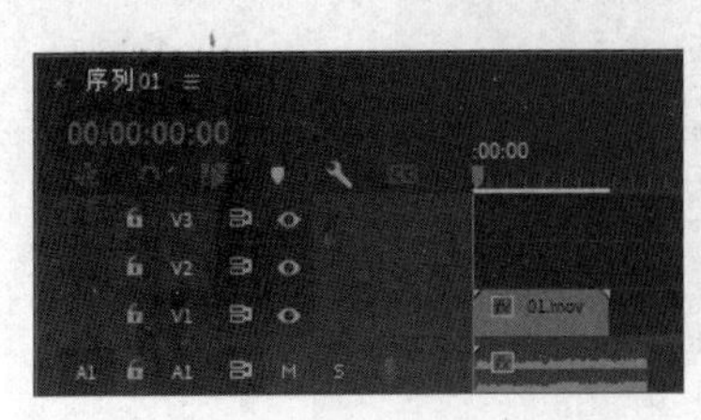

图7-93

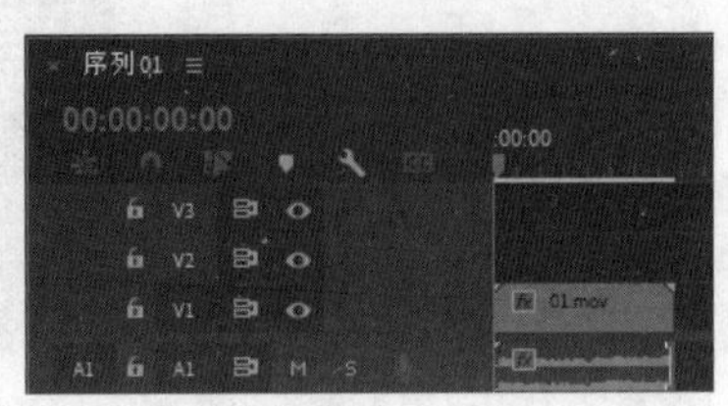

图7-94

06 在“时间轴”面板中选中“02”文件。按住Alt键的同时，将“02”文件拖曳到“音频2（A2）”轨道中，以复制文件，如图7-95所示。在“音频1（A1）”轨道上的“02”文件上单击鼠标右键，在弹出的菜单中选择“重命名”命令。弹出“重命名剪辑”对话框，名称设置如图7-96所示，单击“确定”按钮。

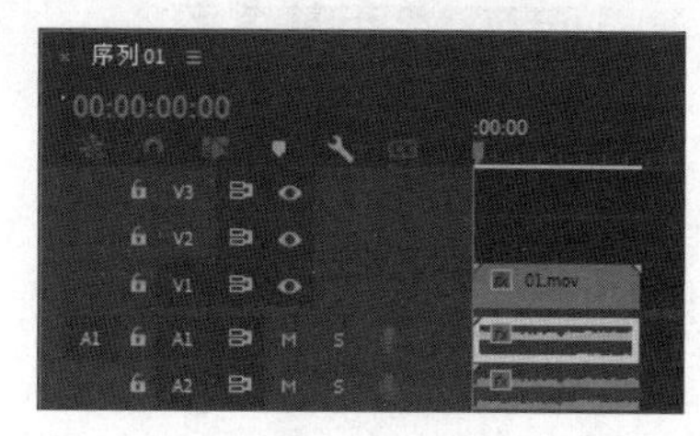

图7-95

图7-96

07 展开“音频1（A1）”轨道，单击轨道左侧的“显示关键帧”按钮，在弹出的菜单中选择“轨道关键帧/音量”命令，如图7-97所示。单击“02”文件前面的“添加-移除关键帧”按钮，添加第1个关键帧，在“时间轴”面板中将“02”文件的关键帧移至最低层，如图7-98所示。

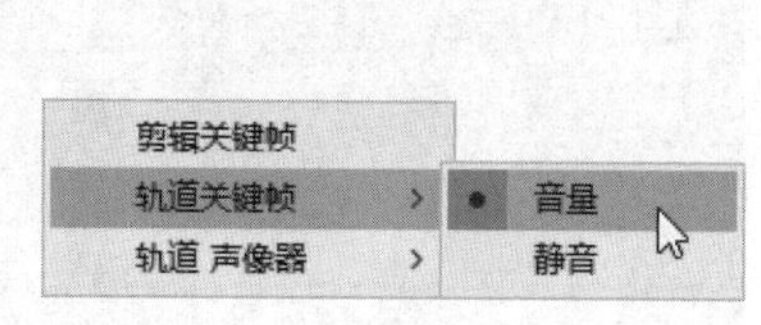

图7-97

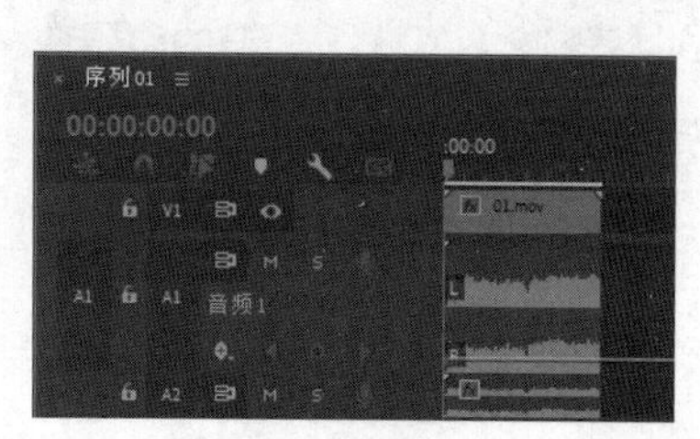

图7-98

08 将时间标签放置在00:00:01:24的位置，单击“音频1（A1）”轨道中“02”文件前面的“添加-移除关键帧”按钮，添加第2个关键帧。拖曳“02”文件中的关键帧至顶层，如图7-99所示。将时间标签放置在00:00:05:24的位置，单击“音频1（A1）”轨道中“02”文件前面的“添加-移除关键帧”按钮，如图7-100所示，添加第3个关键帧。

09 将时间指示器放置在00:00:07:13的位置，单击“音频1（A1）”轨道中“02”文件前面的“添加-移除关键帧”按钮，将“02”文件中的关键帧移至最低层，如图7-101所示，添加第4个关键帧。

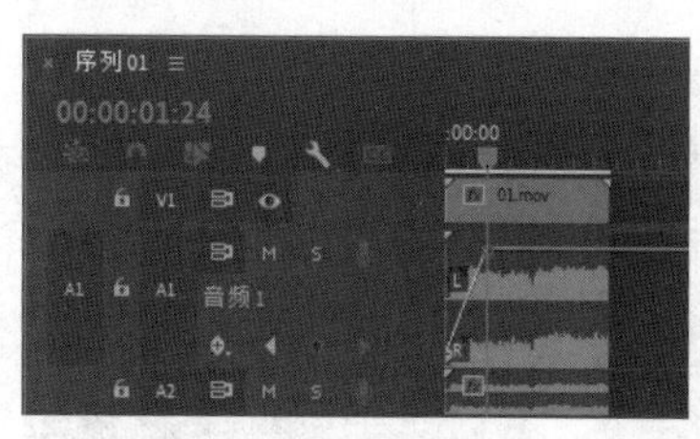

图7-99

图7-100

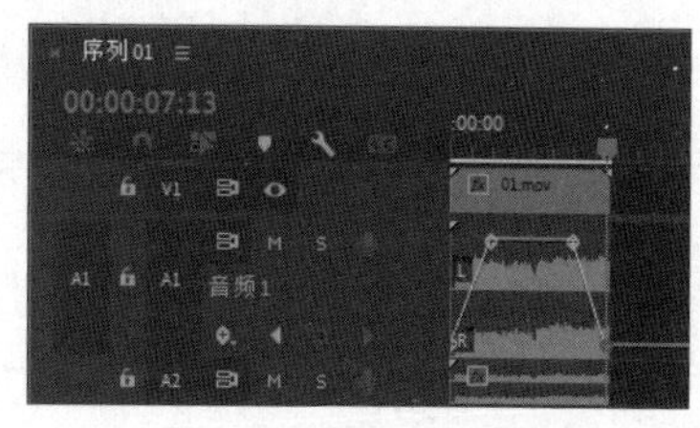

图7-101

10 选择“效果”面板，展开“音频效果”分类选项，展开“滤波器和EQ”分类选项，选中“低通”特效，如图7-102所示。将“低通”特效拖曳到“时间轴”面板“音频2（A2）”轨道中的“低音效果”文件上。选择“效果控件”面板，展开“低通”特效，将“切断”选项设置为367.5Hz，如图7-103所示。

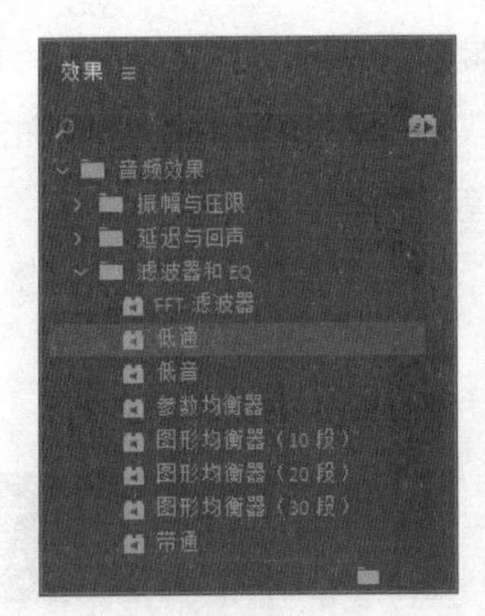

图7-102

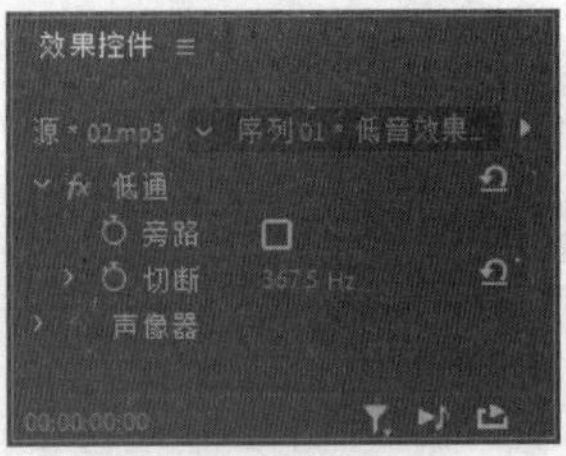

图7-103

11 选择“剪辑 > 音频选项 > 音频增益”命令，弹出对话框，参数设置如图7-104所示，单击“确定”按钮。选择“音轨混合器”面板，试听最终音频效果时会看到“音频2（A2）”轨道的电平变化，如图7-105所示。动物世界宣传片的音频特效添加完成。

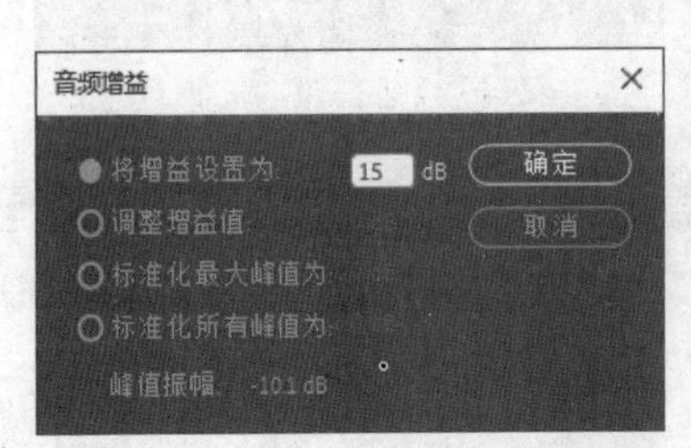

图7-104

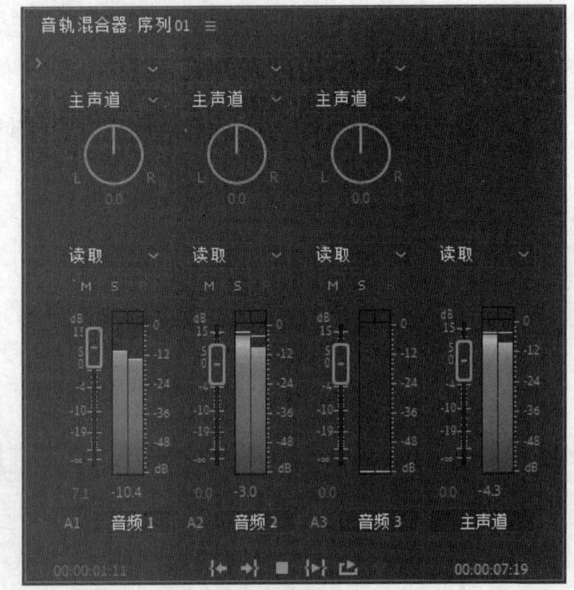

图7-105

7.7.2 为素材添加效果

添加音频效果的方法与添加视频效果的方法相同，这里不再赘述。在“效果”面板中展开“音频效果”分类选项，如图7-106所示，选择音频效果进行添加并设置即可。展开“音频过渡”分类选项，如图7-107所示，选择音频过渡效果进行添加并设置即可。

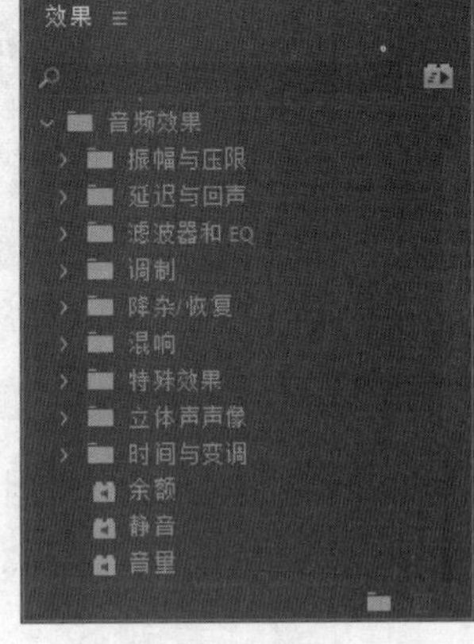

图7-106

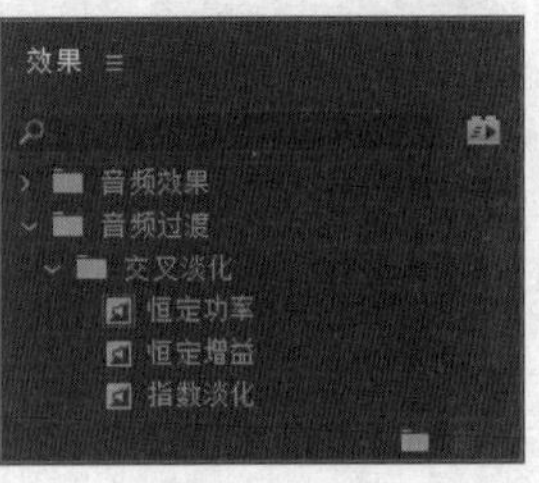

图7-107

7.7.3 设置轨道效果

除了可以对轨道上的音频素材进行设置外，还可以直接为音频轨道添加效果。在“音轨混合器”面板中，单击左上方的“显示/隐藏效果和发送”按钮▶，展开目标轨道的效果设置栏，单击右侧设置栏上的小三角形按钮▼，弹出音频效果下拉列表，如图7-108所示，选择需要使用的音频效果即可。可以在同一个音频轨道上添加多个效果并分别控制，如图7-109所示。

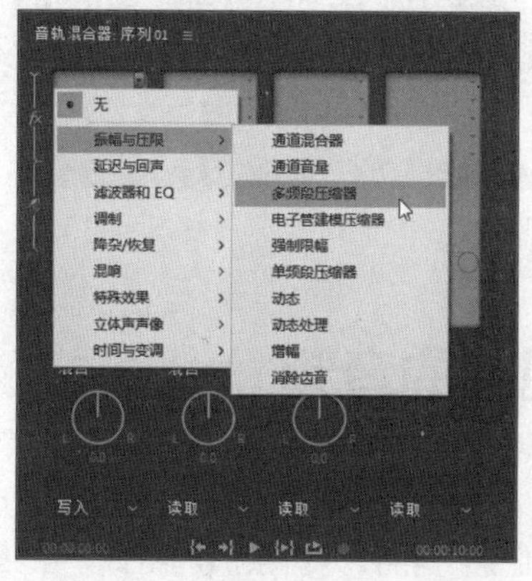

图7-108

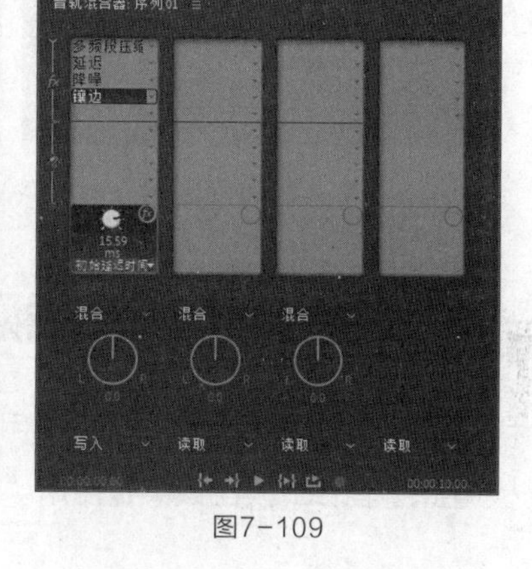

图7-109

若要编辑轨道上的音频效果，可以单击鼠标右键，在弹出的菜单中选择“编辑”命令，如图7-110所示，再在弹出的对话框中进行更加详细的设置，如图7-111所示。

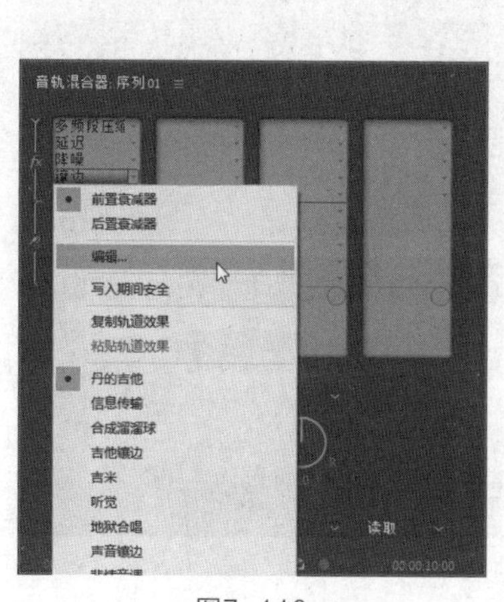

图7-110

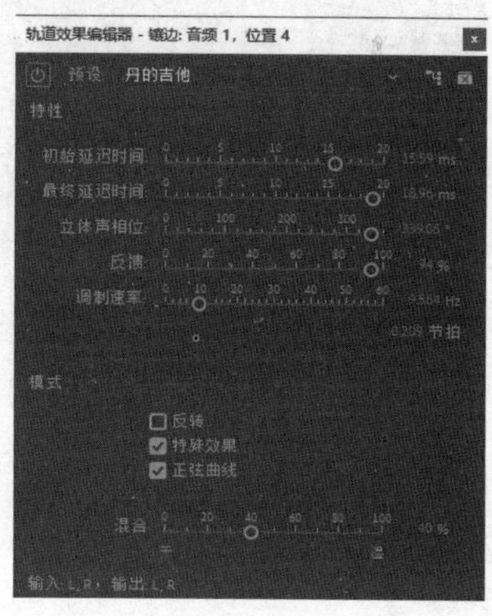

图7-111

课堂练习——编辑壮丽黄河纪录片的音效

练习知识要点 使用“导入”命令导入素材文件，使用“自动颜色”特效调整素材颜色，使用“投影”特效和“预设”特效制作文字效果，使用“立体声扩展器”特效和“高音”特效为音频添加特效，最终效果如图7-112所示。

效果所在位置 Ch07\编辑壮丽黄河纪录片的音效\编辑壮丽黄河纪录片的音效. prproj。

图7-112

课后习题——调整都市生活短视频的音频

习题知识要点 使用“导入”命令导入素材文件，使用“投影”特效和“预设”特效制作文字效果，使用“效果控件”面板调整视/音频的淡出效果，使用“低通”特效为音频添加特效，最终效果如图7-113所示。

效果所在位置 Ch07\调整都市生活短视频的音频\调整都市生活短视频的音频. prproj。

图7-113

第 8 章

输出文件

本章介绍

本章主要讲解Premiere Pro 2022中可输出的文件格式、影片项目的预演方法、相关参数设置及不同的输出方式。读者通过对本章的学习，可以掌握输出文件的方法和技巧。

学习目标

- 了解可输出的文件格式。
- 了解影片项目的预演。
- 掌握输出参数的设置。
- 熟练掌握输出各种格式文件的方法。

8.1 可输出的文件格式

在Premiere Pro 2022中，可以输出多种文件格式，包括视频格式、音频格式和图像格式等，下面进行详细介绍。

8.1.1 可输出的视频格式

在Premiere Pro 2022中可以输出多种视频格式，常用的有以下几种。

（1）AVI：AVI格式的视频文件，适合保存高质量的视频，但文件较大。

（2）动画GIF：GIF动画文件可以显示视频的运动画面，但不包含音频部分。

（3）QuickTime：MOV格式的数字电影，适用于Windows和macOS，支持在线下载。

（4）H.264：MP4格式的视频文件，适合输出高清视频和录制蓝光光盘。

（5）Windows Media：输出为WMV格式（流媒体格式），适合在网络和移动平台发布。

8.1.2 可输出的音频格式

在Premiere Pro 2022中可以输出多种音频格式，常用的有以下几种。

（1）波形音频：WAV格式的音频，只输出影片的声音，适合发布在各个平台。

（2）AIFF：输出为AIFF音频，适合发布在剪辑平台。

此外，Premiere Pro 2022还可以输出MP3、Windows Media和QuickTime格式的音频。

8.1.3 可输出的图像格式

在Premiere Pro 2022中可以输出多种图像格式，其主要输出的图像格式有Targa、TIFF和BMP等。

8.2 影片项目的预演

影片预演是视频编辑过程中对编辑效果进行检查的重要手段，它实际上也属于编辑工作的一部分。影片预演分为两种，一种是影片实时预演，另一种是生成影片预演，下面分别进行讲解。

8.2.1 影片实时预演

实时预演也称实时预览，即平时所说的预览。进行影片实时预演的具体操作步骤如下。

01 影片编辑完成后，在“时间轴”面板中将播放指示器移动到需要预演的片段的开始位置，如图8-1所示。

02 在“节目”监视器中单击“播放-停止切换”按钮▶，即可开始播放节目，“节目”监视器中的预览效果如图8-2所示。

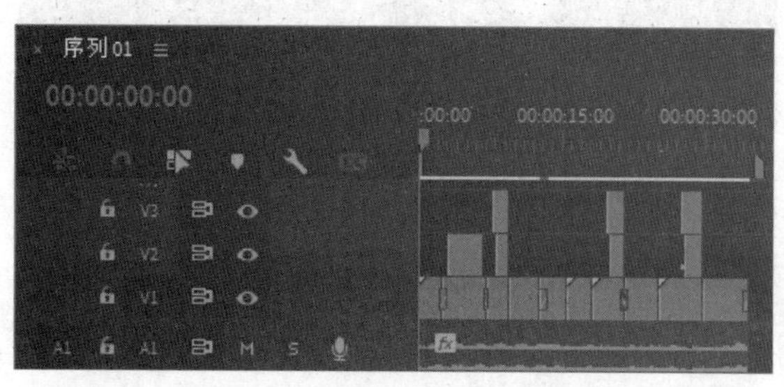

图8-1

图8-2

8.2.2 生成影片预演

与实时预演不同，生成影片预演不是使用显卡对画面进行实时预演，而是使用计算机的CPU对画面进行运算，先生成预演文件，然后播放。因此，生成影片预演取决于计算机CPU的运算能力。生成影片预演后，视频画面是平滑的，不会产生停顿或跳跃，所呈现的画面效果和渲染输出的效果是完全一致的。生成影片预演的具体操作步骤如下。

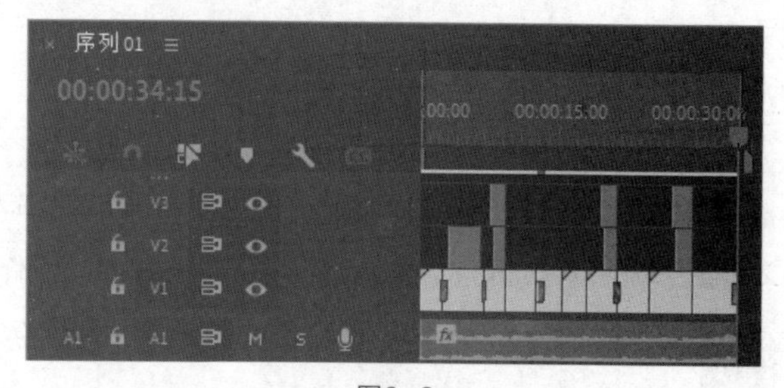

图8-3

01 影片编辑完成以后，在适当的位置标记入点和出点，以确定要生成影片预演的范围，如图8-3所示。

02 选择“序列 > 渲染入点到出点”命令，系统将开始进行渲染，并弹出“渲染”对话框，显示渲染进度，如图8-4所示。

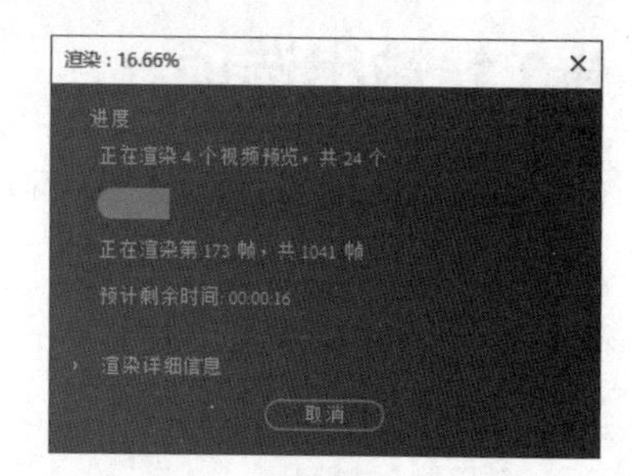

图8-4

03 在“渲染”对话框中单击“渲染详细信息”选项前面的›按钮，可以查看渲染的开始时间、已用时间和可用磁盘空间等信息。

04 渲染结束后，系统会自动播放该片段，在“时间轴”面板中，预演部分将会显示绿色线条，如图8-5所示。

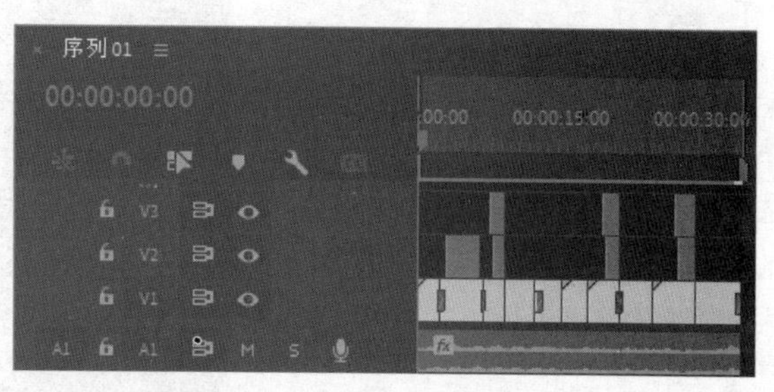

图8-5

05 如果用户事先设置了预演文件的保存路径，就可以在计算机的硬盘中找到预演生成的临时文件，如图8-6所示。双击该文件，则可以脱离Premiere Pro 2022软件进行播放，如图8-7所示。

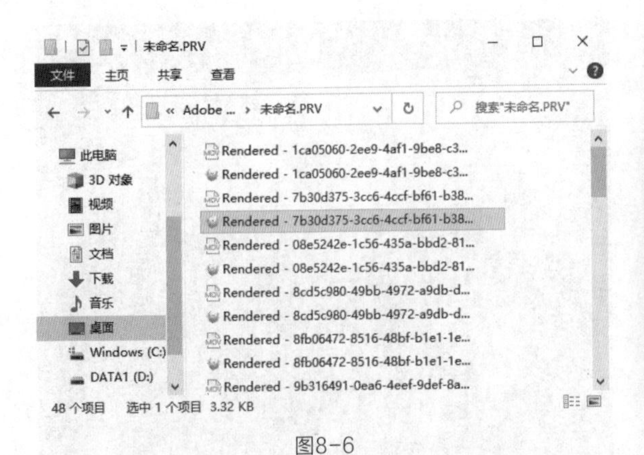

图8-6

图8-7

生成的预演文件可以重复使用，用户下一次预演该片段时会自动使用该预演文件。在关闭该项目文件时，如果不进行保存，预演生成的临时文件会自动删除；如果用户在修改预演区域后再次预演，就会重新渲染并生成新的预演临时文件。

8.3 输出的相关参数

在Premiere Pro 2022中，既可以将影片输出为用于电影或电视播放的录像带，也可以输出为通过网络传输的网络流媒体格式，还可以输出为可以制作VCD或DVD光盘的AVI文件等。但无论输出的是何种类型，在输出文件之前，都必须合理地设置相关的输出参数，使输出的影片达到理想的效果。

8.3.1 输出选项

影片制作完成后即可输出，在输出影片之前，需要设置一些基本参数，具体操作步骤如下。

01 在“时间轴”面板中选择需要输出的视频序列。选择“文件 > 导出 > 媒体”命令或单击“标题栏”中的“导出”选项卡，打开“导出”工作区，如图8-8所示。

02 左侧为导出的目标，中间是输出的相关参数设置，右侧为输出预览和范围设置。

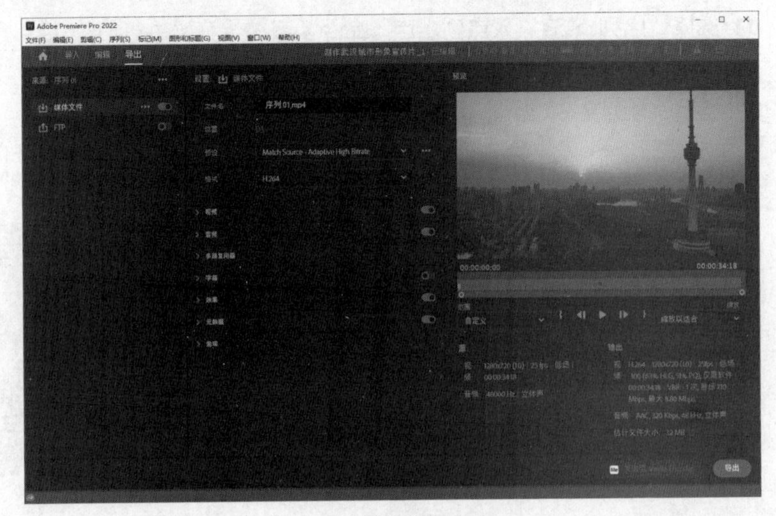

图8-8

8.3.2 “视频”选项区域

在“视频”选项区域中，可以为输出的视频设置使用的格式、品质及影片尺寸等，如图8-9所示。

“视频”选项区域中主要选项的含义如下。

帧大小：用于设置影片的尺寸。

帧速率：用于设置每秒播放画面的帧数，提高帧速率可使画面播放得更流畅。如果将文件类型设置为Microsoft Video 1，那么DV PAL对应的帧速率是固定的29.97和25；如果将文件类型设置为AVI，那么帧速率可以选择1～60的数值。

场序：用于设置影片的场扫描方式，有逐行、高场优先和低场优先3种方式。

长宽比：用于设置视频制式的画面比。单击该选项右侧的按钮，在弹出的下拉列表中选择需要的选项。

以最大深度渲染：勾选此复选框，可以提高视频的质量，但会增加编码时间。

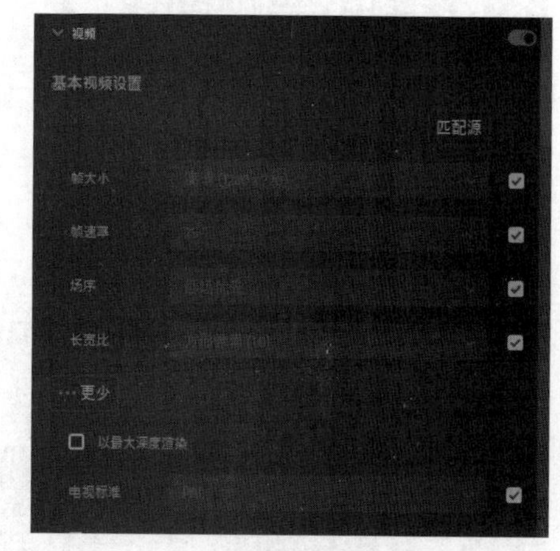

图8-9

8.3.3 “音频”选项区域

在“音频”选项区域中，可以为输出的音频设置使用的压缩方式、采样率及量化指标等，如图8-10所示。

“音频”选项区域中主要选项的含义如下。

音频格式：用于设置音频导出的格式。

音频编解码器：为输出的音频选择合适的编解码器。

采样率：用于设置输出音频所使用的采样速率。采样率越高，播放质量越好，但占用的磁盘空间越大，所需的处理时间也越长。

声道：在该选项的下拉列表中可以选择“单声道”或“立体声”选项。

比特率[kbps]：可以选择音频编码所用的比特率。比特率越高，质量越好。

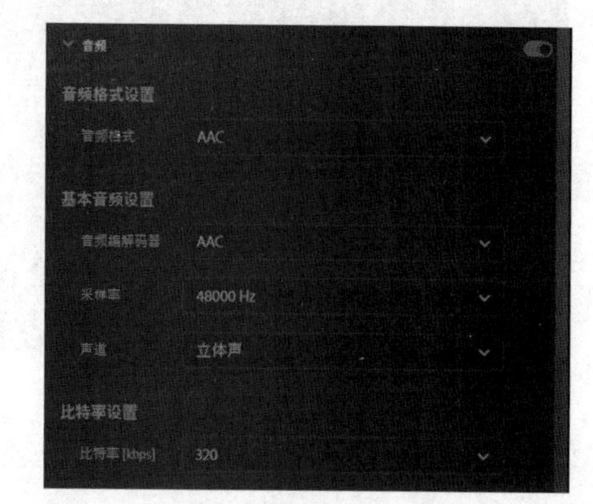

图8-10

8.4 输出各种格式的文件

Premiere Pro 2022可以输出多种格式的文件，从而使视频剪辑更加方便、灵活。本节重点介绍各种常用格式文件的输出方法。

8.4.1 输出单帧图像

在视频编辑中，可以输出画面的某一帧，以便给视频动画制作定格效果。Premiere Pro 2022中输出单帧图像的具体操作步骤如下。

01 在“时间轴”面板中选择需要输出的序列。选择“文件 > 导出 > 媒体”命令或单击“标题栏”中的“导出”选项卡，打开“导出”工作区，在“格式”下拉列表中选择“TIFF”选项，在“文件名”后面输入文件名，再将“位置”选项设置为文件的保存路径，如图8-11所示。

图8-11

02 单击“导出”按钮，导出时间标签位置的单帧图像。

8.4.2 输出音频文件

Premiere Pro 2022可以将影片中的一段声音或歌曲制作成音乐光盘等文件。输出音频文件的具体操作步骤如下。

01 在“时间轴”面板选择需要输出的序列。选择“文件 > 导出 > 媒体”命令或单击“标题栏”中的“导出”选项卡，打开“导出”工作区，在“格式”下拉列表中选择“MP3”选项，在“文件名”后面输入文件名，再将“位置”选项设置为文件的保存路径，如图8-12所示。

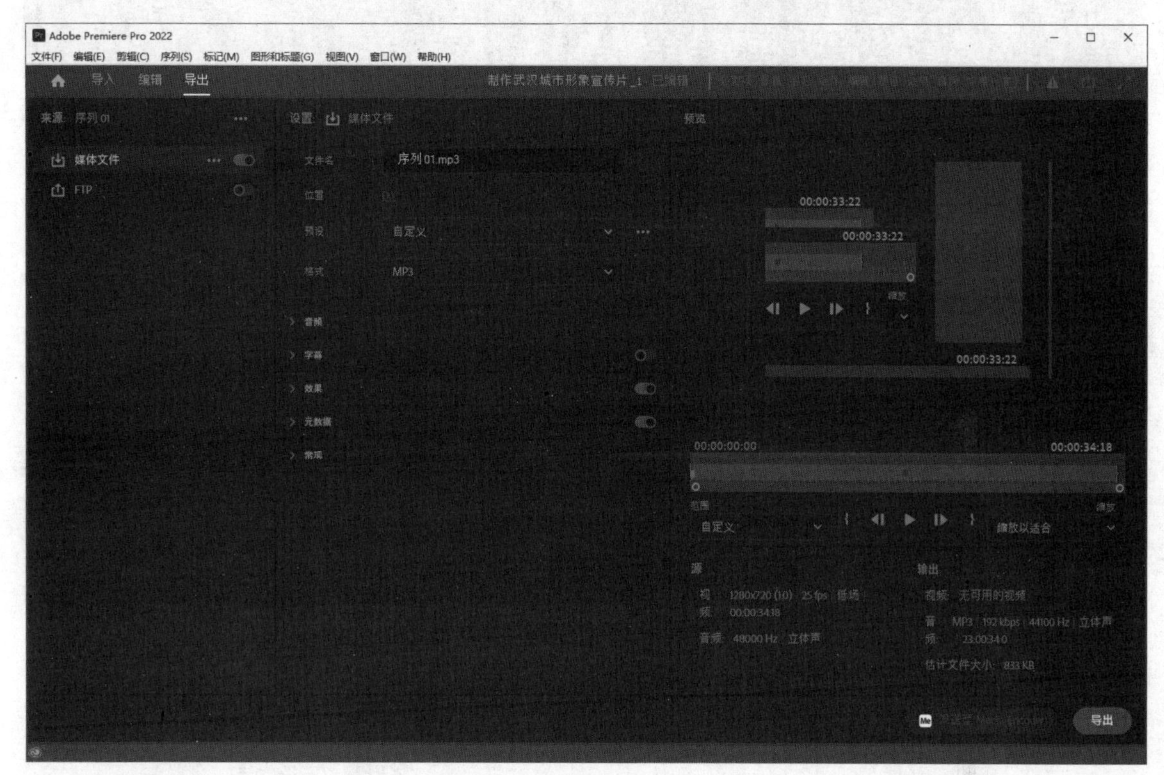

图8-12

02 单击“导出”按钮，导出音频。

8.4.3 输出整个影片

输出影片是最常用的输出方式。将编辑完成的项目文件以视频格式输出，可以输出编辑内容的全部或某一部分，也可以只输出视频内容或只输出音频内容，一般将全部的视频和音频一起输出。

下面以MP4格式为例介绍输出影片的方法，具体操作步骤如下。

01 在“时间轴”面板选择需要输出的序列。选择“文件 > 导出 > 媒体”命令或单击“标题栏”中的“导出”选项卡，打开“导出”工作区。

02 在“格式”下拉列表中选择“H.264”选项。在“预设”下拉列表中选择“高品质720p HD”选项，如图8-13所示。

03 在“文件名”后面输入文件名，将“位置”选项设置为文件的保存路径。

04 设置完成后，单击“导出”按钮，即可导出MP4格式的影片。

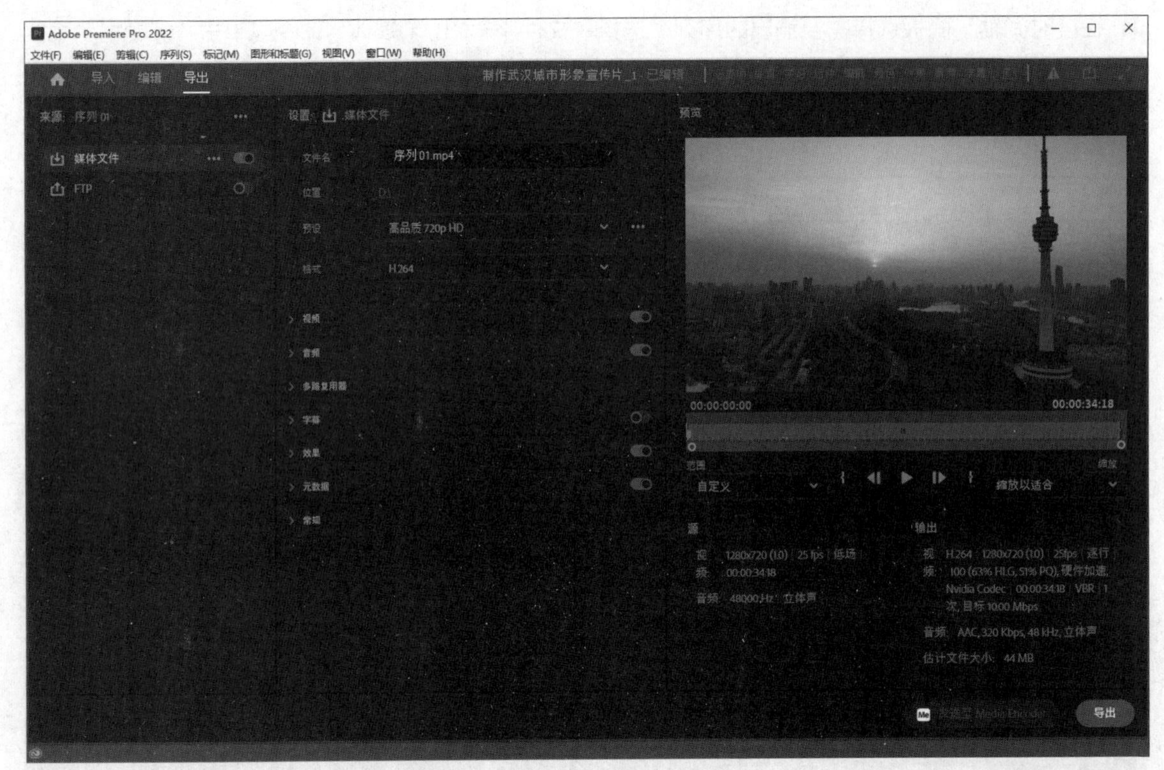
Adobe Premiere Pro 2022
文件(F) 编辑(E) 剪辑(C) 序列(S) 标记(M) 图形和标题(G) 视图(V) 窗口(W) 帮助(H)
导入
编辑
导出
媒体文件
FTP
序列01.mp4
高品质 720p HD
H.264
预览
00:00:00:00
00:00:34:18
自定义
缩放以适合
源
输出
估计文件大小: 44 MB
导出

图8-13

第9章

商业案例实训

本章介绍

本章通过两个影视制作案例，进一步讲解Premiere Pro 2022的功能和使用技巧，让读者能够快速地掌握软件的功能和知识要点，制作出变化丰富的多媒体效果。

学习目标

- 掌握软件的基本使用方法。
- 了解Premiere的常用设计领域。
- 掌握Premiere在不同设计领域的使用技巧。

技能目标

- 熟练掌握城市形象宣传片的制作方法。
- 熟练掌握中华美食栏目包装的制作方法。

9.1 制作城市形象宣传片

9.1.1 项目背景及设计要求

1. 客户名称

××广播电视集团。

2. 客户需求

××广播电视集团是一家介绍最新的新闻资讯、影视娱乐、社科动漫、时尚信息、生活服务等信息的综合性广播电视集团。本例是制作城市形象宣传片，要求符合宣传主题，体现出城市独特的人文和定位。

3. 设计要求

（1）要以城市宣传视频为主导。

（2）设计形式要前后呼应、过渡自然。

（3）画面色彩要丰富多样，能表现城市特色。

（4）设计内容要多样化，能体现出城市独特的人文和定位。

（5）作品规格为1280h×720V(1.0940)，25.00帧/秒，方形像素(1.0)。

9.1.2 项目素材及制作要点

1. 素材资源

素材所在位置：本书学习资源中的“Ch09\制作城市形象宣传片\素材\01～11”。

2. 效果展示

设计作品所在位置：本书学习资源中的“Ch09\制作城市形象宣传片\制作城市形象宣传片.prproj”。效果如图9-1所示。

图9-1

3. 制作要点

使用“导入”命令导入素材文件，使用剪辑点调整素材文件，使用“效果控件”面板编辑素材文件的大小，使用“速度/持续时间”命令调整视频速度，使用“效果”面板添加过渡和特效，使用“文字”工具和“基本图形”面板添加介绍文字和图形。

9.1.3 案例制作步骤

1. 新建项目并导入素材

01 启动Premiere Pro 2022软件，选择“文件 > 新建 > 项目”命令，进入新建项目界面，如图9-2所示，单击“创建”按钮，新建项目。选择“文件 > 新建 > 序列”命令，弹出“新建序列”对话框，单击“设置”选项卡，参数设置如图9-3所示，单击“确定”按钮，新建序列。

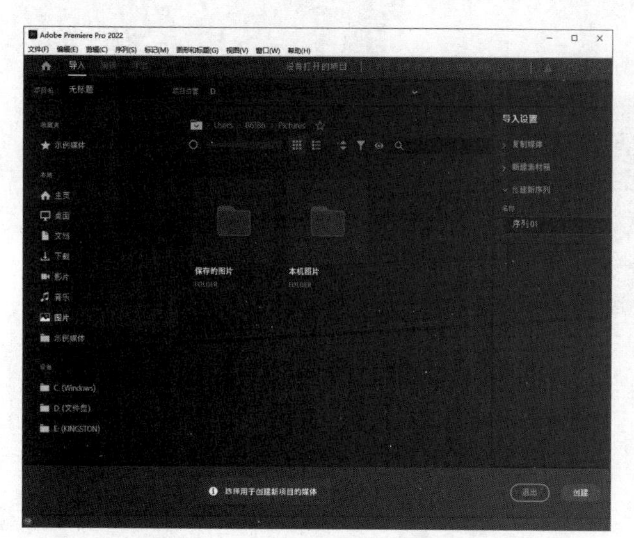

图9-2

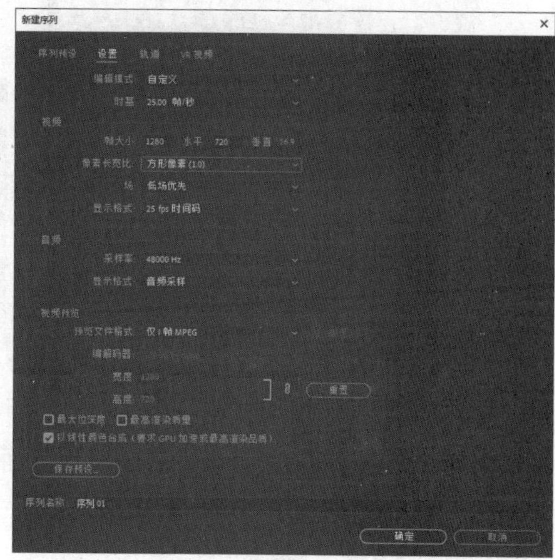

图9-3

02 选择“文件 > 导入”命令，弹出“导入”对话框，选择本书学习资源中的“Ch09\制作城市形象宣传片\素材\01～11”文件，如图9-4所示，单击“打开”按钮，将素材文件导入“项目”面板中，如图9-5所示。

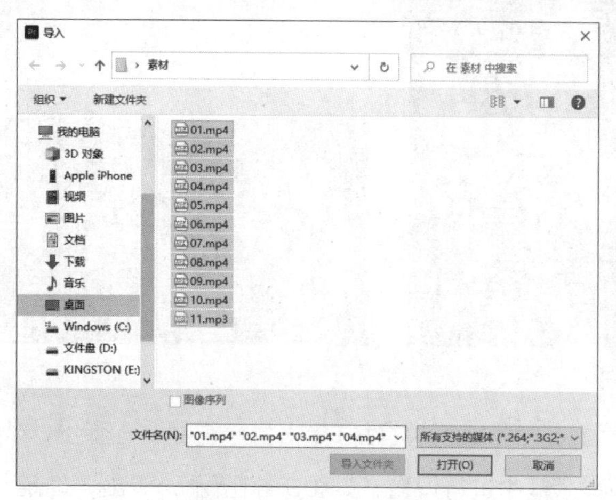

图9-4

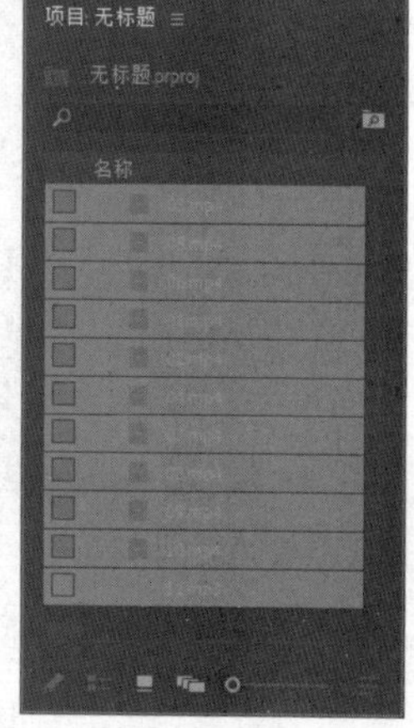

图9-5

2. 添加并编辑素材文件

01 在“项目”面板中，选中“01”文件并将其拖曳到“时间轴”面板的“视频1（V1）”轨道中，弹出“剪辑不匹配警告”对话框，单击“保持现有设置”按钮，在保持现有序列设置的情况下将文件放置在“视频1（V1）”轨道中，如图9-6所示。

图9-6

02 在“时间轴”面板中，选中“01”文件并单击鼠标右键，在弹出的快捷菜单中选择“速度/持续时间”命令，在弹出的对话框中进行设置，如图9-7所示，单击“确定”按钮。将时间标签放置在00:00:02:15的位置。将鼠标指针放在“01”文件的结束位置并单击，显示出编辑点。当鼠标指针呈◀形状时，向左拖曳到00:00:02:15的位置，如图9-8所示。

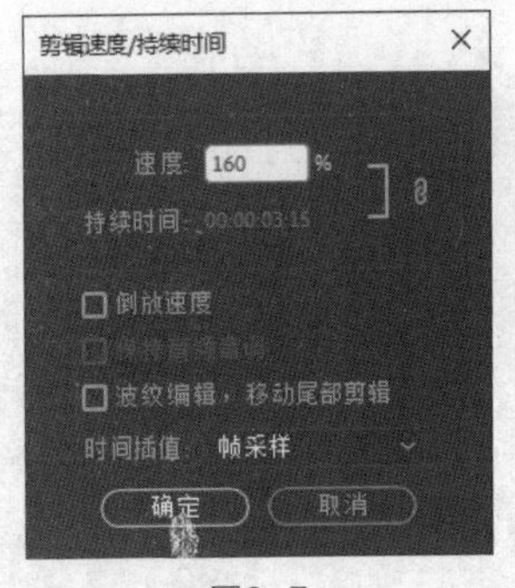

图9-7

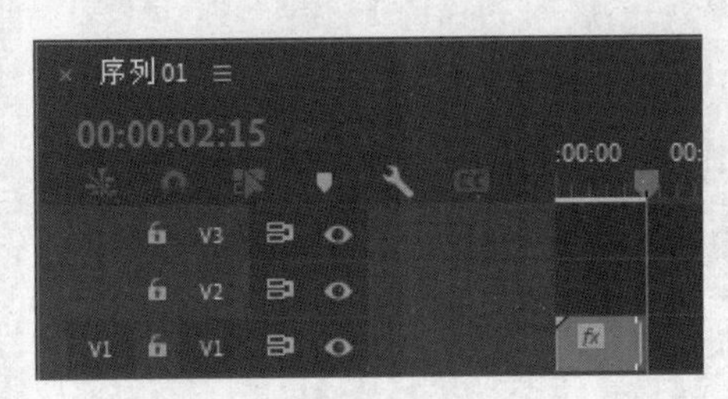

图9-8

03 选择“时间轴”面板中的“01”文件。选择“效果控件”面板，展开“运动”选项，将“缩放”选项设置为67.0，如图9-9所示。在“项目”面板中，选中“02”文件并将其拖曳到“时间轴”面板的“视频1（V1）”轨道中，如图9-10所示。

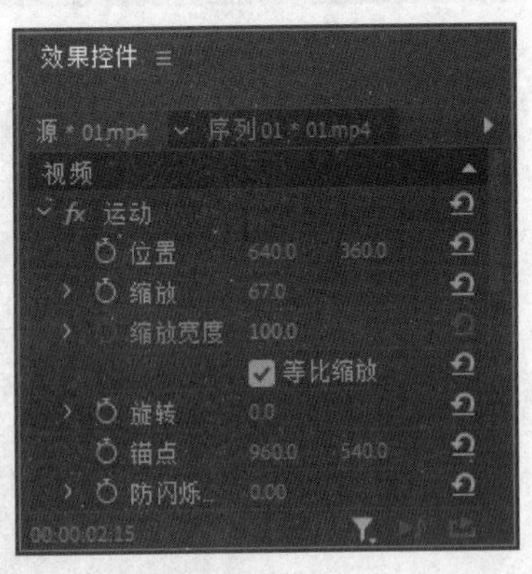

图9-9

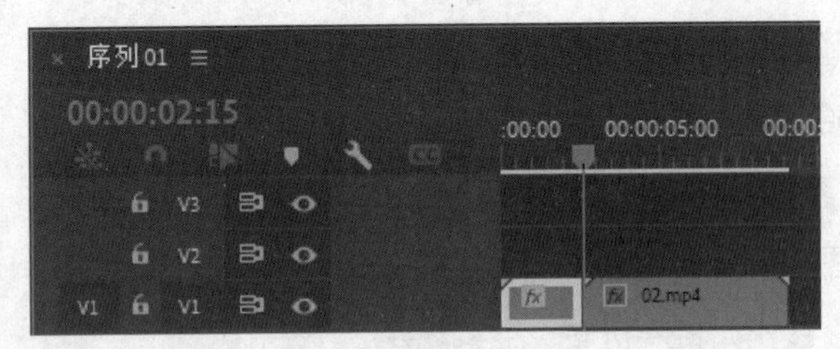

图9-10

04 在“时间轴”面板中，选中“02”文件并单击鼠标右键，在弹出的快捷菜单中选择“速度/持续时间”命令，在弹出的对话框中进行设置，如图9-11所示，单击“确定”按钮。将时间标签放置在00:00:07:05的位置。将鼠标指针放在“02”文件的结束位置并单击，显示出编辑点。当鼠标指针呈◀形状时，向左拖曳到00:00:07:05的位置，如图9-12所示。

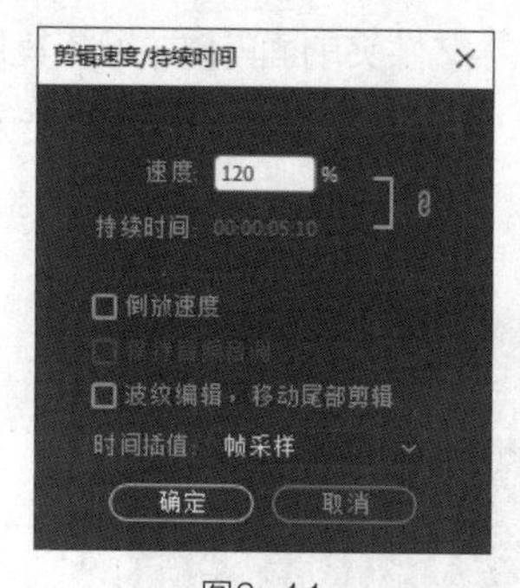

图9-11

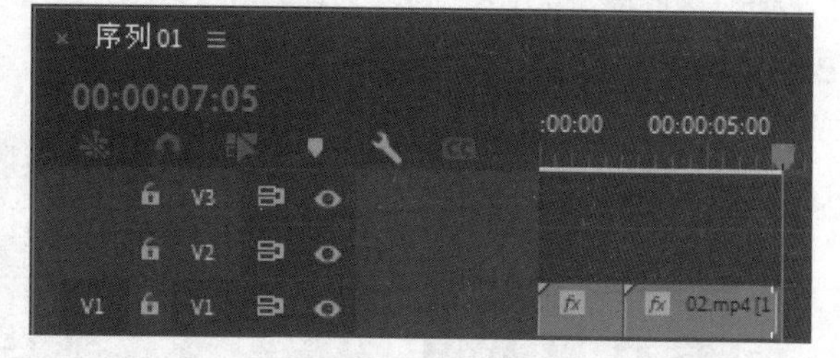

图9-12

05 用相同的方法添加并调整素材文件，如图9-13所示。

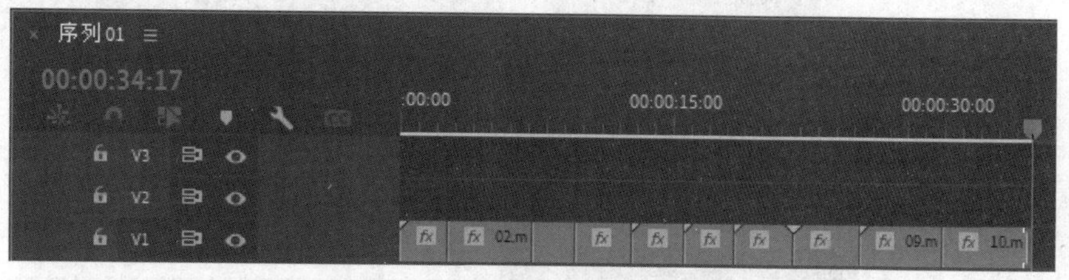

图9-13

3. 添加并设置转场和特效

01 将时间标签放置在00:00:00:00的位置。选择“效果”面板，展开“视频效果”分类选项，单击“颜色校正”文件夹前面的▶按钮将其展开，选中“Lumetri颜色”效果，如图9-14所示。将“Lumetri颜色”效果拖曳到“时间轴”面板“视频1”轨道中的“01”文件上。选择“效果控件”面板，展开“Lumetri颜色”选项，各选项的设置如图9-15所示。

图9-14

02 将时间标签放置在00:00:02:16的位置上。选择“效果”面板，将“Lumetri颜色”效果拖曳到“时间轴”面板“视频1”轨道中的“02”文件上。选择“效果控件”面板，展开“Lumetri颜色”选项，各选项的设置如图9-16所示。用相同的方法为其他素材添加“Lumetri颜色”效果并进行设置。

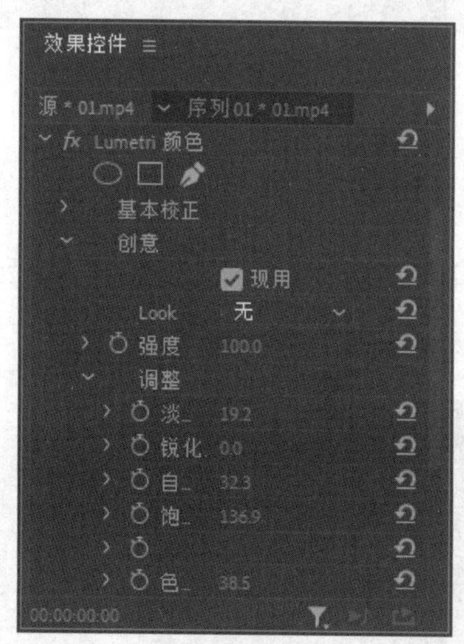

图9-15

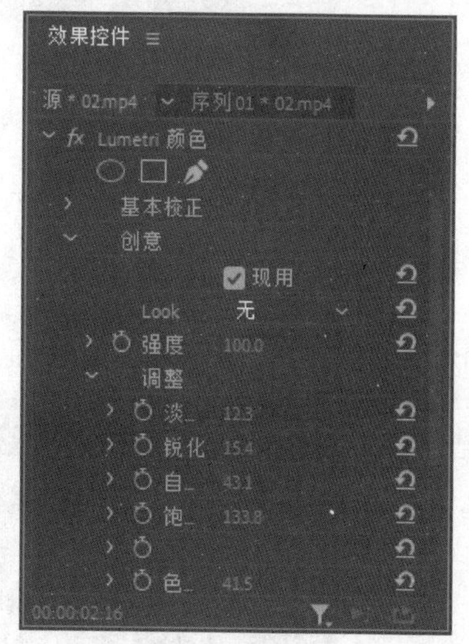

图9-16

03 选择“效果”面板，展开“视频过渡”分类选项，单击“溶解”文件夹前面的按钮将其展开，选中“交叉溶解”效果，如图9-17所示。将“交叉溶解”效果拖曳到“时间轴”面板中“01”文件的结束位置和“02”文件的开始位置，如图9-18所示。

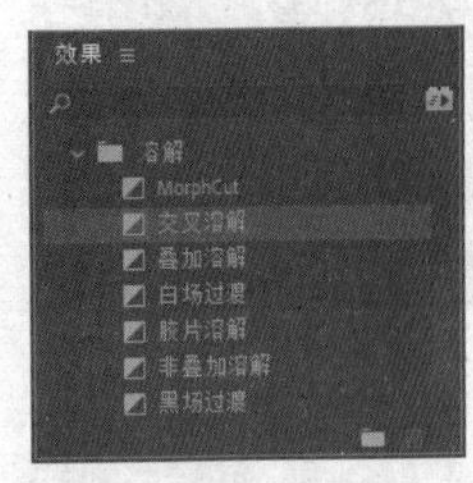

图9-17

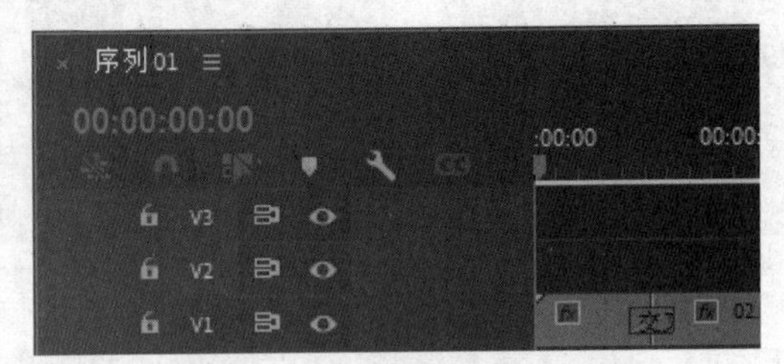

图9-18

04 选中“时间轴”面板中的“交叉溶解”效果。在“效果控件”面板中将“持续时间”选项设置为00:00:00:20，其他选项的设置如图9-19所示，“时间轴”面板如图9-20所示。

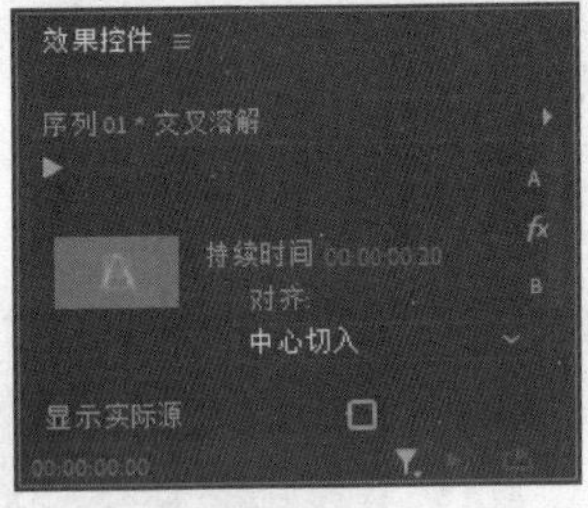

图9-19

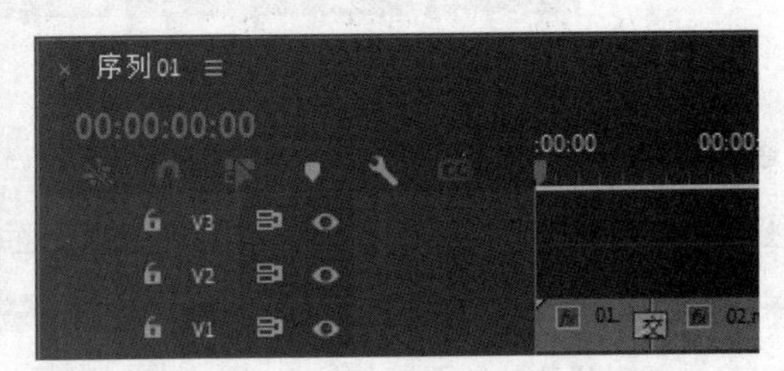

图9-20

05 使用相同的方法添加其他转场效果，如图9-21所示。

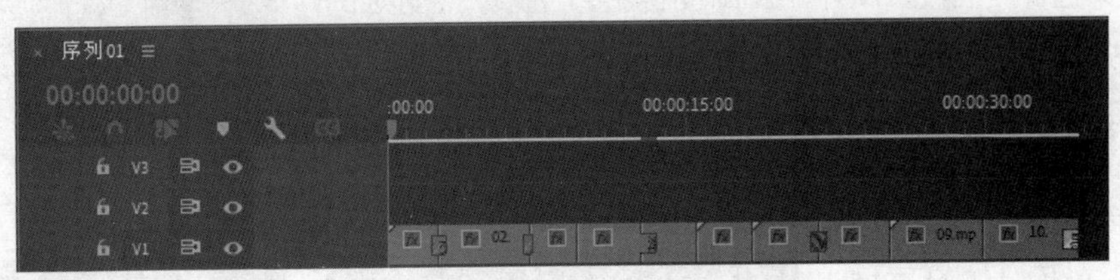

图9-21

4. 添加装饰图形和介绍文字

01 将时间标签放置在00:00:03:04的位置。选择“基本图形”面板，单击“编辑”选项卡，单击“新建图层”按钮，在弹出的菜单中选择“文本”命令。“时间轴”面板的“视频2（V2）”轨道中会生成“新建文本图层”文件，如图9-22所示。“节目”监视器中会生成文字，如图9-23所示。

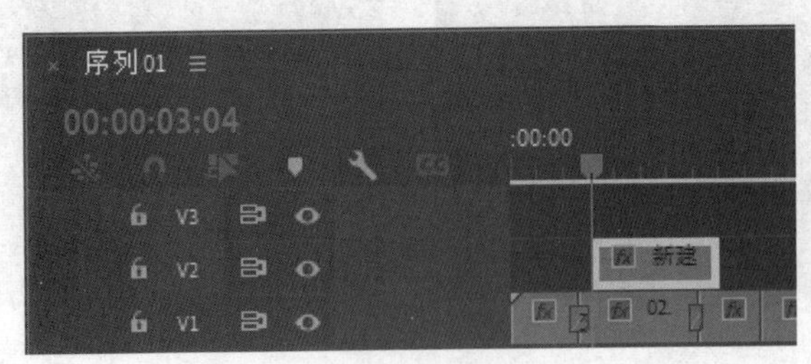

图9-22

图9-23

02 将时间标签放置在00:00:06:19的位置。将鼠标指针放在图形文件的结束位置并单击，显示出编辑点，向左拖曳编辑点到00:00:06:19的位置，如图9-24所示。将时间标签放置在00:00:03:04的位置。选中并修改文字，效果如图9-25所示。

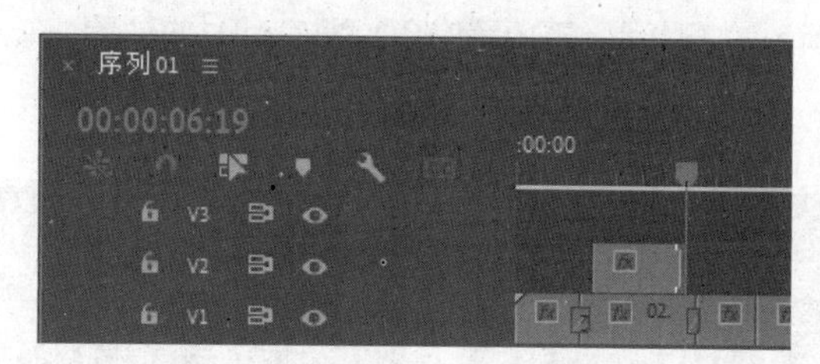

图9-24

图9-25

03 选取"节目"监视器中的文字。在"效果控件"面板中展开"文本"选项，参数设置如图9-26和图9-27所示，"节目"监视器中的效果如图9-28所示。

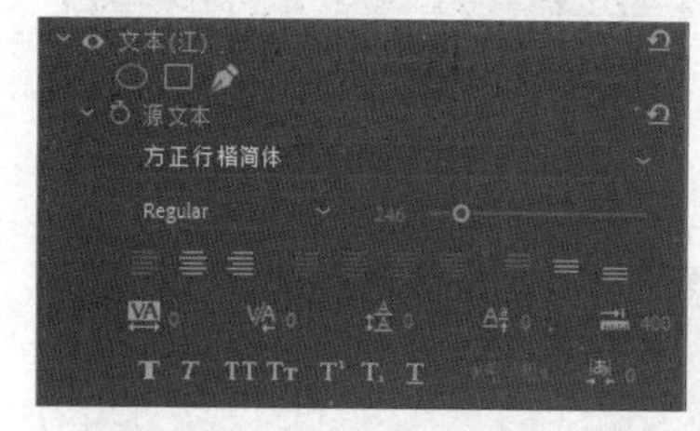

图9-26

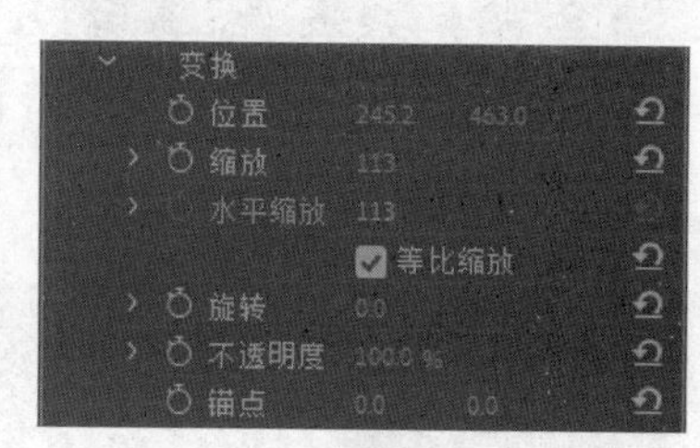

图9-27

图9-28

04 使用相同的方法制作其他文字，"基础图形"面板如图9-29所示，"节目"监视器中的文字效果如图9-30所示。

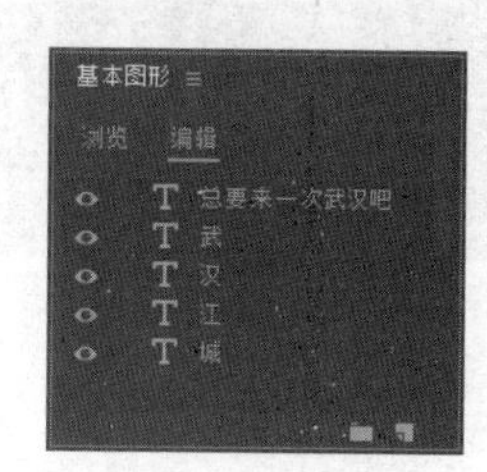

图9-29

图9-30

05 选择"基本图形"面板，单击"编辑"选项卡，单击"新建图层"按钮，在弹出的菜单中选择"矩形"命令。"节目"监视器中的效果如图9-31所示。在"效果控件"面板中展开"形状（形状01）"选项，在"外观"栏中将"填充"颜色设置为红色（144、0、0），如图9-32所示。选择"选择"工具，在"节目"监视器中调整矩形的大小，并将其拖曳到适当的位置，效果如图9-33所示。

图9-31

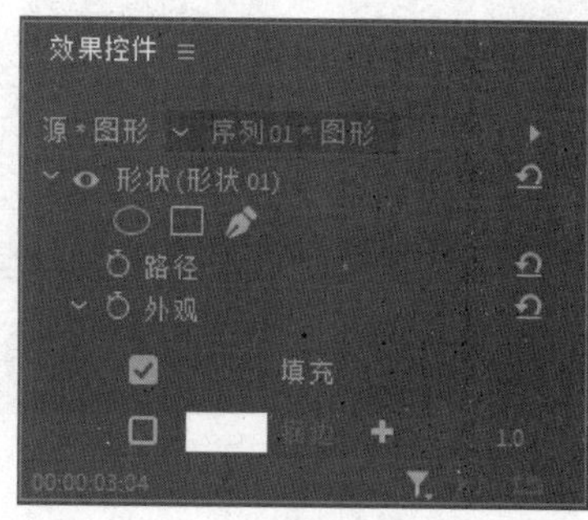

图9-32

图9-33

06 选择“效果”面板，单击“变换”文件夹前面的▶按钮将其展开，选中“裁剪”效果，如图9-34所示。将“裁剪”效果拖曳到“时间轴”面板“视频2（V2）”轨道中的“图形”文件上。选择“效果控件”面板，展开“裁剪”选项，将“右侧”选项设置为100.0%，单击“右侧”选项左侧的“切换动画”按钮⏱，如图9-35所示，记录第1个动画关键帧。将时间标签放置在00:00:04:01的位置。在“效果控件”面板中，将“右侧”选项设置为0，如图9-36所示，记录第2个动画关键帧。

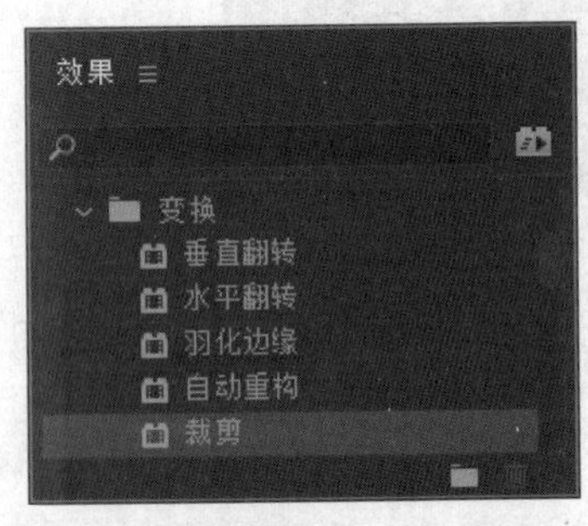

图9-34

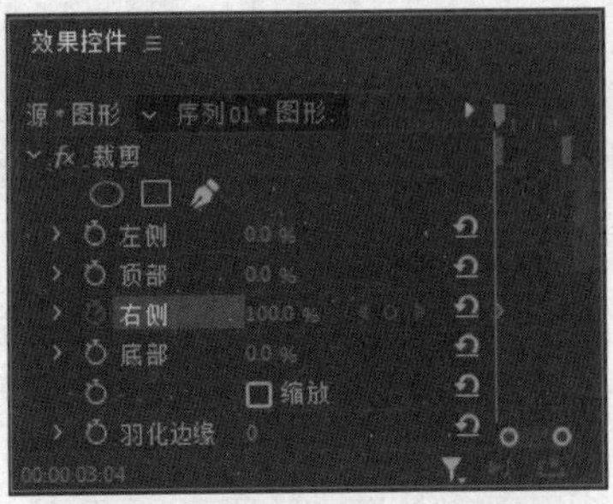

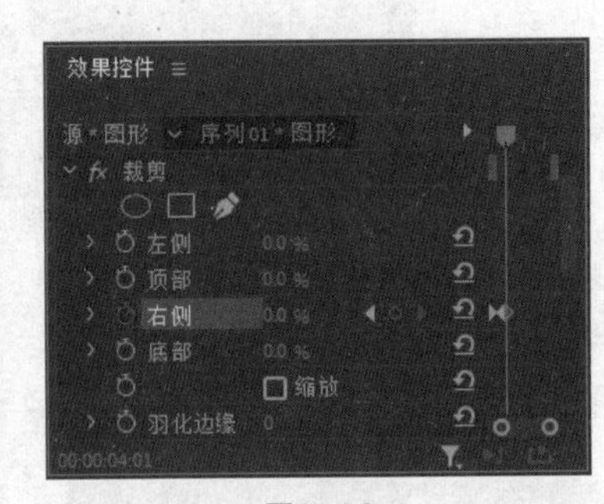
图9-36

图9-35

07 用相同的方法制作其他图形和文字动画，如图9-37所示。

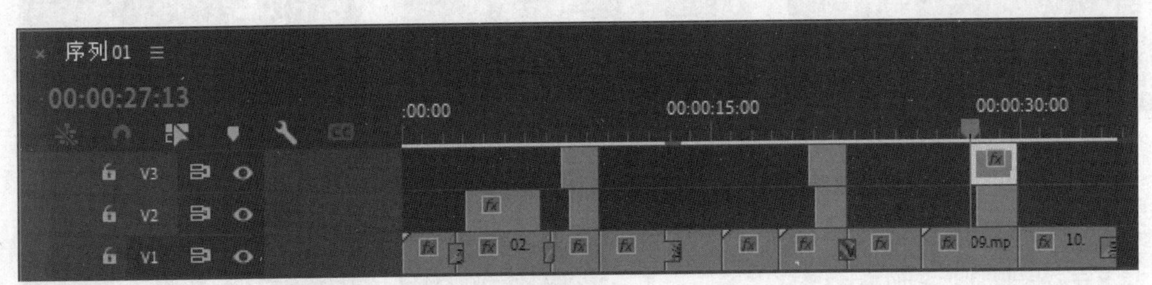

图9-37

5. 添加并调整音频

01 在“项目”面板中选中“11”文件并将其拖曳到“时间轴”面板的“音频1（A1）”轨道上。将时间标签放置在00:00:00:23的位置。将鼠标指针放在“11”文件的开始位置，当鼠标指针呈▶形状时，向右拖曳到00:00:00:23的位置，如图9-38所示。选中“11”文件，将其拖曳到“音频1（A1）”轨道起始位置，如图9-39所示。

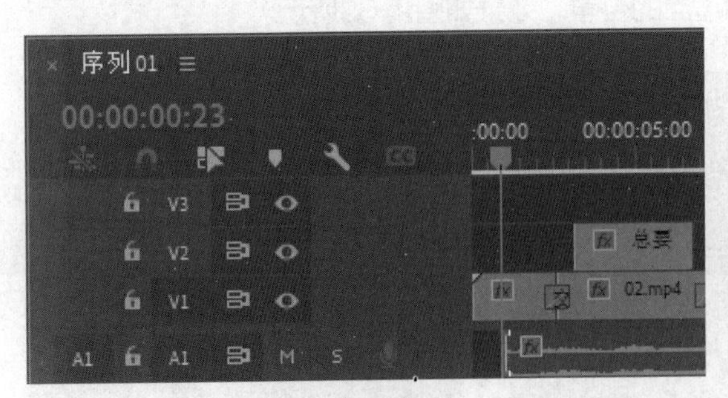

图9-38

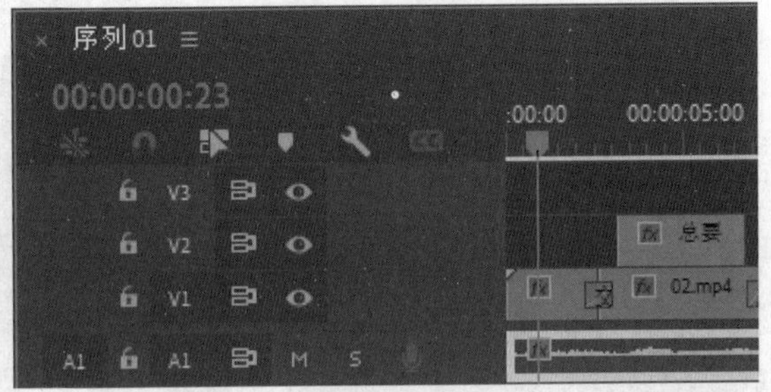

图9-39

02 将鼠标指针放在“11”文件的结束位置，当鼠标指针呈形状时，向右拖曳到“10”文件的结束位置，如图9-40所示。将时间标签放置在00:00:33:10的位置。在“效果控件”面板中，单击“级别”选项右侧的“添加/移除关键帧”按钮，如图9-41所示，记录第1个动画关键帧。

03 将时间标签放置在00:00:34:13的位置。在“效果控件”面板中，将“级别”选项设置为-999.0dB，记录第2个动画关键帧，如图9-42所示。城市形象宣传片制作完成。

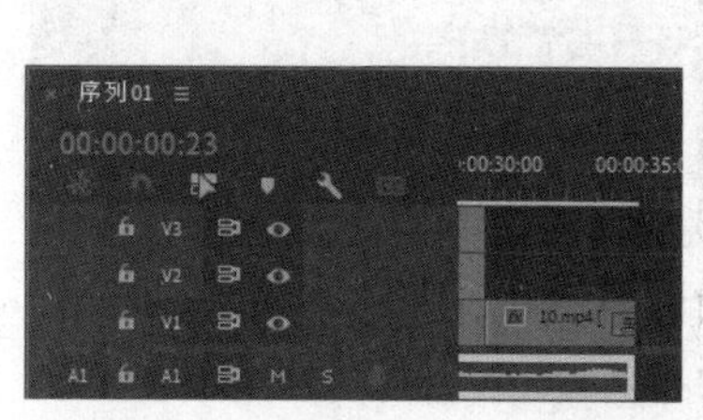

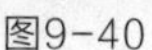
图9-40

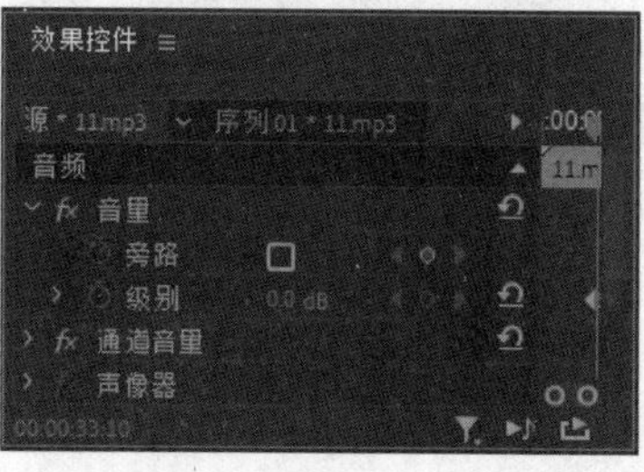

图9-41

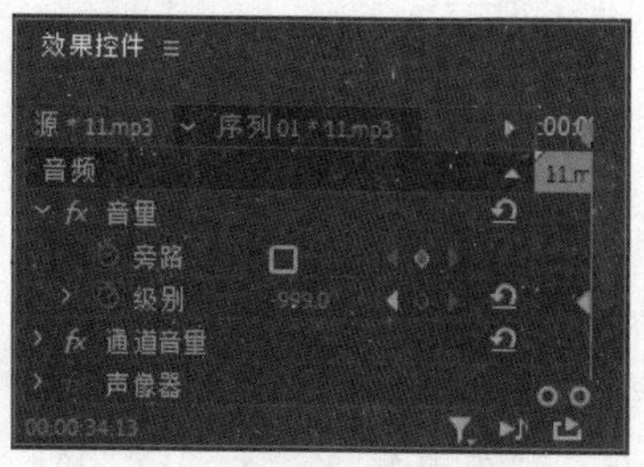

图9-42

课堂练习1——制作智能家电电商广告

练习1.1 项目背景及设计要求

1. 客户名称

伊万电器公司。

2. 客户需求

伊万电器以简洁卓越的品牌形象、不断创新的公司理念和竭诚高效的服务质量而闻名。现新年来临之际推出新款智能家电，要求制作宣传广告，用于平台宣传及推广，广告以系列家电为主要内容，能表现出丰富的产品类型及高品质的品牌特色。

3. 设计要求

（1）广告内容以实物为主，相互衬托。

（2）色调要鲜艳明亮，给人热闹、喜庆的视觉感受。

（3）整体设计要富有寓意且紧扣主题。

（4）设计风格具有特色，能够引起人们的关注及订购的欲望。

（5）作品规格为1280h × 720V(1.0940)，25.00帧/秒，方形像素(1.0)。

练习1.2 项目素材及制作要点

1. 素材资源

素材所在位置：本书学习资源中的“Ch09\制作智能家电电商广告\素材\01～05”。

2. 效果展示

设计作品所在位置：本书学习资源中的“Ch09\制作智能家电电商广告\制作智能家电电商广告.prproj”。效果如图9-43所示。

图9-43

3. 制作要点

使用“导入”命令导入素材文件，使用“旋转扭曲”效果制作背景的扭曲效果，使用“基本图形”面板添加文本，使用“效果控件”面板制作缩放与不透明度效果，使用“划出”效果制作文字划出效果。

课堂练习2——制作校园生活宣传片

练习2.1 项目背景及设计要求

1. 客户名称

致远中学网站。

2. 客户需求

致远中学网站是一个提供学校教学、管理以及校园内外对接等多项服务的网络平台，承载着校园宣传、教育教学资源共享、信息交流和协同合作等多项功能，致力于为学生家长以及老师提供良好的服务。现要求进行校园生活宣传片的制作，宣传片要符合中学生的喜好，以学生的视角展现出青春活力的校园生活。

3. 设计要求

（1）以校园建筑以及环境为主要元素。

（2）要求体现出现代化、年轻化的特点。

（3）画面色调要能够展现出青少年朝气蓬勃的特色。

（4）要营造出欢快愉悦的氛围，能够引起学生的好奇及兴趣。

（5）作品规格为1280h×720V(1.0940)，25.00帧/秒，方形像素(1.0)。

练习2.2 项目素材及制作要点

1. 素材资源

素材所在位置：本书学习资源中的“Ch09\制作校园生活宣传片\素材\01～07”。

2. 效果展示

设计作品所在位置：本书学习资源中的“Ch09\制作校园生活宣传片\制作校园生活宣传片.prproj”。效果如图9-44所示。

图9-44

3. 制作要点

使用“导入”命令导入素材文件，使用入点、出点和剪辑点调整素材文件，使用“速度/持续时间”命令调整视频速度，使用“效果”面板为素材文件添加特效，使用“旧版标题”命令添加宣传文字。

课后习题1——制作运动产品广告

习题1.1 项目背景及设计要求

1. 客户名称

时尚生活电视台。

2. 客户需求

时尚生活电视台是全方位介绍人们的衣、食、住、行等资讯的时尚生活类电视台。现电视台新添了运动健身栏目，本例是制作运动产品广告，要求体现出运动带给人的愉悦感，并展现多彩的日常生活。

3. 设计要求

（1）广告设计要求以运动产品为主体，体现广告宣传的主题。

（2）设计风格简洁大气，能够让人一目了然。

（3）图文搭配要合理，让画面显得既合理又美观。

（4）颜色对比强烈，能直观地展示广告的性质。

（5）作品规格为1280h×720V(1.0940)，25.00帧/秒，方形像素(1.0)。

习题1.2 项目素材及制作要点

1. 素材资源

素材所在位置：本书学习资源中的“Ch09\制作运动产品广告\素材\01～03”。

2. 效果展示

设计作品所在位置：本书学习资源中的“Ch09\制作运动产品广告\制作运动产品广告.prproj”。效果如图9-45所示。

图9-45

3. 制作要点

使用“导入”命令导入素材文件，使用“效果控件”面板编辑素材文件并制作动画，使用“基本图形”面板添加并编辑图形和文本。

课后习题2——制作旅行节目片头

习题2.1 项目背景及设计要求

1. 客户名称

悦山旅游电视台。

2. 客户需求

悦山旅游电视台是一家旅游电视台，它介绍最新的时尚旅游资讯信息，提供最实用的旅行计划，体现时尚生活和潮流消费等。本例是为电视台设计旅行节目片头，要求符合节目主题，体现出丰富多样的旅游景色和舒适安全的旅游环境。

3. 设计要求

（1）设计要以风景元素为主导。

（2）设计形式要简洁明晰，能表现片头特色。

（3）画面色彩要真实形象，给人自然、舒适的印象。

（4）设计风格要醒目直观，能够让人产生向往之情。

（5）作品规格为1280h×720V(1.0940)，25.00帧/秒，方形像素(1.0)。

习题2.2 项目素材及制作要点

1. 素材资源

素材所在位置：本书学习资源中的“Ch09\制作旅行节目片头\素材\01～07”。

2. 效果展示

设计作品所在位置：本书学习资源中的“Ch09\制作旅行节目片头\制作旅行节目片头.prproj”。效果如图9-46所示。

图9-46

3. 制作要点

使用“导入”命令导入素材文件，使用“效果控件”面板调整素材文件的大小并制作动画，使用“颜色平衡”特效、“高斯模糊”特效和“色阶”特效制作素材效果，使用“基本图形”面板添加文字和图形。

9.2 制作中华美食栏目包装

9.2.1 项目背景及设计要求

1. 客户名称

大山美食生活网。

2. 客户需求

大山美食生活网是一家以丰富的美食内容与大量的饮食资讯而深受广大网民喜爱的个人网站。本例是为网站制作烹饪节目，要求以动画的方式展现出广式辣炒螃蟹的制作方法，给人健康、美味的印象。

3. 设计要求

（1）设计内容以烹饪食材和制作过程为主。

（2）使用简洁干净的背景，体现出洁净、健康的主题。

（3）设计要求简单、有趣、易记。

（4）要求整个设计与生活密切相关，充满特色。

（5）作品规格为1920h×1080V(1.0940)，25.00帧/秒，方形像素(1.0)。

9.2.2 项目素材及制作要点

1. 素材资源

素材所在位置：本书学习资源中的“Ch09\制作中华美食栏目包装\素材\01～13”。

2. 效果展示

设计作品所在位置：本书学习资源中的“Ch09\制作中华美食栏目包装\制作中华美食栏目包装.prproj”。效果如图9-47所示。

图9-47

3. 制作要点

使用“导入”命令导入素材文件，使用剪辑点调整素材文件，使用“速度/持续时间”命令调整视频速度，使用“效果”面板添加过渡和特效，使用“文字”工具和“基本图形”面板添加介绍文字和图形。

9.2.3 案例制作步骤

1. 新建项目并导入素材

01 启动Premiere Pro 2022软件，选择“文件 > 新建 > 项目”命令，进入新建项目界面，如图9-48所示，单击“创建”按钮，新建项目。

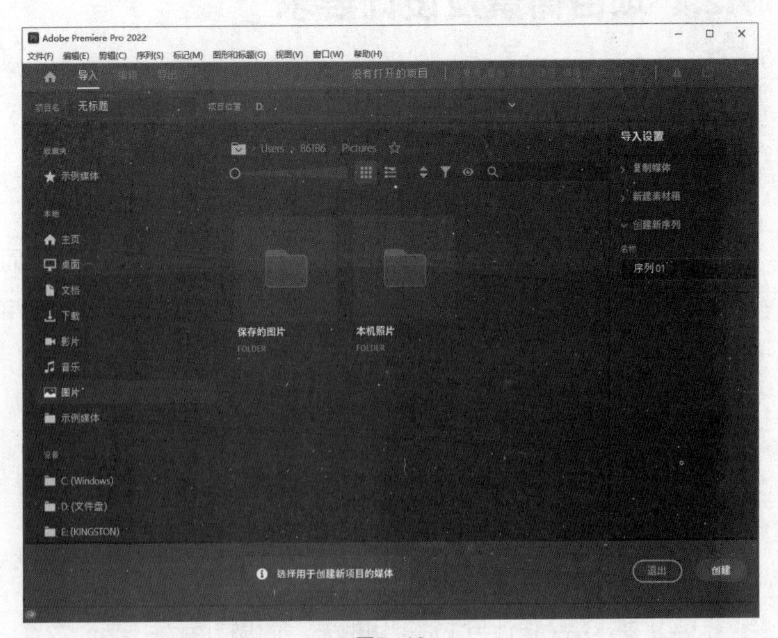

图9-48

02 选择“文件 > 导入”命令，弹出“导入”对话框，选择本书学习资源中的“Ch09\制作中华美食栏目包装\素材\01～13”文件，如图9-49所示，单击“打开”按钮，将素材文件导入“项目”面板中，如图9-50所示。将“项目”面板中的“02”文件拖曳到“时间轴”面板的“视频1（V1）”轨道中，如图9-51所示。

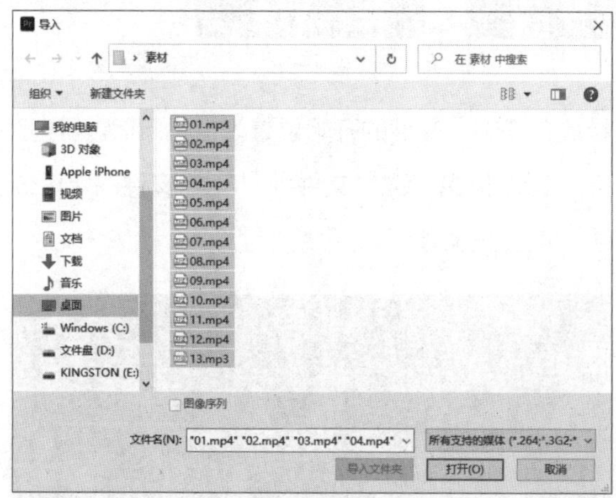

图9-49

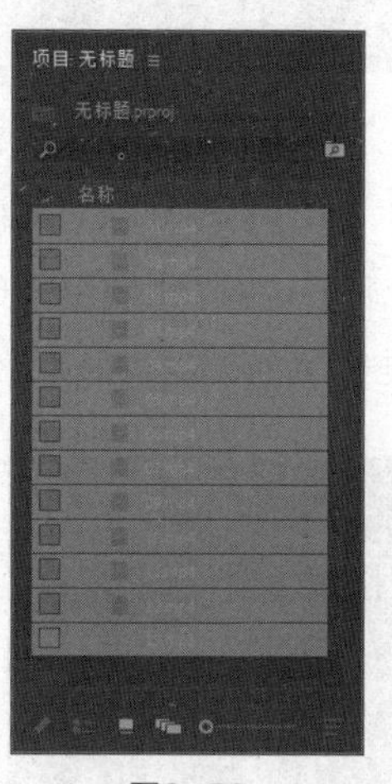

图9-50

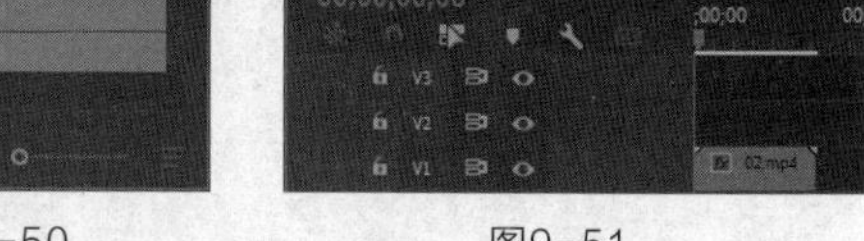

图9-51

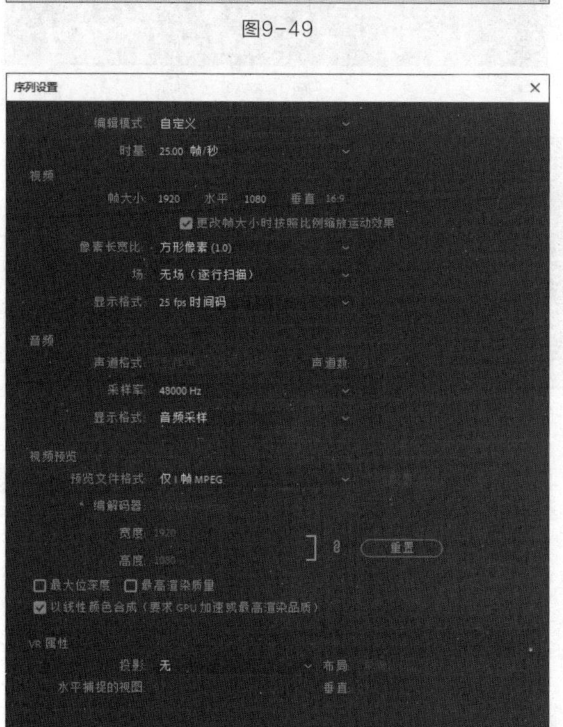

图9-52

03 在“项目”面板中的“02”序列上单击鼠标右键，在弹出的菜单中选择“序列设置”命令，在弹出的对话框中进行设置，如图9-52所示，单击“确定”按钮，“时间轴”面板如图9-53所示。

图9-53

04 将“项目”面板中的“01”文件拖曳到“时间轴”面板的“视频1（V1）”轨道中，如图9-54所示。选中“01”文件。选择“剪辑 > 速度/持续时间”命令，在弹出的对话框中进行设置，如图9-55所示，单击“确定”按钮，调整素材文件。

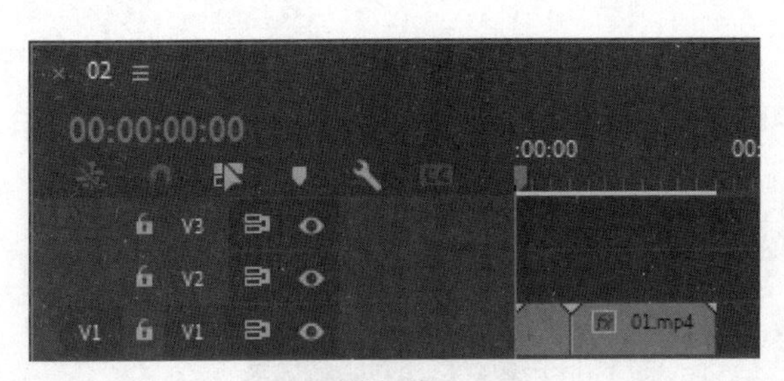

图9-54

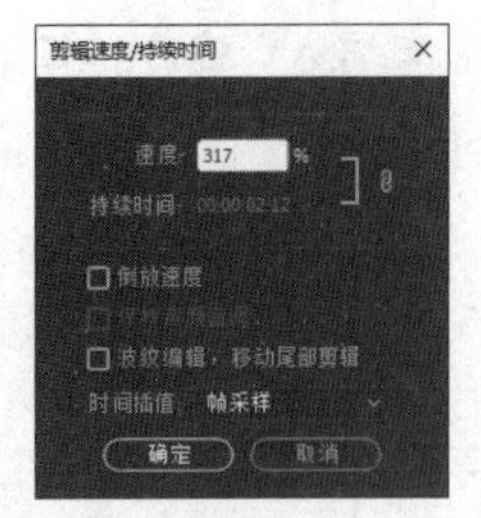

图9-55

05 将时间标签放置在00:00:03:11的位置。将鼠标指针放在“01”文件的开始位置，当鼠标指针呈形状时，向右拖曳到00:00:03:11的位置，如图9-56所示。向左拖曳“01”文件到“02”文件的结束位置，如图9-57所示。使用相同的方法调整其他素材文件，如图9-58所示。

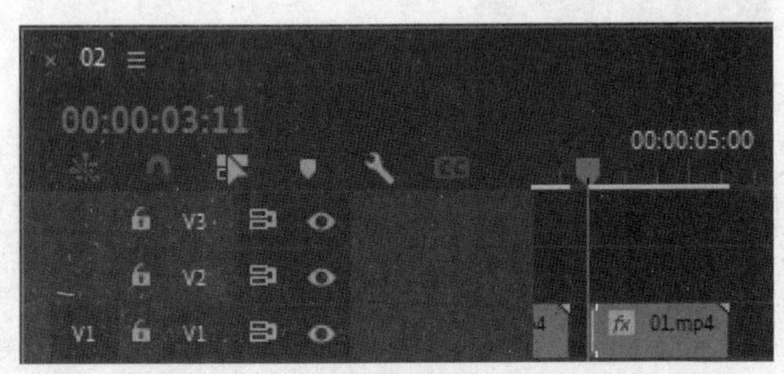

图9-56

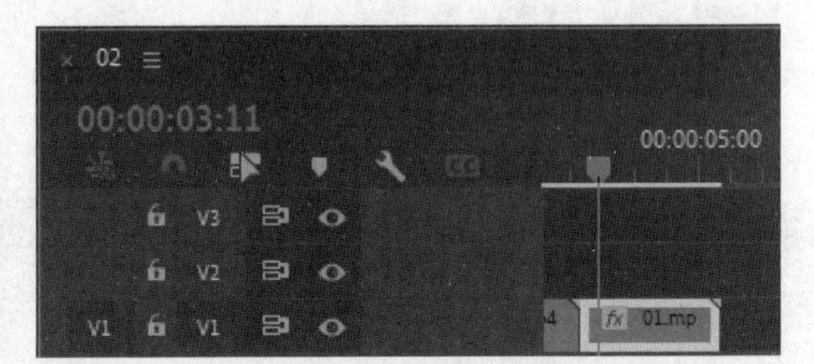

图9-57

图9-58

2. 添加转场和特效

01 将时间标签放置在00:00:00:00的位置。选择“效果”面板，展开“视频效果”分类选项，单击“调整”文件夹前面的按钮将其展开，选中“Levels”效果，如图9-59所示。将“Levels”效果拖曳到“时间轴”面板“视频1”轨道中的“02”文件上。选择“效果控件”面板，展开“色阶”选项，参数设置如图9-60所示。

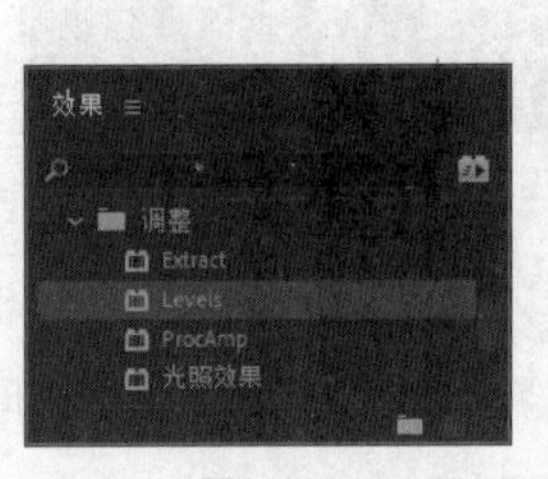

图9-59

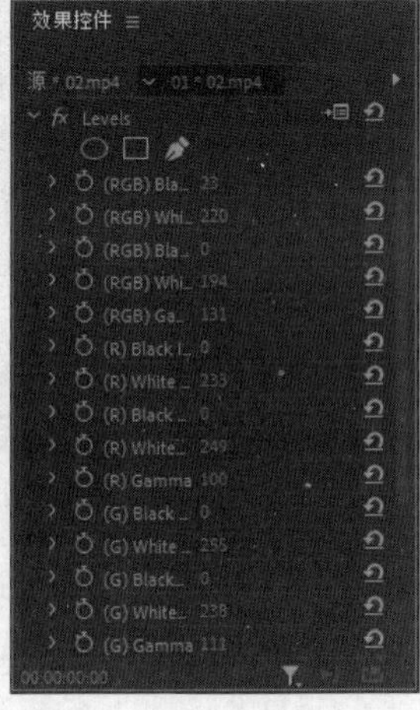

图9-60

02 将时间标签放置在00:00:13:17的位置。选择“效果”面板，展开“视频过渡”效果分类选项，单击“溶解”文件夹前面的■按钮将其展开，选中“交叉溶解”效果，如图9-61所示。将“交叉溶解”效果拖曳到“时间轴”面板中“04”文件的结束位置和“05”文件的开始位置，如图9-62所示。

03 用相同的方法在其他位置添加视频过渡效果，如图9-63所示。

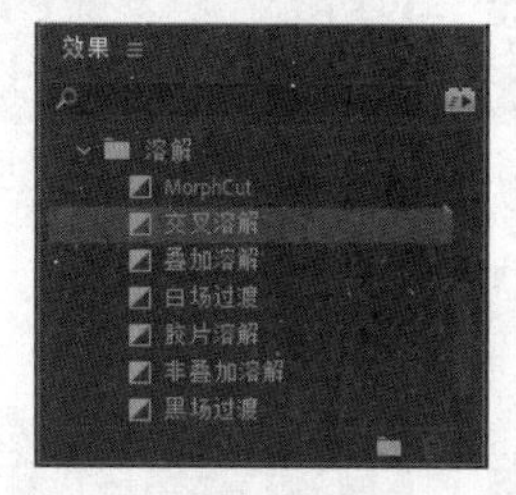

图9-61

图9-62

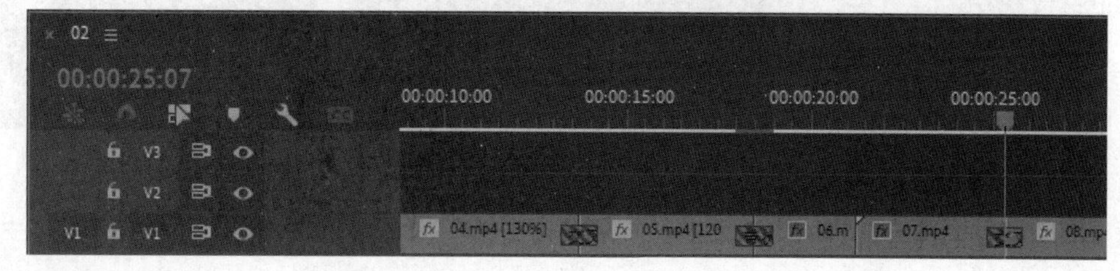

图9-63

3. 添加介绍文字

01 将时间标签放置在00:00:00:13的位置。选择“基本图形”面板，单击“编辑”选项卡，单击“新建图层”按钮■，在弹出的菜单中选择“文本”命令。“时间轴”面板的“视频2（V2）”轨道中会生成“新建文本图层”文件，如图9-64所示。将时间标签放置在00:00:02:17的位置。将鼠标指针放在“文字”文件的结束位置，当鼠标指针呈◀形状时，向左拖曳到00:00:02:17的位置，如图9-65所示。

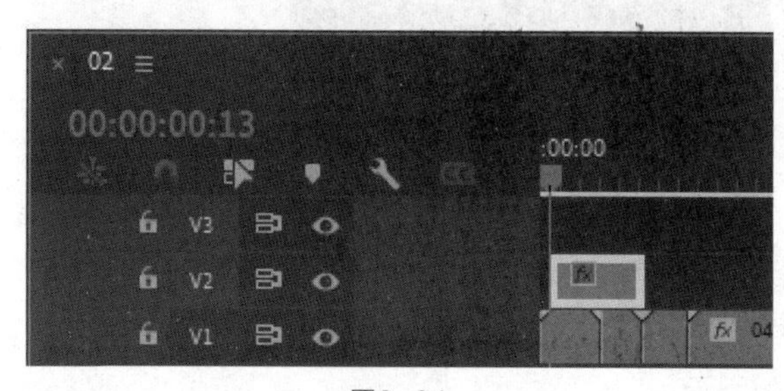

图9-64

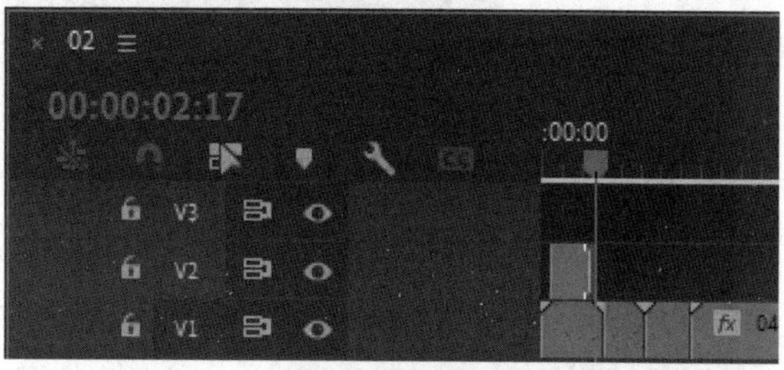

图9-65

02 在“节目”监视器中修改文字，如图9-66所示。将时间标签放置在00:00:00:13的位置。选取“节目”监视器中的文字。在“效果控件”面板中展开“文本”栏，参数设置如图9-67和图9-68所示，“节目”监视器中的效果如图9-69所示。

图9-66

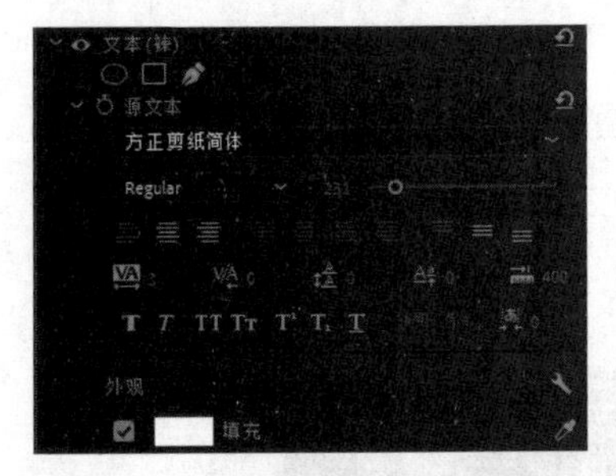

图9-67

图9-68

图9-69

03 使用相同的方法制作其他文字，“效果控件”面板如图9-70所示。“节目”监视器中的效果如图9-71所示。

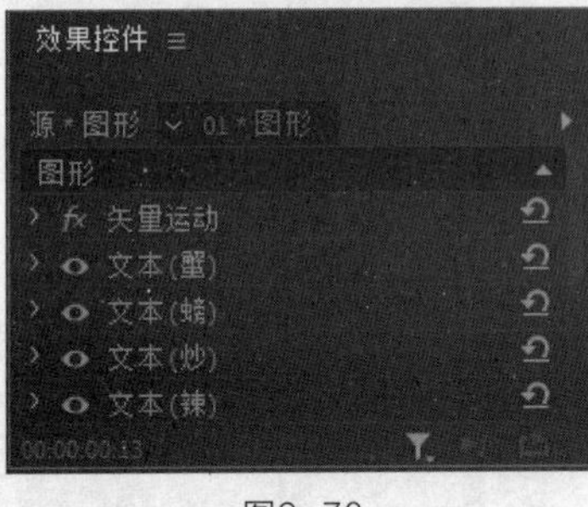

图9-70

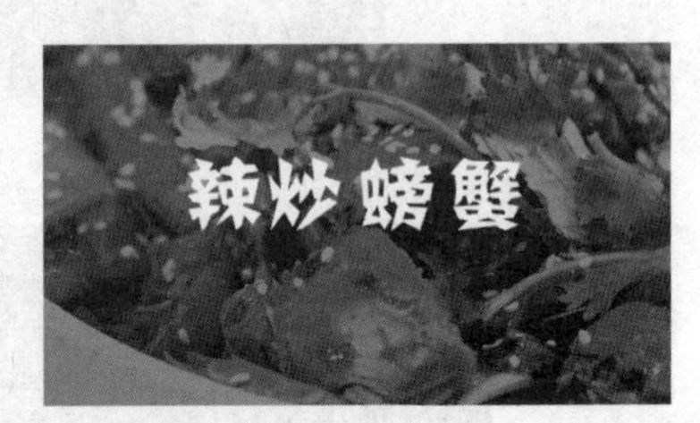

图9-71

04 保持“时间轴”面板中图形文件的选取状态。选择“基本图形”面板，单击“编辑”选项卡，单击“新建图层”按钮，在弹出的菜单中选择“椭圆”命令，“节目”监视器中的效果如图9-72所示。在“效果控件”面板中选择“形状（形状01）”图层。在“外观”栏中将“填充”颜色设置为橘黄色（226、88、40）。选择“工具”面板中的“选择”工具，在“节目”监视器中调整图形的大小和位置，效果如图9-73所示。

图9-72

图9-73

05 在“效果控件”面板中选择“形状（形状01）”选项，调整其顺序，如图9-74所示。“节目”监视器中的效果如图9-75所示。取消文字的选取状态。使用相同的方法制作其他文字效果，“节目”监视器中的效果如图9-76所示。

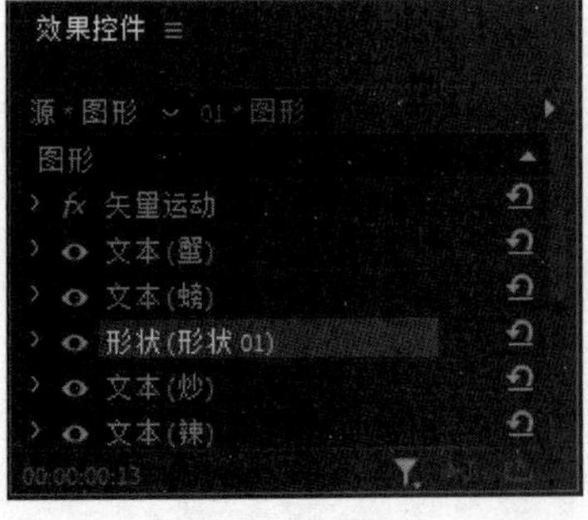

图9-74

图9-75

图9-76

06 将时间标签放置在00:00:05:16的位置。选择“基本图形”面板，单击“编辑”选项卡，单击“新建图层”按钮，在弹出的菜单中选择“文本”命令。“时间轴”面板的“视频2（V2）”轨道中会生成“新建文本图层”文件，如图9-77所示。将时间标签放置在00:00:06:20的位置。将鼠标指针放在“文字”文件的结束位置，当鼠标指针呈形状时，向左拖曳到00:00:06:20的位置，如图9-78所示。

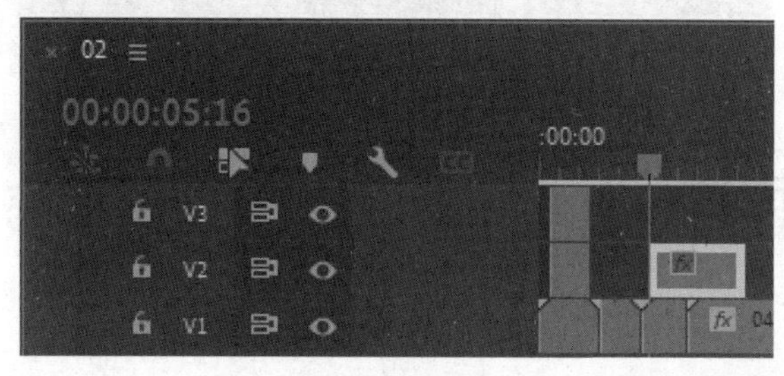

图9-77

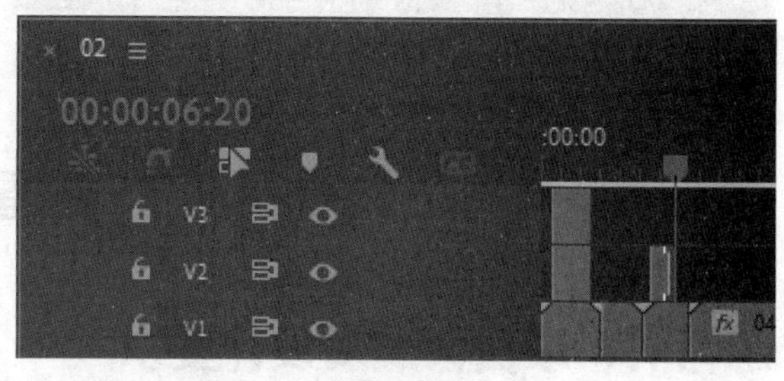

图9-78

07 在“节目”监视器中修改文字。将时间标签放置在00:00:05:16的位置。选取“节目”监视器中的文字。在“效果控件”面板中展开“文本”选项，参数设置如图9-79和图9-80所示，“节目”监视器中的效果如图9-81所示。

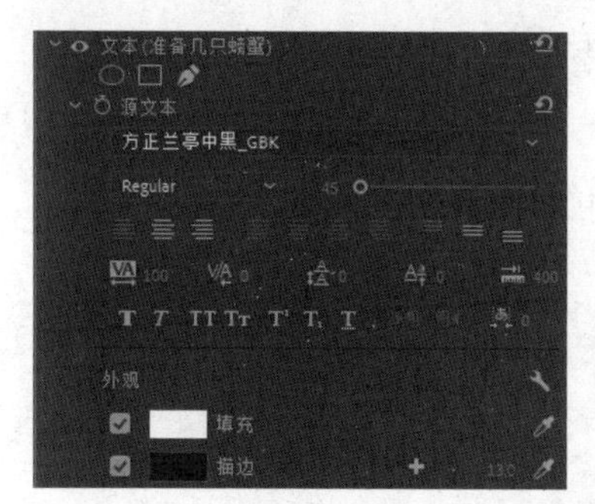

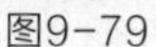

图9-79

图9-80

图9-81

08 使用相同的方法制作其他文字，“时间轴”面板如图9-82所示。

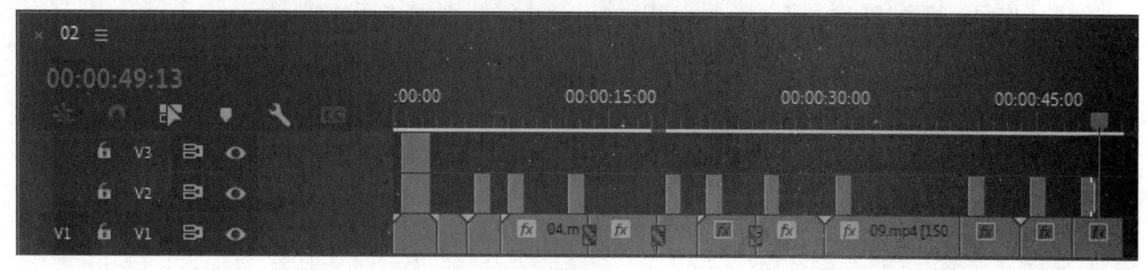

图9-82

09 在“项目”面板中，选中“13”文件并将其拖曳到“时间轴”面板的“音频1（A1）”轨道中，如图9-83所示。将鼠标指针放在“13”文件的结束位置，当鼠标指针呈形状时，向右拖曳到“12”文件的结束位置，如图9-84所示。中华美食栏目包装制作完成。

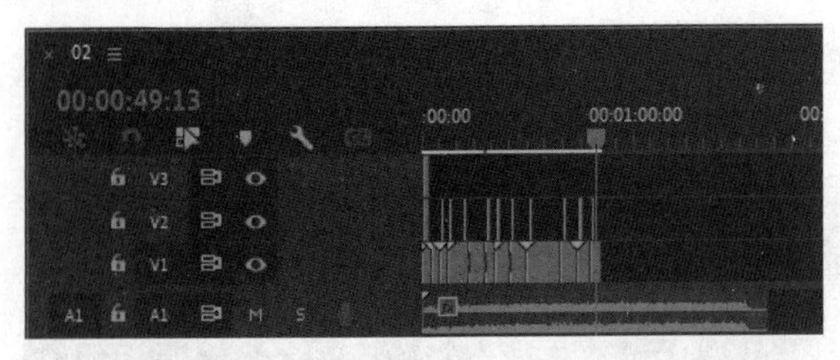

图9-83

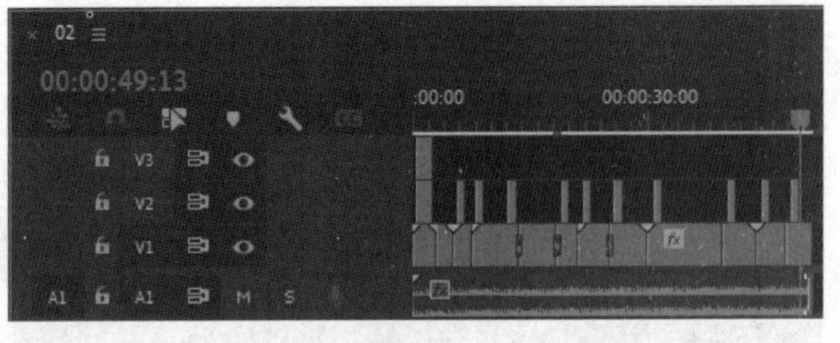

图9-84

课堂练习1——制作环保广告宣传片

练习1.1 项目背景及设计要求

1. 客户名称

星旅电视台。

2. 客户需求

星旅电视台是一家旅游电视台，强调宏观上满足专业旅游频道特征与微观上综合满足观众娱乐需要的节目特征之间的高度统一，以旅游资讯为主线，时尚、娱乐并重。为了配合电视台宣传环保的大力行动，需要制作环保纪录片，要求符合环保主题，体现出低碳、节能的绿色生活。

3. 设计要求

（1）设计风格要求直观醒目、引人深省。

（2）设计形式要独特且充满创意感。

（3）表现形式层次分明，活泼、不呆板。

（4）设计具有发动性，能够引发人们保护环境的行动。

（5）作品规格为1280h×720V(1.0940)，25.00帧/秒，方形像素(1.0)。

练习1.2 项目素材及制作要点

1. 素材资源

素材所在位置：本书学习资源中的“Ch09\制作环保广告宣传片\素材\01和02”。

2. 效果展示

设计作品所在位置：本书学习资源中的“Ch09\制作环保广告宣传片\制作环保广告宣传片.prproj”。效果如图9-85所示。

图9-85

3. 制作要点

使用“导入”命令导入素材文件，使用剪辑点调整素材，使用“投影”效果为素材添加投影，使用“效果控件”面板制作风车和云动画。

课堂练习2——制作古迹绮春园纪录片

练习2.1 项目背景及设计要求

1. 客户名称

绮春园印迹。

2. 客户需求

绮春园是一座有着悠久历史和文化底蕴的园林古迹。现需要制作一部能够反映绮春园历史沿革、建筑格局以及景观特色的园林文化纪录片，纪录片要求以纪实为主，带领观众逐步领略绮春园的韵味。

3. 设计要求

（1）画面以虚实结合的形式进行展现。

（2）以园林内不同景观为主要内容。

（3）使用低明度的色调烘托出古典优雅的氛围。

（4）要求整个设计充满特色，让人印象深刻。

（5）作品规格为1280h×720V(1.0940)，25.00帧/秒，方形像素(1.0)。

练习2.2 项目素材及制作要点

1. 素材资源

素材所在位置：本书学习资源中的“Ch09\制作古迹绮春园纪录片\素材\01～03”。

2. 效果展示

设计作品所在位置：本书学习资源中的“Ch09\制作古迹绮春园纪录片\制作古迹绮春园纪录片.prproj”。效果如图9-86所示。

图9-86

3. 制作要点

使用“导入”命令导入素材文件，使用“剃刀”工具切割素材，使用“Lumetri”效果和“自动颜色”效果调整素材颜色，使用“效果控件”面板制作文字动画，使用“效果”面板添加素材间的过渡效果。

课后习题1——制作汽车宣传广告

习题1.1 项目背景及设计要求

1. 客户名称

疾风4S店。

2. 客户需求

疾风4S店是一家集汽车销售、零配件销售、汽车维修养护与信息反馈为一体的汽车4S连锁店，以优质的汽车产品和严谨的服务态度闻名。目前要制作宣传广告，要求以简洁直观的表现手法体现出产品的特色。

3. 设计要求

（1）要求使用深色的背景营造出静谧、宁静的氛围，起到衬托的作用。

（2）宣传主体要醒目突出，能合理地融入设计，增强画面的整体感和空间感。

（3）文字设计要能起到均衡画面的作用。

（4）整个设计简洁直观，同时体现出品质感。

（5）作品规格为1280h×720V(1.0940)，25.00帧/秒，方形像素(1.0)。

习题1.2　项目素材及制作要点

1. 素材资源

素材所在位置：本书学习资源中的“Ch09\设计汽车宣传广告\素材\01～08”。

2. 效果展示

设计作品所在位置：本书学习资源中的“Ch09\设计汽车宣传广告\设计汽车宣传广告.prproj”。效果如图9-87所示。

图9-87

3. 制作要点

使用“导入”命令导入素材文件，使用“效果控件”面板编辑素材文件并制作动画，使用“效果”面板添加素材文件之间的过渡效果。

课后习题2——制作传统节日音乐短片

习题2.1　项目背景及设计要求

1. 客户名称

传统文化教育网站。

2. 客户需求

传统文化教育网站是一家致力于对我国的传统节日、约定俗成的风俗习惯和传统技艺等特色文化进行宣传、保护，并将其发扬光大的文化教育网站。要求进行传统节日音乐短片的制作，设计要展现出节日特色，符合大众审美。

3. 设计要求

（1）设计要以节日主题元素为主导。

（2）设计形式要新颖，能引起人们的关注。

（3）画面色彩要对比强烈，体现出喜庆的感觉。

（4）设计排版合理，能够凸显宣传的重点。

（5）作品规格为1280h×720V(1.0940)，25.00帧/秒，方形像素(1.0)。

习题2.2 项目素材及制作要点

1. 素材资源

素材所在位置：本书学习资源中的“Ch09\制作传统节日音乐短片\素材\01和02”。

2. 效果展示

设计作品所在位置：本书学习资源中的“Ch09\制作传统节日音乐短片\制作传统节日音乐短片.prproj”。效果如图9-88所示。

图9-88

3. 制作要点

使用“导入”命令导入素材文件，使用“交叉溶解”效果制作视频之间的过渡效果，使用“效果控件”面板调整图像的位置、缩放、旋转和不透明度，并制作动画。